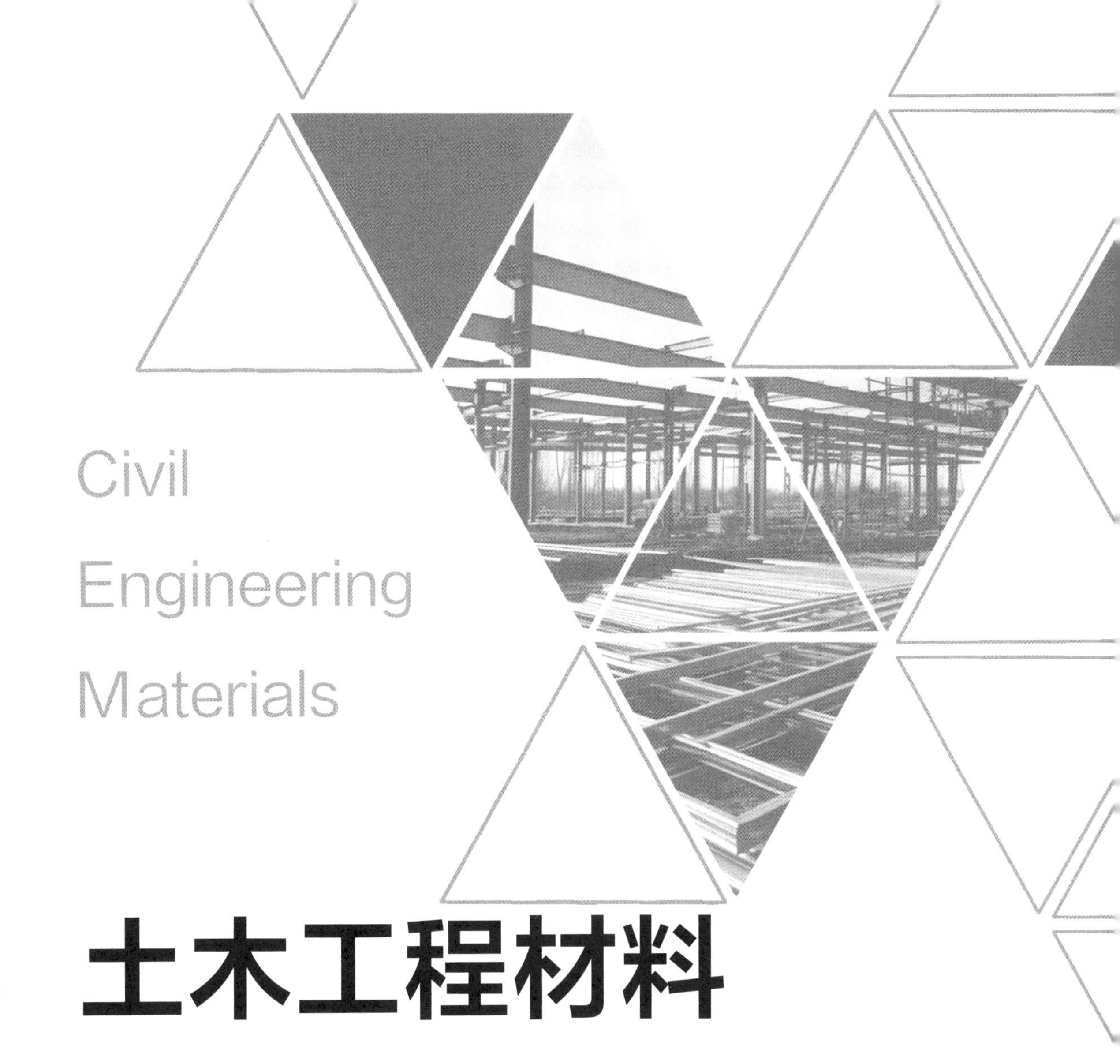

Civil
Engineering
Materials

土木工程材料

主　编　韩卫卫

ZHEJIANG UNIVERSITY PRESS
浙江大学出版社
·杭州·

图书在版编目(CIP)数据

土木工程材料 / 韩卫卫主编. —杭州 : 浙江大学出版社，2024.4
ISBN 978-7-308-24534-0

Ⅰ. ①土… Ⅱ. ①韩… Ⅲ. ①土木工程－建筑材料－高等学校－教材 Ⅳ. ①TU5

中国国家版本馆 CIP 数据核字(2024)第 000772 号

土木工程材料
TUMU GONGCHENG CAILIAO
主　编　韩卫卫

责任编辑　王　波
文字编辑　沈巧华
责任校对　汪荣丽
封面设计　春天书装
出版发行　浙江大学出版社
（杭州市天目山路 148 号　邮政编码 310007）
（网址：http://www.zjupress.com）
排　　版　杭州晨特广告设计有限公司
印　　刷　杭州捷派印务有限公司
开　　本　787mm×1092mm　1/16
印　　张　21.75
字　　数　503 千
版 印 次　2024 年 4 月第 1 版　2024 年 4 月第 1 次印刷
书　　号　ISBN 978-7-308-24534-0
定　　价　69.50 元

浙江大学出版社市场运营中心联系方式：0571-88925591；http://zjdxcbs.tmall.com

前　言

教材是学校教育教学、立德树人的关键要素和基本载体，是一所大学核心竞争力、关键影响力、文化自信的重要体现。教材建设作为高等学校教学基本建设之一，是进一步加强课程体系和教学内容改革、提高办学质量的重要环节，是发展高等教育，培养综合型人才、创新型人才的基础，也是建设中国特色世界一流大学夯基垒台的基础工程。党的二十大报告强调，要深化教育领域综合改革，加强教材建设和管理。教材建设的重要性和必要性得到进一步突显。因此，加快推进高质量教育体系建设下的教材建设具有十分重要的现实意义。

本书汲取了国内外土木工程材料领域新成就和我国有关新标准、新规范，理论联系实际，介绍了土木工程材料的新技术和发展方向，在满足教学要求的同时，有利于学生开阔思路，正确合理地选用土木工程材料。本书可作为土木工程、工程管理、工程造价等相近专业的本科教材，也可作为从事土木工程勘察、设计、施工、科研和管理的专业人员的参考书。

本书共13章，由河南财经政法大学韩卫卫担任主编，东北财经大学汪振双、河南建筑职业技术学院王溪、南昌工程学院殷伟淞、郑州工程技术学院石磊、河南财经政法大学宋素亚担任参编。汪振双编写第1章，韩卫卫编写第2章、第3章、第4章、第5章、第6章、第7章、第8章、第9章，王溪编写第10章，殷伟淞编写第11章，石磊编写第12章，宋素亚编写第13章。本书针对本科生的基础和学习特点，设置了本章小结，同时包含工程案例（案例分析），加入了课程思政内容，为课程思政教学奠定了基础。

由于编者水平的局限性，本书难免有谬误之处，诚请广大读者指正。

目　录

第1章　绪　论

第1章课件

【本章重点】

土木工程材料的概念与分类，土木工程材料在建筑中的地位，土木工程材料的发展及趋势，土木工程材料的标准化，课程学习目标、特点及学习方法。

【学习目标】

熟悉土木工程材料的地位、发展及趋势，掌握土木工材料的分类及相关标准分类。

1.1　土木工程材料的概念和分类

土木工材料是土木工程建设过程中所涉及的所有材料及其制品的统称，它是构成建筑物的最基本元素，是一切土木工程的物质基础。

土木工程材料不仅包含石灰、水泥、混凝土、钢材、防水材料、墙体材料等构筑物材料，而且包括脚手架、模板等施工过程中所需要的辅助材料和消防设备、网络通信设备等各种建筑器材。

土木工程材料种类繁多，分类方法多种多样。一般从材料来源、化学组成、使用功能（或部位）等三大方面进行分类。

1.按材料来源分类

根据材料的来源，土木工程材料可分为天然材料和人造材料。

2.按化学组成分类

根据组成物质的化学成分，可将土木工程材料分为有机材料、无机材料和复合材料三大类（见表1-1）。

表1-1　土木工程材料按化学组成分类

材料类别		产品
有机材料	植物材料	木材、竹材、植物纤维及其制品
	高分子材料	有机涂料、橡胶、胶黏剂、塑料
	沥青材料	石油沥青、煤沥青、沥青制品

续　表

材料类别		产品
无机材料	金属材料	黑色金属：铁、碳素钢、合金钢等； 有色金属：铝、铜及其合金等
	非金属材料	天然石材及砂：石板、碎石、砂等； 烧结制品：陶瓷、砖、瓦等； 玻璃及熔融制品：玻璃、玻璃棉、矿棉等； 无机胶凝材料：石灰、石膏、水泥等
复合材料	金属－非金属材料	钢纤维混凝土、钢筋混凝土等
	无机非金属－有机材料	玻璃增强塑料、聚合物混凝土、沥青混凝土等
	金属－有机材料	聚氯乙烯(PVC)钢板、有机涂层铝合金板、金属夹心板、橡胶沥青等

3.按使用功能(或部位)分类

根据土木工程材料在工程中的使用功能或使用部位，大体上可将土木工程材料分为结构材料、墙体材料和功能材料三大类。

(1)结构材料主要是指构成建筑物受力构件或结构所用的材料，如梁、板、柱、基础、框架及其他受力构件和结构等所用的材料都属于这一类。对这类材料的主要技术性能要求指标是强度和耐久性。目前，所用的主要结构材料有砖、石、水泥、混凝土和钢材以及两者复合的钢筋混凝土和预应力钢筋混凝土。在相当长的时期内，钢筋混凝土和预应力钢筋混凝土仍是我国土木工程中的主要结构材料之一。随着工业的发展，轻钢结构和铝合金结构所占的比例将会逐渐加大。

(2)墙体材料是指建筑物内、外及分隔墙体所用的材料，有承重和非承重两大类。由于墙体在建筑物中占很大比例，故认真选用墙体材料，对降低建筑物的成本，节能，提高安全性和耐久性等都是很重要的。目前，我国大量采用的墙体材料为砌墙砖、混凝土及蒸压混凝土砌块等。此外，还有混凝土墙板、石膏板、金属板材和复合墙体等，特别是轻质多功能的复合墙板发展较快。

(3)功能材料主要是指担负某些功能的非承重材料，如防水材料、绝热材料、吸声和隔声材料、采光材料、装饰材料等。这类材料的品种、形式繁多，功能各异，随着国民经济的发展以及人民生活水平的提高，这类材料将会越来越多地应用于土木工程中。

一般来说，建筑物的可靠度与安全度主要取决于结构材料组成的构件和结构体系，而建筑物的使用功能与建筑品位主要取决于功能材料。此外，对某一具体材料来说，它可能兼具多种功能。

1.2　土木工程材料在建筑中的地位

土木工程材料的性质、质量和价格直接影响整个土木工程的质量和造价，在建设工程

中起着举足轻重的作用。

1. 土木工程材料是建筑工程的物质基础

各种建筑物与构筑物都是在合理设计的基础上，由各种材料建造而成的。建筑材料的品种、规格及质量都直接关系到建筑物的适用性、艺术性和耐久性。

2. 建筑材料的质量直接影响着建设工程的质量

在土木建筑工程中，从材料的选择、生产、使用、检验评定，到材料的储运、保管等，任何环节的失误都可能造成工程质量缺陷，甚至重大质量事故。事实说明，国内外土木工程建设中的质量事故绝大部分与材料的质量缺陷有关。

3. 材料对土木工程造价有很大影响

一般在土木建筑工程的总造价中，与材料有关的费用占50%以上，有的甚至达到70%。在实际应用中，同一类型的材料，由于来源、生产地不同，其性能和价格都有很大差异。学生通过学习并研究各种建筑材料的性能和特点，可在今后的工作中正确地使用这些材料。

4. 建筑工程技术的突破依赖于材料性能的改进

随着材料科学的发展，新型多功能材料不断涌现，促进了建筑设计、结构设计和施工技术的发展，使建筑物的适用性、艺术性、坚固性和耐久性等得到了进一步改善。

总之，土木工程材料在土木工程建设中的地位和作用是非常重要的。

1.3　土木工程材料的发展及趋势

1.3.1　土木工程材料的发展史

土木工程材料是随着人类社会生产力的发展和科学技术水平的提高而逐步发展起来的。远古时期，人类穴居巢处。进入能够制造简单工具的石器时代后，人类开始挖土凿石为洞，伐木搭竹为棚，利用木材、岩石、竹、黏土等天然材料建造简单的房屋。直到人类能够使用黏土烧制砖、瓦，用岩石烧制石灰、石膏，土木工程材料才由天然材料进入人工生产阶段，为较大规模地建造房屋创造了基本条件。18世纪后，资本主义兴起，促进了工商业和交通运输业的蓬勃发展，在其他科学技术的推动下，水泥和钢材相继问世，极大地推动了钢结构和钢筋混凝土结构的迅速发展，结构物的跨度从砖、石结构及木结构的几十米发展到百米、几百米，甚至现代的千米以上。进入20世纪后，社会生产力的高速发展及材料科学与工程的形成和发展，使土木工程材料在性质和质量上不断得到改善和提高。20世纪30年代，出现了预应力混凝土结构，使土木工程的设计理论和施工技术进一步完善。到了21世纪，全球性的生存环境恶化问题日益显露，随着人口爆炸性地增长，资源日益匮乏、森林锐减、河流湖泊干涸、土地沙化、地球臭氧层破坏、气候异常等，人类意识到资源环境问题的严重性，使用轻质、高强、节能、高性能的绿色建筑材料成为大势所趋。

1.3.2 土木工程材料的发展方向

土木工程材料行业对资源的利用和对环境的影响都占据重要地位，在产值、能耗、环保等方面都是国民经济中的大户。为了保证源源不断地为工程建设提供质量可靠的材料，避免新型材料的生产和发展对环境造成损害，土木工程材料的发展必须遵循与工业循环再生、协调共生、持续自然的原则。因此，"绿色建材" 的概念应运而生。"绿色建材" 又称生态建材、环保建材、健康建材等，是采用清洁生产技术，少用天然资源和能源，大量使用工业或城市固体废弃物和植物秸秆，所生产的无毒、无污染、无放射性、有利于环保和人体健康的土木工程材料。

发展"绿色建材"是一项长期的战略任务，符合可持续发展的战略方针，既满足现代人安居乐业、健康长寿的需要，又不损害后代人的利益。因此，土木工程材料将具有以下发展趋势。

1. 低碳化

低碳是时代提出的迫切要求。土木工程材料的低碳包括生产过程的低碳和使用过程的低碳，即以低的能耗和物耗生产优质的土木工程材料，而且在其使用过程中，具有较高的使用性能及耐久性，并利于节能。

2. 绿色生态化

绿色生态化的土木工程材料需符合 3R 原则，即减量化(reducing)、再利用(reusing)和再循环(recycling)。具体来说就是生产过程中采用清洁生产技术，少用天然资源和能源，土木工程材料尽可能重复利用，可方便拆卸和轻易地再装配使用，达生命周期后可回收再利用。

3. 高性能、多功能与智能化

土木工程材料的高性能是指需满足其一些主要性能，如结构材料的轻质高强。多功能是指在满足某一主要功能的基础上，附加了其他使用功能，使材料具有更高的价值。土木工程材料的智能化包括多方面，特别是材料本身的自我诊断、自我修复功能具有十分重要的意义。

4. 装配式建筑与土木工程材料的融合发展

装配式建筑是指运用现代工业手段和现代工业组织，对住宅工业化生产的各个阶段的各个生产要素通过技术手段集成和系统地整合，达到建筑的标准化；在工厂里预先生产好梁柱、墙板、阳台、楼梯等部件部品，运到工地后作简单组合、连接、安装，类似于"搭积木"。此种建筑方式有利于降低损耗、改善施工环境、缩短工期和提高工程质量。装配式建筑与土木工程材料的融合过程中，也必将促进土木工程材料向标准化、绿色化和部品化的方向发展。

1.4 土木工程材料的标准化

在初期，人们选用工程材料主要凭经验，就近取材，能用即可。随着技术及经济的发展，建筑业迅速发展，在现代社会中形成了行业分工协作的格局。为确保工程质量，建材及相关行业需要建立完善的质量保证体系。土木工程材料的标准，是土木工程材料的生产、销售、采购、验收和质量检验的依据，是企业生产的产品质量是否合格的技术依据和供需双方对产品质量进行验收的依据。标准根据其属性又分为国家标准、行业标准、地方标准、企业标准等。标准的一般表示由标准名称、代号、编号和颁布年号等组成。标准的内容主要包括产品规格、分类、技术要求、检验方法、验收规则、标准、运输和储存等。

1. 国家标准

国家标准是指在全国范围内统一实施的标准，包括强制性标准和推荐性标准。强制性标准，代号为“GB”，是指在一定范围内通过法律、行政法规等强制性手段加以实施的标准，具有法律属性。强制性标准主要是指涉及安全、卫生，保障人体健康、人身财产安全的标准和法律，是行政法规规定要强制执行的标准。强制性标准一经颁布，必须贯彻执行，否则造成恶劣后果和重大损失的单位和个人，要受到经济制裁或承担法律责任。工程建设领域的质量、安全、卫生、环境保护及国家需要控制的其他工程建设标准，如国家标准《通用硅酸盐水泥》(GB 175—2007) 属于强制性标准。推荐性标准，代号为“GB/T”。推荐性标准又称非强制性标准或自愿性标准，是指在生产、交换、使用等方面通过经济手段或市场调节而自愿采用的一类标准，如《建设用卵石、碎石》(GB/T 14685—2022) 等。

2. 地方标准

地方标准指由省、自治区、直辖市标准化行政主管部门制定，并报国务院标准化行政主管部门和国务院有关行政主管部门备案的有关技术指导性文件，适应本地区使用，其技术标准的要求不得低于国家有关标准。其代号为“DB”，如《水污染物排放限值》(DB 44/26—2001) 为广东省地方标准。

3. 行业标准

行业标准是由我国各主管部、委(局) 批准发布，并报国务院标准化行政主管部门备案，在该行业范围内统一使用的标准，包括部级标准和专业标准。建材行业技术标准代号为“JC”，铁道行业建筑工程技术标准代号为“TB”，交通行业建筑工程技术标准代号为“JTG”，城市建设标准代号为“CJJ”，中国工程建设标准化协会标准代号为“CECS”。

4. 企业标准

企业标准是由企业制定，由企业法人代表或法人代表授权的主管领导批准、发布，并报当地政府标准化行政主管部门和有关行政主管部门备案，适应本企业内部生产的有关指导性技术文件。企业标准的要求不得低于国家有关标准。其代号为“QB”。

随着我国对外开放，常常还涉及一些与土木工程材料关系密切的国际或外国标准，其中主要有国际标准(代号为ISO)、英国标准(代号为BS)、美国材料与试验协会标准(代号为ASTM)、日本工业标准(JIS)、德国工业标准(代号为DIN)、法国标准(代号为NF)等。熟悉有关的技术标准，并了解制定标准的科学依据，对更好地掌握土木工程材料知识及合理、正确地使用材料以确保建筑工程质量是非常有必要的。

1.1 装配式建筑与土木工程材料的融合发展

国家标准属于最低要求。一般来讲，行业标准、企业标准等的技术要求通常高于国家标准，因此，在选用标准时，除国家强制性标准外，应根据行业选用该行业的有关标准，无行业标准的选用国家推荐性标准或指定的其他标准。

1.5 课程学习目标、特点及学习方法

1.5.1 课程学习目标

合格的土木工程技术人员必须准确熟练地掌握有关土木工程材料的知识。土木工程材料课程是土木工程各专业方向的基础课，其学习目标主要包括知识目标和素质能力目标两方面。

(1) 熟悉常用土木工程材料的基本组成、技术性能、质量要求及检验方法，了解土木工程材料的发展方向。能与后续课程紧密配合，理解材料与土木工程设计、施工的相互关系。

(2) 在了解主要土木工程材料的制备、结构与性能关系的基础上，掌握其特性及应用，初步具备根据工程条件对其正确选择、合理使用及解决在实际工作中出现问题的能力。

(3) 掌握主要土木工程材料试验的基本技能，具备一定的对有关材料进行测试和技术评定的能力。

(4) 培养自学能力、创新能力、分析解决问题的能力。

(5) 教师教书育人，提高学生综合素质。在分析讨论偷工减料和不适当选用土木工程材料的案例中，融入诚实守信、遵纪守法和职业道德教育，引导学生认认真真地做事，堂堂正正地做人，并结合中华民族几千年土木工材料文明，激励学生热爱祖国，开拓创新，建设祖国。

1.5.2 课程特点及学习方法

1.2 课程教学建议

1. 课程特点

(1) 品种和标准规范多。土木工程材料品种繁多，故土木工程材料课程的知识点也比较多。如无机胶凝材料包括气硬性胶凝材料和水硬性胶凝材料，而气硬性胶凝材料又包括石灰、石膏、水玻璃和镁质胶凝材料等，水硬性胶凝材料中水泥的品种就更多了。因此，概念性的内容和涉及的标准规范也就比较多。

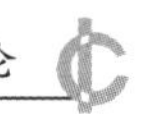

(2) 与工程实际联系紧密。土木工程材料课程所涉及的材料与工程实际联系紧密，特别需要理论联系实际，而且需掌握一定的试验技能。

2.课程学习方法

(1) 按主线有重点地点面结合学习。土木工程材料是一门实用性较强的课程，学习时需以材料组成、结构、性能与应用为主线，重点是掌握性能与应用，而对材料的生产有基本的了解即可。土木工程材料种类繁多，需要学习和研究的内容范围很广。因此，对其学习不应面面俱到，平均分配力量，而应有重点地点面结合学习。

本书每章均给出了本章重点、学习目标，其中不仅指出了大纲所要求的学习重点和难点，还提出了学习建议等。学生可以此突出重点，点面结合地学习。

土木工程材料课程的学习重点是掌握土木工程材料的性能及其应用，但不可限于知道材料具有哪些性质，重要的是理解形成这些性质的内在原因、外部原因和这些性质之间的相互关系，从而更好地对其加以应用。注意对各种材料性能异同点的比较，具体的数据会查找即可。

(2) 知识、能力和素质有机统一。学习土木工程材料课程不仅仅是为了掌握有关的专业知识和基本技能，更重要的是培养分析、解决问题的能力，培养创新精神，提高综合素质。

土木工程材料课程每章都有相关的工程实例，可以帮助学生理论联系实际，培养分析、解决实际问题的能力。建议课后认真阅读，并结合实例联系实际生产、生活，试着基于章节知识予以分析。

在学完一章后，对习题应认真思考，并可对照所附参考答案。这些习题大多源自工程实际，不仅可以加深学生对课本基本原理、基本知识的理解，而且有利于培养学生分析解决工程实际问题的能力。

(3) 理论与实际完美融合。除了课堂教学，试验课是土木工程材料课程必不可少的重要教学环节，其任务是验证基本理论、学习试验方法和技术，通过实际情况培养学生严谨缜密的科学态度和科学研究能力。通过试验，加深学生对理论知识的理解，增强对土木工程材料的感性认识，实现课程理论与实际的完美融合。

第2章　材料的基本性质

【本章重点】

材料的物理性质、基本力学性质、与水有关的性质、热工性能及耐久性等，材料的组成、结构、性能间的相互关系。

第2章课件

【学习目标】

了解土木工程材料的基本组成、结构和构造及其与材料基本性质的关系；熟练掌握土木工程材料的基本力学性质；掌握土木工程材料的基本物理性质、耐久性的基本概念。

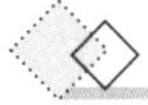

【课程思政】万里长城所用的建筑材料

万里长城雄踞于崇山峻岭中，是我国古代劳动人民的杰作，也是建筑史上的丰碑。万里长城选用材料因地制宜，堪称典范。

居庸关长城、八达岭长城，采用砖石结构，墙身用条石砌筑，中间填充碎石黄土，顶部用三四层砖铺砌，以石灰作砖缝材料，坚固耐用。平原黄土地区缺乏石料，则用泥土垒筑长城，将泥土夯打结实，并以锥刺夯打土检查是否合格。在西北玉门关一带，既无石料又无黄土，则以当地芦苇或柳条与砂石间隔铺筑，共铺20层。

万里长城因地制宜使用建筑材料，展现了我国劳动人民的勤劳、智慧和创造力。

土木工程材料是土木工程的物质基础，材料的性质与质量很大程度上决定了工程性质与质量。土木工程材料的基本性质是指材料处于不同使用条件和使用环境时最基本的、共有的性质。在工程实践中，选择、使用、分析和评价材料，通常以其性质为基本依据。例如，用于制造受力构件的材料，其承受各种外力作用，因此所用的材料必须有所需的力学性质；墙体材料应具有隔热、隔声的性能；屋面材料应具有抗渗防水的性能。由于土木工程在长期的使用过程中，经常受到风吹、雨淋、日晒、冰冻和周围各种有害介质的侵蚀，故还要求材料具有很好的耐久性。另外，为了确保工程安全、经济、美观、经久耐用，并有利于节约资源和保护生态环境，实现建筑与环境的和谐共存，创造健康、舒适的生活环境，要求生产和选用的土木工程材料是绿色的和生态的。因此，只有掌握材料组成、结构、性能间的相互关系（见图2-1），才能实现合理选材，满足结构物用材料性能要求。

2.1 土木工程材料的巧妙利用

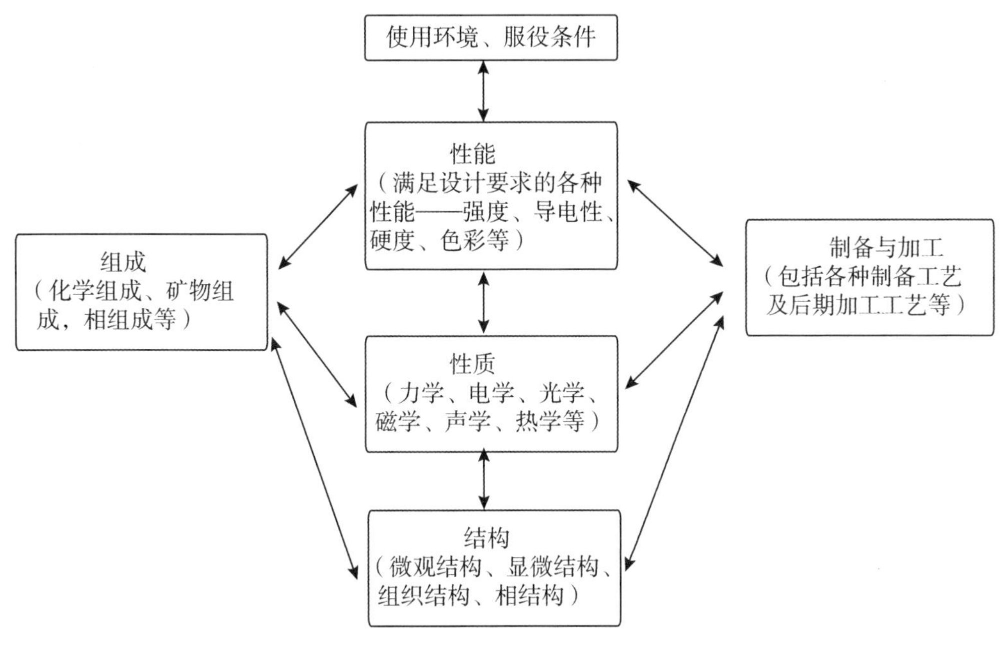

图 2-1　材料组成 - 结构 - 性能关系

2.1　材料的物理性质

材料的物理性质指材料直接表现出来的性质，通过观察或测量可以得到，一般包括与质量、体积、水、热相关的性质。土木工程材料中，材料的基本物理性质用各种参数来描述。

2.1.1　密度、表观密度、体积密度和堆积密度

1. 密度

密度，又称真密度，是指材料在绝对密实状态下单位体积的质量，按式(2-1) 计算：

$$\rho = \frac{m}{V} \tag{2-1}$$

式中，ρ 为材料密度(g/cm^3 或 kg/m^3)；m 为材料质量(g 或 kg)；V 为材料绝对密实体积(cm^3 或 m^3)。

材料在绝对密实状态下的体积是指不包括材料内部孔隙的固体物质的真实体积。在常用土木工程材料中，除了钢材、玻璃等少数接近于绝对密实的材料外，绝大多数材料都含有一定的孔隙。在测定有孔隙的材料密度时，应先把材料磨成细粉(排除孔隙)，一般要求磨细至粒径小于 0.2mm，然后用排液法(或密度瓶法、李氏瓶法等) 测定其实际体积，该体积即可视为材料在绝对密实状态下的体积。工程上还经常用到相对密度，相对密度用材料质量与同体积水(4℃) 质量的比值表示。工程中也可通过查表了解材料的密度值，常见

土木工程材料的密度如表 2-1 所示。

表 2-1　常见土木工程材料的密度、表观密度和堆积密度

材料名称	密度 ρ /(g/cm³)	表观密度 ρ_0 /(kg/m³)	堆积密度 ρ' /(kg/m³)
钢材	7.85	7800 ~ 7850	—
铝合金	2.7 ~ 2.9	2700 ~ 2900	—
水泥	2.8 ~ 3.1	—	1600 ~ 1800
烧结普通砖	2.6 ~ 2.7	1600 ~ 1900	—
石灰石(碎石)	2.48 ~ 2.76	2300 ~ 2700	1400 ~ 1700
砂	2.5 ~ 2.6	—	1500 ~ 1700
普通水泥混凝土	—	2000 ~ 2800	—
粉煤灰(气干)	1.95 ~ 2.40	—	550 ~ 800
普通玻璃	2.45 ~ 2.55	2450 ~ 2550	—
红松木	1.55 ~ 1.60	400 ~ 600	—
泡沫塑料	—	20 ~ 50	—
石灰岩	2.60	1800 ~ 2600	—
花岗岩	2.60 ~ 2.90	2500 ~ 2800	—
普通黏土砖	2.50 ~ 2.80	1600 ~ 1800	—
黏土空心砖	2.50	1000 ~ 1400	—
木材	1.55	400 ~ 800	—

2. 表观密度

表观密度是指材料在干燥状态下单位体积的质量。表观体积包括材料实体、闭口孔隙体积两部分。表观密度可按式(2-2) 计算：

$$\rho_0 = \frac{m}{V_0} \tag{2-2}$$

2.2 石子表观密度试验

式中，ρ_0 为材料表观密度(g/cm³ 或 kg/m³)；m 为材料的质量(g 或 kg)，即干燥到恒重时的质量；V_0 为材料在包含闭口孔隙条件下的体积(cm³ 或 m³)，即只含内部闭口孔，不含开口孔，如图 2-2 所示。

通常，对于一些散装材料如砂、石子等，可直接采用排液置换法或水中称重法测体积，该体积含材料实体和内部的闭口孔隙。对于外形规则的材料，其几何体积即为表观体积；对于外形不规则的材料，可用排液法测定。但在测定前，待测材料表面应用薄蜡层密封，以免测液进入材料内部开口孔隙而影响测定值。

3. 体积密度

体积密度，俗称容重，是指材料在自然状态下单位体积的质量，此时的体积不仅包含实体、闭口孔隙体积，还包含开口孔隙体积。体积密度可按式(2-3) 计算：

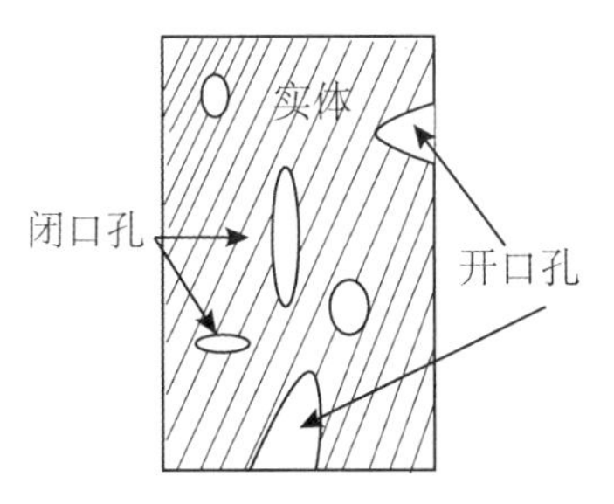

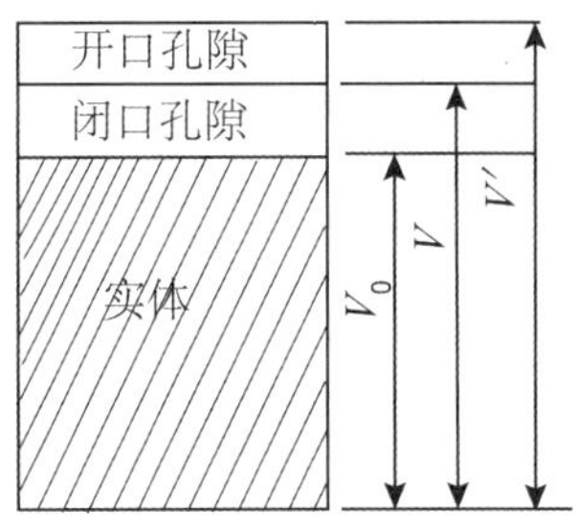

图 2-2　材料体积

$$\rho' = \frac{m'}{V'} \tag{2-3}$$

式中，ρ' 为材料体积密度（g/cm^3 或 kg/m^3）；m' 为材料在自然状态下的气干质量（g 或 kg），即将试件置于通风良好的室内存放 7d 后测得的质量；V' 为材料在自然状态下的体积（cm^3 或 m^3），包含实体及内部孔隙（开口孔隙和闭口孔隙），如图 2-2 所示。

规则形状材料的体积可用量具测得。例如，对于加气混凝土砌块，可通过逐块量取长、宽、高三个方向的轴线尺寸，计算其体积。对于不规则形状材料的体积，可用排液法或封蜡排液法测得。

毛体积密度是指单位体积（含材料实体和闭口孔隙、开口孔隙等物质材料表面轮廓线所包围的毛体积）材料的干质量。因其质量是指试件烘干后的质量，故也称为干体积密度。

4. 堆积密度

堆积密度是指散粒状材料单位堆积物质颗粒的质量，此时堆积体积包含物质颗粒固体，其闭口、开口孔隙体积及颗粒间的空隙体积。堆积密度有干堆积密度和湿堆积密度之分，可按式（2-4）计算：

$$\rho_1 = \frac{m'}{V_1} \tag{2-4}$$

式中，ρ_1 为材料堆积密度（g/cm^3 或 kg/m^3）；V_1 为材料堆积体积（cm^3 或 m^3）。

材料的堆积体积包括材料绝对体积、内部所有孔隙体积和颗粒间的空隙体积。材料的堆积密度反映散粒状结构材料堆积的紧密程度及材料可能的堆放空间。堆积密度根据散粒状材料堆积的紧密程度分为松散堆积密度和紧密堆积密度。

在土木工程中，计算材料用量、构件自重、配料，以及确定堆放空间时，经常要用到材料的密度、表观密度、堆积密度等参数，如表 2-1 所示。

2.3 砂子堆积密度试验

2.1.2　材料的密实度和孔隙率

1. 密实度

密实度是指材料体积内被固体物质所填充的程度，也就是固体物质的体积占总体积的百分比。密实度反映了材料的致密程度，通常用 D 表示，可按式（2-5）计算：

$$D = \frac{V}{V_0} \times 100\% = \frac{\rho_0}{\rho} \times 100\% \tag{2-5}$$

对于绝对密实材料，因$\rho_0=\rho$，故密实度$D=1$或100%。对于大多数土木工程材料，因为$\rho_0<\rho$，故密实度$D<1$或$D<100\%$。密实度在量上反映了材料内部固体的含量，其对于材料性质的影响正好与孔隙率相反。

2.4 开口孔隙率和闭口孔隙率计算

2. 孔隙率

孔隙率是指材料体积内孔隙体积占总体积的百分比，常用P表示，可按式(2-6)计算：

$$P=\frac{V_0-V}{V_0}\times 100\%=\left(1-\frac{V}{V_0}\right)\times 100\%=\left(1-\frac{\rho_0}{\rho}\right)\times 100\% \tag{2-6}$$

式中，P为材料孔隙率(%)；V_0为材料表观体积(cm^3或m^3)；V为材料绝对密实体积(cm^3或m^3)；ρ_0为材料表观密度(g/cm^3或kg/m^3)；ρ为材料密度(g/cm^3或kg/m^3)。

密实度和孔隙率均反映了材料的密实程度，两者之间存在如下关系：

$$P+D=1 \tag{2-7}$$

孔隙率反映了材料内部孔隙的多少，也从侧面反映了材料的致密程度。材料内部的孔隙又可分为连通孔隙和封闭孔隙，连通孔隙彼此贯通且与外界相通，而封闭孔隙彼此间不连通且与外界隔绝。孔隙按其尺寸大小又可分为微孔、细孔和大孔，孔隙率的大小及孔隙本身的特征与材料的许多重要性质，如强度、吸水性、抗渗性、抗冻性和导热性等有密切关系。

一般来说，材料的孔隙率越小且开口孔隙越少，则材料强度越高，抗渗性与抗冻性越好。开口孔隙仅对吸声性有利，而含有大量微孔的材料，其导热性较低，保温隔热性能好。

2.5 孔隙率变化对材料性能影响

材料中孔隙的种类、孔径大小、孔的分布状态也是影响其性质的重要因素，通常称为孔隙特征。除了孔隙率以外，孔径大小、孔隙特征对材料的性能具有重要的影响。

2.1.3 材料的填充率和空隙率

1. 填充率

填充率是指散粒状材料在某堆积体积内，被颗粒填充的程度，常用D'表示，可按式(2-8)计算：

$$D'=\frac{V_0}{V_1}\times 100\%=\frac{\rho_1}{\rho_0}\times 100\% \tag{2-8}$$

2. 空隙率

散粒材料颗粒间空隙的多少常用空隙率(P')来表示。空隙率是指散粒材料在某容器的堆积体积中，颗粒之间的空隙体积(V_s，即堆积体积减去表观体积)占堆积体积(V_1)的百分比，可按式(2-9)计算：

$$P'=\frac{V_s}{V_1}=\frac{V_1-V_0}{V_1}\times 100\%=\left(1-\frac{\rho_1}{\rho_0}\right)\times 100\%=1-D' \tag{2-9}$$

空隙率反映了堆积材料中颗粒间空隙的多少，它对于研究堆积材料的结构稳定性、填

充程度及颗粒间相互接触连接的状态具有实际意义。工程实践表明，堆积材料的空隙率较小，说明其颗粒间相互填充的程度较高或接触连接的状态较好，其堆积体的结构稳定性也较好。

在配制混凝土、砂浆时，空隙率可作为控制集料的级配、计算配合比的依据，其基本思路是粗集料空隙被细集料填充，细集料空隙被细粉填充，细粉空隙被胶凝材料填充，达到节约胶凝材料的效果。

2.1.4　材料与水有关的性能

1. 亲水性和憎水性

材料在使用过程中，常与水或大气中的水汽接触，但材料和水的亲和情况是不同的。材料与水接触时，有些材料能被水润湿，而有些材料则不能被水润湿，根据其是否能被水润湿，可将材料分为亲水性和憎水性两大类。

材料具有亲水性或憎水性的根本原因在于材料的分子结构（是极性分子或非极性分子），亲水性材料与水分子之间的分子亲合力大于水本身分子的内聚力；反之，憎水性材料与水分子之间的亲合力小于水本身分子间的内聚力。

材料被水润湿的程度可用润湿角 θ 来表示，如图 2-3 所示。润湿角是在材料、水和空气三相的交点处，沿水滴表面的切线（γ_{LV}）与水和固体的接触面（γ_{SL}）之间的夹角。θ 越小，则该材料能被水所润湿的程度越高。一般认为，$\theta \leqslant 90°$[见图 2-3(a) 和(b)]，表明该材料能被水润湿，即该材料为亲水性材料。当 $\theta > 90°$ 时，液体表面收缩而不扩展，液体不润湿固体，简称不润湿；$\theta = 180°$，表明该材料完全不能被润湿，液体在固体表面不能铺展，接触面有收缩成球的趋势。不润湿就表示液体对固体表面的附着力小于其内聚力[见图 2-3(c)]，则该材料为憎水性材料。润湿过程和界面张力有关。润湿平衡后，液体、固体和气体三者平衡，此时，各接触面之间的界面张力符合杨氏公式：

$$\gamma_{SV} = \gamma_{SL} + \gamma_{LV}\cos\theta \tag{2-10}$$

式中，γ_{SV} 为固、气之间的界面张力（N/m）；γ_{SL} 为固、液之间的界面张力（N/m）；γ_{LV} 为液、气之间的界面张力（N/m）；θ 为接触角（°）。

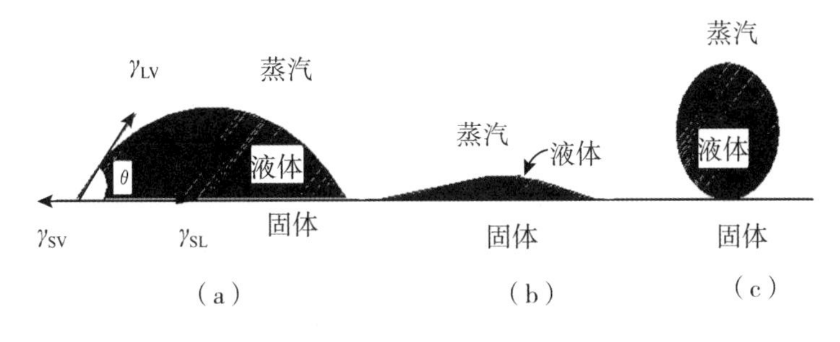

图 2-3　材料的润湿

常见土木工程材料中，水泥制品、玻璃、陶瓷、金属材料、石材等无机材料和部分木材等为亲水性材料；塑料、沥青、油漆、防水油膏等为憎水性材料。憎水性材料表面不易被水润湿，适宜作防水材料和防潮材料；此外还可以用于涂覆亲水性材料表面，以改善其耐水性能，这样外界水分难以渗入材料的毛细管中，从而降低材料的吸水性和渗透性。材料表面的亲水性或者憎水性可以通过一定的方法加以改变，润湿剂的作用就是降低液体的表面张力和固、液间的界面张力，使液体容易在固体表面上展开。

2.吸水性

材料与水接触时吸收水分的性质，称为材料的吸水性，以吸水率表示该性质。材料吸水率的表达方式有两种，即质量吸水率和体积吸水率。

质量吸水率指材料在吸水饱和时所吸水量占材料干燥质量的百分比，以 $W_{质}$ 表示，可按式(2-11)计算：

$$W_{质} = \frac{m_{湿} - m_{干}}{m_{干}} \times 100\% \tag{2-11}$$

2.6 体积吸水率和质量吸水率

式中，$W_{质}$ 为材料质量吸水率(%)；$m_{湿}$ 为材料吸水饱和状态下的质量(g 或 kg)；$m_{干}$ 为材料在干燥状态下的质量(g 或 kg)。

体积吸水率指材料在吸水饱和时所吸水的体积占干燥材料表观体积的百分率，以 $W_{体}$ 表示，可按式(2-12)计算：

$$W_{体} = \frac{V_{水}}{V_0} \times 100\% = \frac{m_{湿} - m_{干}}{\rho_{水}} \times \frac{1}{V_0} \times 100\% \tag{2-12}$$

式中，$W_{体}$ 为材料体积吸水率(%)；$V_{水}$ 为材料在吸水饱和时水的体积(cm^3 或 m^3)；V_0 为干燥材料在自然状态下的体积(cm^3 或 m^3)；$\rho_{水}$ 为水的密度(g/cm^3)，常温下 $\rho_{水} = 1.0\ g/cm^3$。

材料的质量吸水率与体积吸水率之间存在如下关系：

$$W_{体} = W_{质}\,\rho_0\,\frac{1}{\rho_{水}} = W_{质}\,\rho_0 \tag{2-13}$$

材料吸水率的大小主要取决于材料的亲水性、孔隙率及孔隙特征。亲水性材料吸水率大；孔隙率大、孔隙微小且连通的材料吸水率较大；具有粗大孔隙的材料，虽然水分容易渗入，但仅能润湿孔壁表面而不易在孔内存留，因而其吸水率不高；密实材料以及仅有闭口孔的材料基本上不吸水。所以，不同材料或同种材料不同内部构造，吸水率会有很大的差别。

某些轻质材料，如加气混凝土、软木等，由于具有很多开口而微小的孔隙，所以它的质量吸水率往往超过100%，即湿质量为干质量的几倍，在这种情况下，最好用体积吸水率表示其吸水性。

材料吸水会使材料的强度降低，表观密度和导热率增大，体积膨胀。因此，吸水往往可对材料性质产生不利影响。

3.吸湿性

材料的吸湿性是指材料吸收潮湿空气中水分的性质，用含水率表示。当较干燥的材料处于较潮湿的空气中时，便会吸收空气中的水分；而当较潮湿的材料处在较干燥的空气中时，便会向空气中释放水分。前者是材料的吸湿过程，后者是材料的干燥过程(此性质也称为材料的还湿性)。在任一条件下材料内部所含水的质量占干燥材料质量的百分比称为材

料的含水率，以 $W_{含}$ 表示，可按式(2-14)计算：

$$W_{含} = \frac{m_{含} - m_{干}}{m_{干}} \times 100\% \tag{2-14}$$

式中，$W_{含}$ 为材料含水率(%)；$m_{含}$ 为材料含水时的质量(g 或 kg)；$m_{干}$ 为材料在干燥至恒重时的质量(g 或 kg)。

2.7 含水率与吸水率差别

显然，材料的含水率不仅与材料本身的孔隙有关，还受所处环境中空气温度和湿度的影响。在一定的温度和湿度条件下，材料与空气湿度达到平衡时的含水率称为材料的平衡含水率。处于平衡状态时的材料，如果环境的温度和湿度发生变化，则平衡会被破坏。一般情况下，环境的温度上升或湿度下降，材料的平衡含水率会相应降低。当材料处于某一湿度稳定的环境中时，材料的平衡含水率只与其本身的性质有关。一般亲水性较强的材料，或含较多开口孔隙的材料，其平衡含水率就较高，它在空气中的质量变化也较大。材料吸水或吸湿后，除了本身的质量增加外，还会降低绝热性、强度及耐久性，造成体积增加和变形，这些会给工程带来不利的影响。当然，在特殊的情况下，我们也可以利用材料的吸水或吸湿特性实现除湿效果，保持环境的干燥。材料的吸湿作用一般是可逆的，即材料随着空气湿度的变化，既能在空气中吸收水分，又可向空气中释放水分。

吸湿对材料的性能也有很大的影响。如木材吸湿体积膨胀，会使木制门窗受潮后不易开关；保温材料吸湿含水后，保温性能会大大降低。

4. 耐水性

材料的耐水性是指材料长期在水的作用下不破坏，而且强度也不显著降低的性质。水对材料的破坏是多方面的，如对材料的力学性质、光学性质、装饰性等都会产生破坏作用。材料耐水性用软化系数 K_R 表示，可按式(2-15)计算：

$$K_R = \frac{f_b}{f_g} \tag{2-15}$$

式中，K_R 为材料的软化系数；f_b 为材料在吸水饱和状态下的抗压强度(MPa)；f_g 为材料在干燥状态下的抗压强度(MPa)。

一般材料随着含水量的增加，其内部结合力会减弱，从而导致强度下降。如花岗岩长期浸泡在水中，强度将下降 3% 以上。普通黏土砖和木材受影响更为显著。材料的耐水性主要与其组成成分在水中的溶解度和材料的孔隙率有关。溶解度很小或不溶的材料，其软化系数一般较大。若材料可微溶于水且含有较大的孔隙率，则其软化系数较小。

软化系数的大小表明材料浸水后强度降低的程度，软化系数的范围为 0 ～ 1。软化系数越小，说明材料吸水饱和后的强度降低越多，其耐水性越差。通常将软化系数大于 0.85 的材料看作耐水材料。软化系数的大小，有时可作为选择材料的重要依据。被水浸泡或长期处于潮湿环境中的重要建筑物或构筑物所用材料的软化系数不应低于 0.85；用于受潮较轻或次要结构物的材料，其软化系数应大于 0.75。当岩石软化系数等于或小于 0.75 时，则定为软化岩石。

5. 抗渗性

抗渗性是指材料抵抗压力水渗透的性质。材料的抗渗性常用渗透系数或抗渗等级来表示。材料渗透系数用 K_S 表示，可按式(2-16)计算：

$$K_S = \frac{Qd}{AtH} \tag{2-16}$$

式中，K_S 为材料的渗透系数(cm/h)；Q 为渗水量(cm^3)；d 为试件厚度(cm)；A 为透水面积(cm^3)；t 为时间(h)；H 为水头高度(水压)(cm)。

渗透系数 K_S 的物理意义是在一定时间内，一定的水压作用下，单位厚度的材料在单位截面积上的透水量。渗透系数越小的材料抗渗性越好。

抗渗等级常用于混凝土和砂浆等材料，是指在规定试验条件下，材料所能承受的最大水压力。

材料抗渗性的好坏，与材料的孔隙率和孔隙特征有密切关系。材料越密实、闭口孔越多、孔径越小，越难渗水；具有较大孔隙率，且孔连通、孔径较大的材料抗渗性较差。

对于地下建筑、屋面、外墙及水工构筑物等，因其常受到水的作用，所以要求材料具有一定的抗渗性。对于专门用于防水的材料，则要求具有较高的抗渗性。

6. 抗冻性

材料在吸水后，如果在负温下受冻，水在材料毛细孔内结冰，材料的体积膨胀约9.0%。冰的冻胀压力将造成材料的内应力，使材料遭到局部破坏。随着冻结和融化的循环进行，冰冻对材料的破坏作用逐步加剧，这种破坏称为冻融破坏。

抗冻性是指材料在吸水饱和状态下，能经受多次冻结和融化作用(冻融循环)而不破坏，强度又不显著降低的性质。

材料在冻融循环过程中，表面将出现裂纹、剥落等现象，造成质量损失、强度降低。这是由于材料内部孔隙中的水分结冰时体积增大对孔壁产生很大的压力，冰融化时压力又骤然消失。无论是冻结还是融化，都会在材料冻融交界层间产生明显的压力差，并作用于孔壁，导致孔壁损坏。

材料的抗冻性常用抗冻等级来表示。抗冻等级表示吸水饱和后的材料经过规定的冻融循环次数，其试件的质量损失($\leqslant 5.0\%$)或相对动弹性模量(强度损失不超过25.0%)下降符合有关规定值，采用快冻法检测。混凝土的抗冻等级以符号F表示，F后面的数字表示可经受冻融循环次数，记为F50、F100、F200、F500等。如F100表示所能承受的最大冻融循环次数不少于100次，试件的相对动弹性模量下降不低于60%或质量损失不超过5%。另外，可用慢冻法测定混凝土的抗冻标号。还可以用单面冻融法(或称盐冻法)检测混凝土的抗冻性能。

材料的抗冻性与其强度、孔隙率、孔隙特征、含水率等因素有关。材料强度越高，抗冻性越好；减少开口孔隙，增大总的孔隙率，可提高材料的抗冻性。在生产材料时常有意引入部分封闭的孔隙，如在混凝土中掺入引气剂。这些闭口孔隙可切断材料内部的毛细孔隙，使开口孔隙减少。当开口的毛细孔隙中的水结冰时，所产生的压力可将开口孔隙中尚未结冰的水挤入无水的封口孔隙中，即这些封闭孔隙可起到卸压的作用，大大提高混凝土的抗冻性能。但引入气泡后，混凝土的孔隙率增大，强度会降低。

2.1.5　材料的热工性能

1. 热容量与比热容

材料的热容量是指材料在温度变化时吸收和放出热量的能力。材料渗透系数用 Q 表示，可按式(2-17) 计算：

$$Q = cm(T_2 - T_1) = cm\Delta T \tag{2-17}$$

式中，Q 为材料吸收或放出的热量(J)；c 为材料的比热容[J/(kg · m)]；m 为材料的质量(kg)；$T_2 - T_1 = \Delta T$ 为材料受热或冷却前后的温度差(K)。

材料比热容的物理意义是 1kg 重的材料，温度每改变 1K 所吸收或放出的热量。材料的比热容用 c 表示，可按式(2-18) 计算：

$$c = \frac{Q}{m(T_2 - T_1)} = \frac{Q}{m\Delta T} \tag{2-18}$$

式中，c、Q、m、$T_2 - T_1$、ΔT 意义同前。

比热容反映了材料的吸热或放热能力的大小。不同材料的比热容不同，即使是同一种材料，若所处物态不同，则比热容也不同。例如，水的比热容为 4.18J/(kg · m)，而结冰后比热容则是 2.05J/(kg · m)。部分材料的比热容如表 2-2 所示。

表 2-2　部分材料的比热容

材料	比热容 /[J/(kg · m)]	材料	比热容 /[J/(kg · m)]
钢材	0.48	混凝土	0.88
松木	2.72	花岗岩	0.82
玻璃	0.84	铜	0.38
空气	1.0	水	4.18

材料的比热容对建筑物内部温度稳定有很大影响。比热容大的材料，能吸收或者储存较大的热量，在热流变动或采暖设备供热不均匀时，可以缓和室内的温度波动。材料的导热系数也是设计建筑物围护结构(墙体、屋盖) 进行热工计算时的重要参数。因此，设计建筑物维护结构时，应选用导热系数小而热容量较大的土木工程材料，以保持建筑物室内温度的稳定性。同时，导热系数也是工业窑炉热工计算和确定冷藏库绝热层厚度时的重要数据。

2. 导热性

导热性是指材料两侧有温差时材料将热量由温度高的一侧向温度低的一侧传递的能力，简称传导热的能力。材料的导热性以导热系数(也称热导率)λ 表示，其含义是当材料两侧的温差为 1K 时，在单位时间(1s 或 1h) 内，通过单位面积($1m^2$) 并透过单位厚度(1m) 的材料所传导的热量。可按式(2-19) 计算：

$$\lambda = \frac{Qd}{At(T_2 - T_1)} \tag{2-19}$$

式中，λ 为材料的导热系数[W/(m · K)]；Q 为传导的热量(J)；d 为材料的厚度(m)；A 为材料的传热面积(m^2);t 为传热时间(s);T_2-T_1 为材料两侧的温度差(K)。

材料的导热系数是评价材料保温隔热性能的参数。材料的导热系数越大,其导热性越强,绝热性越差;土木工程材料的导热性差别很大,通常把 $\lambda \leqslant 0.23\text{W}/(\text{m}\cdot\text{K})$ 的材料称为绝热材料。

2.8 孔隙率与保温性能

材料的导热性与其结构和组成、含水率、孔隙率及孔隙特征等有关,且与材料的表观密度有很好的相关性。固体热导率最大,液体次之,气体最小,一般非金属材料的绝热性优于金属材料;材料的表观密度小,孔隙率大,闭口孔多,孔分布均匀,孔尺寸小,含水率小时,其导热性差,而绝热性好。部分土木工程材料的导热系数如表 2-3 所示。

表 2-3　部分土木工程材料的导热系数

材料	导热系数 /[W/(m·K)]	材料	导热系数 /[W/(m·K)]
木屑	0.05	PVC	0.16
聚苯乙烯	0.08	单层玻璃	6.2
青铜	32 ~ 153	双层中空玻璃	3.26
矿渣棉	0.05 ~ 0.14	单层中空玻璃	2.22
胶合板	0.125	钢材	58.2
普通松木	0.08 ~ 0.11	铝合金	203
石英玻璃	1.46	花岗岩	2.68 ~ 3.35
水	0.58	密闭空气	0.023
纸	12	石棉	0.16 ~ 0.37

温度和湿度对导热系数也会有影响。通常所说的材料导热系数是指干燥状态下的导热系数,材料一旦吸水或受潮,由于水和冰的导热系数比空气的导热系数大很多,则导热系数会显著增大,绝热性变差。因此,绝热材料应经常处于干燥状态,以利于发挥材料的绝热效应。

单位时间内通过单位面积的热量,称为热流强度,以 q 表示。可按式(2-20)计算:

$$q=\frac{T_1-T_2}{d/\lambda}=\frac{T_1-T_2}{R} \tag{2-20}$$

在热工设计中,将 d/λ 称为材料层的热阻,用 R 表示,其单位为$(\text{m}^2\cdot\text{K})/\text{W}$,热阻 R 可用来表明材料层抵抗热流通过的能力,在同样温差条件下,热阻越大,通过材料层的热量越小。热阻或热导率是评定材料绝热性能的主要指标。

3. 温度变形性

物体的体积或长度随着温度的升高而增大的现象称为热膨胀。固体在温度升高时,固体各种线度(如长度、宽度、厚度、直径等)都要增长,这种现象叫做固体的线膨胀。线膨胀系数是指温度升高 1℃ 后,物体的相对伸长。线膨胀系数是衡量材料的热稳定性好坏的一个重要指标。降低材料的线膨胀系数,可提高材料的热稳定性及安全性。

设试体在一个方向的长度为 L，当温度从 T_1 上升到 T_2 时，长度也从 L_1 上升到 L_2，则平均线膨胀系数 α，可按式(2-21) 计算：

$$\alpha = \frac{L_2 - L_1}{L_1(T_2 - T_1)} = \frac{\Delta L}{L \Delta T} \tag{2-21}$$

固体的线膨胀大小和温度有关，无机非金属材料的线膨胀系数并不是一个常数，其随着温度稍有变化，通常随温度升高而增大。材料的平均线膨胀系数应标明温度范围，如表 2-4 所示。实验表明：在温度变化不大时，固体在某一方向的伸长量与温度的增加量成正比，还与物体的原长成正比。无机材料的线膨胀系数一般都不大，数量级约为$(10^{-5} \sim 10^{-6})$/K。

表 2-4　材料的线膨胀系数

材料名称	不同温度范围的线膨胀系数 /(10^{-6}/K)	
	20℃	22 ～ 24℃
水泥 / 混凝土	10 ～ 14	—
砖	9.5	—
橡木 / 硬橡皮	64 ～ 77	—
铝合金	—	—
铸铁	—	8.7 ～ 11.1
碳钢	—	10.6 ～ 12.2

由两种材料叠合连接而成的物体，由于这两种材料的线膨胀值不同，当温度变化时，若仍连接在一起，体系中要采用一个中间膨胀值，从而使一种材料中产生压应力，而另一种材料中产生大小相等的张应力。利用这个特性，可以增加制品的强度，如夹层玻璃。

2.9 火灾下的混凝土结构破坏

在土木工程中，对材料的温度变形大多关心其某一单向尺寸的变化，因此，研究其平均线膨胀系数具有实际意义。材料的线膨胀系数与材料的组成和结构有关，通常会通过选择合适的材料来满足工程对温度变形的要求。

4. 耐燃性

耐燃性是指在发生火灾时，材料抵抗和延缓燃烧的性质，又称防火性。根据耐燃性，可将材料分为非燃烧材料(如混凝土、钢材、石材)、难燃材料(如沥青混凝土、水泥刨花板)和可燃材料(如木材、竹材)。根据建筑物不同部位的使用特点和重要性，可选择具有不同耐燃性的材料。

《建筑材料及制品燃烧性能分级》(GB 8624—2012) 中将建筑材料及建筑用制品划分为四个等级：A 级、B1 级、B2 级、B3 级。其中，A 级为不燃材料(制品)，B1 级为难燃材料(制品)，B2 级为可燃材料(制品)，B3 级为易燃材料(制品)。在分级中，特别考虑了燃烧的热值、火灾发展速率、烟气产生率等燃烧特性要素。

热值是单位质量物质燃烧所产生的热能量，以 J/kg 为单位。当燃烧结束且所产生的全部水分都已凝结时材料的热值称为总热值。烟气产生率是材料在产烟过程中进入空间的质量相对于材料总质量的百分率，它是一种反映材料热分解或燃烧进行程度的参数。

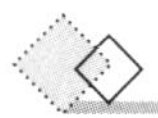

【案例分析 2-1】加气混凝土砌块吸水

概况：某施工队原使用普通烧结黏土砖，后改为表观密度为700kg/m的加气混凝土砌块。在抹灰前采用同样的方式往墙上浇水，发现原使用的普通烧结黏土砖易吸足水量，但加气混凝土砌块表面看来浇水不少，而实则吸水不多。

原因分析：加气混凝土砌块虽多孔，但其气孔大多数为“墨水瓶”结构，肚大口小，毛细管作用差，只有少数孔是水分蒸发形成的毛细孔，因此吸水及导湿均缓慢。材料的吸水性不仅要看孔的数量，还需看孔的结构。

2.2 材料的基本力学性质

材料的力学性质是指材料受外力作用时的变形行为及抵抗变形和破坏的能力，是选用土木工程材料时优先考虑的基本性质，通常包括强度、弹性、塑性、脆性、韧性、硬度、耐磨性等。土木工程材料的力学性质可以采用相应的试验设备和仪器，按照相关标准规定的方法和程序测出。材料力学性质的表征指数与材料的化学组成、晶体排列、晶粒大小、结构构成、外力特性、温度、加工方式等一系列内、外因素有关。

2.2.1 材料强度与强度等级

1. 强度

强度指材料抵抗力破坏的能力。当一个物体受到拉或压作用时，就认为该物体受到力的作用。如果力来自物体的外部，则称为荷载。当材料受荷载作用时，内部就会产生抵抗荷载作用的内力，叫做应力，在数值上等于荷载除以受力面积，单位是 N/mm^2 或 MPa。荷载增大时，材料内部的抵抗力即应力也相应增加，当该应力值达到材料内部质点间结合力的最大值时材料破坏。因此，材料的强度即为材料内部抵抗破坏的极限荷载。

不同材料在力作用下破坏时表现出不同的特征，一般情况下可能出现下列两种情况之一：一种是应力达到一定值时出现较大的不可恢复的变形，则认为该材料被破坏，如低碳钢的屈服；另一种是应力达到极限值而出现材料断裂，几乎所有脆性材料的破坏都属于这种情况。

材料强度与材料的组成、结构以及构造有很大关系，决定固体材料强度的内在因素是材料结构质点（原子、离子或分子）之间的相互作用力。如以共价键或离子键结合的晶体，其质点间结合力很强，因而具有较高的强度。以分子键结合的晶体，其结合力较弱，强度较低。材料的最高理论抗拉强度 f_{max}，可按式(2-22)计算：

$$f_{\max} = \sqrt{\frac{E\gamma}{d}} \tag{2-22}$$

式中，$f_{\max}$ 为最高理论抗拉强度(MPa)；E 为纵向弹性模量(MPa)；γ 为材料的表面能(J/m^2)；d 为原子间的距离(m)。

对于土木工程材料而言，其实际强度总是远小于理论强度。这是由于材料实际结构都存在许多缺陷，如晶格的位错、杂质、孔隙、微裂缝等。当材料受外力作用时，在裂缝尖端周围产生应力集中，局部应力将大大超过平均应力，导致裂缝扩展而引起材料破坏。这些都会导致工程处于不安全状态。因而，在土木工程材料设计中必须有一个与材料有关的安全系数。

根据外力作用方式的不同，材料强度有抗压强度、抗拉强度、抗弯强度及抗剪强度等(见图 2-4)。材料的抗压、抗拉及抗剪强度[见图 2-4(a)(b)(c)]，按式(2-23)计算：

$$f = \frac{F}{A} \tag{2-23}$$

式中，f 为材料抗压、抗拉或抗剪强度(MPa)；F 为材料能承受的最大荷载(N)；A 为材料的受力面积(mm^2)。

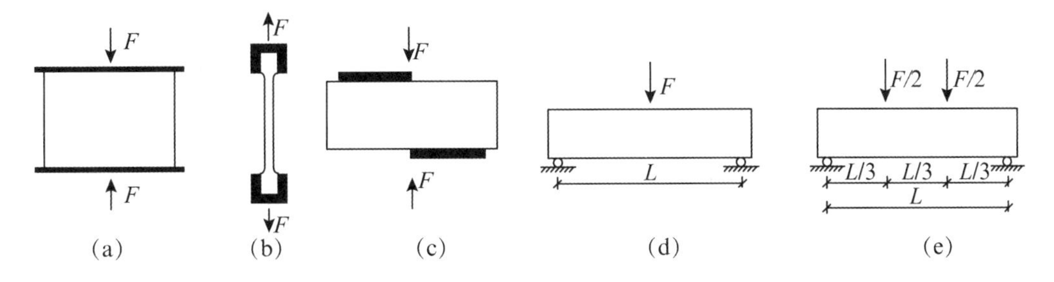

图 2-4　材料受力

矩形材料的抗弯强度与受力情况有关，当外力作用于构件中央一点的集中荷载，且构件有两个支点[见图 2-4(d)]，材料截面为矩形时，抗弯强度用 f_m 来表示，可按式(2-24)计算：

$$f_m = \frac{3FL}{2bh^2} \tag{2-24}$$

式中，f_m 为材料的抗弯(抗折)强度(MPa)；F 为材料能承受的最大荷载(N)；L 为两个支点间的距离(mm)；b 为试件截面宽度(mm)；h 为试件截面高度(mm)。

抗弯强度试验的方法在跨度的三分点上作用两个相等的集中荷载[见图 2-4(e)]，这时材料的抗弯强度 f_m 按式(2-25)计算：

$$f_m = \frac{FL}{bh^2} \tag{2-25}$$

结构类型与状态不同的材料，对不同受力形式的抵抗能力可能不同，特别是材料的宏观构造不同时，其强度差别可能很大。对内部构造非均质的材料，其不同方向的强度，或不同外力作用形式下的强度表现会有明显的差别。例如，水泥混凝土、砂浆、砖、石材等非均质材料的抗压强度较高，而抗拉、抗折强度却很低。土木工程常用结构材料的强度值范围如表 2-5 所示。

表 2-5　土木工程常用结构材料的强度值范围

材料	抗压强度 /MPa	抗拉强度 /MPa	抗弯（折）强度 /MPa	抗剪强度 /MPa
钢材	215 ～ 1600	215 ～ 1600	—	200 ～ 355
普通混凝土	10 ～ 60	1 ～ 4	1 ～ 10	2.0 ～ 4.0
烧结普通砖	7.5 ～ 30	—	1.8 ～ 4.0	1.8 ～ 4.0
花岗岩	100 ～ 250	7 ～ 25	10 ～ 40	13 ～ 19
石灰岩	30 ～ 250	5 ～ 25	2 ～ 20	7 ～ 14
玄武岩	150 ～ 300	10 ～ 30	—	20 ～ 60
松木（顺纹）	30 ～ 50	80 ～ 120	60 ～ 100	6.3 ～ 6.9

材料的强度本质上就是其内部质点间结合力的表现。不同的宏观或细观结构，往往对材料内质点间结合力的特性具有决定性的作用，使材料表现出不同的宏观强度或变形特性。影响材料强度的内在因素有很多，首先材料的组成决定了材料的力学性质，不同化学组成或矿物组成的材料，具有不同的力学性质。其次是材料结构的差异，如结晶体材料中质点的晶型结构、晶粒的排列方式、晶格中存在的缺陷情况等，非结晶体材料中的质点分布情况、存在的缺陷或内应力等，凝胶结构材料中凝胶粒子的物理化学性质、粒子间黏结的紧密程度、凝胶结构内部的缺陷等，宏观状态下材料的结构类型、颗粒间的接触程度、黏结性质、孔隙等缺陷的多少及分布情况等。通常，材料内质点间的结合力越强、孔隙率越小、孔分布越均匀或内部缺陷越少时，材料的强度可能越高。此外，有很多测试条件会对强度结果产生影响，主要包括：

（1）含水状态：大多数材料被水浸湿后或吸水饱和状态下的强度低于干燥状态下的强度。这是由于水分被组成材料的微粒表面吸附，形成水膜，增大了材料内部质点间距离，材料体积膨胀，削弱了微粒间的结合力。

（2）温度：温度升高，材料内部质点的振动加强，质点间距离增大，质点间的作用力减弱，材料的强度降低。

（3）试件的形状和尺寸：相同的材料及形状，小尺寸试件的强度高于大尺寸试件的强度；相同的材料及受压面积，立方体试件的强度要高于棱柱体试件的强度。

（4）加荷速度：加荷速度大时，由于变形速度落后于荷载增长速度，故测得的强度值偏高；反之，因材料有充裕的变形时间，测得的强度值偏低。

（5）受力面状态：试件受力表面不平整或表面润滑时，所测强度值偏低。

由此可知，材料的强度是在特定条件下测定的数值。为了使试验结果准确，且具有可比性，各个国家制定了统一的材料试验标准。在测定材料强度时，必须严格按照规定的试验方法进行。强度是大多数材料划分等级的依据。

2. 强度等级

土木工程材料常按其强度值的大小划分为若干个强度等级，即材料的强度等级。将土木工程材料划分为若干强度等级，对掌握材料性质、合理选用材料、正确进行设计和控制工程质量

都非常重要。同时，根据各种材料的特点，组成复合材料，扬长避短，对产品质量和经济效益是非常有益的。混凝土、砌筑砂浆、普通砖、石材等脆性材料，主要用于抗压，因而以抗压强度来划分等级；建筑钢材主要用于抗拉，以表示抗拉能力的屈服点为划分等级的依据。

强度是材料的实测极限应力值，是唯一的；而每一个强度等级则包含一系列实测强度。如烧结普通砖按抗压强度分为 MU10 ～ MU30 共五个强度等级；硅酸盐水泥按 28d 的抗压强度和抗折强度分为 42.5 级 ～ 62.5 级共三个强度等级，普通混凝土按其抗压强度分为 C10 ～ C100 共 19 个强度等级。根据标准规定对土木工程材料划分强度等级，对生产者和使用者均有重要意义，它可使生产者在控制质量时有据可依，从而保证产品质量；对使用者而言，则有利于掌握材料的性能指标，以便合理选用材料，正确地进行设计和便于控制工程施工质量。

比强度是指按单位体积质量计算的材料强度，即材料的强度与其表观密度之比。它是衡量材料轻质高强特性的重要物理参数。比强度越高，表明材料越轻质高强。应注意的是，不同材料主要承受外力作用的方式不同，所采用的强度也不同。如钢材比强度采用屈服强度，而混凝土、砂浆等采用抗压强度。用比强度评价材料时应特别注意所采用的强度类型。

结构材料在土木工程中的主要作用就是承受结构荷载。对多数结构物来说，相当一部分的承载能力用于抵抗本身或其上部结构材料的自重荷载，只有剩余部分的承载能力才用于抵抗外荷载。为此提高材料承受外荷载的能力，不仅应提高其强度，还应减轻其自重；材料必须具有较高的比强度值，才能满足高层建筑及大跨度结构工程的要求。几种土木工程结构材料的比强度值如表 2-6 所示。

表 2-6　几种土木工程结构材料的比强度值

材料(受力状态)	强度 /MPa	表观密度 /(kg/m^3)	比强度
玻璃钢(抗弯)	450	2000	0.225
低碳钢	420	7850	0.054
铝合金	450	2800	0.160
铝材	170	2700	0.063
花岗岩(抗压)	175	2550	0.069
石灰岩(抗压)	140	2500	0.056
松木(顺纹抗拉)	100	500	0.200
普通混凝土(抗压)	40	2400	0.017
烧结普通砖(抗压)	10	1700	0.006

2.2.2　材料弹性与塑性

弹性指材料在外力作用下产生变形，当外力取消后，能够完全恢复原来形状的性质。这种可完全恢复的变形称为弹性变形[见图 2-5(a)]。弹性变形的变形量与对应的应力大小成正比，其比例系数用弹性模量 E 来表示。在材料的弹性范围内，弹性模量是一个不变的常数，按式(2-26)计算：

2.10 新、旧弹簧秤与买卖利润

$$E=\frac{\sigma}{\varepsilon} \tag{2-26}$$

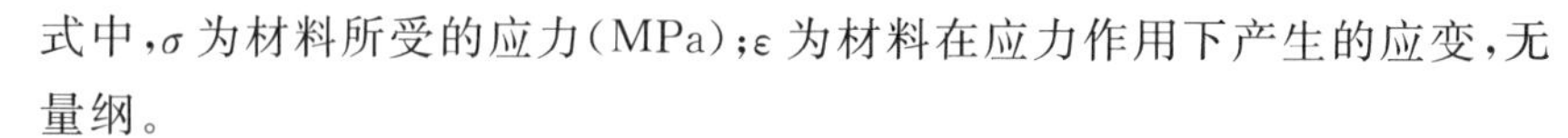

式中，σ 为材料所受的应力(MPa)；ε 为材料在应力作用下产生的应变，无量纲。

弹性模量是衡量材料抵抗变形能力的指标之一，弹性模量越大，在一定应力作用下，材料弹性变形越小，即材料的刚度越大。

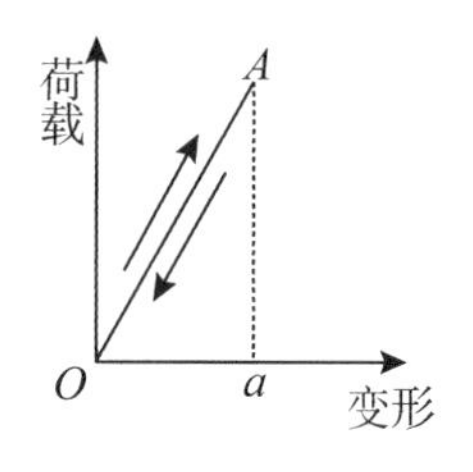

(a) 弹性变形曲线

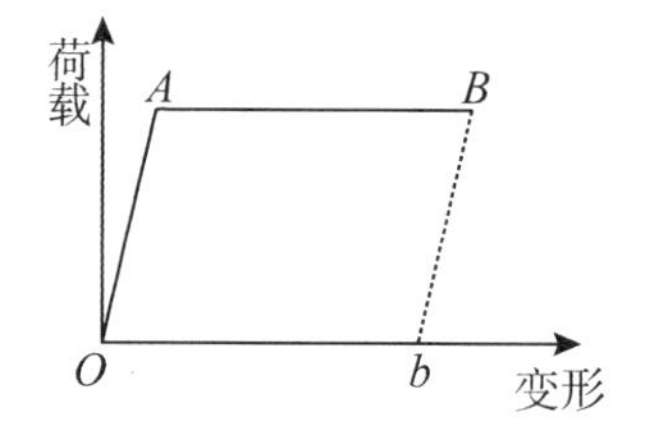

(b) 塑性变形曲线

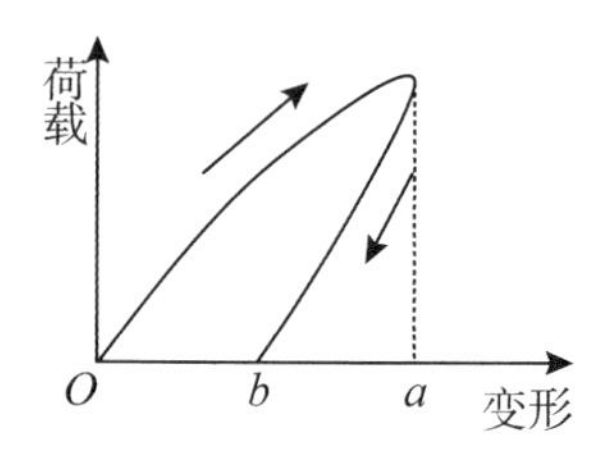

(c) 弹塑性变形曲线

图 2-5 材料在荷载作用下的变形曲线

材料的弹性模量是土木工程结构设计和变形验算所依据的主要参数之一，几种常用土木工程材料的弹性模量值如表 2-7 所示。

表 2-7 几种常用土木工程材料的弹性模量值

材料	低碳钢	普通混凝土	烧结普通砖	木材	花岗岩	石灰岩	玄武岩
弹性模量 /(10^4 MPa)	21	1.45～3.60	0.3～0.5	0.6～1.2	200～600	60～100	100～800

材料在外力作用下产生变形，在其内部质点间不断开的情况下，外力去除后仍保持变形后的形状和大小的性质就是塑性，这种不可恢复的变形称为塑性变形[见图 2-5(b)]。

一般认为，材料的塑性变形是内部的剪应力作用致使某些质点间产生相对滑移的结果。当所受外力很小时，材料几乎不产生塑性变形，只有当外力的大小足以使材料内质点间的剪应力超过其相对滑移所需要的应力时，才会产生明显的塑性变形；而且当外力超过一定值，外力不再增加时变形继续增加。在土木工程中，当材料所产生的塑性变形过大时，就可能导致其丧失承载能力。

许多材料的塑性往往受温度的影响较明显，通常较高温度下更容易产生塑性变形。有时，工程实际中也可利用材料的这一特性来获得某种塑性变形。例如在土木工程材料的加工或施工过程中，经常利用塑性变形使材料获得所需要的形状或使用性能。

完全的弹性材料是没有的，有的材料在受力不大的情况下，表现为弹性变形，但受力超过一定限度后，则表现为塑性变形，如钢材；有的材料在受力后，弹性变形与塑性变形同时产生，如果取消外力，则弹性变形部分可以恢复，而塑性变形部分则不能恢复，如混凝土。

大多数材料在受力时既有弹性变形，又有塑性变形。有的材料在受力一开始，弹性变形和塑性变形便同时发生，除去外力后，如图 2-5(c) 所示，弹性变形可以恢复(ab)，而塑性

变形(Ob)不会消失,这类材料称为弹塑性材料。弹塑性变形发生在不同的材料,或同一材料的不同受力阶段,可能以弹性变形为主,也可能以塑性变形为主。

2.2.3　脆性与韧性

脆性指材料在外力作用下,无明显塑性变形而突然破坏的性质。具有这种性质的材料称为脆性材料。脆性材料的抗压强度比其抗拉强度往往要高很多倍。它对承受振动作用和抵抗冲击荷载是不利的。砖、石材、陶瓷、玻璃、混凝土、铸铁等都属于脆性材料。

脆性材料有三个特征:具有很高的弹性模量,这样在外力作用下变形较小;塑性变形很小;会发生低应力破坏,即破坏时应力明显低于材料强度。有很多表示材料脆性的方法,如抗拉强度与抗压强度之比、极限应变与弹性应变之比,以及材料破坏时单位面积所需要的断裂能等。

2.11 韧性材料与脆性材料区别

韧性指在冲击或振动荷载作用下,材料能够吸收较大的能量,同时也能产生一定的变形而不破坏的性质。材料的韧性是用冲击试验来检验的,因而又称为冲击韧性,它用材料受荷载达到破坏时所吸收的能量 α_k 来表示,可按式(2-27)来计算:

$$\alpha_k = \frac{A_k}{A} \tag{2-27}$$

式中,α_k 为材料的冲击韧性值(J/mm^2);A_k 为材料破坏时所吸收的能量(J);A 为材料受力截面积(mm^2)。

桥梁、路面、工业厂房等土木工程的受振结构部位,应选用韧性较好的材料。常用的韧性材料有低碳钢、低合金钢、铝材、橡胶、塑料、木材、竹材等,玻璃钢等复合材料也具有优良的韧性。

2.2.4　硬度与耐磨性

硬度是指材料表面抵抗其他物体压入或刻划的能力。一般情况下,硬度大的材料强度高、耐磨性较强,但不易加工。

工程中用于表示材料硬度的指标有多种,对金属、木材等材料常用压入法检测其硬度,其方法分别有洛氏硬度(HR,它是以金刚石圆锥或圆球的压痕深度计算求得的硬度值)、布氏硬度(HB,它是以压痕直径计算求得的硬度值)等。天然矿物材料的硬度常用摩氏硬度表示,它是以两种矿物相互对刻的方法确定的矿物的相对硬度,并非材料绝对硬度的等级,其硬度的对比标准分为十级,由软到硬依次为滑石、石膏、方解石、萤石、磷灰石、正长石、石英、黄玉、刚玉、金刚石,磨光天然石材的硬度常用肖氏硬度计检测。

耐磨性是材料表面抵抗磨损的能力,常以磨损率 G 表示,可按式(2-28)来计算:

$$G = \frac{m_1 - m_2}{A} \tag{2-28}$$

式中,G 为材料的磨损率(g/cm^2);m_1、m_2 为材料磨损前后的质量损失(g);A 为材料试件受磨面积(cm^2)。

2.12 强度、耐磨性与硬度关系

材料的磨损率 G 值越低，表明该材料的耐磨性越好，一般硬度较高的材料，耐磨性也较好。土木工程中有些部位经常受到磨损，如路面、地面等。选择这些部位的材料时，材料的耐磨性应满足工程的使用寿命要求。材料的耐磨性与材料的组成结构及强度、硬度有关。在土木工程中，道路路面、工业地面等受磨损的部位，选择材料时需考虑耐磨性。

2.3 材料的耐久性

材料在长期使用过程中，抵抗周围各种介质的侵蚀而保持其原有性能不变、不破坏的性质称为材料的耐久性。随着社会的发展，人们对土木工程材料的耐久性越加重视，提高土木工程材料耐久性就是延长工程结构的使用寿命。

耐久性是材料的一种综合性质的评述，诸如抗冻性、抗风化、抗老化、耐化学腐蚀性等，均属于耐久性的范畴。此外，材料的强度、抗渗性、耐磨性等也与材料的耐久性有密切关系。

2.13 材料耐久性生物破坏案例

材料在使用过程中，除受到各种外力的作用外，还受到周围环境和各种自然因素的破坏作用。这些破坏作用一般可分为物理作用、化学作用、机械作用和生物作用等。

1. 物理作用

产生物理作用的因素主要有干湿交替、温度变化、冻融循环等，这些因素会使材料体积产生膨胀或收缩，或导致内部裂缝的扩展，长期反复作用将使材料产生破坏。

2. 化学作用

化学作用指酸、碱、盐等物质的水溶液或有害气体对材料产生的侵蚀作用，化学作用可使材料的组成成分发生质的变化，从而引起材料的破坏，如钢材锈蚀等。

3. 机械作用

机械作用指材料在使用过程中受到各种冲击、磨损等，机械作用的本质是力的作用。

4. 生物作用

生物作用指材料受到虫蛀或菌类的腐朽作用而产生的破坏。如木材等有机质材料常会受到这种破坏作用。

土木工程中材料的耐久性与破坏因素的关系如表 2-8 所示。

表 2-8 土木工程材料耐久性与破坏因素的关系

耐久性内容	破坏因素	具体原因	评定指标
抗渗性	物理作用	压力水	渗透系数、抗渗等级
抗冻性	物理作用	冻融作用	抗冻等级

续　表

耐久性内容	破坏因素	具体原因	评定指标
抗化学侵蚀性	化学作用	酸碱盐作用	*
抗碳化性	化学作用	二氧化碳、水	碳化深度
碱集料反应	物理、化学作用	活性集料、碱、吸水作用	膨胀率
抗老化性	化学作用	阳光、空气、水、温度	*
冲磨气蚀	物理作用	流水、泥沙、机械力	磨蚀率
锈蚀	物理、化学作用	氧气、水、氯离子	锈蚀率
虫蛀	生物作用	昆虫	*
耐热	物理、化学作用	冷热交替	*
腐朽	生物作用	氧气、水、细菌等	*
耐火	物理、化学作用	高温、火焰	*

注：* 表示可参考强度变化率、开裂情况、变形情况、破坏情况等进行评定。

由此看来，影响材料耐久性的因素主要有外因与内因两个方面。影响材料耐久性的内在因素主要有材料的组成与结构、强度、孔隙率、孔特征、表面状态等。当材料的组成和结构特点不能适应环境要求时便容易过早地产生破坏。影响材料耐久性的外在因素主要有环境中的温度、湿度、龄期、施工技术人员素质和施工方式、方法等。

在进行土木工程结构设计中，必须充分考虑材料的耐久性。为了提高材料的耐久性，以利于延长建筑物的使用寿命和减少维修费用，可根据使用情况和材料特点，采取相应的措施。如设法减轻大气或周围介质对材料的破坏作用(降低温度、排除侵蚀性物质等)，提高材料本身对外界作用的抵抗能力(提高材料的密实度、采取防腐措施等)，也可用其他材料保护主体材料免受破坏(覆面、抹灰、刷涂料等)。

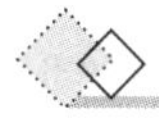

【案例分析2-2】水池壁崩塌

概况：某市自来水公司一号水池建于山上，交付使用九年半后的一天，池壁突然崩塌，造成39人死亡，6人受伤。该水池使用的是冷却水，输入池内水温达41℃。该水池为预应力装配式钢筋混凝土圆形结构，池壁由132块预制钢筋混凝土板拼装，接口外部分有泥土。板块间接缝处用细石混凝土二次浇筑，外绕钢丝，再喷射砂浆保温层，池内壁未做防渗层，只在接缝处向两侧各延伸5cm范围内刷两道素水泥浆。

原因分析：

① 池内水温高，增强了水对池壁的腐蚀能力，导致池壁结构过早破损。

② 预制板接缝面未打毛，清洗不彻底，故部分留有泥土；且接缝混凝土振捣不实，部分有蜂窝麻面，其抗渗能力大大降低，使水分浸入池壁，并与钢丝产生电化学反应。事实上，所有钢丝已严重锈蚀，有效截面减小，抗拉强度下降，以致断裂，使池壁倒塌。

③ 设计方面亦存在考虑不周的问题，且未能及时发现钢丝严重锈蚀等问题。

2.4 材料的组成、结构和构造

材料的组成、结构和构造是决定材料性质的内在因素。要了解材料的性质,必须先了解材料的组成、结构和构造与材料性质之间的关系。

2.4.1 材料的组成

2.14 石墨与金刚石

材料的组成包括材料的化学组成、矿物组成和相组成,它是决定材料的化学性质、物理性质、力学性质和耐久性的最基本因素。

1. 化学组成

化学组成是指构成材料的化学元素及化合物的种类与数量。金属材料的化学组成用主要元素的含量来表示,无机非金属材料用各种氧化物的含量来表示,有机高分子材料用基元(由一种或几种简单的低分子化合物重复连接而成,例如聚氯乙烯由氯乙烯单体聚合而成)来表示。

当材料处于某种环境中,材料与环境中的物质必然按化学变化规律发生作用,这些作用是由材料的化学组成决定的。例如钢材放置在空气中,空气中的水分和氧在时间的作用下与钢材中的铁元素发生反应形成氧化物,造成钢材锈蚀破坏。但是,在钢材中加入铬和镍的合金元素改变其化学元素组成就可以增加钢材的抗锈蚀能力。土木工程中可根据材料的化学组成来选用材料,或根据工程对材料的要求,调整或改变材料的化学组成。

2. 矿物组成

通常将无机非金属材料具有一定化学成分、特定的晶体结构以及物理力学性能的单质或化合物称为矿物。矿物组成是指构成材料的矿物种类和数量。材料的矿物组成是决定材料性质的主要因素。无机非金属材料通常以矿物的形式存在,而非以元素或化合物的形式存在。化学组成相同时,若矿物组成不同,材料的性质也会不同。例如化学组成为二氧化硅、氧化钙的原料,经加水搅拌混合后,在常温下硬化成石灰砂浆,而在高温高湿下将硬化成灰砂砖,由于两者的矿物组成不同,其物理性质和力学性质也截然不同。又如水泥,即使化学组成相同,如果其熟料矿物组成不同或含量不同,也会使水泥的硬化速度、水化热、强度、耐腐蚀性等产生很大的差异。

3. 相组成

材料中结构相近、性质相同的均匀部分称为相。自然界中的物质可分为气相、液相、固相三种形态。同种物质在不同的温度、压力等环境条件下,常常会转变其存在的状态,一般称为相变。土木工程材料中,同种化学物质由于加工工艺不同,温度、压力等环境条件不同,可形成不同的相,例如气相转变为液相或者固相。例如,铁碳合金中就有铁素体、渗碳体、珠光体。土木工程材料大多数是多相固体材料,这种由两相或两相以上的物质组成的

材料称为复合材料。例如，混凝土可认为是由集料颗粒（集料相）分散在水泥浆体（基相）中所组成的两相复合材料。

复合材料的性质与构成材料的相组成和界面特性有密切关系。所谓界面是指多相材料中相与相之间的分界面。在实际材料中，界面是一个各种性能尤其是强度性能较为薄弱的区域，它的成分和结构与相内的部分是不一样的，可作为“相界面”来处理。因此，对于土木工程材料，可通过改变和控制其相组成和界面特性来改善和提高材料的技术性能。

2.4.2　材料的结构

材料的性质除与材料组成有关外，还与其结构有密切关系。材料的结构泛指材料各组成部分之间的结合方式、排列分布的规律。通常，按材料结构的尺寸范围，可分为宏观结构、细观结构和微观结构。

1. 宏观结构

材料的宏观结构是用肉眼或一般显微镜就能观察到的外部和内部的结构，其尺度范围在 10^{-3} m 级以上。材料的性质与其宏观结构有着密切的关系，材料结构可以影响材料的体积密度、强度、导热系数等物理力学性能。材料的宏观结构不同，即使材料的组成或微观结构相同或相似，材料的性质与用途也不同，例如玻璃和泡沫玻璃的组成相同，但宏观结构不同，其性质截然不同，玻璃用作采光材料，泡沫玻璃用作绝热材料。

孔是材料中较为奇特的组成部分，它的存在并不会影响材料的化学组成和矿物组成，但明显影响材料的使用性能。

(1) 按材料宏观孔特征的不同，可将材料划分为如下宏观结构类型。

① 致密结构：是指基本上无宏观层次空隙存在的结构。建筑工程中所用材料属于致密结构的主要有金属材料、玻璃、沥青等，部分致密的石材也可认为是致密结构。这类材料强度和硬度高，吸水性小，抗冻性和抗渗性好。

② 多孔结构：是指孔隙较为粗大，且数量众多的结构，如加气混凝土砌块、泡沫混凝土、泡沫塑料及其他人造轻质多孔材料等属于多孔结构。这类材料质量轻，保温隔热，吸声隔声性能好。

③ 微孔结构：是指具有微细孔隙的结构，如石膏制品、蒸压灰砂砖等属于微孔结构。

(2) 按材料存在状态和构造特征的不同，可将材料划分为如下宏观结构类型。

① 纤维结构：指由木纤维、玻璃纤维、矿物纤维等纤维状物质构成的材料结构。其特点在于主要组成部分呈纤维状。如果纤维呈规则排列则具有各向异性，即平行纤维方向与垂直纤维方向的强度、导热系数等性质都具有明显的方向性。平行纤维方向的抗拉强度和导热系数均高于垂直纤维方向。木材、玻璃钢、岩棉、钢纤维增强水泥混凝土、纤维增强水泥制品等都属于纤维结构。

② 层状结构：指天然形成或采用黏结等方法将材料叠合成层状的材料结构。它既具有聚集结构黏结的特点，又具有纤维结构各向异性的特点。这类结构能够提高材料的强度、硬度和保温、装饰等性能，扩大材料使用范围。胶合板、纸面石膏板、蜂窝夹芯板、新型节能复合墙板等都是层状结构。

③ 散粒结构：指松散颗粒状的材料结构。其特点是松散的各部分不需要采用黏结或其他方式连接，而是自然堆积在一起，如用于路基的黏土、砂、石，用于绝缘材料的粉状或粒状填充料等。

④ 聚集结构：指散粒状材料通过胶凝材料黏结而成的材料结构。其特点在于包含胶凝材料和散粒状材料两部分，胶凝材料的黏结能力对其性能有较大影响。水泥混凝土、砂浆、沥青混凝土、木纤维水泥板、蒸压灰砂砖等均可视为聚集结构。

2. 细观结构

材料的细观结构(亚微观结构)是指用光学显微镜所能观察到的结构，是介于宏观和微观之间的结构，其尺度范围在 $10^{-3}\sim10^{-6}$ m。土木工程材料的细观结构，应针对具体材料分类研究。对于水泥混凝土，通常是研究水泥石的孔隙结构及界面特性等；对于金属材料，通常是研究其金相组织、晶界及晶粒尺寸等；对于木材，通常是研究其木纤维、导管、髓线组织等。

材料细观结构层次上各种组织的特征、数量、分布和界面性质对材料的性能有重要影响。例如，钢材的晶粒尺寸越小，钢材的强度越高。又如混凝土中毛细孔的数量减少、孔径减小，将使混凝土的强度和抗渗性等提高。因此，对于土木工程材料而言，从显微结构层次上研究并改善材料的性能十分重要。

3. 微观结构

材料的微观结构是指原子或分子层次的结构。在微观结构层次上的观察和研究，需借助电子显微镜、X 射线、振动光谱和光电子能谱等来分析研究该层次上的结构特征。一般认为，微观结构尺寸范围为 $10^{-6}\sim10^{-10}$ m。在微观结构层次上，固体材料可分为晶体、玻璃体、胶体等。

(1) 晶体：是指材料的内部质点(离子、原子、分子)呈现规则排列的，具有一定结晶形状的固体。因其各个方向的质点排列情况和数量不同，故晶体具有各向异性，如结晶完好的石英晶体各方向上导热性能不同。然而，许多晶体材料是由大量排列不规则的晶粒组成的，因此，所形成的材料在宏观上又具有各向同性的性质，如钢材。

按晶体质点及结合键的特性，可将晶体分为原子晶体、离子晶体、分子晶体和金属晶体四种类型。不同类型的晶体所组成的材料表现出不同的性质。

① 原子晶体：是由中性原子构成的晶体，其原子间由共价键来联系。原子之间靠数个共用电子结合，具有很大的结合能，故结合比较牢固。这种晶体的强度、硬度与熔点都是比较高的，密度小。石英、金刚石、碳化硅等属于原子晶体。

② 离子晶体：是由正、负离子所构成的晶体。离子是带电荷的，他们之间靠静电吸引力(库伦引力)所形成的离子键来结合。离子晶体一般比较稳定，其强度、硬度、熔点较高，但在溶液中会离解成离子，密度中等，不耐水。NaCl、KCl、CaO、$CaSO_4$ 等属于离子晶体。

③ 分子晶体：是依靠范德华力进行结合的晶体。范德华力是中性的分子由于电荷的非对称分布而产生的分子极化，或是因电子运动而发生的短暂极化所形成的一种结合力。因为范德华力较弱，故分子晶体硬度小、熔点低、密度小。大部分有机化合物属于分子晶体。

④ 金属晶体：是由金属阳离子排列成的具有一定形式的晶格，如体心立方晶格、面心立方晶格和紧密六方晶格。金属晶体质点间的作用力是金属键。金属键是晶格间隙中可自由运动的电子（自由电子）与金属正离子的相互作用（库伦引力）。自由电子使金属具有良好的导热性及导电性，其强度、硬度变化大，密度大。钢材、铸铁、铝合金等金属材料均属于金属晶体。金属晶体在外力作用下会产生弹性变形，但当外力达到一定程度时，由于某一晶面上的剪应力超过一定限度，沿该晶面将会发生相对滑动，因而会使材料产生塑性形变。低碳钢、铜、铝、金、银等有色金属都是具有较好塑性的材料。

晶体内质点的相对密集程度、质点间的结合力和晶粒的大小，对晶体材料的性质有着重要的影响。以碳素钢材为例，因为晶体内的质点相对密集程度高，质点间又以金属键连接，其结合力强，所以钢材具有较高的强度和较大的塑性变形能力。如再经热处理使晶粒更细小、均匀，则钢材的强度还可以提高。又因为其晶格间隙中存在自由运动的电子，所以钢材具有良好的导电性和导热性。

硅酸盐在土木工程材料中有重要地位，它主要由硅氧四面体$[SiO_4]^{4-}$单元和其他金属离子结合而成，其中既有共价键，也有离子键。在这些复杂的晶体结构中，化学键结合的情况也是相当复杂的。$[SiO_4]^{4-}$四面体可以形成链状结构，如石棉，其纤维与纤维之间的作用力要比链状结构方向上的共价键弱得多，所以容易分散成纤维状；云母、滑石等则由$[SiO_4]^{4-}$四面体单元互相联结成片状结构，许多片状结构再叠合成层状结构，层与层之间是通过范德华力结合的，故层间作用力很弱（范德华力比其他化学键力弱），此种结构容易剥成薄片；石英是由$[SiO_4]^{4-}$四面体形成的立体网状结构，所以质地坚硬。

(2) 玻璃体：是熔融的物质经急冷而形成的无定形体。如果熔融物冷却速度慢，内部质点可以进行有规则地排列而形成晶体；如果冷却速度较快，降到凝固温度时，它具有很大的黏度，致使质点来不及按一定规律进行排列，就已经凝固成固体，此时得到的就是玻璃体结构。玻璃体是非晶体，质点排列无规律，因而具有各向同性。玻璃体没有固定的熔点，加热时会出现软化。

2.15 鲁博特之泪

在急冷过程中，质点间的能量以内能的形式储存起来。因而，玻璃体具有化学不稳定性，即具有潜在的化学活性，在一定条件下容易与其他物质发生化学反应。粉煤灰、火山灰粒化高炉矿渣等都含有大量玻璃体成分，这些成分赋予它们潜在的活性。

(3) 胶体：是指粒径为$10^{-7}\sim10^{-9}$ m的固体颗粒作为分散相（称为胶粒），分散在连续相介质中所形成的分散体系。

胶体根据其分散相和介质的相对含量不同，分为溶胶结构和凝胶结构。若胶粒较少，连续相介质性质对胶体结构的强度及变形性质影响较大，这种胶体结构称为溶胶结构。若胶粒数量较多，胶粒在表面能的作用下发生凝聚作用，或由于物理、化学作用使胶粒彼此相连，形成空间网络结构，从而使胶体结构的强度增大，变形性减小，形成固体或半固体状态，这种胶体结构称为凝胶结构。

胶体的分散相（胶粒）很小，比表面积很大。因而胶体表面能大，吸附能力很强，质点间具有很强的黏结力。凝胶结构具有固体性质，但在长期应力作用下会具有黏性液体的流动性质。这是由于胶粒表面有一层吸附膜，膜层越厚，流动性越大。如混凝土中含有大量水泥水化时形成的凝胶体，混凝土在应力作用下具有类似液体的流动性质，会产生不可恢复的塑性变形。

与晶体及玻璃体结构相比，胶体结构的强度较低，变形能力较大。

近十几年来，纳米结构成为技术人员关注的焦点。纳米(nanometer)是一种几何尺寸的度量单位，简写为nm。$1nm = 10^{-9}m$，相当于10个氢原子排列起来的长度。纳米结构是指至少在一个维度上尺寸介于$1 \sim 100nm$的结构，属于微观结构范畴。纳米结构的基本结构单元有团簇、纳米微粒、人造原子等。由于纳米微粒和纳米固体有小尺寸效应、表面界面效应等基本特性，纳米微粒组成的纳米材料具有许多独特的物理和化学性能，因而得到了迅速发展，在土木工程中也得到了应用，如纳米涂料。

2.4.3 材料的构造

材料的构造是指组成物质的质点联结在一起的形式，物质内部的这种微观构造，与材料的强度、硬度、弹塑性、熔点、导电性、导热性等重要性质有密切关系。

【本章小结】

本章内容是学习土木工程材料课程应首先具备的基础知识和理论。材质不同，材料性质也必有差异。通过学习本章可以了解、明辨土木工程材料所具有的各种基本性质的定义、内涵、参数及计算方法；了解材料性质对其性能的影响，如材料的孔隙率对材料强度、吸水性、耐久性等的影响；了解材料性能对土木工程结构、质量的影响，为下一步学习各类材料打下基础。

土木工程材料的基本物理性质包括材料的密度、表观密度、体积密度和堆积密度，材料的孔隙率与密实度，材料的空隙率与填充率等。对于同种材料来说，密度 > 表观密度 > 堆积密度。土木工程材料的基本力学性质指标主要有强度和比强度、弹性与塑性、脆性与韧性、硬度和耐磨性等。土木工程材料与水有关的性质主要有亲水性与憎水性、含水状态、吸水性与吸湿性、耐水性、抗渗性以及抗冻性等。土木工程材料的热性质参数主要包括导热性、热阻、热容量和比热容、温度变形性及耐燃性等。

土木工程结构物的工程特性与土木工程材料的基本性质直接相关，且用于构筑物的材料在长期使用过程中，需具有良好的耐久性。在构筑物的设计及材料的选用中，必须以材料所处的结构部位和使用环境等因素，与材料的耐久性特点为依据，以利于节约材料，减少维修费用，延长构筑物的使用寿命。

【本章习题】

第 2 章习题参考答案

一、判断题（正确的打 √，错误的打 ×）

1. 材料的构造所描述的是相同材料或不同材料间的搭配与组合关系。（　）
2. 材料的绝对密实体积是指固体材料的体积。（　）
3. 所有建筑材料均要求孔隙率越低越好。（　）
4. 材料吸湿达到饱和状态时的含水率即为吸水率。（　）
5. 若材料的强度高、变形能力大、软化系数小，则其抗冻性较高。（　）
6. 建筑物的围护结构（墙体、屋盖）应选用导热性和热容量都小的材料。（　）
7. 高强建筑钢材受外力作用产生的变形是弹性变形。（　）
8. 同类材料，其孔隙率越大，保温隔热性能越好。（　）
9. 温暖地区常采用抗冻性指标衡量材料抗风化能力。（　）

二、单项选择题

1. 对于同一材料，各种密度参数的大小排列为（　）。
   A. 密度 > 堆积密度 > 体积密度　B. 密度 > 体积密度 > 堆积密度
   C. 堆积密度 > 密度 > 体积密度　D. 体积密度 > 堆积密度 > 密度
2. 下列有关材料强度和硬度的内容，哪一项是错误的？（　）
   A. 材料的抗弯强度与试件的受力情况、截面形态及支承条件等有关
   B. 比强度是衡量材料轻质高强的性能指标
   C. 石料可用刻痕法或磨耗来测定其硬度
   D. 金属、木材、混凝土及石英矿物可用压痕法测其硬度
3. 材料在空气中能吸收空气中水分的能力称为（　）。
   A. 吸水性　B. 吸湿性　C. 耐水性　D. 渗透性
4. 选择承受动荷载作用的结构材料时，要选择下述哪一类材料？（　）
   A. 具有良好塑性的材料　B. 具有良好韧性的材料
   C. 具有良好弹性的材料　D. 具有良好硬度的材料
5. 对于某一种材料来说，无论环境怎样变化，其（　）都是一定值。
   A. 密度　B. 体积密度　C. 导热系数　D. 堆积密度
6. 材料的弹性模量是衡量材料在弹性范围内抵抗变形能力的指标。E 越小，材料受力变形（　）。
   A. 越小　B. 越大　C. 不变　D. E 和变形无关
7. 材料的实际强度（　）材料理论强度。
   A. 大于　B. 小于　C. 等于　D. 无法确定
8. 材料的抗渗性是指材料抵抗（　）渗透的能力。
   A. 水　B. 潮气　C. 压力水　D. 饱和水

9. 关于比强度说法正确的是（　　）。

A. 比强度反映了在外力作用下材料抵抗破坏的能力

B. 比强度反映了在外力作用下材料抵抗变形的能力

C. 比强度是强度与其体积密度之比

D. 比强度是强度与其质量之比

三、多项选择题

1. 下列材料属于致密结构的是（　　）。

A. 玻璃　　B. 钢铁　　C. 玻璃钢　　D. 黏土砖瓦

2. 材料的体积密度与下列（　　）因素有关。

A. 微观结构与组成　　B. 含水状态　　C. 内部构成状态　　D. 抗冻性

3. 按常压下水能否进入材料中，可将材料的孔隙分为（　　）。

A. 开口孔　　B. 球形孔　　C. 闭口孔　　D. 非球形孔

4. 影响材料的吸湿性的因素有（　　）。

A. 材料的组成　　B. 微细孔隙的含量

C. 耐水性　　D. 材料的微观结构

5. 影响材料的冻害的因素有（　　）。

A. 孔隙率　　B. 开口孔隙率　　C. 导热系数　　D. 孔的充水程度

6. 土木工程材料与水有关的性质有（　　）。

A. 耐水性　　B. 抗剪性　　C. 抗冻性　　D. 抗渗性

四、简答题

1. 哪些因素会对材料的强度产生影响？

2. 简述材料的弹性、塑性、脆性和韧性之间的关系。

五、计算题

一块烧结普通砖的外形尺寸为240mm×115mm×53mm，吸水饱和后重为2940g，烘干至恒重为2580g。将该砖磨细并烘干后取50g，用李氏瓶测得其体积为18.58cm^3。试求该砖的密度、体积密度、孔隙率、质量吸水率、开口孔隙率及闭口孔隙率。

第3章　气硬性胶凝材料

【本章重点】

无机气硬性胶凝材料的基本知识，几种典型的无机气硬性胶凝材料的硬化机理、特性及用途。

第3章课件

【学习目标】

了解石灰、石膏、水玻璃和镁质胶凝材料这四种常用气硬性胶凝材料的原料和生产；掌握石膏、石灰的水化(熟化)、凝结、硬化规律；掌握石灰、石膏的技术性质和用途。

3.1 从中国水泥到世界水泥

【课程思政】石灰吟

“千锤万凿出深山，烈火焚烧若等闲。粉骨碎身浑不怕，要留清白在人间。”石灰石只有经过千万次锤打才能从深山里被开采出来。它把烈火焚烧当作很平常的一件事，即使粉身碎骨也毫不惧怕，甘愿把一身的清白留在人间。

作为新时代的建设者和接班人，应刻苦学习，树立远大志向，争做一名优秀的祖国建设者。

凡能在物理、化学作用下，从具有可塑性的浆体逐渐变成坚固石状体的过程中，能将其他物料胶结为整体并具有一定机械强度的物质，统称为胶凝材料，又称胶结料。

依据化学成分，可将胶凝材料分为有机和无机两大类；依据硬化条件，又可将胶凝材料分为水硬性和气硬性两大类(见图3-1)。

气硬性无机胶凝材料是指只能在空气中凝结硬化，保持并发展其强度的胶凝材料。气硬性无机胶凝材料在水中不能发生硬化，因此不具有强度。同时，由气硬性胶凝材料制备的试样或者制品在水的长期作用下还会发生“腐蚀”(主要指水化产物的缓慢溶解)，造成其强度显著降低，甚至发生破坏。因此，在气硬性胶凝材料的使用过程中应尽量保持周围环境干燥。

水硬性无机胶凝材料是指既能在空气中硬化，同时也能在水中硬化，且能保持并发展其强度的胶凝材料。

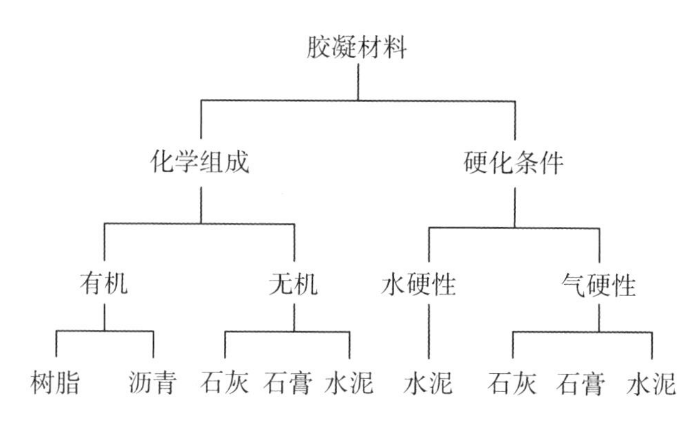

图 3-1　胶凝材料分类

3.1　石灰

石灰一般是包含不同化学组成和物理形态的生石灰（CaO）、消石灰[$Ca(OH)_2$]、水硬性石灰的统称。石灰，作为建筑史上最早使用的气硬性无机胶凝材料之一，来源丰富，生产工艺简单，成本低廉，且使用方便，所以一直被广泛应用。

水硬性石灰是以泥灰质石灰石（含 50% ～ 70% 碳酸钙和 25% ～ 50% 黏土矿物）为原料，经较高温度（约 1100℃）煅烧后所得的产品。除含有氧化钙（CaO）外，石灰还含有一定量的氧化镁（MgO）、硅酸二钙（$2CaO \cdot SiO_2$）、铝酸一钙（$CaO \cdot Al_2O_3$）等。

3.1.1　石灰的原材料

生石灰是以碳酸钙为主要成分，在低于烧结温度下煅烧所得的产物（CaO）。生产生石灰的原料主要有天然石灰岩、白垩、白云质石灰岩等，以及一些化学工副产品，这些原料主要含碳酸钙（$CaCO_3$），以及少量碳酸镁（$MgCO_3$）、二氧化硅（SiO_2）和氧化铝（Al_2O_3）等杂质。

3.1.2　石灰的制备

由石灰石、白垩等主要成分为碳酸钙的天然岩石在一定温度下进行加热煅烧，使碳酸钙分解，得到以氧化钙为主要成分的产品，即为生石灰。

3.2 野外制造石灰

$$CaCO_3 \xrightarrow[\triangle]{1000 \sim 1300℃} CaO + CO_2(\uparrow) \tag{3-1}$$

煅烧过程对石灰质量有很大影响。煅烧温度过低或时间不足，会使生石灰中残留未分解的$CaCO_3$，此时的石灰称为欠火石灰或生烧石灰，欠火石灰中CaO含量低，降低了石灰的质量等级和利用率；若煅烧温度超过烧结温度或煅烧时间过长，将出现过烧石灰，过烧石灰质地密实，所以消化十分缓慢。

由于加工方法、石灰中 MgO 含量及消化速度等的不同，可将石灰划分成不同的类型。其中，根据加工方法不同，石灰可以分为块状生石灰、磨细生石灰、消石、石灰浆、石灰乳和石灰水。根据石灰中 MgO 含量不同，可分为低镁（钙质）石灰（MgO 含量小于 5%）、镁质石灰（MgO 含量为 5% ～ 20%）和白云质石灰（高镁石灰，MgO 含量为 20% ～ 40%）。根据消化速度，可分为快速消化石灰（10min 以内）、中速消化石灰（10 ～ 30min）和低速消化石灰（大于 30min）三种。其中，消化速度是指一定量的生石灰粉在标准条件下与一定量水混合时，达到最高温度所需的时间。此外，根据石灰消化时达到的温度指标，可分为高热石灰（高于 70℃）和低热石灰（低于 70℃）两种。

石灰的另一来源是化学工业副产品。例如用水作用于碳化钙（即电石）以制取乙炔时所产生的电石渣，其主要成分是氢氧化钙，即消石灰（或称熟石灰）。

3.1.3　石灰的熟化和硬化

生石灰的熟化，又称消化或消解，是指生石灰与水作用生成氢氧化钙[$Ca(OH)_2$]的化学反应过程。

$$CaO + H_2O \longrightarrow Ca(OH)_2 + 64.9kJ \quad (3\text{-}2)$$

经消化所得的氢氧化钙称为消石灰（又称熟石灰）。生石灰具有强烈的水化能力，水化时反应强烈，放出大量的热，同时体积膨胀 1 ～ 2.5 倍。一般煅烧良好、氧化钙含量高、杂质少的生石灰，不但消化速度快，放热量大，而且体积膨胀也大。

过烧石灰消化极慢，当石灰抹灰层中含有这种颗粒时，它吸收空气中的水分继续消化，体积膨胀，致使墙面隆起、开裂，严重影响施工质量。为了消除过烧石灰的危害，一般在工地上对生石灰进行一周以上的熟化处理，也称“陈伏”。陈伏期间，为防止石灰碳化，应在其表面保存一定厚度的水层，使之与空气隔绝。

石灰浆体的硬化包含结晶和碳化两个过程。

干燥时，石灰浆体中多余水分蒸发或被砌体吸收而使石灰粒子紧密接触，获得一定强度。随着游离水的减少，氢氧化钙逐渐从饱和溶液中结晶出来，形成结晶结构网，使强度继续增加。

3.3 石灰浆裂纹分析

由于空气中有 CO_2，$Ca(OH)_2$ 在有水的条件下与之反应生成 $CaCO_3$。

$$Ca(OH)_2 + CO_2 + nH_2O \longrightarrow CaCO_3 + (n+1)H_2O \quad (3\text{-}3)$$

新生成的碳酸钙晶体相互交叉连生或与氢氧化钙共生，构成较紧密的结晶网，使硬化浆体的强度进一步提高。显然，碳化对于强度的提高和稳定是十分有利的。但是，由于空气中的 CO_2 含量很低，且表面形成碳化层后，CO_2 不易深入内部，还阻碍了内部水分的蒸发，故自然状态下的碳化干燥是很缓慢的。

3.1.4　石灰主要的技术性质

(1) 可塑性和保水性好：生石灰消化为石灰浆时，能自动形成极微细的呈胶体状态的氢氧化钙，表面吸附一层厚的水膜，因此，具有良好的可塑性。在水泥砂浆中掺入石灰膏，能使其可塑性和保水性(即保持浆体结构中的游离水不离析的性质)显著提高。

(2)吸湿性强：生石灰吸湿性强，保水性好，是传统的干燥剂。

(3)凝结硬化慢，强度低：石灰浆在空气中的碳化过程缓慢，导致强氧化钙和碳酸钙结晶的量少，其最终的强度也不高。通常，1∶3石灰浆28d的抗压强度只有0.20～0.5MPa。

(4)体积收缩大：石灰浆在硬化过程中，水分的大量蒸发引起体积收缩，使其开裂，因此除调成石灰乳作薄层涂刷外，不宜单独使用。工程上应用时，常在石灰中掺入砂、麻刀、纸筋等，以抵抗收缩引起的开裂和增加抗拉强度。

(5)耐水性差：石灰水化后成分——氢氧化钙能溶于水，若长期受潮或被水浸泡，会使已硬化的石灰溃散，所以石灰不宜在潮湿的环境中使用，也不宜单独用于承重砌体的砌筑。

3.1.5 石灰的应用

1.配制石灰砂浆和石灰乳涂料

用石灰膏和砂或麻刀、纸筋配制成的石灰砂浆、麻刀灰、纸筋灰等广泛用作内墙、顶棚的抹面工程。用石灰膏和水泥、砂配制成的混合砂浆通常作墙体砌筑或抹灰之用。将消石灰粉或熟化好的石灰膏加入多量的水搅拌稀释，制成石灰乳，这是一种廉价的涂料，主要用于内墙和顶棚刷白，增加室内美观和亮度。石灰膏加入各种耐碱颜料、少量水，配以粒化高炉矿渣或粉煤灰，可提高其耐水性，加入氯化钙或明矾，可减少涂层粉化现象。

2.配制灰土和三合土

灰土(石灰＋黏土)、三合土(石灰＋黏土＋砂、石或炉渣等填料)的应用，在我国有很长的历史。经夯实后的灰土或三合土广泛用作建筑物的基础、路面或地面的垫层，其强度和耐水性比石灰或黏土都高。原因是黏土颗粒表面的少量活性氧化硅、氧化铝与石灰起反应，生成水化硅酸钙和水化铝酸钙等不溶于水的水化矿物。另外，石灰改善了黏土的可塑性，在强力夯打下密实度提高，也是其强度和耐水性改善的原因之一。在灰土和三合土中，石灰的用量为灰土总质量的6%～12%。

3.制作碳化石灰板

碳化石灰板是磨细生石灰、纤维状填料(如玻璃纤维)或轻质骨料(如矿渣)经搅拌成型，然后经人工碳化而形成的一种轻质板材。为了减小表观密度和提高碳化效果，多制成空心板。这种板材能锯、刨、钉，适宜作非承重内墙板、天花板等。

4.制作硅酸盐制品

将磨细生石灰或消石灰粉与砂或粒化高炉矿渣、矿渣、粉煤灰等硅质材料经配料、混合、成型，再经常压或高压蒸汽养护，就可制得密实或多孔的硅酸盐制品，如灰砂砖、粉煤灰砖及砌块、加气混凝土砌块等。

5.配制无熟料水泥

将具有一定活性的材料(如粒化高炉矿渣、粉煤灰、煤矸石灰渣等工业废渣)，按适当

比例与石灰配合，经共同磨细，可得到具有水硬性的胶凝材料，即为无熟料水泥。

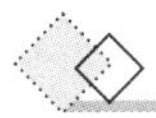

【案例分析 3-1】石灰砂浆层拱起开裂

概况：某住宅使用石灰厂处理的下脚石灰作粉刷。数月后粉刷层多处向外拱起，还有一些裂缝。

原因分析：石灰厂处理的下脚石灰往往含有过烧的 CaO 或较高的 MgO，其水化速度慢于正常的石灰。这些过烧的氧化钙或氧化镁在已经水化硬化的石灰砂浆中缓慢水化，体积膨胀，就会导致砂浆层拱起和开裂。

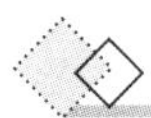

【案例分析 3-2】石灰的选用

概况：某工地急需配制石灰砂浆。当时有消石灰粉、生石灰粉及生石灰材料可供选用。因生石灰价格相对较便宜，便选用，并马上加水配制石灰膏，再配制石灰砂浆。使用数日后，石灰砂浆出现众多凸出的膨胀性裂缝。

原因分析：该石灰的陈伏时间不够。数日后部分过火石灰在已硬化的石灰砂浆中熟化，体积膨胀，以致产生膨胀性裂纹。因工期紧，若无现成合格的石灰膏，可选用消石灰粉。消石灰粉在磨细过程中，把过火石灰磨成细粉，易于克服过火石灰在熟化时造成的体积安定性不良的危害。

3.2　石膏

石膏是一种以硫酸钙为主要成分的气硬性无机胶凝材料，其应用有着悠久的历史。石膏与石灰、水泥并列为胶凝材料中的三大支柱。石膏作为建筑材料，不仅原料来源丰富，生产工艺简单，同时其制品还具有质轻、耐火、隔声、绝热等突出优势，因此采用石膏材料与制品对于节约建筑资源，提高建筑技术水平有很大的潜力。

3.2.1　石膏的原材料

生产石膏的原料有天然二水石膏、天然硬石膏及化工生产中的副产品——化学石膏。

天然二水石膏（$CaSO_4 \cdot 2H_2O$），又称生石膏或软石膏，是生产建筑石膏最主要的原料。

天然硬石膏（$CaSO_4$），又称硬石膏，它结晶紧密，质地坚硬，是生产硬石膏水泥的原料。

化学石膏，是含有二水硫酸钙（$CaSO_4 \cdot 2H_2O$）和硫酸钙（$CaSO_4$）的化工副产品。

3.2.2　建筑石膏的生产

天然二水石膏或化学石膏经过一定的温度加热煅烧脱水分解，得到以半水石膏为主要成分的产品，即为建筑石膏($CaSO_4 \cdot 0.5H_2O$)，又称熟石膏或半水石膏。生产建筑石膏的设备主要有回转窑、连续式或间断式炒锅等。根据脱水分解时采用的温度和压力等条件不同，所制备的产品又可分为α型建筑石膏和β型建筑石膏(见图3-2)。

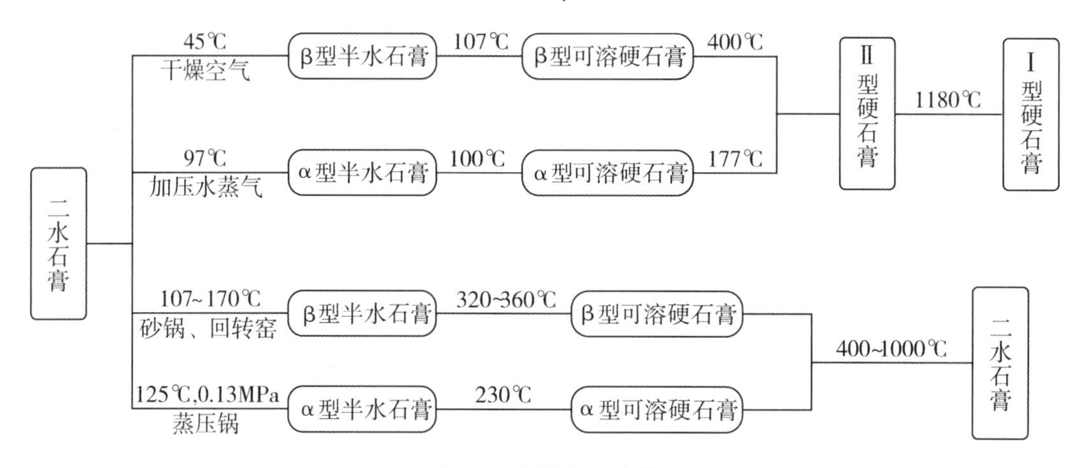

图3-2　石膏生产过程

β型建筑石膏是建筑石膏的主要形式。β型建筑石膏晶体较细，调制成一定量浆体时需水量大，因此在硬化后孔隙多，强度低。α型建筑石膏晶体较粗，因此需水量小，在硬化后孔隙少，强度高。

3.2.3　建筑石膏的凝结硬化过程

3.4 建筑石膏与高强石膏

建筑石膏与适量的水混合，最初形成可塑性浆体，但浆体很快失去塑性，并产生强度而发展成为坚硬的固体。这个过程实为β型半水石膏重新水化放热生产二水石膏的化合反应过程。

$$CaSO_4 \cdot \frac{1}{2}H_2O + H_2O \longrightarrow CaSO_4 \cdot 2H_2O \tag{3-4}$$

当将建筑石膏与水进行混合时，随着浆体中自由水分的水化消耗、蒸发及被水化产物吸附，自由水不断减少，浆体逐渐变稠而失去可塑性，这一过程称为石膏的凝结。在失去可塑性的同时，随着二水石膏沉淀的不断增加，二水石膏胶体微粒逐渐变为晶体，晶体的不断生成和长大，晶体颗粒之间便产生摩擦力和黏结力，造成浆体的塑性下降，这一现象称为石膏的初凝。随着晶体颗粒间摩擦力和黏结力的逐渐增大，浆体的塑性很快下降，直至消失，这种现象为石膏的终凝。石膏终凝后，其晶体颗粒仍在不断长大和连生，随着晶体颗粒间相互搭接、交错、共生，形成相互交错且孔隙率逐渐减小的结构，其强度也会不断增大，直至水分完全蒸发，形成硬化后的石膏结构，这一过程称为石膏的硬化。石膏浆体的凝结和硬化，实际上是交叉进行的。这个过程实质上是一个连续进行的过程，在整个进行过程中既有物理变化又有化学变化。

3.2.4　建筑石膏主要的技术性质

建筑石膏呈洁白粉末状，密度为 2600 ～ 2750kg/m^3，堆积密度为 800 ～ 1100kg/m^3，属轻质材料。基于工程特点及建筑要求，可依据细度、凝结时间和强度对建筑等级进行划分(见表 3-1)。按原材料种类，建筑石膏可分为天然建筑石膏(N)、脱硫建筑石膏(S) 和磷建筑石膏(P) 三大类。建筑石膏易受潮吸湿，凝结硬化快，因此在运输、贮存的过程中，应注意避免受潮。石膏长期存放，强度也会降低。一般贮存三个月后，强度会下降 30% 左右。所以，建筑石膏的贮存时间不得超过三个月；若超过，则需要对其进行重新检测以确定等级。

表 3-1　建筑石膏等级标准

等级		2.0	3.0	4.0
2h 湿强度 /MPa	抗折强度	≥ 2.0	≥ 3.0	≥ 4.0
	抗压强度	≥ 4.0	≥ 6.0	≥ 8.0
细度 /%		0.2mm 方孔筛筛余		≤ 10.0
凝结时间 /min	初凝时间	≥ 3.0		
	终凝时间	≥ 30.0		

1. 凝结硬化快

建筑石膏的初凝和终凝时间都很短，加水后数分钟即可凝结，终凝时间不超过 30min，在室温自然干燥条件下，约 1 周时间可完全硬化。为施工方便，常掺加适量的缓凝剂，如硼砂、经石灰处理过的动物胶(掺量为 0.1% ～ 0.2%)、亚硫酸盐酒精废液(掺量为 1% 石膏质量)、聚乙烯醇等。缓凝剂的作用在于降低半水石膏的溶解度，但会使制品的强度有所下降。

2. 硬化制品的孔隙率大，表观密度小，保温、吸声性能好

建筑石膏水化反应的理论需水量仅为其质量的 18.6%。但施工中为了保证浆体有必要的流动性，其加水量常达 60% ～ 80%，多余水分蒸发后，将形成大量孔隙，硬化体的孔隙率可达 50% ～ 60%。由于硬化体为多孔结构，所以建筑石膏制品具有表观密度(800 ～ 1000kg/m^3) 较小、质轻、保温隔热性能好和吸声性强等优点。

3. 具有一定的调温调湿性

建筑石膏为多孔结构，吸湿性强，使得石膏制品的热容量大，在室内温度、湿度变化时，由于制品的“呼吸” 作用，环境温度、湿度能得到一定的调节。

4. 凝固时体积微膨胀

建筑石膏在凝结硬化时具有微膨胀性，其体积膨胀率约为 0.1%。这种特性可使成型的石膏制品表面光滑、轮廓清晰，线、角、花纹图案饱满，尺寸准确，干燥时不产生收缩裂缝，特别适用于刷面和制作建筑装饰品。

5. 防火性好

石膏制品在受到高温或者遇火后，会脱出其中约 21% 的结晶水，在制品表面形成水蒸气幕，可阻止火势蔓延。同时，脱水后的石膏制品因孔隙率增加，导热系数变小，传热慢，进一步提高了临时防火效果。但建筑石膏不宜长期在 65℃ 以上的高温部位使用，以免二水石膏缓慢脱水分解而强度降低。

6. 耐水性、抗冻性差

石膏硬化体孔隙率高，具有很强的吸湿性和吸水性，并且二水石膏微溶于水，长期浸水使其强度降低。若吸水后受冻，则空隙内的水分结冰，产生体积膨胀，石膏体破坏。要提高石膏的耐水性，可添加矿粉、粉煤灰等活性混合材料，或者掺加防水剂、表面防水处理等。

3.2.5 建筑石膏的应用

在建筑工程中，建筑石膏应用广泛，如做各种石膏板材、装饰制品、空心砌块、人造大理石及室内粉刷等。

1. 室内抹灰及粉刷

石膏洁白细腻，用于室内抹灰、粉刷，具有良好的装饰效果。经石膏抹灰后的墙面、顶棚，还可直接涂刷涂料、粘贴壁纸等。因建筑石膏凝结快，用于抹灰、粉刷时，需加入适量缓凝剂及附加材料(硬石膏或煅烧黏土质石膏、石灰膏等)配制成粉刷石膏，其凝结时间可控制为略大于 1h，抗压和抗折强度及硬度应满足设计需要。

2. 制作石膏制品

3.5 卫生间石膏板与石灰板利弊

由于石膏制品质轻，且可锯、可刨、可钉，加工性能好，同时石膏凝结硬化快，制品可连续生产，工艺简单，能耗低，生产效率高，施工时制品拼装快，可加快施工进度等。所以，石膏制品在我国有着广泛的发展，是当前着重发展的新型轻质材料之一。目前，我国生产的石膏制品主要有纸面石膏板、纤维石膏板、石膏空心条板、石膏装饰板、石膏吸声板，以及各种石膏砌块等。建筑石膏配以纤维增强材料、黏结剂等，还可以制作各种石膏角线、线板、角花、雕塑艺术装饰制品等。

3.2.6 其他品种石膏简介

1. 模型石膏

模型石膏主要由煅烧二水石膏而生成的 α 型半水石膏和适当的颜料等添加剂经水化等制作而成。由于其主要成分是 α 型半水石膏，因此相比建筑石膏，其凝结硬化快、强度高。主要用于制作模型、雕塑、装饰花饰等。

2. 高强度石膏

高强度石膏将二水石膏放在压蒸锅内，在 1.3 大气压(124℃)下蒸炼生成。α 型半水

石膏，磨细后具有高强度。这种石膏硬化后具有较高的密实度和强度。高强度石膏适用于强度要求高的抹灰工程、装饰制品和石膏板。掺入防水剂后，其制品可用于湿度较高的环境中，也可加入有机溶液中配成化学黏结剂使用。

3. 无水石膏水泥

将天然二水石膏加热至 400 ～ 750℃ 时，石膏将完全失去水分，成为不溶性硬石膏，将其与适量激发剂混合磨细后即为无水石膏水泥。无水石膏水泥适宜于室内使用，主要用以制作石膏板或其他制品，也可用作室内抹灰。

4. 地板石膏

如果将天然二水石膏在 800℃ 以上煅烧，使部分硫酸钙分解出氧化钙，磨细后的产品称为高温煅烧石膏，亦称地板石膏。地板石膏硬化后有较高的强度和耐磨性，抗水性也好，所以主要用作石膏地板，用于室内地面装饰。

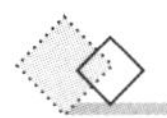
【案例分析 3-3】石膏饰条粘贴失效

概况：石膏粉拌水为一桶石膏浆，用以在光滑的天花板上直接粘贴，石膏饰条前后半小时完工。几天后，最后粘贴的两条石膏饰条突然坠落。

原因分析：建筑石膏拌水后一般于数分钟至半小时左右凝结，最后粘贴石膏饰条时石膏浆已初凝，黏结性能差。可掺入缓凝剂，延长凝结时间；或者分多次配制石膏浆，即配即用。

在光滑的天花板上直接贴石膏条，粘贴不牢固，宜对表面进行打刮，以利于粘贴。或者在黏结的石膏浆中掺入部分黏结性强的黏结剂。

3.3　水玻璃

3.3.1　水玻璃组成

水玻璃俗称泡花碱，是由不同比例的碱金属氧化物和二氧化硅结合而成的可溶于水的一种硅酸盐类物质。其化学式为 $R_2O \cdot nSiO_2$，其中 R_2O 为碱金属氧化物，n 为 SiO_2 和 R_2O 的物质的量之比，称为水玻璃的模数。n 小于 3 的水玻璃叫碱性水玻璃，n 大于 3 的水玻璃叫中性水玻璃。常用的水玻璃的模数为 1.5 ～ 3.7。

根据碱金属氧化物种类的不同，水玻璃主要品种有硅酸钠水玻璃（简称钠水玻璃，$Na_2O \cdot nSiO_2$）、硅酸钾水玻璃（$K_2O \cdot nSiO_2$）等。在土建工程中，最常用的是硅酸钠水玻璃。质量好的水玻璃溶液无色透明，若在制备过程中混入不同的杂质，则会呈淡黄色到灰黑色之间各种色泽。

市场销售的水玻璃，模数通常为 1.5 ～ 3.5；建筑上常用的水玻璃的模数一般为 2.5

～2.8。固体水玻璃在水中溶解的难易程度，随模数 n 而变。当 n 为1时能溶于常温水中，n 增大则只能在热水中溶解，当 n 大于3时要在0.4MPa以上的蒸汽中才能溶解，液体水玻璃可以以任何比例加水混合成不同浓度或密度的溶液。

3.3.2 水玻璃的生产

生产水玻璃的方法主要有干法生产和湿法生产两种。干法生产硅酸钠水玻璃是将石英砂和碳酸钠磨细拌匀，在熔炉中于1300～1400℃温度下熔化[反应见式(3-5)]。湿法生产硅酸钠水玻璃是将石英砂和苛性钠溶液在压蒸锅内用蒸汽加热，直接反应生成液体水玻璃[反应见式(3-6)]。

$$Na_2CO_3 + nSiO_2 \xrightarrow[\triangle]{1300 \sim 1400℃} Na_2 \cdot nSiO_2 + CO_2(\uparrow) \tag{3-5}$$

$$SiO_2 + NaOH \xrightarrow{蒸汽加热} Na_2SiO_3 + H_2O \tag{3-6}$$

3.3.3 水玻璃的硬化

液体水玻璃吸收空气中的 CO_2，形成无定形硅酸凝胶，并逐渐干燥、硬化而形成氧化硅，并在表面上覆盖一层致密的碳酸钠薄膜。

$$Na_2O \cdot nSiO_2 + CO_2 + mH_2O \longrightarrow nSiO_2 \cdot mH_2O + Na_2CO_3 \tag{3-7}$$

$$SiO_2 \cdot H_2O \longrightarrow SiO_2 + H_2O \tag{3-8}$$

由于空气中 CO_2 浓度较低，此反应过程进行得很慢，为加速硬化，可加热或掺入促硬剂氟硅酸钠(Na_2SiF_6)，促使硅酸凝胶加速析出[反应见式(3-9)]。氟硅酸钠的适宜掺量为12～15%。如掺量太少，不但硬化慢、强度低，而且未经反应的水玻璃易溶于水，从而使耐水性变差；如掺量太多，又会引起凝结过速，使施工困难，而且渗透性大，强度也低。

$$2(Na_2O \cdot nSiO_2) + mH_2O + Na_2SiF_6 \longrightarrow (2n+1)SiO_2 \cdot mH_2O + 6NaF \tag{3-9}$$

除通过添加促硬剂硬化外，还有加热硬化、气体硬化、微波硬化、醇和酯硬化、有机高分子硬化、金属或金属氧化物硬化及无机酸硬化等多种方式。

3.3.4 水玻璃的性质

1. 黏结力强

水玻璃硬化后具有较高的黏结强度、抗拉强度和抗压强度。另外，水玻璃硬化析出的硅酸凝胶还有堵塞毛细孔隙而防止水分渗透的作用。

当水玻璃的模数相同时，浓度越高，黏度越大，比重越大，黏结力越强。浓度可以通过调节用水量来改变。

水玻璃的黏结力随模数、黏度的增大而增强。加入添加剂可以改变水玻璃的黏结力。

2. 耐酸能力强

硬化后的水玻璃，因起胶凝作用的主要成分是含水硅酸凝胶($nSiO_2 \cdot mH_2O$)，具有高耐酸性能，能抵抗大多数无机酸和有机酸的作用。但水玻璃类材料不耐碱性介质侵蚀。

3. 耐热性好

水玻璃不燃烧，在高温作用下脱水、干燥并逐渐形成 SiO_2 空间网状骨架，强度并不降低，甚至有所增加，其整体耐热性能良好。

4. 其他

水玻璃的总固体含量增多，则冰点降低，变脆。

3.3.5 水玻璃的应用

1. 涂刷或浸渍材料

将液体水玻璃直接涂刷在建筑物表面，可提高其抗风化能力和耐久性。而以水玻璃浸渍多孔材料，可使它的密实度、强度、抗渗性均得到提高。这是水玻璃在硬化过程中所形成的凝胶物质封堵和填充材料表面及内部孔隙的结果。但不能用水玻璃涂刷或浸渍石膏制品，因为水玻璃与硫酸钙反应生成体积膨胀的硫酸钠晶体会导致石膏制品开裂而致破坏。

2. 修补裂缝、堵漏

将液体水玻璃、粒化矿渣粉、砂和氟硅酸钠按一定比例配制成砂浆，直接压入砖墙裂缝内，可起到黏结和增强的作用。在水玻璃中加入各种矾类的溶液，可配制防水剂，能快速凝结硬化，适用于堵漏填缝等局部抢修工程。

水玻璃不耐氢氟酸、热磷酸及碱的腐蚀。而水玻璃的凝胶体在大孔隙中会有脱水干燥收缩现象，降低使用效果。水玻璃的包装容器应注意密封，以免水玻璃和空气中的 CO_2 反应而分解，并避免落进灰尘、杂质。

3. 加固地基

将模数为 2.5～3 的液体水玻璃和氯化钙溶液通过金属管交替向地层压入，两种溶液发生化学反应，可析出吸水膨胀的硅酸胶体，包裹土壤颗粒并填充空隙，阻止水分渗透并使土壤固结，从而提高地基的承载力。用这种方法加固的砂土，抗压强度可达到 3～6MPa。

4. 防腐工程应用

水玻璃具有很高的耐酸性，以水玻璃为胶结材料，加入促硬剂和耐酸粗、细骨料，可配制成耐酸砂浆或耐酸混凝土，用于耐腐蚀工程，如铺砌耐酸块材，浇筑地面、整体面层、设备基础等。

水玻璃耐热性能好，能长期承受一定的高温作用，用它与促硬剂及耐热骨料等可配制耐热砂浆或耐热混凝土，用于制造高温环境中的非承重结构及构件。

改性水玻璃耐酸泥是耐酸腐蚀重要材料，其主要特性是耐酸、耐温、密实抗渗、价格低廉、使用方便。可拌和成耐酸胶泥、耐酸砂浆和耐酸混凝土，适用于化工、冶金、电力、煤炭、纺织等部门各种结构的防腐蚀工程，是防酸建筑结构贮酸池、耐酸地坪，以及耐酸表面砌筑的理想材料。

5. 其他

水玻璃还可以用来制备速凝防水剂、水质软化剂和助沉剂以及用于纺织工业中的助染、漂白和浆纱。例如，四矾防水剂是蓝矾（硫酸铜）、明矾（钾铝矾）、红矾（重铬酸钾）和紫矾（铬矾）各1份，溶于60份的沸水中，降温至50℃，投入400份水玻璃溶液中，搅拌均匀而成的。这种防水剂可以在1min内凝结，适用于堵塞漏洞、缝隙等局部抢修工程。

3.4 镁质胶凝材料

镁质胶凝材料又称菱苦土或氯氧镁水泥，是由菱镁矿经轻烧、粉磨而制成的轻烧氧化镁与一定浓度的氯化镁溶液调和而成的。硬化后的镁质胶凝材料主要产物吸湿性好、耐水性差。其遇水或吸湿后易产生翘曲变形，表面泛霜，且强度大大降低。因此镁质胶凝材料制品一般不宜用于潮湿环境。目前也有不少增强其耐水性的方法，如加入磷酸盐等。使用玻璃纤维增强的氯氧镁水泥制品具有很高的抗折强度和抗冲击能力，其主要产品为玻璃纤维增强氯氧镁水泥板和波瓦。

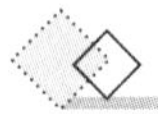

【案例分析 3-4】水玻璃与铝合金窗表面的斑迹

概况：我们可以在某些建筑物的室内墙面装修过程中观察到，使用以水玻璃为成膜物质的腻子作为底层涂料，施工过程中往往会散落到铝合金窗上，造成铝合金窗外表上形成有损美观的斑迹。

原因分析：一方面铝合金制品不耐酸碱，而另一方面水玻璃呈强碱性。当含碱涂料与铝合金接触时，引起铝合金窗表面发生腐蚀反应，从而使铝合金表面锈蚀而形成斑迹。

【本章小结】

气硬性胶凝材料只能在空气中凝结硬化，也只能在空气中保持及发展其强度，如石灰、石膏、水玻璃等胶凝材料。

石灰的消化是石灰加水后产生氢氧化钙。石灰的硬化是指石灰浆体在空气中同时进行着物理和化学变化而逐渐硬化的过程。石灰可以用来制作石灰乳涂料、配制砂浆等。

石膏是一种以硅酸钙为主要成分的气硬性胶凝材料。建筑石膏凝结硬化快，硬化时体积略微膨胀，硬化后孔隙率较高，但其耐水性较差。石膏可以用于制备粉刷石膏和建筑石膏制品等。

水玻璃是一种碱金属硅酸盐。水玻璃模数决定水玻璃的品质和特性。水玻璃具有很好的黏结性和耐酸腐蚀性。水玻璃可用于土壤加固、涂刷建筑物表面以防水等。

硬化后的镁质胶凝材料主要产物具有吸湿性高、耐水性差特点，因此其一般不宜用于潮湿环境。使用玻璃纤维增强的氯氧镁水泥制品具有很高的抗折强度和抗冲击能力，其主要产品为玻璃纤维增强氯氧镁水泥板和波瓦。

【本章习题】

第3章习题参考答案

一、单项选择题

1. 下列关于石灰技术性质的说法中,正确的是(　　)。

A. 硬化时体积收缩大　　B. 耐水性好

C. 硬化较快、强度高　　D. 保水性差

2. 下列关于石膏技术性质的说法中,不正确的是(　　)。

A. 成型性好　　B. 质轻

C. 耐水性差　　D. 抗冻性好

3. 为保持石灰的质量,应把石灰储存在(　　)。

A. 潮湿的空气中　　B. 干燥的环境中

C. 水中　　D. 蒸汽环境中

二、多项选择题

1. 下列关于石膏用途的说法中,正确的是(　　)。

A. 室内抹灰或粉刷　　B. 装饰制品

C. 多孔石膏制品　　D. 复合石膏制品

2. 水玻璃的特性是(　　)。

A. 黏结力强　　B. 耐酸性好

C. 耐热性高　　D. 耐热性低

三、判断题(正确的打√,错误的打×)

1. 石灰的水化热小,硬化时体积收缩小。(　　)

2. 气硬性胶凝材料只能在空气中硬化,水硬性胶凝材料仅能在水中硬化。(　　)

3. 建筑石膏硬化后孔隙率高,故耐水性和抗冻性高。(　　)

4. 模数越大,硅酸钠水玻璃更难溶于常温水中且黏结能力越弱。(　　)

四、简答题

1. 水玻璃硬化后为何具有很高的耐酸性?

2. 何谓陈伏?石灰在使用前为何需要进行陈伏?

3. 石膏为何不宜用于室外?

第4章　水　泥

【本章重点】

水泥的技术性质和应用。

第4章课件

【学习目标】

了解硅酸盐水泥的原料组成、生产工艺、储存以及其他类型水泥的技术性质和应用；掌握硅酸盐水泥的技术性质和应用；了解、熟悉镁质胶凝材料特性水泥的应用。

【课程思政】水泥基建材的绿色、可持续发展之路

2021年中国水泥产量为23.6281亿吨，位居世界第一，商品混凝土产量为32.933亿立方米，同样位居世界第一。然而，据统计报道，2021年我国城市建筑垃圾产量为35.5亿吨，资源化利用（建筑垃圾回收再利用）率却不足5％，远低于发达国家的80％，巨大的建筑垃圾给环境和资源带来了极大的浪费。同时，生产一吨水泥需要670～750kg石灰石，100～150kg黏土、5～15kg和85～110kg煤，产生石灰石、煤等大量不可再生资源。另据研究报道，我国混凝土建筑结构的设计寿命一般为70年，甚至更长，但大多数混凝土建筑结构平均使用寿命仅为25～30年，使用寿命的降低大大加剧了资源、能源的浪费，尤其是石灰石、煤等不可再生资源，这严重阻碍了资源的可持续发展步伐。

"绿水青山就是金山银山"，作为资源、能源消耗的建筑行业，尤其是水泥、混凝土生产企业，必须充分认识经济发展与生态环保间的相互关系，时刻坚持绿色、可持续发展的理念，将绿色融入水泥、混凝土设计、生产、使用和维护的全生命周期中。只有这样，才能在传统的水泥、混凝土建筑行业发展道路上走出一条绿色、高效、可持续发展的"康庄大道"。

水泥的发明并非一蹴而就，而是一个渐进的过程。

1756年，英国英吉利海峡的一座灯塔突然毁坏，英国政府命令工程师史密顿(Smeaton)用最快的速度重建这座灯塔。用于烧制石灰的石灰石运到后，只见其混有许多的土质，但时间紧迫，只能将就着用这些劣质的石灰石原料烧制石灰。使用后发现其更能耐海水的冲刷。

1796年，英国人派克(Parker)将黏土质石灰岩磨细后制成料球，在高于烧石灰的温度下烧，然后磨细制成水泥，他称之为"罗马水泥"(Roman cement)，并取得了该水泥的专利权，在英国曾得到广泛应用。差不多在罗马水泥生产的同时，法国人和美国人也采用接近现代水泥成分的泥灰岩制造出水泥，称为天然水泥。

1824 年 10 月 21 日，英国的泥水匠阿斯谱丁(Aspdin)获得英国第 5022 号“波特兰水泥”专利证书，从而成为流芳百世的波特兰水泥发明人。该水泥水化硬化后的颜色类似于英国波特兰地区建筑用石料的颜色，所以被称为“波特兰水泥”。

1845 年，英国的强生(Johnson)在实验中一次偶然的机会发现，烧到含有一定数量玻璃体的水泥烧块，经磨细后具有非常好的水硬性。另外还发现，在烧成物中含有石灰会使水泥硬化后开裂。强生据此确定了水泥制造的两个基本条件：一是烧密的温度必须高到足以使烧块含一定量玻璃体并呈黑绿色；二是原料比例必须正确而固定，烧成物内部不能含过量石灰，水泥硬化后不能开裂。这些条件确保了波特兰水泥质量，解决了阿斯谱丁未解决的质量不稳定的问题。从此，现代水泥生产的基本参数被发现。1909 年，强生 98 岁高龄时，向英国政府提出申诉。然而，英国政府没有同意强生的申诉，仍旧维持阿斯谱丁具有波特兰水泥专利权的决定。但同行们对强生的工作仍有很高评价，认为他对波特兰水泥的发明做出了不可磨灭的重要贡献。

水泥是土木建筑工程中使用较为广泛的无机粉末状材料，与适量水拌和后能形成具有流动性、可塑性的浆体(水泥浆)，随着时间的延长，水泥浆体由可塑性浆体变成坚硬固体，具有一定的强度，并能将块状或颗粒状材料胶结为整体。水泥既能够在空气中凝结硬化，也能在水中硬化并保持和发展其强度，是典型的水硬性胶凝材料。

水泥是最主要的建筑材料之一，按其用途和性能不同，可分为通用水泥、专用水泥和特性水泥三类，用于一般土木建筑工程中的水泥称为通用水泥，主要包括硅酸盐水泥、普通硅酸盐水泥、矿渣硅酸盐水泥、火山灰质硅酸盐水泥、粉煤灰硅酸盐水泥和复合硅酸盐水泥。具有专门用途的水泥称为专用水泥，如油井水泥、大坝水泥、砌筑水泥、道路水泥等；特种水泥指具有某种特性比较突出的水泥，如快硬水泥、低热矿渣硅酸盐水泥、膨胀硫铝酸盐水泥等。此外，水泥按矿物组成不同，又可分为硅酸盐系列水泥、铝酸盐系列水泥、硫铝酸盐类水泥、铁铝酸盐类系列水泥等。

水泥的种类、品种繁多，从生产量和工程实际使用量来看，硅酸盐类水泥是使用最普遍、掺量最多的品种。本章主要介绍硅酸盐系列水泥的技术特性和应用。

4.1　硅酸盐水泥

硅酸盐水泥(又称波特兰水泥)主要分为 P·Ⅰ 型硅酸盐水泥(不掺加混合材料)和 P·Ⅱ 型硅酸盐水泥(掺加小于 5% 水泥熟料质量的石灰石或粒化高炉矿渣)。硅酸盐水泥是硅酸盐系列水泥的一个基本品种。其他品种的硅酸盐类水泥，都是在此基础上加入一定量的混合材料，或者适当改变水泥熟料的成分而制成的。

4.1.1　硅酸盐水泥的生产

硅酸盐水泥的原料主要是石灰质原料(如石灰石、白垩等)、黏土质原料(如黏土、黄土和页岩等）两类，一般常配以辅助原料（如铁矿石、砂岩等）。石灰质原料主要提供 CaO，黏土质原料主要提供 SiO_2、Al_2O_3 及少量的 Fe_2O_3，辅助原料常用以校正 Fe_2O_3 或 SiO_2 的不足。

硅酸盐水泥的生产可概括为“两磨一烧”。其中“两磨”是指以适当比例的石灰质原料、黏土质原料和少量如铁矿粉等校正原料为配料，共同磨制成生料；将生料送入水泥窑中高温（约 1450℃）煅烧至部分熔融，所得以硅酸钙为主要成分的产物称为硅酸盐水泥熟料。“一烧”是指在熟料中加入石膏粉磨，可制得 Ⅰ 型硅酸盐水泥；熟料中加入石膏和不同种类的混合材料粉磨，可制得不同品种的其他通用硅酸盐水泥。其生产工艺流程如图 4-1 所示。

4.1 三磨一烧

石灰石
黏土
铁矿粉
配料、磨细
均化
生料
煅烧
约1450℃
石膏
熟料
石灰石或粒化高炉矿渣
磨细
硅酸盐水泥

图 4-1 硅酸盐水泥生产工艺流程

4.1.2 硅酸盐水泥的组分

硅酸盐水泥由水泥熟料、石膏和混合材料三大部分组成。

1. 水泥熟料

硅酸盐水泥熟料矿物组成和含量如表 4-1 所示。

表 4-1 硅酸盐水泥熟料矿物组成和含量

矿物名称	化学成分	分子式缩写	含量
硅酸三钙	$3CaO \cdot SiO_2$	C_3S	36% ～ 60%
硅酸二钙	$2CaO \cdot SiO_2$	C_2S	15% ～ 36%
铝酸三钙	$3CaO \cdot Al_2O_3$	C_3A	7% ～ 15%
铁铝酸四钙	$4CaO \cdot Al_2O_3 \cdot Fe_2O_3$	C_4AF	10% ～ 18%

水泥熟料中除了含有上述熟料矿物外，还含有少量游离的氧化钙（f-CaO）、方镁石、碱性氧化物和玻璃体等。

2. 石膏

掺入的石膏主要是无水石膏，主要目的是调节水泥中 C_3A 的水化，进而调节硅酸盐水泥的凝结时间。若水泥中不掺入石膏或石膏的掺量不足，则易发生急凝现象。

水泥中适量的石膏能与 C_3A 作用生成难溶的水化硫铝酸钙，覆盖于未水化的 C_3A 周围，阻止其与水分大面积接触或直接接触，从而延缓了水泥的凝结时间。但石膏掺量过高时，会在后期造成体积安定性不良。一般生产水泥时，石膏掺量占水泥质量的 3% ～ 5%，实际掺量通过试验确定。

3. 混合材料

在生产水泥时,为改善水泥性能,调节水泥强度等级而加入水泥的人工的和天然的矿物材料,称为水泥混合材料。水泥混合材料包括活性混合材料、非活性混合材料和窑灰。

(1) 活性混合材料:符合《用于水泥中的粒化高炉矿渣》(GB/T 203—2008)、《用于水泥、砂浆和混凝土中的粒化高炉矿渣粉》(GB/T 18046—2017)、《用于水泥和混凝土中的粉煤灰》(GB/T 1596—2017)、《用于水泥中的火山灰质混合材料》(GB/T 2847—2022) 标准要求的粒化高炉矿渣、粒化高炉矿渣粉、粉煤灰、火山灰质混合材料都属于活性混合材料。活性混合材料是具有火山灰性或潜在水硬性,兼有火山灰性和水硬性的矿物质材料。它们都含有大量活性氧化硅与活性氧化铝。与水调和后,它们本身不会硬化或硬化极为缓慢,强度很低。但在氢氧化钙溶液中,就会发生显著的水化,特别是在饱和的氢氧化钙溶液中或有石膏存在的条件下水化更快。

① 粒化高炉矿渣:凡在高炉冶炼生铁时,所得的以硅酸盐与硅铝酸盐为主要成分的熔融物,经淬冷成粒后,即为粒化高炉矿渣,简称矿渣。

② 粉煤灰:为电厂煤粉炉烟道气体中收集的粉末。

粉煤灰不包括:第一,和煤一起煅烧城市垃圾或其他废弃物时收集的粉末;第二,在焚烧炉中煅烧工业或城市垃圾时收集的粉末;第三,循环流化床锅炉燃烧收集的粉末。

③ 火山灰质混合材料:凡天然的或人工的以氧化硅、氧化铝为主要成分的矿物质材料,本身磨细加水拌和并不硬化,但与气硬性的石灰混合后,再加水拌和,则不但能在空气中硬化,而且能在水中继续硬化的,称为火山灰质混合材料。

(2) 非活性混合材料:是指活性指标分别低于《用于水泥中的粒化高炉矿渣》(GB/T 203—2008)、《用于水泥、砂浆和混凝土中的粒化高炉矿渣粉》(GB/T 18046—2017)、《用于水泥和混凝土中的粉煤灰》(GB/T 1596—2017)、《用于水泥中的火山灰质混合材料》(GB/T 2847—2022) 标准要求的粒化高炉矿渣、粒化高炉矿渣粉、粉煤灰、火山灰质混合材料以及石灰石和砂岩,其中石灰石中的三氧化二铝含量应不超过 2.5%。

(3) 窑灰:是从水泥回转窑窑尾废气中收集的粉尘,需符合《掺入水泥中的回转窑窑灰》(JC/T 742—2009) 的规定。

4.1.3 硅酸盐水泥的水化和凝结硬化

1. 硅酸盐水泥的水化

水泥加水拌和初期形成具有流动性、可塑性的浆体,随着水泥颗粒表面与水发生水化反应,自由水逐渐减少,水化产物即高度分散的凝胶体及晶体不断增多,水泥浆不断稠化,并逐渐失去流动性、可塑性(但尚不具有强度) 的过程称为凝结。

硅酸盐水泥与水拌和后,四种熟料矿物立即与水发生水化反应,生成水化产物,并放出一定的热量。因此,要讨论硅酸盐水泥的水化,须先讨论水泥熟料单矿物的水化反应。

1) 硅酸三钙(C_3S) 的水化

硅酸三钙在常温下的水化反应如下：

$$3CaO \cdot SiO_2 + nH_2O \longrightarrow xCaO \cdot SiO_2 \cdot yH_2O + (3-x)Ca(OH)_2 \tag{4-1}$$

硅酸三钙的反应速度较快，生成水化硅酸钙(C-S-H 凝胶) 胶体，并以凝胶的形态析出，构成具有很高强度的空间网状结构，生成的氢氧化钙以晶体的形态析出。C_3S 在最初四个星期内强度发展迅速，它实际上决定着硅酸盐水泥四个星期以内的强度；C_3S 的水化热较多，其含量也最多，故它放出的热量多；但其耐腐蚀性较差。

2) 硅酸二钙(C_2S) 的水化

硅酸二钙的水化反应如下：

$$2CaO \cdot SiO_2 + nH_2O \longrightarrow xCaO \cdot SiO_2 \cdot yH_2O + (2-x)Ca(OH)_2 \tag{4-2}$$

硅酸二钙所形成的水化硅酸钙在钙硅比和形貌方面与 C_3S 水化生成物无大的区别，但 C_2S 的硬化速度慢，在大约四个星期后才发挥其强度作用，约一年达到 C_3S 四个星期的发挥程度。同时硅酸二钙的水化热少，但水化产物的耐腐蚀性好。

3) 铝酸三钙(C_3A) 的水化

铝酸三钙的水化迅速，放热快，其水化产物组成和结构受液相CaO浓度和温度的影响很大，先生成介稳状态的水化铝酸钙，最终转化为水石榴石($3CaO \cdot Al_2O_3 \cdot 6H_2O$)。

$$3CaO \cdot Al_2O_3 + 6H_2O \longrightarrow 3CaO \cdot Al_2O_3 \cdot 6H_2O \tag{4-3}$$

在有石膏的情况下，水化的最终产物与石膏掺入量有关。当石膏与 C_3A 反应时，最初形成的三硫型水化硫铝酸钙，简称钙矾石，常用 AFt 表示[反应见式(4-4)]；随着反应继续进行，若石膏在 C_3A 完全水化前被耗尽，则钙矾石会与 C_3A 作用转化为单硫型水化硫铝酸钙(AFm)[反应见式(4-5)]。水泥中掺入适量石膏，与 C_3A 反应，能起调节凝结时间的作用；如不掺入石膏或石膏掺量不足，则水泥会发生假凝现象。

$$3CaO \cdot Al_2O_3 \cdot 6H_2O + 3(CaSO_4 \cdot 2H_2O) + 19H_2O \longrightarrow 3CaO \cdot Al_2O_3 \cdot 3CaSO_4 \cdot 31H_2O \tag{4-4}$$

$$3CaO \cdot Al_2O_3 \cdot 6H_2O + CaSO_4 \cdot 12H_2O + 4H_2O \longrightarrow 3CaO \cdot Al_2O_3 \cdot CaSO_4 \cdot 22H_2O \tag{4-5}$$

4) 铁相固溶体(C_4AF) 的水化

4.2 四种矿物水化特征比较

水泥熟料中铁相固溶体可作为代表。它的水化速率比 C_3A 略慢，水化热较低，即使单独水化也不会引起快凝。水化反应及其产物与 C_3A 相似。铁相固溶体的水化产物的强度问题比较复杂，组成的变化对其强度的影响较大，纯的 C_4AF 强度较低，但固溶了其他组分后则会有较大幅度提高。提高 C_4AF 的含量，有助于提高水泥的抗折强度。

硅酸盐水泥熟料矿物的水化特性如表 4-2 所示。

表 4-2　硅酸盐水泥熟料矿物的水化特性

名称	水化反应速率	水化放热量	强度	耐化学侵蚀性	干缩
硅酸三钙(C_3S)	快	大	高	中	中

续　表

名称	水化反应速率	水化放热量	强度	耐化学侵蚀性	干缩
硅酸二钙(C_2S)	慢	小	早期低后期高	良	中
铝酸三钙(C_3A)	最快	最大	早期高后期低	差	大
铁铝酸四钙(C_4AF)	快	中	中	良	小

2. 硅酸盐水泥的凝结硬化

水泥的凝结是指水泥加水拌和后，成为塑性的水泥浆，其中的水泥颗粒表面的矿物开始在水中溶解并与水发生水化反应，水泥浆逐渐变稠失去塑性，但还不具有强度的过程。硬化是指凝结的水泥浆体随着水化的进一步进行，开始产生明显的强度并逐渐发展而成为坚硬水泥石的过程。凝结和硬化实际上是一个连续复杂的物理化学变化过程。

如图4-2所示，水泥加水拌和后，水泥颗粒分散在水中，成为水泥浆体。水泥颗粒的水化从表面开始。水和水泥一接触，水泥颗粒表面的水泥熟料与水反应，形成相应的水化物。一般在几分钟内，先后析出水化硅酸钙凝胶、水化硫铝酸钙、氢氧化钙和水化铝酸钙晶体等水化产物，包裹在水泥颗粒表面。在水化初期，水化物不多，包有水化物膜层的水泥颗粒之间是分离的，水泥浆还具有可塑性。

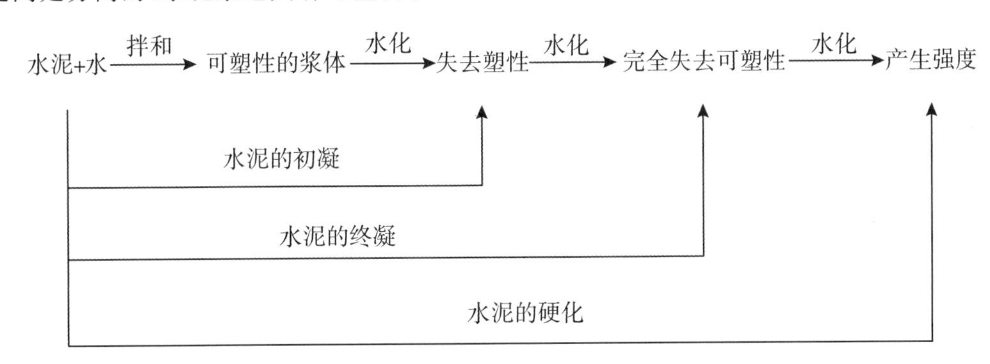

图4-2　水泥凝结-硬化过程

水泥浆终凝后，水化作用仍不断进行，自由水仍不断减少，水化产物仍不断增加。形成的水化凝胶及晶体不断填充、加固水泥浆体结构内部孔隙，使其成为具有一定强度的坚硬的石状固体(水泥石)，这一过程称为硬化。

水泥浆凝结硬化后成为坚硬的水泥石。实际上，较粗的水泥颗粒，其内部将长期不能完全水化。因此，硬化后的水泥石是由晶体、胶体、未完全水化的颗粒、游离水分及气孔等组成的非均质的结构体(见图4-3)。而在硬化过程中的各不同龄期，水泥石中晶体、胶体、未完全水化的颗粒等所占的比率，将直接影响水泥石的强度和其他性质。

3. 硅酸盐水泥凝结硬化影响因素

1) 矿物组成和细度

水泥熟料中各种矿物的凝结硬化特点不同，当水泥中各矿物的相对含量不同时，水泥的凝结硬化特点就会不同。

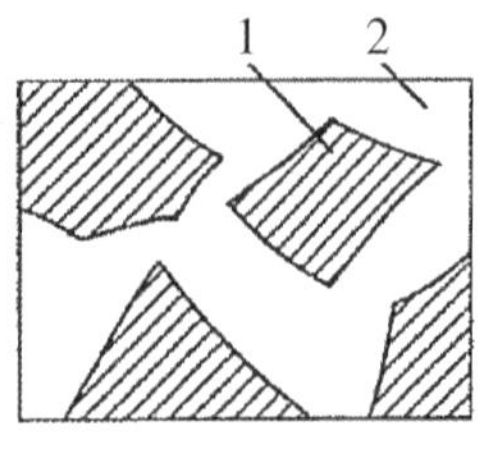

(a) 分散在水中未水化的水泥颗粒

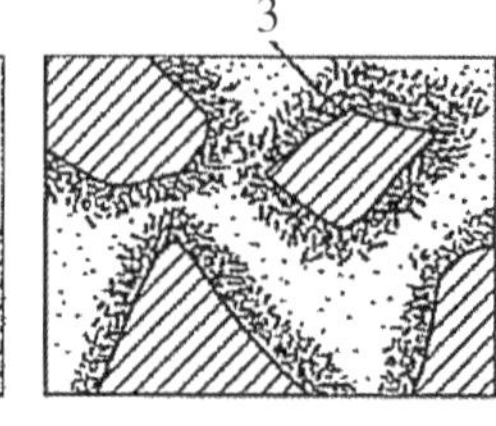

(b) 在水泥颗粒表面形成水化物膜层

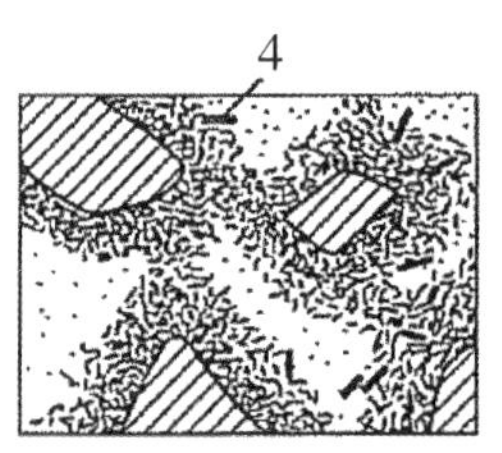

(c) 膜层长大并互相连接(凝结)

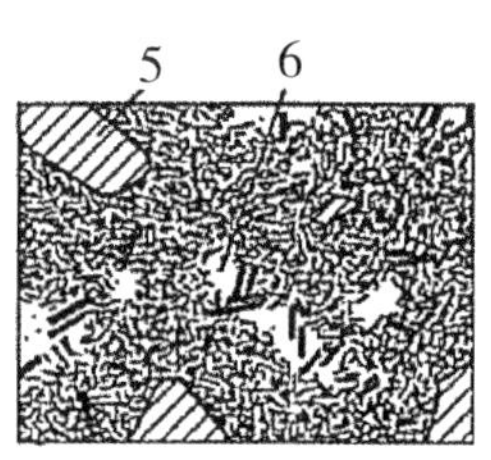

(d) 水化物进一步发展,填充毛细孔(硬化)

1— 水泥颗粒;2— 水分;3— 凝胶;4— 晶体;5— 水泥颗粒的未水化内核;6— 毛细孔。

图 4-3 水泥凝结硬化过程

一般来讲,水泥细度越小,其比表面积越大,能与水分接触的面积就会变大,从而其溶解和反应的速度就会变大,进而水泥的水化就越激烈,水化热越大,早期强度也会越高。但水泥细度过小,会发生团聚,同时也会造成水泥需水量的增大,不利于水泥整体水化。

2) 水胶比

水胶比是指拌和水泥浆时,水的质量与水泥质量的比值。水胶比越大,水泥浆越稀,水泥的初期水化反应越能充分进行;但是水泥颗粒间被水隔开的距离越大,颗粒间相互形成骨架结构所需的凝结时间越长,所以水泥浆凝结硬化和强度发展越慢,且孔隙越多,强度越低。水胶比小,会影响施工性质(可塑性、保水性),造成施工困难。所以,在满足施工要求的前提下,水胶比越小,毛细孔越少,凝结硬化和强度发展越快,且强度越高。

3) 环境的温度和湿度

水泥水化反应的速度与环境中的温度有关,只有处于适当温度下,水泥的水化、凝结和硬化才能进行。通常,温度较高时,水泥的水化、凝结和硬化速度较快。当温度低于 0℃时,水泥水化趋于停止,就难以凝结硬化。因此,冬季施工,需要采取保温措施,以保证凝结硬化的不断发展。

水泥水化是水泥与水之间的反应,只有保证水泥颗粒表面有足够的水分,水泥的水化、凝结硬化才能充分进行。保持水泥浆温度和湿度的措施称为水泥的养护。

4) 龄期

龄期是指水泥在正常养护条件下所经历的时间,也称水化时间。水泥石强度随着龄期的增大而增长,一般在 28d 内增长较快,之后变慢,三个月后则更缓慢。但此种强度的增长,只有在温暖和潮湿的环境中才能继续。若水泥石处于干燥的环境中,在水分蒸发完毕后,水化作用将无法继续,硬化即停止。

4.1.4 硅酸盐水泥的技术要求

《通用硅酸盐水泥》(GB 175—2007) 对硅酸盐水泥的主要技术性质要求如下。

1. 细度

细度是指水泥颗粒的粗细程度,它是影响水泥性能的重要指标,也是鉴定水泥品种的主要指标之一。一般情况下,水泥颗粒越细,与水接触的面积越大,水化反应就越快,凝结

硬化越快，早期强度越高。但生产中能耗大，成本高，且在空气中凝结硬化时收缩增大，在储存和运输过程中易受潮而活性降低。因此，国家标准规定，硅酸盐水泥的比表面积应不小于 300m²/kg。

2. 凝结时间

4.3 标稠与水泥凝结时间联系

水泥的凝结时间对于施工有重大影响。国家标准规定，硅酸盐水泥的初凝时间不宜小于 45min，终凝时间不大于 390min。凡是凝结时间不合格的水泥都被认为不合格品。

3. 标准稠度及其用水量

在测定水泥凝结时间、体积安定性等指标时，为使所测结果有准确的可比性，规定在试验时所用的水泥净浆必须用标准方法测定，并达到一定的浆体可塑性程度(标注稠度)。

水泥净浆的标准稠度用水量，是指拌制水泥净浆时为达到标准稠度所需的加水量。它以水与水泥质量之比的百分数表示。

4. 体积安定性

体积安定性是指水泥在凝结硬化过程中体积变化的均匀程度。若水泥硬化后体积变化均匀，则视为安定性合格，否则为不合格。使水泥安定性变差的原因主要是水泥中游离氧化钙、游离氧化镁和石膏掺量过多，前两者主要是与水发生反应生成氢氧化钙、氢氧化镁膨胀物导致体积安定性变差，后者主要是石膏作用下生成钙矾石 AFt 或 AFm 有关。

5. 强度与强度等级

水泥强度是表征水泥力学性能的重要指标，它与水泥的矿物组成、水泥细度、水胶比大小、水化龄期和环境温度、湿度等密切相关。水泥的强度不仅反映硬化后水泥凝胶体自身的强度，而且能反映水泥的胶结能力。为了统一试验结果的可比性，水泥强度必须按照《水泥胶砂强度检验方法(ISO 法)》(GB/T 17671—2021) 的规定制作试块，养护并测定其抗压和抗折强度，该值是评定水泥等级的依据。

根据所测的强度值可将硅酸盐水泥分为 42.5、42.5R、52.5、52.5R、62.5、62.5R 六个强度等级，其中 R 代表早强型。各龄期的强度值不得低于国家标准的规定，如表 4-3 所示。

表 4-3　硅酸盐水泥各强度等级、各龄期的强度值

强度等级	抗压强度 /MPa		抗折强度 /MPa	
	3d	28d	3d	28d
42.5	17.0	42.5	3.5	6.5
42.5R	22.0		4.0	
52.5	23.0	52.5	4.0	7.0
52.5R	27.0		5.0	

续 表

强度等级	抗压强度 /MPa		抗折强度 /MPa	
	3d	28d	3d	28d
62.5	28.0	62.5	5.0	8.0
62.5R	32.0		5.5	

6. 碱含量

当水泥中碱含量高时，配制混凝土的集料中含有活性的 SiO_2 时，就会产生碱集料反应，使混凝土产生不均匀的体积变化，甚至导致混凝土产生膨胀破坏。因此，在水泥生产和使用过程中，必须对其碱含量进行确定，以确保碱含量满足工程要求。

7. 水化热

水泥与水发生水化反应所释放的热量称为水化热，通常用焦耳 / 千克(J/kg) 表示。

水泥水化放出的热量以及放热速度，主要取决于水泥的矿物组成和细度。熟料矿物中铝酸三钙、硅酸三钙的含量愈高，颗粒愈细，则水化热愈大，这对一般建筑的冬季施工是有利的，但对于大体积混凝土工程是有害的。为了避免因温度应力而引起水泥石开裂，在大体积混凝土施工中不宜采用硅酸盐水泥，而应采用水化热低的水泥，如中热水泥、低热矿渣水泥等。

8. 烧失量

烧失量是指水泥在一定灼烧温度和时间下，烧失的质量占原质量的百分数。烧失量主要用来限制石膏和混合材料中的杂质，以保证水泥质量。

4.1.5 水泥石的腐蚀与防止

1. 硅酸盐水泥石的腐蚀

硅酸盐水泥硬化后形成的水泥石，在通常使用条件下，有较好的耐久性。但在某些液体或气体作用下，会发生腐蚀，导致强度降低，甚至破坏。引起水泥石腐蚀的原因很多，作用机理也很复杂，主要有以下几种典型的腐蚀。

4.4 水泥石腐蚀与防护的内外因素

1) 软水的侵蚀

水泥石中的绝大部分物质是不溶于水的，其中的氢氧化钙溶解度也很低。在一般的水中，水泥石表面的氢氧化钙和水中的碳酸氢盐反应，生成碳酸钙，填充在毛细孔中，并覆盖在水泥石的表面，对水泥石起保护作用。因此，水泥石在一般水中是难以腐蚀的。但水泥石长期与雨水雪水、蒸馏水、工厂冷凝水等含碳酸氢盐少的软水相接触，会溶出氢氧化钙。在静水及无水的情况下，溶出的氢氧化钙在水中很快饱和，溶解作用会中止，溶出将只限于表层，对水泥石影响不大。如果有流水及压力水作用，氢氧化钙会不断溶解流失，而且水泥石中碱度的降低还会引起其他水化物的分解溶蚀，使水泥石进一步被破坏。此为软水侵蚀，又称溶出性侵蚀。

2）硫酸盐的腐蚀

含硫酸盐的海水、湖水、地下水及某些工业污水，若长期与水泥石接触，其中的硫酸盐会与水泥石中的氢氧化钙发生反应，生成硫酸钙。

硫酸钙与水泥石中的水化铝酸钙作用会生成高硫型水化硫铝酸钙AFt：

$$3CaO \cdot Al_2O_3 \cdot 6H_2O + 3(CaSO_4 \cdot 2H_2O) + 19H_2O \longrightarrow 3CaO \cdot Al_2O_3 \cdot 3CaSO_4 \cdot 31H_2O \tag{4-6}$$

所生成的高硫型水化硫铝酸钙体积增加1.5倍以上，会产生膨胀应力，造成开裂，对水泥石起极大的破坏作用。高硫型水化硫铝酸钙呈针状晶体，故称“水泥杆菌”。

当水中硫酸盐浓度较高时，硫酸钙还会在孔隙中直接结晶成二水石膏，体积膨胀，引起膨胀应力，导致水泥石破坏。

3）镁盐的腐蚀

在海水及地下水中，常含有大量的镁盐，主要是硫酸镁和氯化镁。它们会与水泥石中的氢氧化钙发生反应：

$$MgSO_4 + Ca(OH)_2 \longrightarrow CaSO_4 \cdot 2H_2O + Mg(OH)_2 \tag{4-7}$$

$$MgCl_2 + Ca(OH)_2 \longrightarrow CaCl_2 + Mg(OH)_2 \tag{4-8}$$

所生成的氢氧化镁松软而无胶凝能力，氯化钙易溶于水，二水石膏则会产生硫酸盐腐蚀作用。因此，硫酸镁对水泥石起镁盐和硫酸盐的双重腐蚀作用。

4）一般酸的腐蚀

无机酸中的盐酸、氢氟酸、硝酸、硫酸和有机酸中的醋酸等对水泥石都有不同程度的腐蚀作用。它们与水泥石中的氢氧化钙反应生成化合物，或者易溶于水，或者体积膨胀，在水泥石内部造成内应力而导致破坏。例如，盐酸与水泥石中的氢氧化钙作用生成氯化钙，反应产物易溶于水，导致水泥石破坏。

5）碳酸腐蚀

在工业污水、地下水中常溶解较多的二氧化碳。开始时，二氧化碳与水泥石中的氢氧化钙作用生成碳酸钙，之后与含碳酸的水作用转变成易溶于水的碳酸氢钙，导致水泥石碱度降低，其他水化物也会分解，使腐蚀作用进一步加剧。

6）强碱的腐蚀

碱类溶液在浓度不大时，一般对水泥石是无害的。但铝酸盐含量较高的硅酸盐水泥遇到强碱（如氢氧化钠）作用后也会发生腐蚀。氢氧化钠与水泥熟料中未水化的铝酸盐反应，会生成易溶的铝酸钠。此外，水泥石被氢氧化钠浸透后又在空气中干燥，氢氧化钠会与空气中的二氧化碳反应生成碳酸钠。碳酸钠在水泥石毛细孔中结晶沉积，会使水泥石胀裂。

除上述腐蚀类型外，对水泥石有腐蚀作用的还有一些其他物质，如糖、铵盐、动物脂肪、含环烷酸的石油产品等。在实际工程中，水泥石的腐蚀是一个极为复杂的物理化学作用过程，水泥石的腐蚀很少为单一的腐蚀作用，往往几种作用同时存在，互相影响。

2. 防止水泥石腐蚀的措施

根据以上腐蚀原因的分析，可采用下列措施，减少或防止水泥石的腐蚀。

（1）根据侵蚀环境特点，合理选用水泥及熟料矿物组成。例如，对于软水的侵蚀，可采用掺入活性混合材料的水泥，这些水泥的水化产物中氢氧化钙含量较低，耐软水侵蚀性强。对于抗硫酸盐的腐蚀，则可采用铝酸三钙含量低的水泥。

(2) 提高水泥石的密实度，改善孔结构。硬化水泥石是一种多孔体系，腐蚀性介质通常靠渗透进入水泥石内部，从而使水泥石腐蚀。因此，提高水泥石的密实度，是阻止腐蚀性介质进入水泥石内部，提高水泥耐腐蚀性的有力措施。在减小孔隙率，提高密实度的同时，要尽量减少毛细孔，减少连通孔，以提高抗蚀性。

(3) 加做保护层。当腐蚀作用较强时，可用耐酸石料和耐酸陶瓷、玻璃、塑料、沥青等耐腐蚀性好的材料，在混凝土及砂浆表面做不透水的保护层，防止腐蚀性介质与水泥石接触。

4.1.6 硅酸盐水泥的储存和应用

水泥在运输和保管期间，不得受潮和混入杂质，不同品种和等级的水泥应分别储存、运输，不得混杂。散装水泥应有专用运输车，直接卸入现场特制的储仓，分别存放。袋装水泥堆放高度一般不应超过 10 袋。存放期一般不超过 3 个月，超过 6 个月的水泥必须经过试验后才能使用。

硅酸盐水泥强度较高，常用于重要结构的高等级混凝土和预应力混凝土工程中。由于硅酸盐水泥凝结硬化较快，抗冻和耐磨性好，因此也适用于要求凝结快、早期强度高、冬季施工及严寒地区遭受反复冻融的工程。

硅酸盐水泥水化后含有较多的氢氧化钙，因此其水泥石抵抗软水侵蚀和抗化学腐蚀的能力差，不宜用于受流动软水和有水压作用的工程，也不宜用于受海水和其他侵蚀性介质作用的工程。由于硅酸盐水泥水化时放出的热量大，因此不宜用于大体积混凝土工程。不能用硅酸盐水泥配制耐热混凝土，也不宜用于耐热要求高的工程。

4.2 掺混合材料的硅酸盐水泥

凡是在硅酸盐水泥熟料中掺入一定量的混合材料和适量石膏，共同磨细制成的水硬性胶凝材料，均属于掺混合材料的硅酸盐水泥。在硅酸盐水泥中掺加一定量的混合材料，能改善原水泥的性能，增加品种，提高掺量，节约熟料，降低成本，扩大水泥的使用范围。按掺加混合材料的种类和数量，掺混合材料的硅酸盐水泥可分为普通硅酸盐水泥、矿渣硅酸盐水泥、火山灰硅酸盐水泥、粉煤灰硅酸盐水泥、复合硅酸盐水泥等。上述掺混合材料的硅酸盐水泥也是土建工程中常采用的水泥，属于通用水泥。

4.2.1 水泥混合材料

水泥混合材料是指在水泥粉末中掺加的物质材料，它能改善水泥性能，调节水泥强度等级。根据所加矿物质材料的性质，可将水泥混合材料划分为活性混合材料和非活性混合

材料。混合材料有天然的，也有人为加工的(或工业废渣)。

4.2.2　普通硅酸盐水泥

由硅酸盐水泥熟料、5%～20%混合材料和适量石膏磨细制成的水硬性胶凝材料，统称为普通硅酸盐水泥，简称普通水泥(P·O)。掺活性混合材料时，最大掺量不超过20%，允许用不超过水泥质量5%的窑灰或不超过水泥质量8%的非活性混合材料来替代。

普通硅酸盐水泥分为42.5、42.5R、52.5、52.5R四个强度等级。各龄期的强度要求列于表4-4中。初凝时间不得小于45min，终凝时间不得大于10h。比表面积不得小于300m²/kg。普通硅酸盐水泥的烧失量不得超过5.0%。其他如氧化镁、氧化钙和碱含量等均与硅酸盐水泥的规定相同。安定性用沸煮法检验必须合格。由于混合材料掺量少，因此，其性能与同强度等级的硅酸盐水泥相近。这种水泥被广泛应用于各种混凝土或钢筋混凝土工程，是我国主要的水泥品种之一。

表4-4　普通硅酸盐水泥强度要求

强度等级	抗压强度/MPa		抗折强度/MPa	
	3d	28d	3d	28d
42.5	17.0	42.5	3.5	6.5
42.5R	22.0		4.0	
52.5	23.0	52.5	4.0	7.0
52.5R	27.0		5.0	

4.2.3　矿渣硅酸盐水泥

矿渣硅酸盐水泥简称矿渣水泥(P·S)，是由硅酸盐水泥熟料、20%～70%的粒化高炉矿渣及适量的石膏磨细所得的水硬性胶凝材料。允许用石灰石、窑灰、粉煤灰和火山灰质混合材料中的一种材料替代粒化高炉矿渣，代替总量不得超过水泥质量的8.0%，替代后粒化高炉矿渣总量不得低于20.0%。

矿渣硅酸盐水泥在应用上与普通硅酸盐水泥相比，其主要特点及适用范围如下。

(1) 与普通硅酸水泥一样，能应用于任何地上工程，配制各种混凝土及钢筋混凝土。但在施工时，应严格控制混凝土用水量，并尽量排出混凝土表面泌水，加强养护工作，否则，不但强度会过早停止发展，而且容易产生较大干缩，导致开裂。拆模时间应适当延长。

(2) 适用于地下或水中工程，以及经常受较高水压的工程；对于要求耐淡水侵蚀和耐硫酸盐侵蚀的水中或海水中建筑尤其适宜。

(3) 水化热较低，适用于大体积混凝土工程。

(4) 最适用于蒸汽养护的预制构件。矿渣水泥经蒸汽养护后，不但能获得较好的力学性能，而且浆体结构的微孔变细，能改善制品和构件的抗裂性和抗冻性。

(5) 适用于受热(200℃以下)的混凝土工程。还可掺加耐火砖粉等耐热掺料，配制成耐热混凝土。

但矿渣水泥不适用于早期强度要求较高的混凝土工程，不适用于受冻融或干湿循环的混凝土。同时，对于低温(10℃ 以下）环境中需要强度发展迅速的工程，如不能采取加热保温或加速硬化等措施，亦不宜采用。

4.2.4 火山灰质硅酸盐水泥

火山灰质硅酸盐水泥，简称火山灰水泥，是由硅酸盐水泥熟料、20% ～ 40% 火山灰质混合材料，以及适量的石膏磨细制成的水硬性胶凝材料，代号为 P·P。

火山灰质水泥保水性好，干缩特别大，在干燥、高温的环境中，与空气中的二氧化碳反应使水化硅酸钙分解成碳酸钙和氧化硅，易产生“起粉”现象。抗冻性和耐磨性比矿渣水泥还要差，由于火山灰质水泥水化生成的水化硅酸钙凝胶多，所以水泥石致密，从而提高了火山灰质水泥的抗渗性。因此，火山灰质水泥的抗渗性高，适用于有抗渗要求的混凝土工程，特别适用于水中混凝土工程，不宜用于干燥环境中的工程，也不宜用于有抗冻和耐磨要求的混凝土工程。

火山灰质硅酸盐水泥的主要使用范围有：

(1) 最适宜用在地下或水中工程，尤其是需要抗渗性、抗淡水和硫酸盐侵蚀的环境；

(2) 可用于地面工程，但使用软质混合材料的火山灰质水泥，由于干缩变形较大，不宜用于干燥环境或高温车间；

(3) 适宜用蒸汽养护生产混凝土预制构件；

(4) 由于水化热较低，宜用于大体积混凝土工程。

火山灰质硅酸盐水泥不适用于早期强度要求较高、耐磨性要求较高的混凝土工程，抗冻性较差，不宜用于受冻部位。

4.2.5 粉煤灰硅酸盐水泥

凡是由硅酸盐水泥熟料、20% ～ 40% 粉煤灰，以及适量石膏磨细制成的水硬性胶凝材料，均称为粉煤灰硅酸盐水泥，简称粉煤灰水泥，代号为 P·F。

对于粉煤灰水泥，要求三氧化硫的质量分数不能超过 3.5%，氧化镁含量不得超过 6.0%(若超过，则需要对水泥进行压蒸安定性检测且合格才能使用)，氯离子含量不能超过 0.06%，凝结时间与普通硅酸盐水泥一致。

粉煤灰水泥与火山灰水泥相比有许多相同的特点，但由于掺加的混合材料不同，因此相互间还存在一些不同。粉煤灰水泥主要用于以下情况：

(1) 除适用于地面工程外，还非常适用于大体积混凝土以及水工混凝土工程等；

(2) 粉煤灰水泥的缺点是泌水较快，易出现失水裂缝，因此在混凝土凝结期间宜适当增加抹面次数，在硬化期应加强养护。

4.2.6 复合硅酸盐水泥

复合硅酸盐水泥，简称复合水泥，由硅酸盐水泥熟料、两种或两种以上规定的混合材料、适量的石膏磨细制成，代号为 P·C。水泥中混合材料总掺量按照质量分数计应在 20%

～40%范围内，水泥中窑灰代替混合材料的质量不应超过8.0%；掺矿渣时混合材料掺量不得与矿渣水泥重复。

复合硅酸盐水泥中氧化镁的含量不应大于6.0%。若水泥经压蒸试验后合格，水泥中三氧化硫的含量不得超过3.5%。安定性用沸煮法检验必须合格；经0.08mm方孔筛的筛余量不得超过10.0%，初凝和终凝时间与普通硅酸盐水泥一致。

复合硅酸盐水泥的综合性质较好，耐腐蚀性好，水化热小，抗渗性好。复合水泥由于使用了复合混合材料，改变了水泥石的微观结构，促进了水泥熟料的水化，因此，其早期强度大于同标号的矿渣水泥、粉煤灰水泥、火山灰质水泥，因而复合水泥的用途较硅酸盐水泥、矿渣水泥等更为广泛，是一种大力发展的新型水泥。

4.3 硅酸盐水泥的选用与储备

通用硅酸盐水泥在土建工程中应用最广、用量最大。现将硅酸盐水泥的主要特性列于表4-5中，在混凝土结构工程中水泥的选用可参考表4-6。

表4-5 通用硅酸盐水泥的主要特性

名称	硅酸盐水泥	普通硅酸盐水泥	矿渣硅酸盐水泥	火山灰质硅酸盐水泥	粉煤灰硅酸盐水泥	复合硅酸盐水泥
密度/(g/m^3)	3.00～3.15	3.00～3.15	2.80～3.10	2.80～3.10	2.80～3.10	2.80～3.10
硬化	快	较快	慢	慢	慢	慢
早期强度	高	较高	低	低	低	低
水化热	高	高	低	低	低	低
抗冻性	好	较好	差	差	差	差
耐热性	差	较差	好	较差	较差	好
干缩性	较小	较小	较大	较大	较小	较大
抗渗性	较好	较好	差	较好	较好	差
耐腐蚀性	差	较差	较强	较强	较强	较强
泌水性	较小	较小	明显	小	小	较大

表4-6 通用硅酸盐水泥的选用

混凝土工程特点或所处环境条件		优先选用	可以选用	不宜选用
普通混凝土	普通气候环境	普通硅酸盐水泥	矿渣硅酸盐水泥； 火山灰质硅酸盐水泥； 粉煤灰硅酸盐水泥； 复合硅酸盐水泥	—

续　表

混凝土工程特点或所处环境条件		优先选用	可以选用	不宜选用
普通混凝土	干燥环境	普通硅酸盐水泥	矿渣硅酸盐水泥	火山灰质硅酸盐水泥； 粉煤灰硅酸盐水泥
	高湿度环境或永久水下	矿渣硅酸盐水泥	普通硅酸盐水泥； 火山灰质硅酸盐水泥； 粉煤灰硅酸盐水泥； 复合硅酸盐水泥	—
	厚大体积混凝土	矿渣硅酸盐水泥； 火山灰质硅酸盐水泥； 粉煤灰硅酸盐水泥； 复合硅酸盐水泥	—	普通硅酸盐水泥
有特殊要求的混凝土	要求快硬的混凝土	硅酸盐水泥	普通硅酸盐水泥	矿渣硅酸盐水泥； 火山灰质硅酸盐水泥； 粉煤灰硅酸盐水泥； 复合硅酸盐水泥
	高强(大于 C40) 的混凝土	硅酸盐水泥	普通硅酸盐水泥； 矿渣硅酸盐水泥	—
	严寒地区的露天混凝土；寒冷地区处于水位升降范围内的混凝土	普通硅酸盐水泥	矿渣硅酸盐水泥	—
	严寒地区处于水位升降范围内的混凝土	普通硅酸盐水泥	—	—
	有抗渗要求的混凝土	—	—	—
	有耐磨要求的混凝土	普通硅酸盐水泥； 硅酸盐水泥	矿渣硅酸盐水泥	—

需要说明的是，通用硅酸盐水泥的使用范围并非绝对。如使用硅酸盐水泥的同时掺入一定量的粉煤灰和磨细的矿渣粉等掺合料，目前已大量应用于大体积混凝土、受化学及海水侵蚀的工程。

还需要说明的是，复合硅酸盐水泥除具有与其他混合材料掺量大于 20% 的通用硅酸盐水泥共同特点外，其他特性取决于主要掺入的混合材料类别。如以粉煤灰为主要混合材料，则性能接近于粉煤灰硅酸盐水泥。

由于通用硅酸盐水泥自身特点，在对其进行储存的时候，首先应该避免受潮，其次坚持现存现用，不可储存过久，严格按照不同水泥品种储存时间要求进行使用。水泥等级越高、越细，吸湿受潮越严重。在正常储存条件下，经 3 个月后，水泥强度约降低 10% ～ 25%，储存 6 个月约降低 25% ～ 40%。

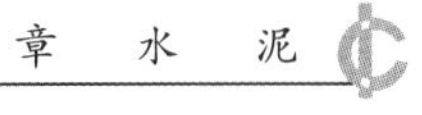

4.4　镁质胶凝材料特性水泥

人们最早将镁质胶凝材料称为“菱苦土”，其主要由菱镁石（菱镁石即镁矿石）煅烧而成，后来改称为“菱镁材料”。近几十年来，人们对镁质胶凝材料的认知和理解不断升华，逐渐将菱镁材料改称为镁质胶凝材料或镁水泥。

用 $MgCl_2$ 溶液替代水作 MgO 的调和剂，可以加速水化速度，并且能与之作用形成新的水化物相。这种新的水化物相的平衡溶解度比 $Mg(OH)_2$ 高，因此其过饱和度也相应较低。用 $MgCl_2$ 溶液调制的镁质胶凝材料，即为氯氧镁水泥。$MgCl_2$ 溶液的掺量一般为镁质胶凝材料的 55% ～ 60%。若掺量太大，则会造成镁水泥的凝结速度过快，且硬化后体积收缩大、强度低。当其掺量过小时，则镁水泥的凝结硬化太慢，最后形成的结构体强度较低。此外，温度对镁水泥的凝结硬化影响很大，氯化镁掺量可作适当调整。

目前为止，镁水泥的水化物相被公认的主要是“相 3”和“相 5”，其中“相 3”是指 $3Mg(OH)_2 \cdot MgCl_2 \cdot 8H_2O$，简称 3·1·8；“相 5”是指 $5Mg(OH)_2 \cdot MgCl_2 \cdot 8H_2O$，简称 5·1·8。镁水泥的硬化体是由水化物 3·1·8 相和 5·1·8 相为主的晶体交叉连生而成的晶体网状结构。

镁质胶凝材料制品以轻烧氧化镁（MgO）、氯化镁（$MgCl_2$）或硫酸镁（$MgSO_4$）、水（H_2O）为基本化合材料。根据制品用途和形状要求，加入填充改性材料（锯末、有机或无机纤维材料、粉煤灰、矿渣粉末等材料），经配方确定、搅拌、成型、养护等流程，可用镁水泥制作地坪，具有一定弹性，且防火、防爆、导热性小、表面光洁、不起灰，主要用于室内车间地坪。此外，还可用镁水泥来制备板材。加入刨花、木丝、玻璃纤维、聚酯纤维等，制作各种板材，如防火装饰板、防火风管、刨花板、木屑板等。

相比通用硅酸盐水泥制品，镁质胶凝材料制品具有以下优势。

(1) 相同规格下，其比重约是黏土砖墙的 1/3 ～ 1/4，可较大减轻建筑的基础承重，可扩大 5% ～ 10% 的建筑使用面积，可大大提高施工速度，促进建筑的预制化、装配化和现代化。

(2) 抗压、抗拉强度可提高 1 ～ 2 倍，抗冲击性能可提高 1 ～ 5 倍，抗冻性可提高 2 ～ 4 倍，耐磨性可提高 3 倍，是理想的墙体材料。

(3) 加入发泡剂，用镁水泥可制作保温板。具有优于木材的蓄热系数、较低的体积密度和导热系数，有极好的反抗温度变化的性能（保温、隔热性能），能够较大程度上提升人居舒适性。

然而，相比通用硅酸盐水泥制品，由于氯盐的吸湿性大，结晶接触点的溶解度高，水化物具有较高的溶解度，因此镁水泥制品的耐水性和耐久性较差，易出现泛霜现象（即所谓的返卤）。故此，在实际生产中，为了克服镁水泥的抗水性差、吸潮返卤以及变形等缺点，往往需要再加入改性剂及其他功能性材料。例如，掺加外加剂、少量磷酸或磷酸盐或水溶性树脂，但会在一定程度上增加成本，或降低强度。也可用硫酸镁（$MgSO_4 \cdot 7H_2O$）和铁钒（$FeSO_4$）做调和剂，能够在一定程度上降低镁水泥吸湿性，从而提高抗水性，但硬化后结构体强度低于氯化镁。也可通过添加矿渣、粉煤灰等活性混合材料改善耐水性。

此外，由于在镁质胶凝材料特性水泥原材料和水化物相中存在氯离子，且含量较高，因此对铁、钢筋的锈蚀作用很强，应尽量避免用铁钉等固定的镁质胶凝材料特性水泥制品直接与其接触。

【案例分析 4-1】挡墙开裂与水泥的选用

概况：某大体积的混凝土工程，浇筑两周后拆模，发现挡墙有多道贯穿型的纵向裂缝。该工程使用某水泥厂生产 42.5Ⅱ 型硅酸盐水泥，其熟料矿物组成为：C_3S 占 61%，C_2S 占 14%，C_3A 占 14%，C_4AF 占 11%。

原因分析：该工程所使用的水泥 C_3A 和 C_3S 含量高，导致该水泥的水化热高，且在浇筑混凝土中，混凝土的整体温度高，而后混凝土温度随环境温度下降，混凝土产生冷缩，造成混凝土贯穿型的纵向裂缝。

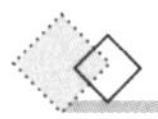

【案例分析 4-2】膨胀水泥与水泥膨胀剂

概况：通用硅酸盐水泥水化硬化后，体积会收缩。针对此问题通常有两种办法：一是使用膨胀水泥，如低热微膨胀水泥等；二是使用水泥膨胀剂，如我国较著名的型膨胀剂（UEA）。

我国驻孟加拉国大使馆于 1991 年 2 月正式开工，1992 年 6 月竣工，被评为使馆建设“优质样板”工程。孟加拉国是世界暴风雨灾害中心区，年降雨量为 2000 ～ 3000mm，雨期长达 6 个月，使馆区地势低洼，暴雨后地面积水深达 500mm。该使馆工程的楼板、公寓、地下室、室外游泳池、观赏池的混凝土中采用 UEA 膨胀剂防水混凝土，抗渗标号为 S8。采用内掺法，UEA 的用量为水泥用量的 12%，经长时间使用未发现混凝土收缩裂缝，使用效果好。膨胀剂的应用除需正确选用品种、配比外，还需采用合理养护等一系列技术措施。

【本章小结】

水泥是土木工程材料课程的重点之一，它是混凝土主要的也是最重要的组成材料之一。本章侧重于硅酸盐水泥，对其生产作了简单介绍；而对其熟料矿物组成、水泥水化硬化过程、水泥石的结构以及水泥的质量要求等作了较深入的阐述。学生通过学习可以了解硅酸盐水泥熟料的矿物组成及其水化产物对水泥石结构和性能的影响，水泥石产生腐蚀的原因和防止措施，常用水泥的主要技术性能、特点和适用范围。

本章对镁质胶凝材料特性水泥 —— 镁水泥进行了简单介绍，主要包括其定义、组成、水化影响因素及应用。用 $MgCl_2$ 溶液调制的镁质胶凝材料，即为氯氧镁水泥，也称镁水泥。目前为止，镁水泥的水化物相被公认的主要是“相 3”和“相 5”，其硬化体是由水化物 3·1·8 相和 5·1·8 相为主的晶体交叉连生而成的晶体网状结构。相比通用硅酸盐水泥制品，镁

水泥制品具有轻质、高强、保温等突出优势，但其耐水性较差，不宜在潮湿环境下使用。

学生通过本章的学习，应熟悉并掌握硅酸盐水泥的水化和硬化特性，重点理解影响硅酸盐水泥凝结硬化因素基础上的水泥石的腐蚀和防止措施，掌握不同品种水泥与硅酸盐水泥的共性和特征，以及特殊的用途。同时，了解并熟悉镁质胶凝材料特性水泥——镁水泥的性质及用途。

【本章习题】

第4章习题
参考答案

一、单项选择题

1. 水泥熟料中水化速度最快，28d水化热最大的是(　　)。

A. C_3S　　B. C_2S

C. C_3A　　D. C_4AF

2. 以下水泥熟料矿物中早期强度及后期强度都比较高的是(　　)。

A. C_3S　　B. C_2S

C. C_3A　　D. C_4AF

3. 硅酸盐水泥硬化后的水泥石体系呈现出(　　)。

A. 强酸性　　B. 强碱性

C. 弱酸性　　D. 弱碱性

4. 通用水泥的贮存期一般不应超过(　　)月。

A. 2　　B. 3

C. 4　　D. 6

二、多项选择题

1. 水泥使用前，必须检查其技术性能，(　　)不合格，即为废品。

A. 强度　　B. 细度

C. 凝结时间　　D. 安定性

2. 水泥体积安定性不良的主要原因有(　　)。

A. 过量的游离氧化钙　　B. 过量的游离氧化镁

C. 过量的石膏　　D. 过量的水

3. 水泥的验收，包括(　　)方面。

A. 质量验收　　B. 数量验收

C. 品种验收　　D. 产地验收

三、判断题(正确的打√，错误的打×)

1. 用水泥拌制的砂浆或者混凝土，浇灌后应让整体结构呈现干燥状态，以增加硬化后结构的强度。(　　)

2. 一般而言，可将不同生产厂家生产的同品种、同强度等级的水泥进行混放、混用。(　　)

3. 水泥颗粒越小，水化反应越快，水泥石的早期强度愈高，性能越好。(　　)

4. 水泥胶砂强度试验除24h龄期或延迟48h脱模的试件外，任何到龄期的试件应在试验前15min从水中取出。抹去表面沉淀物和水分，并用湿抹布对其侧面进行覆盖。(　　)

四、简答题

1. 某住宅工程工期较短，现有强度等级同为 42.5 的硅酸盐水泥和矿渣水泥可选用。从有利于完成工期的角度来看，选用哪种水泥更合适？

2. 为何大体积混凝土工程不宜只把硅酸盐水泥作为全部胶凝材料使用？对硅酸盐水泥熟料的矿物组提出哪些要求会更为有利？

第5章　混凝土

【本章重点】

普通混凝土组成材料的技术要求及选用、混凝土拌和物的性质及其测定方法、硬化混凝土的力学性质、变形性质和耐久性、普通混凝土的配合比设计方法。

第5章课件

【学习目标】

熟悉水泥混凝土的基本组成材料、分类和性能要求，了解普通混凝土组成材料的品种、技术要求及选用，掌握混凝土拌和物的性质及其测定和调整方法，掌握硬化混凝土的力学性质、变形性质和耐久性及其影响因素，了解混凝土质量控制与强度评定，掌握普通混凝土的配合比设计方法，熟悉水泥混凝土的外加剂和矿物掺合料，了解特种混凝土的性能及组成材料。

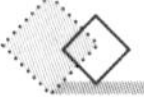

【课程思政】中国工程院院士吴中伟先生

吴中伟院士是中国水泥与混凝土材料科学的开拓者、奠基人，大学毕业后他与水泥结缘，之后他一步步推动中国水泥混凝土行业向世界先进水平不断发展。

1940年6月吴中伟在重庆中央大学毕业，赴四川綦江导淮委员会任职，担任秦江水道闸坝设计和小水电站的设计与建造工作。其间，参与研制石灰烧黏土水泥，开我国无熟料水泥研制应用先河。

1945年5月吴中伟公派赴美国进修，先后在美国垦务局丹佛材料研究所、陆军工程师团和加州大学重点学习混凝土技术，并在公路研究所、国家标准局等单位考察。他满怀深情地说："我此去非为个人名利，志在学习国外的先进技术，以期改变祖国落后的工业面貌。"

1946年10月吴中伟学成回国，任职于南京淮河水利总局。1947年2月起，吴中伟执教于南京中央大学土木系，并在校园内建立了我国第一个混凝土研究室，第一个提出"混凝土科学技术"概念，组织起第一支混凝土科研队伍，开启了我国的混凝土科技事业。这期间，他科学论断当时国内最大的混凝土工程——塘沽新港工程30吨大块混凝土崩溃的原因在于海水冻融循环，提出了采用引气混凝土的有效解决方案。

新中国成立后，他欣喜万分，看到了祖国光辉的前景，深感自己报国有门，决心献身于大规模经济建设热潮中。1949年8月，吴中伟欣然接受重工业部的邀请，赴京任职，参加新中国最早的建材科研机构、总院前身——重工业部华北窑业公司研究所筹建工作，相继担任研究组组长和混凝土室主任。1954年建材工业部在北京管庄建立了水泥工业研究院，吴中伟任混凝土室主任。

20世纪50年代初，他结合国内迅速展开的基本建设，引进国外先进技术，在全国工业、交通、水电、城建、房建等大中型混凝土工程中大力推介科学配合比设计、质量控制、冬季施工技术等，取得巨大效益。同时，与他人合作研制国内最早的混凝土外加剂——引气剂，成功应用于塘沽新港、治淮工程等，获国家发明奖。另外，在国内首先提出大坝混凝土工程碱集料反应问题，引起主管部门高度重视；协助长江科学院建立研究试验队伍，为预防我国水工混凝土病害做出了重要贡献。50年代中叶起，为满足经济建设中代钢代木的急迫要求，组织开展了混凝土与水泥制品的研究开发与推广工作，使混凝土与水泥制品工业在我国方兴未艾，其中，自应力混凝土输水管、水泥农船等产量已居世界之首，成为极具中国特色的水泥制品产业标志。

1978年他被清华大学聘任为土木系兼职教授、博士生导师；1979年被聘任为建材研究院副院长兼总工程师。面对祖国十年浩劫所造成的极大创伤，目睹发达国家科技的突飞猛进与人才辈出，他深感自己责任重大，应加紧组建科研力量，培养大量优秀人才，急起直追，迎头赶上。他在一首自勉诗中写道"祖国浩劫后，人富我赤贫。骥老志千里，负重又登程"，在另一首诗中又写出"赤心报国苦时短，老骥奋蹄趁夕晖"，充分表述了自己立志报国的急切心情。

在20世纪80年代与90年代，吴中伟以百倍热忱投身于科教事业，以弥补我国的科技滞后、人才断层。他殚精竭虑、夜以继日、呕心沥血地忘我工作，将毕生奉行的"爱祖国、惜寸阴"发挥到极致。他1994年当选为首届中国工程院院士，1998年任中国工程院资深院士，1999年荣获何梁何利基金科学与技术进步奖。

2000年2月，吴中伟院士因过于劳累，病情恶化，经多方抢救无效而与世长辞。吴中伟院士生前提出将其所获得何梁何利基金科学与技术进步奖奖金捐赠给中国建材总院用于科学研究事业，其夫人张凤棣为履行吴老遗愿，捐出全部奖金。

2013年，总院用这份极为珍贵的奖金设立吴中伟青年科技奖，授予能够传承吴中伟院士爱国、奉献、科学、严谨、谦虚的崇高精神，在科技创新、团队建设方面有突出表现，为国家、行业发展做出突出贡献，在行业中有一定影响力的青年科技领军人物。该奖项是总院深入传承吴中伟院士"爱祖国、惜寸阴"精神，建立矢志科研、鼓励创新、公平竞争的创新人才激励机制的重要举措。

吴中伟院士用他的一生诠释了"水泥"，他致力于水泥混凝土行业的科技研究、创新和发展，为水泥混凝土行业培养了一大批人才，为中国水泥混凝土行业奠定了基础，引导中国水泥混凝土行业达到世界先进水平。

5.1 混凝土定义及分类

"混凝土"一词源于拉丁术语"concretus"，原意是共同生长。现代混凝土从广义上讲，

是指无机胶凝材料（如石灰、石膏、水泥等）和水，或有机胶凝材料（如沥青、树脂等）的胶状物，与粗细集料（亦称为骨料）按一定比例配合、搅拌，并在一定温湿条件下养护一定时间硬化而成的坚硬固体。最常见的混凝土是以水泥为主要胶凝材料的普通混凝土，即以水泥、砂、石子和水为基本组成材料，根据需要掺入化学外加剂或矿物掺合料，经拌和制成具有可塑性、流动性的浆体，浇注到模具中，经过一定时间硬化后形成的具有固定形状和较高强度的人造石材。

混凝土是现代土木工程中应用最广、用量最大的工程材料，在房屋建筑、道路、桥梁、地铁、水利和港口等工程中，都离不开混凝土材料。它几乎覆盖了土木工程所有领域。可以说，没有混凝土就没有今天的世界。

由于混凝土是由多种不同性质的材料组合而成的复合材料体系，因此，混凝土的品种和分类方法有很多。通常，混凝土可按表观密度、用途、强度等级、生产和施工方法、掺合料、流动性等来分类。具体如下：

1. 按表观密度分类

(1) 轻混凝土：它的表观密度小于 1950kg/m^3，是采用陶粒等轻质多孔骨料配制的混凝土以及无砂的大孔混凝土，或者不采用骨料而掺入引气剂或发泡剂，形成的多孔结构的混凝土。主要用作轻质结构材料和保温隔热材料。

(2) 普通混凝土：它的表观密度为 1950 ～ 2800kg/m^3，用普通的天然砂石为骨料配制而成，为建筑工程中常用的混凝土，主要用作各种建筑物的承重结构材料。

(3) 重混凝土：它的表观密度大于 2800kg/m^3，采用密度很大的重晶石、铁矿石、钢屑等重骨料和钡水泥、锶水泥等重质水泥配置而成。重混凝土具有防射线的性能，因此又称为防辐射混凝土，主要用作核工程的屏蔽结构材料。

2. 按用途分类

混凝土按照用途不同可分为结构混凝土、防水混凝土、道路混凝土、膨胀混凝土、防辐射混凝土、耐酸混凝土、大体积混凝土、耐热混凝土、耐火混凝土、装饰混凝土等。

3. 按强度等级分类

(1) 普通混凝土：它的抗压强度等级一般在 C60 以下。其中，强度等级低于 C30 的混凝土为低强度混凝土，强度等级为 C30 ～ C60 的混凝土为中强度混凝土。

(2) 高强混凝土：它是指抗压强度等级大于或等于 C60 的混凝土。

(3) 超高强混凝土：它是指抗压强度大于或等于 C100 的混凝土。

4. 按生产和施工方法分类

按生产和施工方法，混凝土可分为泵送混凝土、喷射混凝土、碾压混凝土、挤压混凝土、离心混凝土、压力灌浆混凝土、水下不分散混凝土、预拌混凝土（商品混凝土）等。

5.1 纳米混凝土

5. 按掺合料分类

按混凝土中掺加的矿物掺合料种类，可将混凝土分为粉煤灰混凝土、硅灰混凝土、矿渣混凝土、纳米混凝土等。

6. 按流动性分类

按照混凝土拌和物流动性的大小，可分为低塑性混凝土(坍落度介于 10 ～ 40mm)、塑性混凝土(坍落度介于 50 ～ 90mm)、半流态混凝土(坍落度介于 100 ～ 150mm)、液态混凝土(坍落度介于 160 ～ 210mm) 和高流态混凝土(坍落度大于 220mm)。

混凝土的品种虽然繁多，但在实际工程中还是普通水泥混凝土应用最广泛，若没有特殊说明，通常将水泥混凝土称为混凝土，本章对其重点介绍。

5.2　混凝土特点与发展

5.2 中国混凝土发展现状

混凝土作为一种大宗人造石材，被广泛应用于土木工程中。据报道，我国混凝土年使用量早已以亿立方米为单位来计算，可见其技术与经济意义是其他建筑材料所无法比拟的，而这要归功于其具有以下显著优势。

1. 经济性好

混凝土中约 70% 的材料是砂石料，都属地方材料，可就地取材，价格便宜易得，能耗低，符合经济原则。

2. 可塑性好

由于具有较大流变性能(流动性和可塑性)，因此混凝土材料利用模板可以浇铸成任意形状、尺寸的构件或整体结构。

3. 强度高

相对于砖、木材、钢材等常见土木工程材料，混凝土具有相对高的强度，且可根据需要配制出不同强度等级的混凝土。目前为止，混凝土强度等级可达 800MPa 左右。

4. 防火性、耐久性好

由于混凝土主要是由无机非金属材料配制、制备而来的，不易(难以) 燃烧，且在高温下能保持较长时间的强度，相对于玻璃、木材、钢材等具有较高的防火性能。同时，相对于使用时间久后木材腐蚀、钢筋锈蚀，混凝土在自然环境下具有较长的使用寿命，具有较高的耐久性。

5. 与钢筋具有较强的黏结力

混凝土凝结硬化后可与钢筋形成较大的黏结作用力，可复合配制成钢筋混凝土，用于高强、超高强要求的建筑结构，也可以用于抗震、抗风等要求的建筑物，提高建筑物的使用寿命。

当然，作为一种土木工程结构材料，混凝土并不是万能的，其本身还存在一些不足，这正在并将长期阻碍其快速发展。常见混凝土缺点有：

1. 自重(容重)大

普通混凝土的表观密度大约为2450kg/m^3,高层、大跨度建筑物要求材料在保证力学性质的前提下,以轻为宜。

2. 抗拉/抗弯强度低、易开裂

通常,混凝土的抗拉强度约为其抗压强度的1/15～1/20,脆性指数为4200～9350;极限拉伸应变约为(0.10～0.15)×$10^{-3}$$\mu\varepsilon$,由最大拉应力理论和最大伸长线应变理论可知,混凝土是极易出现开裂现象和拉伸脆性断裂行为的。

3. 变形能力差

变形能力差也称体积稳定性差。通常,在普通养护条件下水泥水化产物凝结硬化引起的自收缩和干燥收缩可达500×10^{-6} m/m以上,极易引起混凝土的收缩裂缝。当水泥浆体量过大时,这一缺陷表现得更加突出,随着温度、湿度、环境介质的变化,容易引起体积变化,产生裂纹等内部缺陷,直接影响建筑物的使用寿命。

4. 保温隔热性能差,生产周期长

为了更好、更快地发展混凝土,国内外相关学者做了大量的科学研究,并取得了许多喜人的成果,而这些成果也正在并将一直促进混凝土及行业的发展。混凝土比较突出的发展主要体现在以下两点。

1. 性能优化

在长期的实际工程应用中,传统的水泥混凝土的缺陷越来越多地暴露出来,集中体现在耐久性方面。作为胶凝材料的水泥在混凝土中的表现,远没有人们希望的那么完美,过分地依赖水泥是导致混凝土耐久性不良的首要因素。所以,给水泥重新定位,合理控制混凝土中的水泥用量势在必行。主要的技术措施有:

(1) 减小水泥用量,由水泥、粉煤灰或磨细矿渣共同组成合理的胶凝材料体系。

(2) 使用高效减水剂实现混凝土的减水、增强效应,以减小水泥用量。

(3) 使用引气剂减少混凝土内部的应力集中现象,使其结构更加均匀。

(4) 通过改变加工工艺,提高砂石集料的质量,尽可能减小水泥用量。

(5) 改进施工工艺,减小混凝土拌和物的单方用水量和水泥浆用量。

2. 可持续发展

由于多年来的大规模建设,混凝土优质集料资源的消耗量惊人,生产水泥排放的二氧化碳导致的温室效应也日益明显。因此,使混凝土工业走上绿色低碳之路也是今后研究的主要方向。主要技术措施有:

(1) 大量使用工业废弃资源,如利用尾矿资源作为集料,使用磨细矿渣和粉煤灰替代水泥。

(2) 节约天然砂石资源,加强代用集料的研究开发,发展人工砂、海砂的应用技术。

(3) 扶植再生混凝土产业,使越来越多的建筑垃圾作为集料循环使用。

(4) 不要盲目追求高等级混凝土,应重视发展中、低等级耐久性好的混凝土。

(5) 大力推广预拌混凝土，减少施工中的环境污染。

(6) 开发生态型混凝土，使混凝土成为可调节生态平衡、美化环境景观、实现人类与自然协调发展的绿色工程材料。

5.3 普通混凝土的组成材料

普通混凝土由水泥、砂、石和水等基本材料组成。另外，为了改善混凝土的某些性能，通常还加入适量的掺合料和外加剂（实际上，这些已成为混凝土必备组分，即常说的组成混凝土的“六组分”）。在混凝土中，砂、石对混凝土起到骨架作用，水泥和水形成水泥浆，包裹在集料的表面并填充在集料的空隙中。在混凝土拌和物中，水泥浆起润滑作用，赋予混凝土拌和物流动性，便于施工；在混凝土硬化后起胶结作用，把砂、石集料胶结成为整体，使混凝土产生强度，成为坚硬的人造石材。砂、石材料一般不参与水泥与水的化学反应，主要用来节约水泥、承受荷载、限制硬化水泥的收缩，起骨架和填充作用。混凝土内部结构如图 5-1 所示。

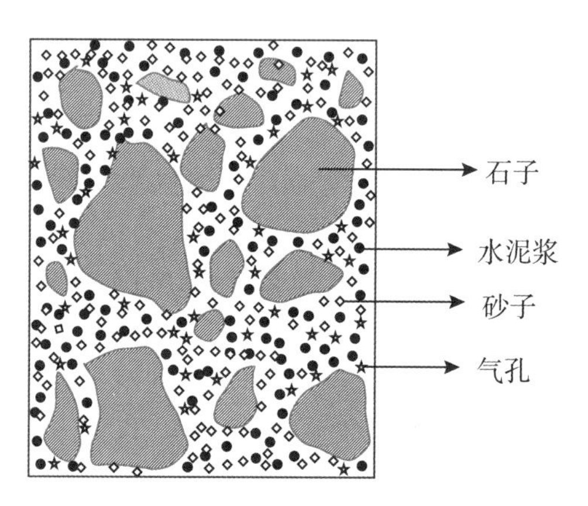

图 5-1　混凝土内部结构

5.3.1　水泥

水泥是混凝土中最重要的活性组分，矿物掺合料的活性也有赖于水泥水化产物的激发，因此，水泥是混凝土中最重要的材料。水泥品种和强度等级是影响混凝土强度、耐久性及经济性的重要因素。

配制混凝土用的水泥品种，应当根据工程性质与特点、工程所处环境及施工条件，并依据各种水泥的特性，合理选择。配制混凝土一般可采用通用硅酸盐水泥，必要时也可采用专用水泥或特性水泥。在满足工程需求的前提下，应选择价格较低的水泥品种，以节约造价。

水泥强度等级应当与混凝土的设计强度等级相适应。原则上，配制高强度等级的混凝

土选用高强度等级的水泥，配制低强度等级的混凝土选用低强度等级的水泥。若选用低强度等级水泥配制高强度等级混凝土，为满足强度要求必然会使水泥用量过多，这不仅不经济，而且会使混凝土收缩和水化热增大；若用高强度等级水泥配制低强度等级的混凝土，从强度考虑，少量水泥就能满足要求，但为了满足混凝土拌和物的和易性和混凝土的耐久性，就需要额外增加水泥用量，造成水泥的浪费。一般水泥强度等级标准值（以 MPa 为单位）应为混凝土强度等级标准值的 1.5 ～ 2.0 倍。水泥强度过高或过低，都会导致混凝土内水泥用量过少或过多，对混凝土的技术性能及经济效果产生不利影响。

5.3.2　细集料

5.3 骨料杂质多危害混凝土性能

集料也称骨料。普通混凝土所用集料按粒径大小分为两种，公称粒径大于 5mm 的称为粗集料（按国家标准规定，砂的公称粒径为 5.00mm 时对应的砂筛筛孔的公称直径也是 5.00mm，对应的方孔筛筛孔边长是 4.75mm），公称粒径小于 5.00mm 的称为细集料。粗、细骨料的总体积占混凝土体积的 70% ～ 80%，因此，骨料的性能对所配制的混凝土性能有很大影响。为保证混凝土的质量，对骨料技术性能的要求主要有：有害杂质少；具有良好的颗粒形状、适宜的颗粒级配和细度；表面粗糙，与水泥黏结牢固；性能稳定，坚固耐久等。

混凝土的细骨料主要采用天然砂或人工砂。

天然砂是由自然风化、水流搬运和分选、堆积形成的粒径小于 4.75mm 的岩石颗粒，但不包括软质岩、风化岩的颗粒。按其产源不同可分为河砂、湖泊砂、山砂和淡化海砂。河砂和海砂由于长期受水流的冲刷作用，颗粒表面比较圆滑、洁净，且产源较广；但海砂中常含有贝壳碎片及可溶盐等有害杂质；山砂颗粒多具棱角，表面粗糙，砂中含泥量及有机质等有害杂质较多。建筑工程中一般多采用河砂作细骨料。

人工砂主要指机制砂，它是由机械破碎、筛分制成的，粒径小于 4.75mm 的岩石颗粒，但不包括软质岩、风化岩颗粒。机制砂可由矿石、卵石或尾矿加工而成。其颗粒尖锐，有棱角，较洁净，但片状颗粒及细粉含量较高，成本较高。混合砂是由机制砂和天然砂混合制成的。它执行人工砂的技术要求和试验方法。把机制砂和天然砂相混合，可充分利用地方资源，降低机制砂的生产成本。一般在当地缺乏天然砂源时，采用人工砂。

根据我国标准《建筑用砂》（GB/T 14684—2011）的规定，建筑用砂按技术质量要求分为 Ⅰ 类、Ⅱ 类、Ⅲ 类。Ⅰ 类宜用于强度等级大于 C60 的混凝土；Ⅱ 类宜用于强度等级大于 C30 ～ C60 及有抗冻、抗渗或其他要求的混凝土；Ⅲ 类宜用于强度等级小于 C30 的混凝土。普通混凝土粗细骨料的质量标准和检验方法依据《普通混凝土用砂、石质量及检验方法标准》（JGJ 52—2006）进行。

1. 砂子的粗细程度与颗粒级配

砂的粗细程度，是指不同粒径的砂粒，混合在一起后的总体粗细程度，通常有粗砂、中砂与细砂之分。在相同的条件下，细砂的总表面积最大，而粗砂的总表面积较小。在混凝土中，砂子的表面需要有水泥浆包裹，砂子的总表面积越大，则需要包裹砂粒表面的水泥浆就越多。

砂的颗粒级配，即表示砂中大小颗粒的搭配情况。在混凝土中砂粒之间的空隙是由水泥浆所填充的，为达到节省水泥和提高强度的目的，就应尽量减小砂粒之间的空隙。要减小砂粒间的空隙，就必须搭配大小不同的颗粒。

因此，在拌制混凝土时，应同时考虑砂的颗粒级配和粗细程度。砂的颗粒级配和粗细程度，通常用筛分析的方法进行测定。用级配区表示砂的颗粒级配，用细度模数表示砂的粗细。砂的筛分方法是用一套孔径（净尺寸）为 5 mm、2.50 mm、1.25 mm、0.63 mm、0.315 mm 和 0.16mm 的标准筛（圆孔筛），将质量为 500.0g 的干砂试样由粗到细依次过筛，然后称得余留在各筛上的细骨料重量，并计算出各筛上的分计筛余百分率 a_1、a_2、a_3、a_4、a_5 和 a_6（各筛上的筛余量占细骨料总重的百分率）及累计筛余百分率 A_1、A_2、A_3、A_4、A_5 和 A_6（各个筛和比该筛粗的所有分计筛余百分率相加）。累计筛余和分计筛余关系如表 5-1 所示。

表 5-1　累计筛余与分计筛余的关系

筛孔尺寸 /mm	分计筛余 /%	累计筛余 /%
5.0	a_1	$A_1 = a_1$
2.50	a_2	$A_2 = a_1 + a_2$
1.25	a_3	$A_3 = a_1 + a_2 + a_3$
0.63	a_4	$A_4 = a_1 + a_2 + a_3 + a_4$
0.315	a_5	$A_5 = a_1 + a_2 + a_3 + a_4 + a_5$
0.16	a_6	$A_6 = a_1 + a_2 + a_3 + a_4 + a_5 + a_6$

砂的粗细程度用细度模数 M_x 表示，可按下式来计算：

$$M_x = \frac{(A_2 + A_3 + A_4 + A_5 + A_6) - 5A_1}{100 - A_1} \tag{5-1}$$

细度模数 M_x 愈大表示细骨料愈粗。普通混凝土用细骨料的 M_x 范围一般在 1.6 ~ 3.7，其中 M_x 在 3.1 ~ 3.7 为粗砂，M_x 在 2.3 ~ 3.0 为中砂，M_x 在 1.6 ~ 2.2 为细砂，M_x 在 0.7 ~ 1.5 为特细砂。对于 M_x 在 1.6 ~ 3.7 的普通混凝土用砂，根据 0.63mm 筛孔的累计筛余量分成 3 个级配区（见表 5-2 与图 5-2），混凝土用砂应处于表 5-2 或图 5-2 中的任何一个级配区以内。除 $M_x = 2.3 \sim 3.0$ 外，还应将 0.63mm 筛孔的累计筛余量控制在 41% ~ 70% 范围以内来作为中砂判据。

表 5-2　砂的颗粒级配区

筛孔尺寸 /mm	级配区		
	1 区	2 区	3 区
	累计筛余 /%		
9.50	0	0	0
4.75	0 ~ 10	0 ~ 10	0 ~ 10

续　表

筛孔尺寸 /mm	级配区		
	1 区	2 区	3 区
	累计筛余 /%		
2.36	5 ～ 35	0 ～ 25	0 ～ 15
1.18	35 ～ 65	10 ～ 50	0 ～ 25
0.60	71 ～ 85	41 ～ 70	16 ～ 40
0.30	80 ～ 95	70 ～ 92	35 ～ 55
0.15	90 ～ 100	90 ～ 100	90 ～ 100

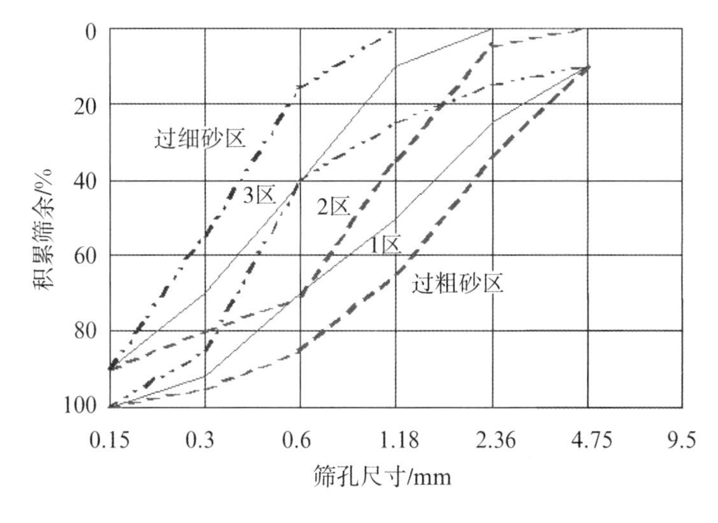

图 5-2　筛分曲线

由图 5-2 可看出，筛分曲线超过 1 区往右下偏时，表示细集料过粗；筛分曲线超过第 3 区往左上偏时，表示细集料过细。拌制混凝土用砂一般选用级配符合要求的粗砂和中砂较为理想。一般说来，粗砂拌制混凝土比用细砂所需的水泥浆少。

砂过粗（细度模数大于 3.7）配成的混凝土，其拌和物的和易性不易控制，且内摩擦大，不易振捣成型；砂过细（细度模数小于 0.7）配成的混凝土，由于此时砂子的比表面积增大，将导致混凝土配制过程中既要增加较多的水泥，而且强度显著降低。所以这两种砂未包括在级配区内。

如果砂的自然级配不合适，不符合级配区的要求，则要采用人工级配的方法来改善。最简单的措施是将粗、细砂按适当比例进行试配，掺合使用。配制混凝土时宜优先选 2 区砂；若采用 1 区砂，则应提高砂率，并保持足够的水泥用量，以满足混凝土的和易性；若采用 3 区砂时，宜适当降低砂率，以保证混凝土的强度。

对于泵送混凝土，细集料对混凝土的可泵性影响很大。混凝土拌和物之所以能在输送管中顺利流动，主要是由于粗集料被包裹在砂浆中，且粗集料是悬浮于砂浆中的，由砂浆直接与管壁接触，起到润滑作用。故细集料宜采用中砂，细度模数为 2.5 ～ 3.2，通过 0.30mm 筛孔的砂不应少于 15%，通过 0.15mm 筛孔的砂不应少于 5%。如砂的含量过低，输送管容易堵塞，会使拌和物难以泵送；但细砂过多以及黏土、粉尘含量太大也是有害的，因为细砂含量过大则需要较多的水，并形成黏稠的拌和物，这种黏稠的拌和物沿管道的运动阻力大大增加，从而需要较高的泵送压力，增加了泵送施工的难度。

2. 含泥量、有害杂质含量

混凝土用砂要求洁净，有害杂质少。砂中含有的云母、泥块、轻物质、有机物、硫化物及硫酸盐等，都对混凝土的性能有不利影响。砂中的泥土包裹在颗粒表面，会阻碍水泥凝胶体与砂粒之间的黏结，降低界面强度，从而影响混凝土强度，并增加混凝土的开裂，影响混凝土的质量。

骨料中的泥颗粒极细，会黏附在骨料的表面，削弱骨料与水泥之间的结合力，而泥块会在混凝土中形成薄弱部分，影响混凝土的强度。因此，对骨料中的泥和泥块含量必须严加限制，具体指标如表 5-3 所示。

表 5-3　天然砂的含泥量及泥块含量要求

项目	指标		
	Ⅰ类	Ⅱ类	Ⅲ类
含泥量按重量计 /%	≤ 1.0	≤ 3.0	≤ 5.0
泥块含量按重量计 /%	0	≤ 1.0	≤ 2.0

用来制备混凝土的砂要求清洁不含杂质，以保证混凝土的质量。但实际上砂中常含有云母、黏土、淤泥、粉砂等有害杂质，这些杂质黏附在砂的表面，会妨碍水泥与砂的黏结，从而降低混凝土强度，同时会增加混凝土的用水量，加大混凝土的收缩，降低混凝土耐久性。因此，砂中不应混有草根、树叶、树枝、塑料、煤块、炉渣等杂质。砂中如含有云母、轻物质、硫化物及硫酸盐等，其含量应符合表 5-4 要求。

表 5-4　砂中的有害物质含量的限值

项目	指标		
	Ⅰ类	Ⅱ类	Ⅲ类
云母含量，按质量计 /%	≤ 1.0	≤ 2.0	
轻物质含量，按质量计 /%	≤ 1.0		
有机物（用比色法试验）	合格		
硫化物和硫酸盐含量，按质量计（折算成 SO_3）/%	≤ 0.5		
氯化物（按氯离子质量计）/%	≤ 0.01	≤ 0.02	≤ 0.06

3. 颗粒形状及表面特征

河砂、海砂颗粒多呈圆形，表面光滑，与水泥的黏结较差。而山砂颗粒多具有棱角，表面粗糙，与水泥黏结较好。因而，在水泥用量和用水量相同的情况下，山砂拌制的混凝土流

动性较差，但强度较高，而河砂和海砂则相反。

4. 坚固性

砂的坚固性是指在自然风化和其他外界物理、化学因素作用下，集料抵抗破裂的能力。天然砂用硫酸钠溶液检验，试样经 5 次循环浸渍后，其质量损失应符合表 5-5 的规定。人工砂除应符合表 5-5 的规定外，其压碎指标值还应符合表 5-6 的规定。有抗疲劳、耐磨、抗冲击要求的混凝土用砂或有腐蚀介质作用或经常处于水位变化的地下结构混凝土用砂，其坚固性质量损失率应小于 8%。

表 5-5　砂的坚固性指标

项目	指标		
	Ⅰ类	Ⅱ类	Ⅲ类
质量损失 /%	≤8	≤8	≤10

表 5-6　砂的压碎指标

项目	指标		
	Ⅰ类	Ⅱ类	Ⅲ类
单级最大压碎指标 /%	≤20	≤25	≤30

5. 砂的含水状态

砂的含水状态有如下四种，如图 5-3 所示。

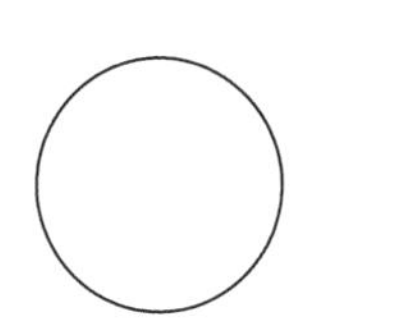
(a) 绝干状态

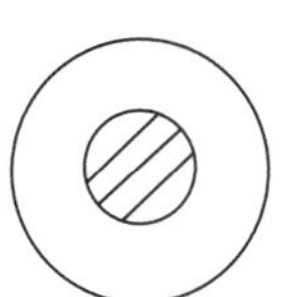
(b) 气干状态

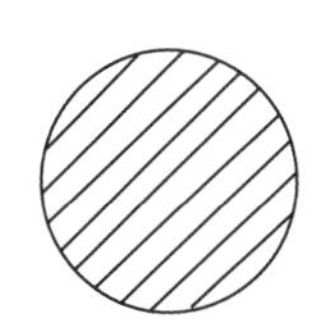
(c) 饱和面干状态

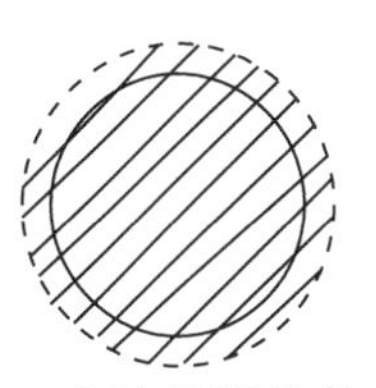
(d) 湿润状态

图 5-3　砂的含水状态

(1) 绝干状态：砂的颗粒内外不含任何水，通常在(105±5)℃ 条件下烘干而得。

(2) 气干状态：砂粒表面干燥，内部孔隙中部分含水，指室内或室外(天晴)空气平衡含水状态，其含水量的大小与空气相对湿度和温度密切相关。

(3) 饱和面干状态：砂粒表面干燥，内部孔隙全部吸水饱和。

(4) 湿润状态：砂粒内部吸水饱和，表面还有部分表面水。施工现场，特别是雨后常出现此种状况，搅拌混凝土中计量砂用量时，要扣除砂中的含水量；计算用水量时，要扣除砂中带入的水量。

5.3.3　粗集料

公称粒径大于 5.00 mm 的集料称为粗集料。混凝土中常用的粗集料有碎石和卵石两大类。碎石由岩石(有时采用大块卵石,称为碎卵石)经破碎、筛分而得;卵石多由自然形成的河卵石经筛分而得。

根据《建设用卵石、碎石》(GB/T 14685—2022),对卵石和碎石的质量及技术要求主要有以下几方面。

1. 最大粒径

粗骨料公称粒径的上限称为最大粒径,例如,当使用5～40mm的粗骨料时,最大粒径为40mm。粗骨料最大粒径增大时,其表面积减小,有利于节约水泥。因此,只要条件允许,拌制混凝土应尽可能把石子选得大一些。但研究表明,粗骨料最大粒径超过150mm后,节约水泥的效果已经很不明显了。同时,选用过大的石子,会给运输、搅拌、振捣带来困难,混凝土的和易性会变差,易产生离析,所以需要综合考虑确定石子的最大粒径。

在普通混凝土中,集料粒径大于40mm并没有好处,有可能造成混凝土强度下降。另外,混凝土粗集料的最大粒径不得超过结构截面最小尺寸的1/4,同时不得大于钢筋间最小净距的3/4;对于混凝土实心板,集料的最大粒径不宜超过板厚的1/3,且不得超过40mm;对于泵送混凝土,集料的最大粒径与输送管内径之比,碎石不宜大于1∶3,卵石不宜大于1∶2.5。石子粒径过大,运输和搅拌都不方便。

2. 颗粒级配

石子的颗粒级配,是指石子各级粒径大小颗粒的分布情况。石子的级配有两种类型,即连续级配和间断级配。

连续级配由连续粒径组成,是表示石子的颗粒尺寸由大到小连续分级,每一级都占适当比例;选用连续级配的石子拌制混凝土,其拌和物不易离析,和易性较好。当最大粒径超过40mm时,开采、加工过程中可能出现各级颗粒比例变动频繁的现象,或在运输和堆放过程中发生离析引起级配不均匀、不稳定。为了保证粗骨料具有均匀而稳定的级配,工程中常按颗粒大小分级过筛,分别堆放,需要时再按要求的比例配合。这种预先分级筛分的粗骨料称为单粒级,单粒级一般不单独使用,可组成间断级配。

间断级配是指人为剔除某些骨料的粒径颗粒,使粗骨料尺寸不连续。大粒径骨料之间的空隙,由许多的小粒径颗粒填充,可使空隙率达到最小,密实度增加,节约水泥,但因其不同粒级的颗粒粒径相差较大,拌和物容易产生分层离析,一般工程中较少采用。

石子的最大粒径和颗粒级配都需通过筛分析试验来确定。石子标准筛的孔径为2.36mm、4.75mm、9.50mm、16.0mm、19.0mm、26.50mm、31.50mm、37.50mm、53.0mm、63.0mm、75.0mm、90.0mm,共12个筛子,可按需选用筛号进行筛分。累计筛余和分计筛余的计算方法与砂的计算方法相同。碎石和卵石的颗粒级配应符合表5-7的规定。

3. 颗粒形状与表面特征

粗集料的颗粒形状和表面特征同样会影响集料与水泥石的黏结及混凝土拌和物的流

表 5-7 碎石或卵石的颗粒级配范围

级配情况	公称粒级/mm	筛孔尺寸(圆孔筛)/mm											
		2.36	4.75	9.5	16	19	26.5	31.5	37.5	53	63	75	90
		累计筛余/%											
连续粒级	5～16	95～100	85～100	30～60	0～10	0	—	—	—	—	—	—	—
	5～20	95～100	90～100	40～80	—	—	0	—	—	—	—	—	—
	5～25	95～100	90～100	—	30～70	0～10	0～5	0	—	—	—	—	—
	5～31.5	95～100	90～100	70～90	—	—	—	0～5	0	—	—	—	—
	5～40	—	90～100	70～90	0	15～45	—	—	0～5	—	—	—	—
间断级配	5～10	95～100	90～100	0～15	0～15	30～65	—	—	—	0	—	—	—
	10～16	—	95～100	80～100	—	—	—	—	—	—	—	—	—
	10～20	—	—	85～100	55～70	0～15	0	—	—	—	—	—	—
	16～25	—	95～100	95～100	85～100	25～40	0～10	—	—	—	—	—	—
	16～31.5	—	—	—	—	—	—	0～10	0	—	—	—	—
	20～40	—	—	95～100	—	80～100	—	—	0～10	0	—	—	—
	25～31.5	—	—	—	95～100	—	80～100	0～10	0	—	—	—	—
	40～80	—	—	—	—	95～100	—	—	70～100	—	30～60	0～10	0

动性。碎石具有棱角，表面粗糙，水泥石与其表面黏结强度较大；而卵石多为圆形，表面光滑，黏结力小。因此在水泥强度和水胶比(水与胶凝材料的质量比）相同的条件下，碎石混凝土强度往往高于卵石混凝土的强度，而卵石配制混凝土的流动性较好，但强度较低。

为了形成坚固、稳定的骨架，粗集料的颗粒形状以其三维尺寸尽量相近为宜，单用岩石破碎生产碎石的过程中往往会产生一定的针、片状颗粒。集料颗粒长度大于该颗粒平均粒径的2.4倍者为针状颗粒，颗粒的厚度小于平均粒径的0.4倍者为片状颗粒。针、片状颗粒使集料的空隙率增大，且在外力作用下容易折断，若其含量过高则既降低混凝土的和易性和强度，又影响混凝土的耐久性。对于粗集料中针、片状颗粒质量分数的规定为：Ⅰ类集料 $\leqslant 5\%$，Ⅱ类集料 $\leqslant 10\%$，Ⅲ类集料 $\leqslant 15\%$。

4. 坚固性

混凝土中粗集料要起到骨架作用，则必须有足够的坚固性和强度。粗集料的坚固性检验方法与细集料中的天然砂相同，即采用饱和硫酸钠溶液浸泡、烘干循环5次后，测量其质量损失，作为衡量坚固性的指标，其重量损失应满足表5-8中的规定。

表5-8　碎石、卵石的坚固性指标

项目	指标		
	Ⅰ类	Ⅱ类	Ⅲ类
质量损失/%	≤5	≤8	≤12

5. 强度

为满足混凝土的强度要求，粗骨料必须具有足够的强度。碎石和卵石的强度，采用抗压强度和压碎指标两种方法来表示。

碎石的抗压强度测定，是将母岩制成直径与高度均为5cm的圆柱体或边长为5cm的立方体，在水饱和状态下，测定其极限抗压强度值。根据《建设用卵石、碎石》(GB/T 14685—2022)规定，岩石抗压强度：岩浆岩应不小于80MPa；变质岩应不小于60MPa；沉积岩应不小于45MPa。

压碎指标是将一定质量气干状态下9.5～19.0mm的石子装入一定规格的圆筒内，在压力机上施加荷载到200.0kN，卸荷后称取试样重量(G_1)，用孔径为2.36mm的筛筛除被压碎的细粒，称出剩余在筛上的试样质量(G_2)，可按下式计算压碎指标：

$$Q_C = \frac{G_1 - G_2}{G_1} \times 100\% \tag{5-2}$$

式中，Q_C 为压碎指标值(%)；G_1 为试样质量(g)；G_2 为压碎试验后试样的筛余量(g)。

压碎指标值越小，表示石子抵抗受压破坏的能力越高。根据《建设用卵石、碎石》(GB/T 14685—2022)规定，压碎指标的值应符合表5-9的规定。

表 5-9　石子的压碎指标值

项目	指标		
	Ⅰ类	Ⅱ类	Ⅲ类
碎石压碎指标值/%	≤10	≤20	≤30
卵石压碎指标值/%	≤12	≤14	≤16

6. 含泥量、泥块含量和有害物质含量

粗集料的含泥量、泥块含量和有害物质含量都不应超出国家标准的规定，其技术要求及含量限制值如表 5-10 所示。

表 5-10　粗集料的含泥量、泥块含量和有害物质含量要求

项目	卵石指标			碎石指标		
	Ⅰ类	Ⅱ类	Ⅲ类	Ⅰ类	Ⅱ类	Ⅲ类
含泥量，按质量计/%	≤0.5	≤1.0	≤1.5	≤0.5	≤1.5	≤2.0
泥块含量，按质量计/%	0	≤0.2	≤0.5	≤0.1	≤0.2	≤0.7
有机物(用比色法试验)	合格	合格	合格	合格	合格	合格
硫化物及硫酸盐含量，按质量计(折算成 SO_3)/%	≤0.5	≤1.0	≤1.0	≤0.5	≤1.0	≤1.0

7. 碱活性物质

集料中若含有活性氧化硅、活性硅酸盐或活性碳酸盐类物质，在一定条件下这些物质会与水泥胶凝体中的碱性物质发生化学反应，其吸水即膨胀，导致混凝土开裂。这种反应称为碱集料反应。集料的碱活性是否在允许的范围之内或者是否存在潜在的碱集料反应的危害，可通过相应的试验方法进行检验以判定其合格性。

5.3.4　水

与水泥、集料一样，水也是生产混凝土的主要原料之一。没有水就无法生产混凝土，因为水是水泥水化和硬化的必备条件。然而，过多的水又势必影响混凝土的强度和耐久性等性能。多余的拌和用水还有以下两个特点。

(1) 与水泥和集料不同，水的成本很低，可以忽略不计，因此用水量过高并不会增加混凝土的造价。

(2) 用水量越高，混凝土的工作性越好，更适用于工人现场浇筑新混凝土拌和物。

实际上，影响强度和耐久性的并不是高用水量本身，而是由此带来的高水胶比。换句话说，只要按比例增加水泥用量以保证水胶比不变，为提高浇筑期间混凝土的工作性，混凝土的用水量也可以增大。

混凝土拌和用水的基本质量要求是，不能含影响水泥正常凝结与硬化的有害物质；无损于混凝土强度发展及耐久性；不能加快钢筋锈蚀；不引起预应力钢筋脆断；保证混凝土

表面不受污染。

混凝土拌和用水按水源可分为饮用水、地表水、地下水、海水以及经适当处理或处置后的工业废水。混凝土拌和用水的质量要求应符合表5-11规定。

表5-11　混凝土拌和水的质量要求

项目	预应力混凝土	钢筋混凝土	素混凝土
pH值	≥5	≥4.5	≥4.5
不溶物/(mg/L)	≤2000	≤2000	≤5000
可溶物/(mg/L)	≤2000	≤5000	≤10000
氯化物(以Cl^-计)/(mg/L)	≤500	≤1000	≤3500
硫酸盐(以SO_4^{2-}计)/(mg/L)	≤600	≤2000	≤2700
碱的质量面密度/(mg/L)	≤1500	≤1500	≤1500

未经处理的海水严禁用于钢筋混凝土和预应力混凝土。在无法获得水源的情况下，海水可用于素混凝土，但不宜用于装饰混凝土。

对于设计使用年限为100年的结构混凝土，氯离子质量密度不得超过500mg/L；对使用钢丝或经热处理钢筋的预应力混凝土，氯离子质量密度不得超过350mg/L。

5.3.5　混凝土外加剂

混凝土外加剂是在拌制混凝土过程中掺入，用以改善混凝土性能的物质。外加剂掺量一般不大于水泥质量的5.0%(特殊情况除外)。外加剂掺量虽小，但其技术经济效果很显著，因此，外加剂已成为混凝土的重要组成部分，被称为混凝土的第五组分，越来越广泛地应用于混凝土中。混凝土外加剂按其功能分为以下四类：

(1) 改善混凝土拌和物流变性能的外加剂，包括各种减水剂、引气剂和泵送剂等。

(2) 调节混凝土凝结硬化性能的外加剂，包括缓凝剂、早强剂和速凝剂等。

(3) 改善混凝土耐久性的外加剂，包括引气剂、防水剂和阻锈剂等。

(4) 提供混凝土其他性能的外加剂，包括加气剂、膨胀剂、防冻剂、隔离剂等。

建筑工程上常用的外加剂有减水剂、早强剂、缓凝剂、引气剂和复合型外加剂等。外加剂的掺入方法有以下三种：

(1) 先掺法，即先将外加剂与水泥混合，然后与骨料和水一起搅拌。

(2) 后掺法，即在混凝土拌和物送到浇筑地点后，才加入外加剂并再次搅拌均匀。

(3) 同掺法，即将外加剂先溶于水形成溶液后再加入拌和物中一起搅拌。

1. 减水剂

减水剂是指在混凝土坍落度基本相同的条件下，以减少拌和用水量的外加剂。混凝土拌和物掺入减水剂后，可提高拌和物流动性，减少拌和物的泌水离析现象，延缓拌和物凝结时间，减缓水泥水化热放热速度，显著提高混凝土强度、抗渗性和抗冻性。

水泥加水后，水泥颗粒在水中的热运动，使其在分子凝聚力作用下形成絮凝结构[见

图 5-4(a)]，此结构中包裹了部分拌和水，使混凝土拌和物流动性降低。在水泥浆中加入减水剂后，因减水剂是表面活性剂，受到水分子作用。表面活性剂由憎水基团和亲水基团组成[见图 5-4(b)]，憎水基团指向水泥颗粒，而亲水基团背向水泥颗粒，使水泥颗粒表面作定向排列而带有相同电荷[见图 5-4(c)]，这种电斥力作用远大于颗粒间分子引力而使水泥颗粒形成的絮凝结构分散[如图 5-4(d)]，半絮凝结构中包裹的那部分水释放出来，起到减水作用，增加拌和物流动性。同时由于减水剂加入，在水泥颗粒表面形成溶剂化水膜，在颗粒间起润滑作用，也改善了拌和物的工作性。此外由于水泥颗粒被分散，增大了水泥颗粒的水化表面而使水化比较充分，使混凝土强度显著提高。但减水剂对水泥颗粒的包裹作用也会使水泥初期的水化速度减缓。

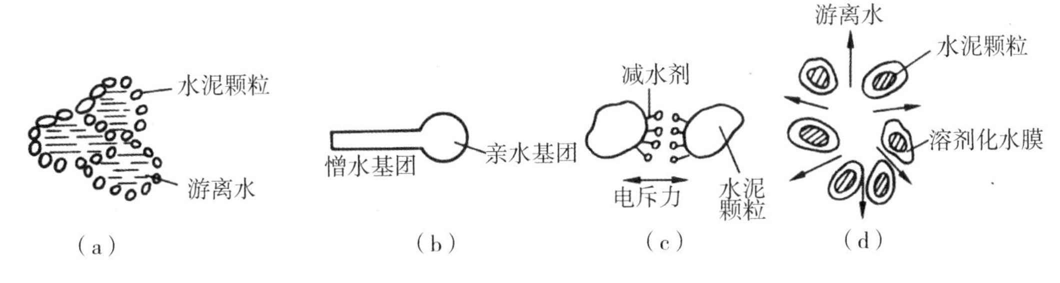

图 5-4　水泥颗粒絮凝结构

目前，减水剂是使用最广泛和效果最显著的一种混凝土外加剂。减水剂种类很多，按功能可分为普通减水剂、高效减水剂、早强减水剂、缓凝减水剂、缓凝高效减水剂和引气减水剂。目前使用较为广泛的减水剂种类为木质素系减水剂、萘系、三聚氰胺高效减水剂以及聚羧酸盐系高效减水剂。其中聚羧酸盐高效减水剂应用前景较好。这种由甲荃丙烯酸或丙烯酸或无水马来酸酐制造的减水剂，减水率高，一般为 30% 以上，1 ～ 2h 基本无坍落度损失，后期强度提高 20%。

2. 早强剂

早强剂是指加速混凝土早期强度发展的外加剂。早强剂可以改变水泥的水化过程或速度，加快混凝土强度的发展。常用的早强剂主要有氯化钙(氯化钠) 早强剂、硫酸盐类早强剂、有机胺类早强剂等。

1) 氯化钙(氯化钠) 早强剂

氯化钙有早强作用主要是因为其能与 C_3A 和 $Ca(OH)_2$ 反应，产生不溶性复盐，即水化氯铝酸钙和氧铝酸钙，增加水泥浆体中的固相比例，提高早期强度；液相中 $Ca(OH)_2$ 浓度降低，也使 C_3S、C_2S 加速水化，使早期强度提高。

氯化钙的适宜掺量为 0.5% ～ 3.0%。氯化钙早强效果显著，能使混凝土 3d 强度提高 50% ～ 100%，7d 强度提高 20% ～ 40%。

氯化钠与硅酸钙水化物 $Ca(OH)_2$ 作用生成 $CaCl_2$ 加速 C_3A 与石膏 $CaSO_4$ 作用，生成钙矾石。当无石膏存在时 C_3A 与 $CaCl_2$ 形成氯铝酸钙，这种复盐发生体积膨胀，促使水泥石密实，加速凝结硬化，提高早期强度。

但是，氯化钙、氯化钠因其产生氯离子，易使钢筋产生锈蚀，故施工中必须严格控制其掺量。在钢筋混凝土中氯化钙的掺量不得超过水泥质量的 1.0%，必要时与阻锈剂亚硝酸钠 $NaNO_2$ 复合使用；在无筋混凝土中掺量不得超过 3.0%。

2）硫酸盐类早强剂

硫酸盐类早强剂主要有硫酸钠、硫代硫酸钠、硫酸钙、硫酸铝等。硫酸钠应用最多，效果较好。硫酸盐的早期作用主要是与水泥的水化产物 $Ca(OH)_2$ 反应，迅速生成水化硫铝酸钙，增加固相体积，提高早期结构的密实度，同时加快水泥的水化速度，从而提高混凝土的早期强度。

硫酸钠的适宜掺量为 0.5% ～ 2.0%，若掺量过高，则会导致混凝土后期强度变差，常以复合使用效果更佳。

3）有机胺类早强剂

有机胺类早强剂主要有三乙醇胺、三异丙醇胺、二乙醇胺等。其中，早强效果以三乙醇胺最佳。三乙醇胺是一种非离子型表面活性剂，它能降低水溶液的表面张力，增加水泥的分散速度，从而加快水泥的水化速度。

三乙醇胺的一般掺量为 0.02% ～ 0.05%，可使 3d 强度提高 20% ～ 40%，对后期强度影响较小，对钢筋无锈蚀作用，但会增大干缩。

3. 引气剂

在搅拌混凝土过程中能引入大量均匀分布的、稳定而封闭的微小气泡（直径在 10 ～ 100μm）的外加剂，称为引气剂。主要品种有松香热聚物、松脂皂和烷基苯碳酸盐等。其中，松香热聚物的效果较好，最常使用。松香热聚物是由松香与硫酸、苯酚起聚合反应，再经氢氧化钠中和而得到的憎水性表面活性剂。

引气剂属两极构造的表面活性剂，分子一端为极性亲水基团，另一端为非极性憎水基团，由于能显著降低水的表面张力和界面能，水溶液在搅拌过程中极易产生许多微小的封闭气泡。同时，因引气剂定向吸附在气泡表面，会形成较为牢固的液膜，使气泡稳定而不破裂。气泡的存在能够显著提升混凝土的性能。

（1）改善混凝土拌和物的和易性：由于大量微小封闭球状气泡在混凝土拌和物内形成，如同滚珠一样，可减小颗粒间的摩擦阻力，使混凝土拌和物流动性增加。同时，由于水分均匀分布在大量气泡的表面，使能自由移动的水量减少，混凝土拌和物的保水性、黏聚性随之提高。

（2）显著提高混凝土的抗渗性、抗冻性：大量均匀分布的封闭气泡切断了混凝土中的毛细管渗水通道，改变了混凝土的孔结构，使混凝土抗渗性显著提高。同时，封闭气泡有较大的弹性变形能力，对由水结冰产生的膨胀应力有一定的缓冲作用，因而混凝土的抗冻性得到提高。

（3）降低混凝土强度：由于大量气泡存在，减小了混凝土的有效受力面积，使混凝土强度有所降低。一般混凝土的含气量每增加 1.0%，其抗压强度将降低 4.0 ～ 6.0%。

引气剂可用于抗渗混凝土、抗冻混凝土、抗硫酸盐侵蚀混凝土、泌水严重的混凝土、贫混凝土、轻混凝土，以及对饰面有要求的混凝土等，特别对改善处于严酷环境的水泥混凝土路面、水工结构的抗冻性有良好效果。但引气剂不宜用于蒸养混凝土和预应力混凝土。

4. 缓凝剂

缓凝剂是指能延缓混凝土凝结时间，并对后期强度无不良影响的外加剂。由于缓凝剂能延缓混凝土凝结时间，使拌和物能在较长时间内保持塑性，有利于浇注成型，提高施工质量，同时还具有减水、增强和降低水化热等多种功能，且对钢筋无锈蚀作用。多用于高温季节施工、大体积混凝土工程、泵送与滑模方法施工以及商品混凝土等。

5. 速凝剂

能使混凝土迅速凝结硬化的外加剂，称速凝剂。主要种类有无机盐类和有机物类。常用的是无机盐类。速凝剂加入混凝土后，其主要成分中的铝酸钠、碳酸钠在碱性溶液中迅速与水泥中的石膏反应生成硫酸钠，使石膏丧失其原有的缓凝作用，从而导致铝酸钙矿物 C_3A 迅速水化，并在溶液中析出其水化产物晶体，致使水泥混凝土迅速凝结。

6. 防冻剂

防冻剂是指在一定负温条件下，能显著降低冰点，使混凝土液相不冻结或部分冻结，保证混凝土不遭受冻害，同时保证水与水泥能进行水化，并在一定时间内获得预期强度的外加剂。实际上防冻剂是混凝土多种外加剂的复合，主要有早强剂、引气剂、减水剂、阻锈剂、亚硝酸钠等。

防冻剂用于负温条件下施工的混凝土。目前，国产防冻剂品种适用于 −15 ～ 0℃ 的气温，当在更低气温下施工时，应增加其他混凝土冬季施工措施，如暖棚法、原料（砂、石、水）预热法等。

7. 膨胀剂

膨胀剂是能使混凝土产生一定体积膨胀的外加剂。普通水泥混凝土硬化过程中的特点之一就是体积收缩，这种收缩会使其物理力学性能受到明显的影响，因此，通过化学的方法使其本身在硬化过程中产生体积膨胀，可以弥补其收缩的影响，从而改善混凝土的综合性能。

土木工程建设中常用的膨胀剂种类有硫铝酸钙类（如明矾石、UEA 膨胀剂等）、氧化钙类及氧化钙 - 硫铝酸钙类等。硫铝酸钙类膨胀剂加入混凝土以后，其中的无水硫酸钙可发生水化反应并能与水泥水化产物反应，生成三硫型水化硫铝酸钙（钙矾石），后者使水泥石结构固相体积明显增加而导致宏观体积膨胀。氧化钙类膨胀剂的膨胀作用，主要是利用氧化钙水化生成氢氧化钙晶体过程中体积增大而使混凝土结构密实或宏观体积膨胀。

8. 泵送剂

泵送剂是指能改善混凝土拌和物泵送性能的外加剂。泵送剂一般分为非引气剂型（主要组分为木质素磺酸钙、高效减水剂等）和引气剂型（主要组分为减水剂、引气剂等）两类。个别情况下，如对大体积混凝土，为防止产生收缩裂缝，掺入适量的膨胀剂。木钙减水剂除可使拌和物的流动性显著增大外，还能减少泌水，延缓水泥的凝结，使水泥水化热的释放速度明显减缓，这对泵送的大体积混凝土十分重要。引气剂能使拌和物的流动性显著增加，而且也能降低拌和物的泌水性，减少水泥浆的离析现象，这对泵送混凝土的和易性和可泵性很有利。

9. 阻锈剂

阻锈剂是指能减缓混凝土中钢筋或其他预埋金属锈蚀的外加剂，也称缓蚀剂。常用的是亚硝酸钠。有的外加剂中含有氯盐，氯盐对钢筋有锈蚀作用，在使用这种外加剂时应掺入阻锈剂，可以减缓对钢筋的锈蚀，从而达到保护钢筋的目的。

随着预拌混凝土的飞速发展，混凝土配合比设计除了要考虑混凝土的强度、耐久性之外，还要注重其工作性能，水泥与减水剂的相容性是影响混凝土工作性的重要因素。水泥与外加剂作为混凝土的主要组分，有时候尽管所用的水泥与高效减水剂的质量都符合国家标准，但配制出的拌和物并不理想。拌和物的工作性不佳，极有可能影响混凝土强度从而导致严重的工程质量事故和重大经济损失。这时需要考虑水泥与减水剂的相容性。水泥与外加剂相容性不好，可能是外加剂、水泥品质、混凝土配合比的原因，也可能是使用方法造成的，或几种因素共同作用导致的。在实际工程中，必须通过试验，对不适应因素逐个排除，找出原因。

混凝土中掺入适量的外加剂，可改变混凝土的多种性能。可采用先掺法、后掺法、同掺法和滞水法等方法掺入。在混凝土中掺入外加剂，应根据工程设计和施工要求，选择适宜的水泥品种，并应使用工程原材料通过试验和技术经济比较，满足各项要求后，方可使用。

5.3.6 矿物掺合料

制备混凝土时，为改善混凝土性能、节约水泥、调节混凝土强度等级而加入的天然或者人造矿物材料，称为混凝土掺合料。掺合料能显著改善混凝土的和易性，提高混凝土的强度，特别是后期强度；降低单位体积混凝土内的水化热；减少混凝土的收缩，主要是减少干燥收缩；改善混凝土的耐久性。

5.4 掺合料对混凝土性能的影响

混凝土掺合料分为活性和非活性两种，通常使用的为活性矿物掺合料。它们具有火山灰活性，主要成分为二氧化硅和氧化铝。这种掺合料本身不具有或具有极低的胶凝特性，但在有水的条件下，能与混凝土中的游离氢氧化钙反应，生成胶凝性水化物，并能在空气或水中硬化，如粉煤灰、硅粉、粒化高炉矿渣粉及凝灰岩、硅藻土、沸石粉等天然火山灰质材料。

1. 粉煤灰

粉煤灰又称飞灰(fly ash)，是一种颗粒非常细致能在空气中流动并能被特殊设备收集的粉状物质。通常所指的粉煤灰是指燃煤电厂中磨细煤粉在锅炉中燃烧后从烟道排出，被收尘器收集的物质。

按其排放方式的不同，分为干排灰与湿排灰两种。湿排灰内含水量大，活性降低较多，质量不如干排灰。按收集方法的不同，分静电收尘灰和机械收尘灰两种。静电收尘灰颗粒细，质量好。机械收尘灰颗粒较粗，质量较差。经磨细处理的称为磨细灰，未经加工的称为原状灰。

根据粉煤灰的状态(或含水率的变化) 可将粉煤灰分为干灰、湿灰和陈灰。

(1) 干灰：含水率不大于 3% 的新排放和存放不超过半年的粉煤灰。

(2) 湿灰：指在排放过程中加入一定量水的粉煤灰，包括经处理后含水率低于 3% 的粉煤灰仍旧归为此类。

(3) 陈灰：指露天存放的粉煤灰，这类粉煤灰即使排放时采用干排，也会因在存放过程中的雨水或空气中的水分而有非常高的含水率。

粉煤灰有高钙灰(一般 CaO 含量大于 10%) 和低钙灰(CaO 含量小于 10%) 之分，由褐煤燃烧形成的粉煤灰呈褐黄色，为高钙灰，具有一定的水硬性；由烟煤和无烟煤燃烧形成的粉煤灰呈灰色或深灰色，为低钙灰，具有火山灰活性。

细度是评定粉煤灰品质的重要指标之一。粉煤灰中实心微珠颗粒最细、表面光滑，是粉煤灰中需水量最小、活性最高的成分。如果粉煤灰中实心微珠含量较多、未燃尽碳及不规则的粗粒含量较小，粉煤灰就较细，品质较好。未燃尽的碳粒，颗粒较粗，可降低粉煤灰的活性，提高需水性，是有害成分，可用烧失量来评定。多孔玻璃体等非球形颗粒，表面粗糙，粒径较大，将增大需水量，当其含量较多时，粉煤灰品质下降。三氧化硫是有害成分，应限制其含量。

我国粉煤灰质量控制、应用技术有关的技术标准、规范有《用于水泥和混凝土中的粉煤灰》(GB/T 1596—2017)、《硅酸盐建筑制品用粉煤灰》(JC/T 409—2016) 和《粉煤灰混凝土应用技术规范》(GB/T 50146—2014) 等。GB/T 1596—2017 规定，粉煤灰根据细度、需水量和烧失量分为 Ⅰ、Ⅱ、Ⅲ 三个等级，相应的技术要求如表 5-12 所示。

表 5-12　粉煤灰质量指标与等级

质量指标	等级		
	Ⅰ	Ⅱ	Ⅲ
细度(0.045mm 方孔筛筛余)/%	≤12	≤30	≤45
烧失量/%	≤5	≤8	≤10
需水量比/%	≤95	≤105	≤115
三氧化硫/%	≤3		
含水率/%	≤1		

粉煤灰添加到混凝土中，主要通过以下三种方式发挥效应。

(1) 活性效应：粉煤灰在混凝土中，具有火山灰活性作用，它的活性成分 SiO_2 和 Al_2O_3 与水泥水化产物 $Ca(OH)_2$ 反应，生成水化硅酸钙和水化铝酸钙，成为胶凝材料的一部分。

(2) 形态效应：微珠球状颗粒，具有增大混凝土(砂浆) 的流动性、减少泌水、改善和易性的作用；若保持流动性不变，则可起到减水作用。

(3) 微集料效应：微细颗粒均匀分布在水泥浆中，填充孔隙，改善混凝土孔结构，提高混凝土的密实度，从而使混凝土的耐久性得到提高。同时可降低水化热、抑制碱集料反应。

过去，往往只注意粉煤灰的火山灰活性，其实按照现代混凝土技术理念来衡量，粉煤灰致密作用的重要意义不逊于火山灰活性。另外，粉煤灰填充效应可减小混凝土中空隙体积和较粗大的孔隙，特别是填塞浆体的毛细孔道的通道。对混凝土的强度和耐久性十分有

利，是提高混凝土性能的一项重要技术措施。

混凝土中掺粉煤灰时，常将其与减水剂或引气剂等外加剂同时掺用，称为双掺技术。减水剂的掺入可以克服某些粉煤灰增大混凝土需水量的缺点；引气剂的掺用，可以解决粉煤灰混凝土抗冻性较差的问题；在低温条件下施工时，宜掺入早强剂或防冻剂。混凝土中掺入粉煤灰后，会使混凝土抗碳化性能降低，不利于防止钢筋锈蚀。为改善混凝土抗碳化性能，也应采取双掺措施，或在混凝土中掺入阻锈剂。

2. 硅粉

硅粉(silica fume)又叫硅灰，是铁合金厂在冶炼硅铁合金或金属硅时，从烟气净化装置中回收的工业烟尘，在袋滤器中收集。

硅粉的主要成分是SiO_2，一般占85% ~ 96%，绝大部分是无定形二氧化硅，其他成分含量都较低。硅粉的颗粒是微细的玻璃球体，粒径为0.1 ~ 1.0μm，是水泥颗粒的1/50 ~ 1/100，比表面积为18.5 ~ $20m^2/g$。密度为2.1 ~ $2.2g/cm^3$，堆积密度为250 ~ $300kg/cm^3$。硅粉中无定形二氧化硅含量一般为85% ~ 96%，具有很高的活性。

目前，我国大多数工业硅厂，每生产3t工业硅可回收1t优质硅粉。每生产5t硅铁可回收1t硅粉。但是，其中大部分为含$SiO_2$90%以下品级。

硅粉掺入混凝土中，可取得以下几方面效果。

(1) 改善混凝土拌和物的黏聚性和保水性。在混凝土中掺入硅粉的同时掺用了高效减水剂，保证混凝土拌和物必须具有的流动性的同时，由于硅粉的掺入，显著改善混凝土拌和物的黏聚性和保水性。故适宜配制高流态混凝土、泵送混凝土及水下灌注混凝土。

(2) 提高混凝土强度。当硅粉与高效减水剂配合使用时，硅粉与水化产物$Ca(OH)_2$反应生成水化硅酸钙凝胶，填充水泥颗粒间的空隙，改善界面结构及黏结力，形成密实结构，从而显著提高混凝土强度。一般硅粉掺量为5% ~ 10%，便可配出抗压强度达100MPa的超高强混凝土。

(3) 改善混凝土的孔结构，提高耐久性，掺入硅粉的混凝土，虽然其总孔隙率与不掺时基本相同，但其大毛细孔减少，超细孔隙增加，改善了水泥石的孔结构。因此混凝土的抗渗性、抗冻性及抗硫酸盐腐蚀性等耐久性显著提高。此外，混凝土的抗冲磨性随硅粉掺量的增加而提高，故适用于水工建筑物的抗冲刷部位及高速公路路面。硅粉还同样有抑制碱集料反应的作用。

硅粉由于其粒度小，比表面积大，具有极强的表面活性，常作为一种高效的活性掺合料，添加到水泥、混凝土中，尤其在混凝土中被广泛应用。硅粉依靠“填充效应”“火山灰效应”“孔隙溶液化学效应”能够显著提高混凝土的强度、抗渗性、抗冻性及耐久性。硅粉混凝土也被广泛应用到水利水电、建筑、公路和桥梁等工程中。

3. 粒化高炉矿渣粉

用作混凝土掺合料的粒化高炉矿渣粉，是由粒化高炉矿渣经干燥，被磨细到一定细度的粉体，含有活性二氧化硅和氧化铝，因而具有较高的活性，其掺量及效果均高于粉煤灰。用作混凝土掺合料的粒化高炉矿渣，按其细度(比表面积)、活性指数，分为S105、S95和

S75 三个级别。各级别矿渣粉的技术性能指标应符合表 5-13 所示的要求。

表 5-13　矿渣粉技术要求

项目		技术要求		
		S105	S95	S75
密度 /(g/cm^3)		≥ 2.8		
比表面积 /(m^2/kg)		≥ 500	≥ 400	≥ 300
活性指数 /%	7d	≥ 95	≥ 70	≥ 55
	28d	≥ 105	≥ 95	≥ 75
流动度比 /%		≥95		
初凝时间比 /%		200		
含水量(质量分数)/%		≤ 1.0		
三氧化硫(质量分数)/%		≤ 4.0		
氯离子(质量分数)/%		≤ 0.06		
烧失量(质量分数)/%		≤ 1.0		
不溶物(质量分数)/%		≤ 3.0		
玻璃体含量(质量分数)/%		≥ 85		
放射性		$I_{Ra} \leqslant 1.0$ 且 $I_{\gamma} \leqslant 1.0$		

粒化高炉矿渣粉是混凝土优质掺合料，它不仅可等量取代混凝土中的水泥，而且能使混凝土的每项性能均获得显著改善，如降低水化热，提高抗渗性和抗化学腐蚀等耐久性，抑制碱骨料反应，以及大幅度提高长期强度。

掺矿渣粉的混凝土与普通混凝土用途一样，可作为钢筋混凝土、预应力钢筋混凝土和素混凝土使用。大掺量矿渣粉混凝土更适用于大体积混凝土、地下工程和水下工程等。矿渣粉还适用于配制高强度混凝土、高性能混凝土。

4. *沸石粉*

天然沸石粉(natural zeolite powder) 是由天然的沸石岩磨细而成的一种火山灰质铝硅酸矿物掺合料。含一定量的活性二氧化硅和三氧化二铝，能与水泥水化产物 $Ca(OH)_2$ 作用，生成胶凝物质。

沸石粉具有很大的内表面积和开放性结构，细度为 0.08mm 筛筛余量小于 5%，平均粒径为 5.0 ～ 6.5μm。

沸石粉掺入混凝土后有以下几方面效果。

(1) 改善混凝土拌和物的和易性。沸石粉与其他矿物掺合料一样，具有改善混凝土和易性、可泵性的功能。因此适宜于配制流态混凝土和泵送混凝土。

(2) 提高混凝土强度。沸石粉与高效减水剂配合使用，可显著提高混凝土强度。因而适用于配制高强混凝土。

沸石粉用作混凝土掺合料可改善混凝土和易性，提高混凝土强度、抗渗性和抗冻性，抑制碱骨料反应。主要用于配制高强混凝土、流态混凝土及泵送混凝土。

【案例分析 5-1】掺合料

2006 年 5 月 20 日 14 时，三峡坝顶上激动的建设者们见证了大坝最后一方混凝土浇筑完毕的历史性时刻。至此世界规模最大的混凝土大坝终于在中国长江西陵峡全线建成。三峡大坝是钢筋混凝土重力坝，一共用了 1600 多万 m^3 的水泥砂石料，若按 1m 的体积排列，可绕地球赤道三圈多。三峡大坝是三峡水利枢纽工程的核心。最后海拔高程为 185m，总浇筑时间为 30 ～ 80d。建设者在施工中综合运用了世界上最先进的施工技术。高峰期创下日均浇筑 20000m^3 混凝土的世界纪录。如此的巨型混凝土工程在浇筑过程中要控制内部温度，则必须加入适量的掺合料。掺合料的合理选择直接影响混凝土的多方面性能和工程质量。

原因分析：在大坝混凝土中掺加适量的掺合料，可以增加混凝土胶凝组分含量，提高混凝土后期强度增长率；降低水化放热和绝热温升，有利于降低大坝混凝土的温差。在一定程度上减轻开裂。当前最常用的掺合料是矿渣和粉煤灰，其中矿渣往往以混合材料掺入水泥中，磨细矿渣也可在混凝土搅拌时掺入。粉煤灰则往往在现场混凝土搅拌时掺入。粉煤灰的品质对大坝混凝土性能的影响很大。Ⅰ级粉煤灰在混凝土中可以起到形态效应、活化效应和微集料效应作用。它的需水量比值较小，具有减水作用，三峡大坝所用的级粉煤灰减水率达到 10% ～ 15%。研究发现级粉煤灰有改善骨料与浆体界面的作用，并降低水化热。用优质粉煤灰等量取代水泥后，混凝土的收缩值减小，可以显著降低混凝土的透水性。掺加粉煤灰将使混凝土的抗冻性能降低，但是引入适量气泡，可以使其抗冻性提高到与不掺粉煤灰的混凝土相同。但如果掺加量过高，有可能造成混凝土的贫钙现象，即混凝土中胶凝材料水化产物内 $Ca(OH)_2$ 数量不足，甚至没有 C—S—H 凝胶的 Ca 与 Si 的比值下降，从而造成混凝土抵抗风化和水溶蚀的能力减弱。试验测试结果表明，用中热水泥掺Ⅰ级粉煤灰配制的三峡大坝混凝土中，$Ca(OH)_2$ 数量随粉煤灰掺加量(50℃ 养护半年)的变化规律是：粉煤灰取代中热水泥数量每增加 10%，单位体积中 $Ca(OH)_2$ 数量减少 1/3。因此当粉煤灰取代 50% 以上中热水泥时，混凝土中的 $Ca(OH)_2$ 数量将非常少。考虑部分 $Ca(OH)_2$ 会与拌和水中的 CO_2 反应，实际存在的 $Ca(OH)_2$ 数量将更少。因此，粉煤灰掺量以 45% 以下为宜。

5.4　普通混凝土的技术性质

混凝土的主要性能包括混凝土拌和物的和易性，硬化混凝土的强度、变形性能和耐久性。

5.4.1　新拌混凝土的性能

将凝结硬化以前的，具有流动性或塑性的混凝土，称为混凝土拌和物，或混凝土拌和料，或新拌混凝土，或新鲜混凝土。为保证施工顺利，混凝土拌和物在搅拌、浇注、振捣、成型过程中应表现出良好的综合性能。混凝土拌和物的性能主要包括和易性、凝结时间、含气量等。

5.5 混凝土和易性影响因素

1. 和易性

1）和易性定义

混凝土的和易性是指混凝土拌和物易于搅拌、运输、浇筑及振捣，并能获得成型密实、质量均匀的特点，又称为工作性。和易性是一项综合性质，包括流动性、黏聚性和保水性三方面。

① 流动性：是指新拌混凝土在自重或机械振捣作用下，能产生流动，并自动均匀地充满模板的性能。流动性好的混凝土操作方便，易于振捣成型。

② 黏聚性：是指新拌混凝土在施工过程中，其组成材料之间具有一定黏聚力，不致发生分层和离析现象。在外力作用下，混凝土拌和物各组成材料的沉降不同，如配合比例不当，黏聚性差，则施工中易发生分层（即混凝土拌和物各组分出现层状分离现象）、离析[即混凝土拌和物内部某些组分分离、析出现象，见图 5-5(a)]等情况，致使混凝土硬化后出现“蜂窝”“麻面”等缺陷，影响混凝土的强度和耐久性。

③ 保水性：是指新拌混凝土在施工过程中，具有一定的保水能力，不致发生严重泌水现象[即混凝土拌和物中部分水从水泥浆中泌出的现象，见图 5-5(b)]。产生严重泌水的混凝土内部容易形成透水通路、上下薄弱层和钢筋或石子下部水隙。这些都将影响混凝土的密实性，降低混凝土的强度和耐久性。

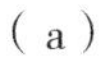

(a)

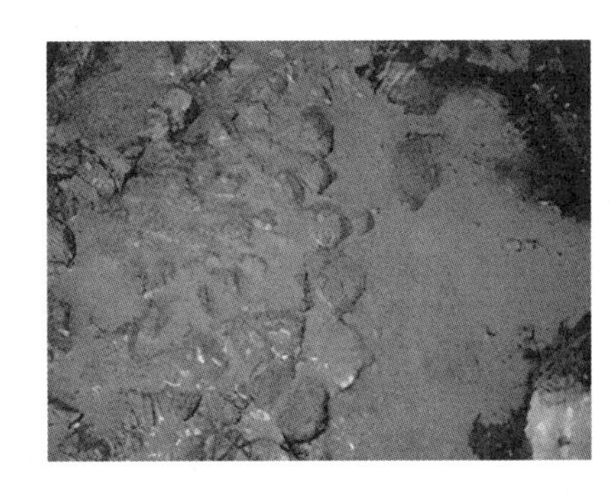

(b)

图 5-5　混凝土的离析和泌水

通过以上分析可知，混凝土拌和物的流行性、黏聚性和保水性有其各自的内涵，而它们之间既互相联系又存在矛盾。若混凝土的黏聚性和保水性不好，混凝土容易出现分层、离析的现象（见图 5-6）。

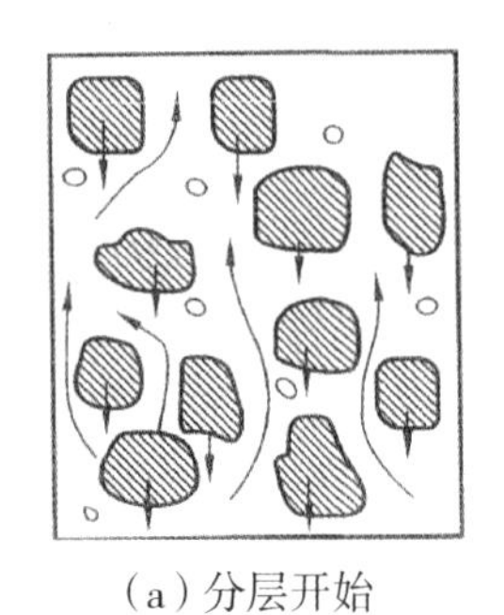

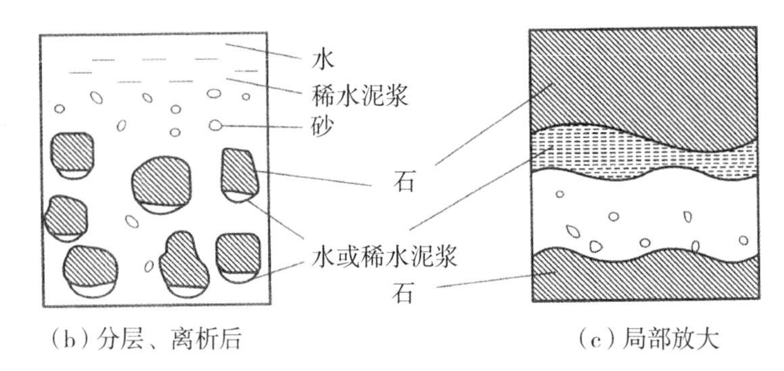

(a) 分层开始　　(b) 分层、离析后　　(c) 局部放大

图 5-6　混凝土离析和泌水

2) 和易性测定及评定

由于混凝土的和易性是一项综合技术性质，很难用一种单一的试验方法全面反映混凝土拌和物的和易性。通常以测定拌和物稠度（流动性）为主，辅以目测和经验评定黏聚性、保水性。国家标准《普通混凝土拌和物性能试验方法标准》(GB/T 50080—2016) 规定，根据拌和物流动性不同，混凝土的稠度测定可采用坍落度法和维勃稠度法。

① 坍落度法：该方法适用于粗骨料粒径不大于 40mm、坍落度不小于 10mm 的混凝土拌和物稠度测定。

将混凝土拌和物按规定方法装入标准圆锥筒（无底）内，装满后刮平，然后垂直向上将筒提起，移至一旁，混凝土拌和物由于自重将产生坍落现象。量出的向下坍落尺寸(mm)就叫做该混凝土拌和物的坍落度，作为流动性指标。坍落度愈大表示流动性愈大。在测定坍落度时，应观察新拌混凝土的黏聚性和保水性，从而全面评价其和易性。用捣棒轻轻敲击已坍落的新拌混凝土拌和物的锥体侧面。若锥体四周逐渐下沉，则表示黏聚性良好；若锥体倒塌或部分崩裂，或发生离析现象，则表示黏聚性不好。若坍落度筒提起后混凝土拌和物失去浆液而集料外露，或较多稀浆由底部析出，则表明新拌混凝土的保水性良好。图 5-7 为混凝土拌和物坍落度测定方法。

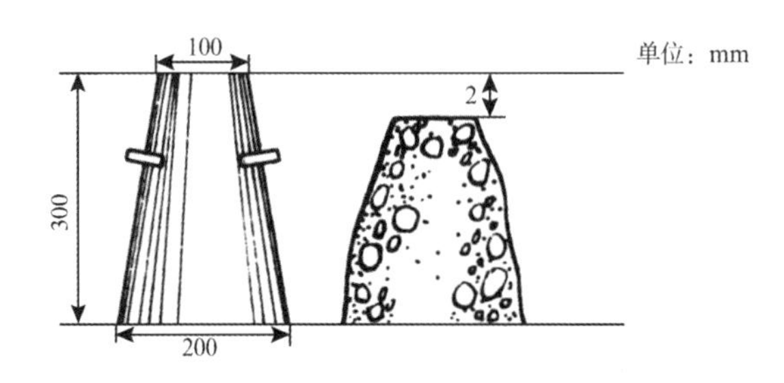

图 5-7　混凝土拌和物坍落度的测定

当混凝土拌和物的坍落度大于 220mm 时，用钢直尺测量混凝土扩展后最终的最大直径和最小直径，在这两个直径之差小于 50mm 的条件下，用其算术平均值作为坍落扩展度值。坍落扩展度适用于泵送高强混凝土和自密实混凝土。

测定混凝土拌和物坍落度的同时应观察混凝土拌和物的黏聚性和保水性，以便全面

评定混凝土的和易性。

黏聚性的评定方法如下：用捣棒在坍落的混凝土锥体侧面轻轻敲打，若锥体逐渐下沉，则表明黏聚性良好；如果锥体倒塌、部分崩裂或出现离析现象，则表明黏聚性不好。

保水性的评定方法如下：保水性是以混凝土拌和物中的稀水泥浆析出的程度来评定的。坍落度筒提起后，如有较多稀水泥浆从底部析出，锥体部分混凝土拌和物也因失浆而骨料外露，则表明混凝土拌和物的保水性不好；如无稀水泥浆或仅有少量稀水泥浆自底部析出，则表明此混凝土拌和物保水性良好。

② 维勃稠度法：坍落度小于 10mm 的混凝土拌和物的流动性用维勃稠度表示。该方法适用于骨料最大粒径不超过 40mm、维勃稠度在 5 ～ 30s 的混凝土拌和物稠度测定。

将混凝土拌和物按规定的方法装入坍落度筒内捣实，待装满刮平后，将坍落度筒垂直向上提起，把透明盘转到混凝土圆台体台顶，开启振动台，并用秒表计时，在透明圆盘的底面被水泥浆布满的瞬间停表计时，关闭振动台，所读秒数即为该混凝土拌和物的维勃稠度值。维勃稠度仪如图 5-8 所示。

图 5-8　维勃稠度仪

③ 流动度（坍落度）的选择：混凝土拌和物的坍落度，要根据构件截面大小、钢筋疏密和捣实方法确定。当构件截面尺寸较小，或钢筋间距较小，或采用人工插捣时，坍落度应大一些。反之，当构件截面尺寸较大，或钢筋间距较大，或采用振捣器振捣时，坍落度可小些。若混凝土从搅拌机出料口至浇筑地点的运输距离较远，特别是预拌混凝土，应考虑运输途中的坍落度损失，则搅拌时的坍落度宜适当大些。当气温较高、空气相对湿度较小时，因水泥水化速度加快及水分蒸发加速，坍落度损失较大，搅拌时坍落度也应选大些。按《混凝土结构工程施工质量验收规范》（GB 50204—2015）规定，混凝土浇筑时的坍落度应按表 5-14 选用。

表 5-14　混凝土浇筑时的坍落度

结构种类	坍落度 /mm
基础或地面等的垫层、无配筋的厚大结构（挡土墙、基础或厚大的块体等）或配筋稀疏的结构	10 ～ 30
板、梁和大型及中型截面的柱子等	30 ～ 50
配筋密列的结构（薄壁、斗仓、筒仓、细柱等）	50 ～ 70
配筋特密的结构	70 ～ 90

注：1. 本表系指采用机械振捣的坍落度，采用人工捣实时坍落度可适当增大。
2. 需要配制大坍落度混凝土时，应掺用外加剂。
3. 曲面或斜面结构的混凝土，其坍落度值应根据实际需要另行选定。
4. 轻集料混凝土的坍落度，宜比表中数值小 10 ～ 20mm。

表 5-14 中的数值是指采用机械振捣混凝土时的坍落度，当采用人工捣实时应适当提高坍落度值。当施工工艺采用混凝土泵输送新拌混凝土时，应根据施工工艺选择相应的新拌混凝土流动性，通常泵送混凝土要求坍落度为 120 ～ 180mm。

正确选择新拌混凝土的坍落度，对于保证混凝土的施工质量及节约水泥具有重要意义。在选择坍落度时，原则上应在不妨碍施工操作并能保证振捣密实的条件下，尽可能采用较小的坍落度，以节约水泥并获得质量较好的混凝土。

3）和易性影响因素

① 水泥浆量与稠度：新拌混凝土在自重或外界振动力作用下的流动，必须以克服其内部的阻力为前提。内部阻力主要包括两个方面，其一是集料间的摩擦力，其二是水泥浆的黏滞阻力。集料间摩擦阻力的大小主要取决于集料表面水泥浆层的厚度，即混凝土中水泥浆的用量；水泥浆的黏滞阻力大小主要取决于水泥浆体本身的稀稠程度，即混凝土中水泥浆的稠度。显然，水泥浆是赋予新拌混凝土流动性的关键因素。

首先，在水灰比不变的情况下，新拌混凝土中的水泥浆越多，包裹在集料表面的浆层越厚，其润滑能力就越强，则会因集料间摩擦阻力的减小而使新拌混凝土的流动性增大；反之则小。但是，若水泥浆量过多，则不仅会浪费水泥，而且会出现流浆及泌水现象，导致新拌混凝土的黏聚性和保水性变差，甚至对混凝土的强度和耐久性产生不利影响。若水泥浆过少，则不能填满集料间的空隙或不能完全包裹集料表面时，新拌混凝土的流动性和黏聚性就会变差，甚至产生崩塌现象。因此，新拌混凝土中水泥浆不能太少，但也不能过多，应以满足流动性要求为度。

其次，在水泥用量不变的情况下，水灰比越小，水泥浆就越干稠，水泥浆的黏滞阻力或黏聚力越大，新拌混凝土的流动性就越小。当水灰比过小时，水泥浆就过于干稠，从而导致新拌混凝土的流动性很低，使其运输、浇注和振实施工操作困难，难以保证混凝土的成型密实质量。相反，增加用水量而使水灰比增大后，可以降低水泥浆的黏滞阻力或黏聚力，在一定范围内可以增大新拌混凝土的流动性。但是，当水灰比过大时，水泥浆会因过稀而几乎失去黏聚力，因其黏聚性和保水性的严重下降而容易产生分层离析和泌水现象，这将严重影响混凝土的强度和耐久性。因此，工程实际中绝不可以单纯加水的方法来增大流动性，而应在保持水灰比不变的情况下，以增加水泥浆量的方法来提高新拌混凝土的流动性。

无论是水泥浆的用量还是水泥浆的稠度，它们对新拌混凝土流动性的影响最终都体现为用水量的多少。实际上，在配制混凝土时，当粗、细骨料的种类及比例确定后，对于某一流动性的新拌混凝土，其拌和用水量基本不变，即使水泥用量有所变动（如 $1m^3$ 混凝土水泥用量为 50 ～ 100kg），新拌混凝土的坍落度也可以保持基本不变。这一关系称为“恒定用水量法则”，它为混凝土配合比设计时确定拌和用水量带来很大便利。

② 砂率：砂率（S_p）是指混凝土中砂的重量（S）占砂质量（S）与石重量（G）之和的百分率。砂率的变动会使集料的空隙率和集料的总表面积显著改变，因而对混凝土拌和物的工作性产生影响。

$$S_p = \frac{S}{S+G} \times 100\% \tag{5-3}$$

在砂石混合料中,砂率的变动会使集料的总表面积和空隙率发生很大的变化,从而对新拌混凝土的和易性产生显著的影响。在混凝土中水泥浆量不变的情况下,若砂率过大,则会因集料总表面积和空隙率的增大而使水泥浆量显得相对不足,集料颗粒表面的水泥浆层将变薄,从而减弱了水泥浆的润滑作用,新拌混凝土就显得干稠,流动性变小;若要保持流动性不变,则需要增加水泥浆量,这势必要多耗用水泥并影响硬化混凝土的某些性能。

反之,若砂率过小,则新拌混凝土中显得石子过多而砂子过少,造成砂浆量不足以包裹石子表面而不能填满石子间空隙的情况,从而导致集料颗粒间更易直接接触而产生较大的摩擦阻力。这种情况也会显著降低新拌混凝土的流动性,并严重影响其黏聚性和保水性,使其产生粗集料离析、水泥浆流失,甚至溃散等现象。

可见砂率存在一个合理值,即合理砂率或称最佳砂率。适当的砂率不但填满了石子间的空隙,而且能保证粗集料间有一定厚度的砂浆层,以减小集料间的摩擦阻力,使新拌混凝土获得较好的流动性。这个适宜的砂率称为合理砂率。采用合理砂率时,在用水量及水泥用量一定的情况下,能使混凝土拌和物获得最大的流动性且能保持良好的黏聚性、保水性[见图 5-9(a)],或者能使拌和物获得所要求的流动性及良好的黏聚性与保水性,而水泥用量(或用水量)为最少[见图 5-9(b)]。混凝土砂率选用如表 5-15 所示。

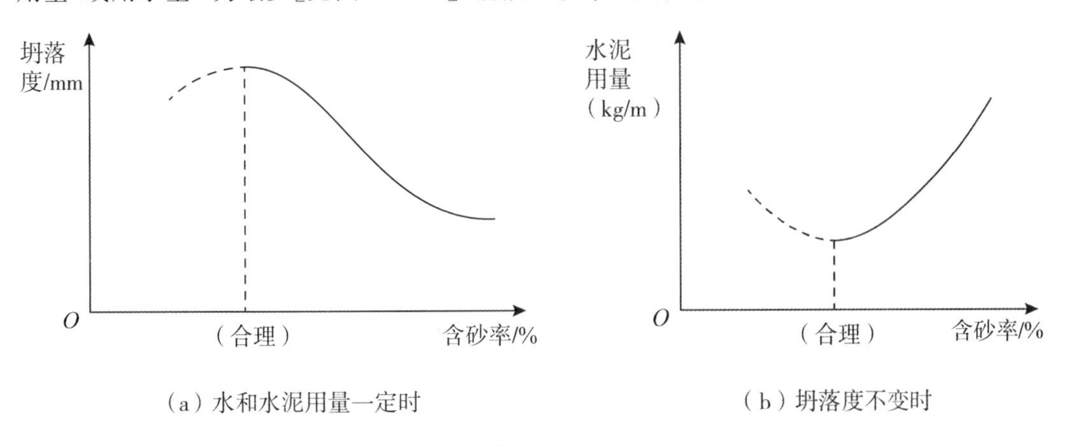

(a) 水和水泥用量一定时　(b) 坍落度不变时

图 5-9　砂率与坍落度、水泥用量的关系

表 5-15　混凝土砂率选用

单位:%

水胶比	碎石最大粒径 /mm			卵石最大粒径 /mm		
	15	20	40	10	20	40
0.4	30 ~ 35	29 ~ 34	27 ~ 32	26 ~ 32	25 ~ 31	24 ~ 30
0.5	33 ~ 38	32 ~ 37	30 ~ 35	30 ~ 35	29 ~ 34	28 ~ 33
0.6	36 ~ 41	35 ~ 40	33 ~ 38	33 ~ 38	32 ~ 37	31 ~ 36
0.7	39 ~ 44	38 ~ 43	36 ~ 41	36 ~ 41	35 ~ 40	34 ~ 39

③水泥品种和细度:水泥品种对混凝土拌和物和易性的影响,主要表现在不同品种水泥的需水量不同。常用水泥中普通硅酸盐水泥配制的混凝土拌和物,其流动性和保水性较

好;矿渣水泥拌和物流动性较大,但黏聚性差,易泌水;火山灰水泥拌和物,在水泥用量相同时流动性显著降低,但其黏聚性和保水性较好。水泥颗粒越细,用水量越大。

④ 集料与料浆比:集料颗粒形状和表面粗糙度直接影响混凝土拌和物流动性。形状圆整、表面光滑,其流动性就大;反之拌和物内摩擦力增加,其流动性就降低。故卵石混凝土的流动性比碎石混凝土的流动性好。

级配良好的集料空隙率小。在水泥浆相同时,包裹集料表面的润滑层增加,可使拌和物工作性得到改善。其中集料粒径小于 10mm 而大于 0.3mm 的颗粒对工作性影响最大,含量应适当控制。

当给定水胶比和集料时,料浆比(集料与胶凝材料用量的比值)减小意味着胶凝材料量相对增加,从而使拌和物工作性得到改善。

⑤ 外加剂与掺合料:外加剂能使混凝土拌和物在不增加水泥用量的条件下获得良好的和易性,即增大流动性、改善黏聚性、降低泌水性,尚能提高混凝土耐久性。

掺入粉煤灰能改善混凝土拌和物的流动性。研究表明:当粉煤灰的密度较大,标准稠度用水量较小和细度较小时,掺入 10% ~ 40% 粉煤灰,可使坍落度平均增大 15% ~ 70%。

⑥ 时间与温度:拌和物拌制后,随时间增长而逐渐变得干稠,且流动性减小,出现坍落度损失现象(通常称为经时损失)。这是因水泥水化消耗一部分水,而另一部分水被集料吸收,还有部分水被蒸发之故。

拌和物和易性也受温度影响。随着温度升高,混凝土拌和物的流动性随之降低。这也是因温度升高加速水泥水化之故。

⑦ 搅拌条件:在较短时间内,搅拌得越完全彻底,混凝土拌和物的和易性越好。

4) 和易性改善措施

5.6 混凝土和易性改善措施

① 当混凝土流动性小于设计要求时,为了保证混凝土的强度和耐久性,不能单独加水,必须在保持水灰比不变的情况下,增加水泥浆用量;

② 当坍落度大于设计要求时,可在保持砂率不变的前提下,增加砂石用量,减小水泥浆用量,选择合理的浆骨比;

③ 改善砂、石集料的颗粒级配,特别是石子的级配,尽量采用较粗的砂、石;

④ 掺加减水剂或引气剂,是改善混凝土和易性的有效措施;

⑤ 尽可能选择最优砂率,当黏聚性不足时可适当增大砂率。

【案例分析 5-2】骨料含水量波动对混凝土和易性的影响

某混凝土搅拌站用的骨料含水量波动较大,其混凝土强度不仅离散程度较大,而且有时会出现卸料及泵送困难,有时又易出现离析现象。

原因分析:骨料特别是砂的含水量波动较大,使实际配比中的加水量随之波动,以致加水量不足时混凝土坍落度不足,水量过大时坍落度过大,混凝土强度的离散程度也就较大。当坍落度过大时,易出现离析。若振捣时间过长,坍落度过大,还会造成"过振"。

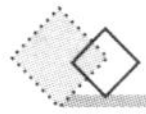

【案例分析 5-3】碎石形状对混凝土和易性的影响

某混凝土搅拌站原混凝土配方均可生产出性能良好的泵送混凝土。后因供应的问题，进了一批针片状多的碎石。当班技术人员未引起重视，仍按原配方配制混凝土，后发觉混凝土坍落度明显下降，难以泵送，临时现场加水泵送。

原因分析：混凝土坍落度下降主要是因为针片状碎石增多，表面积增大，在其他材料及配方不变的情况下，其坍落度必然下降；当坍落度下降难以泵送时，简单地现场加水虽可解决泵送问题，但对混凝土的强度及耐久性都有不利影响，而且会引起泌水等问题。

2. 凝结时间

凝结是混凝土拌和物固化的开始，由于各种因素的影响，混凝土的凝结时间与配制混凝土所用水泥的凝结时间不一致(指凝结快些的水泥配制出的混凝土拌和物，在用水量和水泥用量比不一样的情况下，未必比凝结慢些的水泥配出的混凝土凝结时间短)。

混凝土拌和物的凝结时间通常是用贯入阻力法进行测定的。所用的仪器为贯入阻力仪。先用 5mm 筛孔的筛从拌和物中筛取砂浆，按一定方法装入规定的容器中，然后每隔一定时间测定砂浆贯入一定深度时的贯入阻力，绘制贯入阻力与时间关系的曲线，以贯入阻力 3.5MPa 及 27.6MPa 画两条平行于时间坐标的直线，直线与曲线交点的时间即分别为混凝土的初凝和终凝时间。这是从实用角度人为确定的，用该初凝时间表示施工时间的极限，终凝时间表示混凝土力学强度开始发展。了解凝结时间所表示的混凝土特性的变化，对制定施工进度计划和比较不同种类外加剂的效果很有用。

影响混凝土凝结时间的主要因素是胶凝材料组成、水胶比、温度和外加剂。一般情况下，水胶比越大，凝结时间越长。在浇筑大体积混凝土时为了防止冷缝和温度裂缝，应通过调节外加剂中的缓凝成分延长混凝土的初、终凝时间。当混凝土拌和物在 10℃ 拌制和养护时，其初凝时间和终凝时间比 23℃ 的分别延缓约 4h 和 7h。

3. 含气量

任何搅拌好的混凝土都有一定量的空气，它们是在搅拌过程中带进混凝土的，占其体积的 0.5% ～ 2%，称为混凝土的含气量。如果在配料中还掺有一些外加剂，含气量可能会更大。由于含气量对硬化混凝土的性能有重要影响，所以在实验室和施工现场要对它进行测定与控制。测定混凝土含气量的方法有多种，通常采用压力法。影响含气量的因素包括水泥品种、水胶比、砂颗粒级配、砂率、外加剂、气温、搅拌机的大小及搅拌方式等。

5.4.2　硬化混凝土的性能

硬化后混凝土的性能主要包括强度、变形性能和耐久性三大方面。

1. 强度

土木工程的普通混凝土一般多用作结构材料。因此，强度是硬化混凝土最重要的技术性质。混凝土的强度包括抗压强度、抗拉强度、抗弯强度、抗剪强度、与钢筋的黏结强度等。其中，抗压强度最大，抗拉强度最小，结构工程中混凝土主要用于承受压力。

混凝土强度与混凝土的其他性能关系密切。一般来说，混凝土的强度越高，其刚性、不透水性、抵抗风化和某些介质侵蚀的能力也越强。混凝土的抗压强度是结构设计的主要参数，也是混凝土质量评定和控制的主要技术指标。

通常说的混凝土强度是指抗压强度。这是因为混凝土强度所包括的抗压、抗拉、抗弯和抗剪等强度中，尤以抗压强度为最大。在工程中混凝土主要承受压力，特别是在钢筋混凝土的设计中，有效地利用着抗压强度，此外根据抗压强度还可判断混凝土质量好坏和估计其他强度。因此，抗压强度系混凝土最重要的性质。

1）抗压强度

抗压强度包括立方体抗压强度、轴心抗压强度和圆柱体试件抗压强度三种。

（1）立方体抗压强度：抗压强度系指立方体单位面积上所能承受的最大值，亦称立方体抗压强度，用 f_{cu} 表示，其计量单位为 N/mm^2 或 MPa。它是以边长为 150mm 的立方体试件为标准试件，在标准养护条件[温度(20±2)℃，相对湿度 95% 以上]下养护 28d，测得的抗压强度值。

测定混凝土立方体抗压强度时，也可采用非标准尺寸的试件，其尺寸应根据混凝土中粗集料的最大粒径而定，但其测定结果应乘以相应系数换算成标准试件，如表 5-16 所示。试件的尺寸会影响其抗压强度值，试件尺寸越小，测得的抗压强度值越大。

表 5-16 混凝土试件尺寸及强度的尺寸换算系数

骨料最大粒径 /mm	试件尺寸 /mm	强度的尺寸换算系数
≤31.5	100×100×100	0.95
≤40	150×150×150	1.00
≤63	200×200×200	1.05

注：强度等级为 C60 及以上的混凝土试件，其强度的尺寸换算系数可通过试验确定。

混凝土的强度等级按立方体抗压强度标准值划分。混凝土的强度等级采用符号 C 与立方体抗压强度标准值 $f_{cu,k}$ 表示，计量单位仍为 MPa。立方体抗压强度标准值系指按标准方法制作、养护的边长为150mm的立方体试件在28d龄期，用标准试验方法测得的具有95% 保证率的抗压强度。普通混凝土强度等级分为 C_{15}、C_{20}、C_{25}、C_{30}、C_{35}、C_{40}、C_{45}、C_{50}、C_{55}、C_{60}、C_{65}、C_{70}、C_{75} 和 C_{80} 共 14 个等级。例如强度等级 C_{30} 表示立方体抗压强度标准值为 30MPa 的混凝土。

（2）轴心抗压强度：混凝土的立方体抗压强度只是评定强度等级的一个指标，但它不能直接用来作为设计依据。在结构设计中实际使用的是混凝土轴心抗压强度，即棱柱体抗压强度 $f_{c.p}$。此外，在进行弹性模量、徐变等项试验时也需先进行轴心抗压强度试验以确定试验所必需的参数。

测定轴心抗压强度，采用 150mm×150mm×300mm 的棱柱体试件作为标准试件。当采用非标准尺寸的棱柱体试件时高宽比 h/a 应在 2～3 范围内。大量试验表明，立方体抗压强度 f_{cu} 为 10～55MPa 时，轴心抗压强度 f_{cp} 与立方体抗压强度 f_{cu} 之比为 0.7～0.8。一般为 $f_{cp}=0.76f_{cu}$。

(3) 圆柱体试件抗压强度：不少国家将圆柱体试件的抗压强度作为混凝土的强度特征值。我国虽然采用立方体强度体系，但在检验结构物实际强度而钻取芯样时仍然会遇到圆柱体试件的强度问题。圆柱体抗压强度试验一般采用高径比为 2∶1 试件。钻芯法是直接从材料或构件上钻取试样而测得抗压强度的一种检测方法。常规芯样直径为ϕ 100mm 和 ϕ 150mm。

2) 抗拉强度

混凝土在轴向拉力作用下，单位面积所能承受的最大拉应力，称轴心抗拉强度，用 f_{ts} 表示。

混凝土是一种脆性材料，抗拉强度比抗压强度小得多，仅为 1/15 ～ 1/20。混凝土工作时一般不依靠其抗拉强度，但混凝土抗拉强度对抵抗裂缝的产生有重要意义，是混凝土抗裂度的重要指标。

目前，我国仍无测定抗拉强度的标准试验方法。劈裂强度是衡量混凝土抗拉性能的一个相对指标，其测值大小与试验所采用的垫条形状、尺寸、有无垫层、试件尺寸、加荷方向和粗集料最大粒径有关。其强度可按式(5-4) 计算。

$$f_{ts} = \frac{2F}{\pi A} = 0.637\,\frac{F}{A} \tag{5-4}$$

式中，f_{ts} 为混凝土劈裂强度(MPa)；F 为破坏荷载(N)；A 为试件劈裂面面积(mm^2)，标准件为 150mm 边长的立方体。

其中，混凝土轴心抗拉强度 f_{ts} 与 150mm 边长立方体抗压强度 f_{cu} 之间存在如下关系：

$$f_{ts} = 0.56 f_{cu}^{2/3} \tag{5-5}$$

3) 抗折强度

路面、桥面和机场跑道用水泥混凝土将抗弯拉强度(或称抗折强度) 作为主要强度设计指标。测定混凝土的弯拉强度采用 150mm × 150mm × 600mm(或 550mm) 小梁作为标准试件，在标准条件下养护 28d 后，按照三分点加荷方式测得其抗弯拉强度，按式(5-6) 计算：

$$f_{cf} = \frac{PL}{bh^2} \tag{5-6}$$

式中，f_{cf} 为混凝土抗折强度(MPa)；P 为破坏荷载(N)；L 为支座距离，$L = 450$mm；b、h 分别为试件的宽度和高度(mm)。

当采用100mm×100mm×400mm 非标准试验时，取得的抗折强度值应乘以尺寸换算系数 0.85。此外，抗折强度是由跨中单点加荷方式得到的，也乘以折算系数 0.85。

由混凝土破坏过程分析可知，混凝土强度主要取决于集料与水泥石间的黏结强度和水泥石的强度，而水泥石与集料的黏结强度和水泥石本身强度又取决于水泥的强度、水灰比及集料等，此外还与外加剂、养护条件、龄期、施工条件，甚至试验测试方法有关。

1）胶凝材料强度

胶凝材料强度的大小直接影响混凝土强度。在配合比相同的条件下，所用的水泥强度等级越高，制成的混凝土强度也越高。试验证明，混凝土的强度与水泥的强度呈正比关系。

2）水胶比

当水泥品种和强度等级一定时，混凝土强度主要取决于水胶比。因为胶凝材料水化时所需的结合水，一般只占胶凝材料总量的23％左右，但在拌制混凝土拌和物时，为了获得必要的流动性，实际采用较大的水胶比。当混凝土硬化后，多余的水分或残留在混凝土中形成水泡，或蒸发，或形成气孔，混凝土内部的孔隙削弱了混凝土抵抗外力的能力。因此，满足和易性要求的混凝土，在胶凝材料强度等级相同的情况下，水胶比越小，水泥石的强度越大，与骨料黏结力也越大，混凝土的强度等级越高。如果加水太少（水胶比太小），拌和物过于干硬，在一定的捣实成型条件下，无法保证浇灌质量，混凝土中将出现较多的孔洞，强度也将下降。

大量的试验表明，混凝土的强度随着水胶比的增大而降低，呈双曲线变化关系[见图5-10(a)]；而混凝土的强度和胶水比则呈直线关系[见图5-10(b)]。

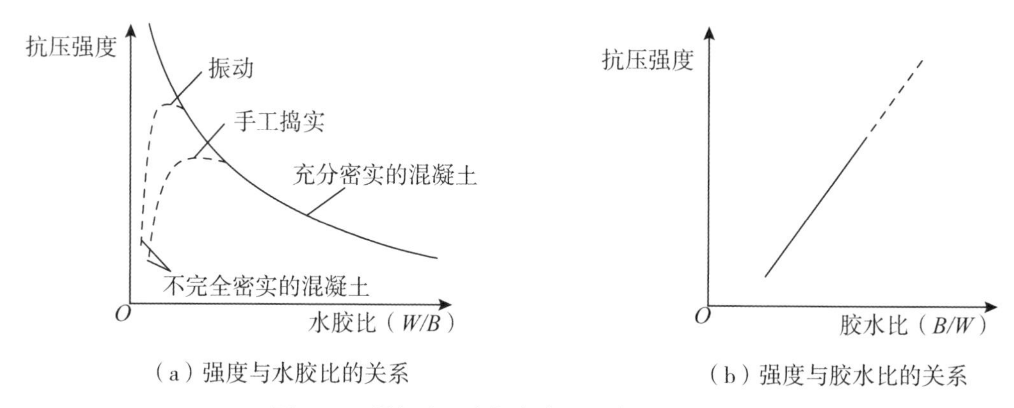

（a）强度与水胶比的关系　（b）强度与胶水比的关系

图5-10　混凝土强度与水胶比和胶水比的关系

3）骨料的种类、质量和数量

水泥石与骨料的黏结力除了受水泥石强度的影响外，还与骨料（尤其是粗骨料）的表面状况有关。碎石表面粗糙，黏结力比较大，卵石表面光滑，黏结力比较小。因而，在水泥强度等级和水胶比相同的条件下，碎石混凝土的强度往往高于卵石混凝土。

当骨料级配良好，用量和砂率适当时，能组成密集的骨架使水泥浆量相对减小，骨料的骨架作用充分，也会使混凝土强度有所提高。

大量试验表明，混凝土强度与水胶比、水泥强度等级等因素之间保持近似恒定的关系，可用式(5-7)来表示：

$$f_{cu}=\alpha_a f_b\left(\frac{C}{W}-\alpha_b\right) \tag{5-7}$$

式中，f_{cu}为混凝土28d龄期的抗压强度(MPa)；f_b为水泥的实际强度(MPa)；C/W为胶水比，即每立方米混凝土中胶凝材料的用量与水用量之比；α_a、α_b为回归系数，与集料种类及水泥品种有关。

一般水泥厂为了保证水泥的出厂强度等级，往往使水泥的实际抗压强度往往比实际强度等级高。当无水泥实测强度数据时，f_b 的值可按式(5-8)确定：

$$f_b = f_{ce,k}\gamma_c \tag{5-8}$$

式中，$f_{ce,k}$ 为水泥28d抗压强度标准值(MPa)；γ_c 为水泥强度富裕系数，可按实际统计资料确定。

回归系数 α_a、α_b 应根据工程所使用的水泥、集料，通过试验由建立的水胶比与混凝土强度关系确定；当不具备试验统计资料时，其回归系数可按照《普通混凝土配合比设计规程》(JGJ 55—2011)选用，如表5-17所示。

表5-17　回归系数 α_a、α_b 选用

石子品种		碎石	卵石
回归系数	α_a	0.53	0.49
	α_b	0.20	0.13

上面的经验公式，一般只适用于流动性混凝土和低流动性混凝土，对于干硬性混凝土则不通用。利用混凝土强度经验公式，可进行下面两个问题的估算：

(1) 根据所用水泥强度和水胶比来估算所配制的混凝土的强度；

(2) 根据水泥强度和要求的混凝土强度等级来计算应采用的水胶比。

4) 外加剂和掺合料

混凝土中加入外加剂可按要求改变混凝土的强度及强度发展规律，如掺入减水剂可减小拌和用水量，提高混凝土强度；如掺入早强剂可提高混凝土早期强度，但对后期强度发展无明显影响。超细的掺合料可配制高性能、超高强度的混凝土。

5) 生产工艺因素

这里所谓的生产工艺因素主要包括混凝土生产过程中所涉及的施工(搅拌、捣实)、养护条件、养护时间等因素。若这些因素控制不当，也会对混凝土强度产生严重影响。

(1) 施工条件：在施工过程中，必须将混凝土拌和物搅拌均匀，浇注后必须捣固密实，才能使混凝土有达到预期强度的可能。

机械搅拌和捣实的力度比人力要强，因而，采用机械搅拌比人工搅拌的拌和物更均匀，采用机械捣实比人工捣实的混凝土更密实。强力的机械捣实可适用于更低水胶比的混凝土拌和物，可获得更高的强度，如图5-10(a)所示。

改进施工工艺可提高混凝土强度，如分次投料搅拌工艺、高速搅拌工艺、高频或多频振捣器、二次振捣工艺等都会有效地提高混凝土强度。

(2) 养护条件：混凝土的养护条件主要指所处的环境温度和湿度，它们通过影响水泥水化过程而影响混凝土强度。

养护环境温度高，水泥水化速度加快，混凝土早期强度高；反之亦然。若温度在冰点以下，不但水泥水化停止，而且有可能因为冰冻导致混凝土结构疏松。强度严重降低，尤其是对早期混凝土应特别加强防冻措施。为了加快水泥的水化速度，可采用湿热养护的方法，即蒸汽养护或蒸压养护。

湿度通常是指空气相对湿度。若相对湿度低，则混凝土中的水分挥发快，混凝土因缺水而停止水化，强度发展受阻。同时，混凝土在强度较低时失水过快，极易引起干缩，影响混凝土耐久性。一般在混凝土浇筑完毕后12h内应开始对混凝土加以覆盖或浇水。对硅酸盐水泥、普通水泥和矿渣水泥配制的混凝土浇水养护不得少于7d；使用粉煤灰水泥和火山灰水泥，或掺有缓凝剂、膨胀剂，或有防水抗渗要求的混凝土浇水养护不得少于14d。

(3) 龄期：是指混凝土在正常养护条件下所经历的时间。在正常养护条件下，混凝土强度将随着龄期的增长而增长。最初的7～14d内，强度增长较快，之后逐渐缓慢。但在有水的情况下，龄期延续很久其强度仍会有所增长。

普通水泥制成的混凝土，在标准条件养护下，龄期不小于3d的混凝土强度发展大致与其龄期的对数呈正比关系。因而，在一定条件下养护的混凝土，可按式(5-9)根据某一龄期的强度来推算另一龄期的强度。

$$f_{cu,n} = f_{cu,28}\frac{\lg n}{\lg 28} \tag{5-9}$$

式中，$f_{cu,n}$ 表示龄期为 nd 的混凝土抗压强度(MPa)；$f_{cu,28}$ 为龄期为28d的混凝土抗压强度(MPa)；$\lg n$、lg28 表示 n 和 28 的常用对数($n \geqslant 3$d)。

根据上式可由已知龄期的混凝土强度，估算28d内任一龄期的强度。

6) 试验因素

在进行混凝土强度试验时，试件尺寸、形状、表面状态、含水率以及试验加荷速度等试验因素都会影响混凝土强度试验的测试结果。

(1) 试件尺寸和形状：试件尺寸和形状会影响混凝土抗压强度值。试件尺寸愈小，测得的抗压强度值愈大。这是因为试件在压力机上加压时，在沿加荷方向发展纵向变形的同时，也按泊松比效应产生横向变形。压力机上下两块压板的弹性模量比混凝土大5～15倍，而泊松比不大于2倍，致使压板的横向应变小于混凝土试件的横向应变，上下压板相对试件的横向膨胀产生约束作用。愈接近试件端面，约束作用就愈大。试件破坏后，其上下部分呈现出棱锥体就是这种约束作用的结果，通常称为环箍效应。如果在压板与试件表面之间施加润滑剂，使环箍效应大大减小，则试件将出现直裂破坏，测得的抗压强度也低。试件尺寸较大时，环箍效应相对较小，测得的抗压强度就偏低；反之试件尺寸较小时，测得的抗压强度就偏高。

另外，大尺寸试件中裂缝、孔隙等缺陷存在的概率增大，这些缺陷减小了受力面，引起应力集中，使得测得的抗压强度偏低。试件尺寸对抗压强度值的影响如图5-11所示。

(2) 表面状态：当混凝土受压面非常光滑时(如有油脂)，压板与试件表面的摩擦力减小，使环箍效应减小，试件将出现垂直裂纹而破坏，测得的混凝土强度值较低。

(3) 含水程度：混凝土试件含水率越高，其强度越低。

(4) 加荷速度：在进行混凝土试件抗压试验时，若加荷速度过快，材料裂纹扩展的速度小于荷载增加的速度，就会造成测得的强度值偏高。故在进行混凝土立方体抗压强度试验时，应按规定的加荷速度进行。

要扩大混凝土的应用范围，更好地生产制备和利用混凝土，就必须提高其强度，具体

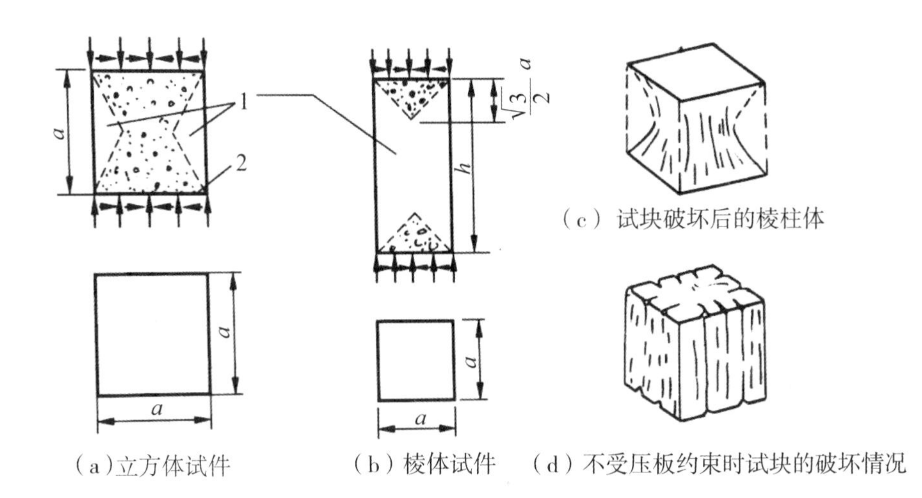

1— 破裂部分;2— 摩擦力。

图 5-11　混凝土试件的破坏状态

可从以下几个方面入手。

(1) 采用强度等级高的水泥。在混凝土配合比不变的情况下,采用高强度等级的水泥可提高混凝土各龄期强度;采用早强型水泥可提高混凝土的早期强度,有利于加快施工进度。

(2) 采用低水胶比的干硬性混凝土。降低水胶比是提高混凝土强度最有效的途径之一。低水胶比的干硬性新拌混凝土中自由水较少,硬化后留下的孔隙少,混凝土密实度高,强度可显著提高。但水胶比过小,将影响混凝土的流动性,造成施工困难;可采取同时掺加混凝土减水剂的方法,使混凝土在较低水胶比情况下,仍具有良好的和易性。

(3) 采用有害杂质少、级配良好、颗粒适当的骨料和合理的砂率。

(4) 采用合理的机械搅拌与振实等强化施工工艺。在施工中,对于干硬性混凝土或低流动性混凝土,必须同时采用机械搅拌和机械振捣混凝土,使其成型密实,强度提高。

(5) 保持合理的养护温度和一定的湿度,可能的情况下采用湿热养护(蒸汽养护和蒸压养护)。

(6) 掺入合适的混凝土外加剂和掺合料。

【案例分析 5-4】水胶比对混凝土强度的影响

概况:某工程施工单位试验人员对两组不同强度等级的混凝土试块进行成型,脱模后发现其中一组试块由于流动性很差而未能密实成型。将两组试块置于水中养护 28d 后,送试验室进行强度检验。一般认为,混凝土密实度较差将导致其强度下降,然而,检验发现,该密实度较差的混凝土试块强度反而比密实度较好的混凝土试块强度高。

原因分析:密实度较差的混凝土水胶比很小,硬化水泥石强度很高,而密实度较好的混凝土水胶比较大,其硬化水泥石强度较低。

2. 变形性能

混凝土在硬化和使用过程中，由于受物理、化学及力学等因素的影响，通常会发生各种变形，这些变形也将会导致混凝土产生开裂等缺陷，从而影响混凝土的强度和耐久性。混凝土的变形包括非荷载作用下的变形和荷载作用下的变形。非荷载作用下的变形又分为化学收缩、干湿变形及温度变形；荷载作用下的变形又分为短期荷载作用下的变形和长期荷载作用下的变形(即所谓的徐变)。

(1) 非荷载作用下的变形包括化学收缩、干湿变形、温度变形等。

5.7 水化热与混凝土开裂

① 化学收缩：混凝土在硬化过程中，水泥水化生成的固相体积小于水化前反应物的总体积，从而引起混凝土的体积收缩，这种收缩称为化学收缩。混凝土的化学收缩通常不可恢复，且其收缩量还会随着混凝土中水泥用量的增加而增大，并随着混凝土硬化龄期的延长而增加。一般在混凝土成型后 40d 内增长较快，以便逐渐趋于稳定。混凝土的化学收缩量通常很小(小于1.0%)，通常对混凝土结构几乎没有明显影响，但当水泥用量过大时也会在混凝土内部产生细微裂纹，从而降低混凝土的耐久性。

② 干湿变形：环境湿度的变化对混凝土的影响主要表现为干缩或湿胀变形。这种变形是由混凝土内部某些水分的增减变化所致。通常，混凝土内部所含水分有自由水(即孔隙水)、毛细管水和混凝土胶体颗粒吸附水三种形式。当后两种水发生变化时，混凝土就会产生变形。

当混凝土处于水环境中硬化时，水泥凝胶体颗粒表面的吸附水膜增厚，胶体粒子间距离增大，可使其体积产生微小的湿膨胀。这种湿膨胀的变形量很小，一般无明显破坏作用。

但是，当混凝土处于干燥环境中时，水分的蒸发首先失去的是自由水，然后是毛细管水。当毛细管水蒸发损失时，就会在毛细孔中形成负压，且随着空气湿度的降低和毛细管水分的不断蒸发，负压逐渐增大而产生较大的收缩力。这种收缩力就可能导致混凝土的体积收缩，或由于混凝土难以承受该应力而裂开。这通常也是混凝土早期失水收缩与开裂的主要原因。

若继续干燥，当混凝土中的毛细管水分蒸发殆尽时，水泥凝胶体中吸附水也开始部分蒸发，从而使凝胶体因失水而紧缩，最终也会导致混凝土的体积收缩或收缩开裂。

干缩后的混凝土若再吸水变湿，其部分干缩变形可以恢复，这将会造成混凝土可逆的收缩，但仍有 30% ～ 50% 的变形已不可恢复。

混凝土的干缩变形检测方法是用100mm×100mm×515mm的标准试件，在规定的试验条件下直接测得其干缩率。用这种小试件测得的混凝土干缩率只能反映其相对干缩性，而实际构件的尺寸要比试件大得多，且构件内部的干燥过程较为缓慢，因此实际混凝土结构的干缩率要比试验值小。通常，混凝土的干缩率试验值可达$(3\sim5)\times10^{-4}$；而在混凝土结构设计时，其干缩率取值为$(1.5\sim2.0)\times10^{-4}$，即每延米混凝土的收缩量为 0.15 ～ 0.20mm。

干缩变形对混凝土危害较大，它可导致混凝土表面产生很高的拉应力而产生开裂，这不仅会降低其结构承载能力与安全性，而且会严重降低混凝土的抗渗、抗冻、抗侵蚀等耐

久性能。

影响水泥混凝土干缩变形的因素很多，主要包括水泥用量、细度及品种，水灰比，集料质量，施工质量等几个方面。

③ 温度变形：与其他材料一样，混凝土也会随着温度的变化而产生热胀冷缩变形，这种变形对于早期的混凝土结构危害很大。例如，在大体积混凝土的硬化初期，由于混凝土的导热性较差，而水泥水化放出的热量又较多，这些热量积聚在混凝土内部便可使其内外温差很大，有时可达 50 ～ 70℃，这会造成混凝土产生内胀外缩的变形，使混凝土在表面产生较大的拉应力导致其表面开裂。因此，混凝土的温度变形对大体积混凝土（最小边长尺寸在 1m 以上的混凝土结构）、纵长的混凝土结构及大面积混凝土工程等极为不利，易使这些结构产生明显的温度裂缝。在工程实际中，对于大体积混凝土，常采用低热水泥或掺加适量的细矿物掺合料的方法来减小水泥用量，还可掺加缓凝剂或采用人工降温等措施，以减少因温度变形而引起的混凝土质量缺陷。

混凝土硬化的热胀冷缩变形也会影响其使用效果。混凝土的温度线膨胀系数为（1.0 ～ 1.5）$\times 10^{-5}$/K，即温度每升降 1K，1m 长的混凝土结构物将产生 0.01 ～ 0.015mm 的膨胀或收缩变形。这对纵长的混凝土结构或大面积混凝土工程来说，其累计热胀冷缩变形也可能导致结构的破坏，因此，为防止其受大气温度变化影响而产生开裂，土木工程中通常采用每隔一段距离设置一个伸缩缝，或在结构中设置温度钢筋等措施，来避免其热胀冷缩变形造成的破坏。

（2）荷载作用下的变形主要包括短期荷载作用下的变形和长期荷载作用下的变形 —— 徐变。

5.8 不同荷载作用下混凝土破坏特性

① 短期荷载作用下的变形主要包括混凝土的弹塑性变形、混凝土的弹性模量、混凝土受压变形与破坏方面的内容。

a. 混凝土的弹塑性变形：混凝土是一种由水泥胶凝体、砂、石、游离水、气泡等组成的非均质的多相复合材料，它既不是一种完全弹性体，也不是一种完全塑性体，而是一种弹塑性体。当混凝土受力时，既产生弹性变形，又产生塑性变形，其应力（σ）与应变（ε）呈曲线关系，如图 5-12(a) 所示。

在静力试验的加荷过程中，若加荷至应力为 σ、应变为 ε 的 A 点，然后将荷载逐渐卸去，则卸荷后所恢复的应变 $\varepsilon_{弹}$ 是混凝土弹性变形的结果，则 $\varepsilon_{弹}$ 称为弹性应变；剩余的不能恢复的应变 $\varepsilon_{塑}$，则是混凝土塑性变形的结果，则 $\varepsilon_{塑}$ 称为塑性变形。

b. 混凝土的弹性模量：在应力 - 应变曲线上任一点的应力 σ 与应变 ε 的比值，称为混凝土在该应力下的弹性模量。它反映了混凝土所受应力与所产生应变之间的关系。由于混凝土是弹塑性体，很难准确地测其弹性模量，只可间接地计算其近似值。当应力 σ 小于轴心抗压强度的 30% ～ 50% 时，在重复荷载作用下，每次卸荷载都在应力 - 应变曲线中残留一部分塑性变形，但随着重复次数的增加（3 ～ 5 次），塑性变形的增量逐渐减小，最后所得到的应力、应变曲线只有很小的曲率[如图 5-12(b) 中的 $A'C'$ 线]，几乎与初始切线（混凝土最初受压时的应力 - 应变曲线在原点的切线）相平行。该近似直线的斜率即为所测混凝土的静力受压弹性模量，也称为混凝土割线弹性模量。

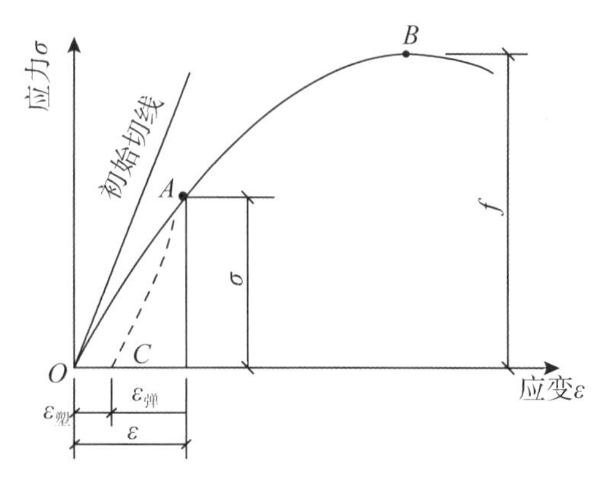

(a) 压力作用下

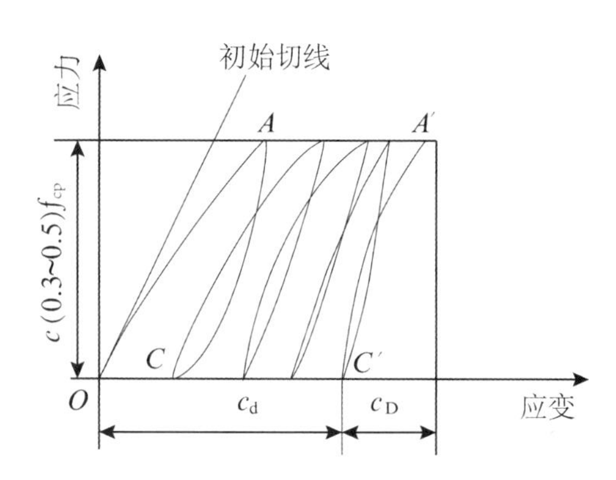

(b) 重复作用力下

图 5-12　不同力作用下混凝土的应力 - 应变曲线

影响混凝土弹性模量的因素主要是混凝土的强度、集料的含量、水灰比以及养护条件等。通常,混凝土的弹性模量随着其强度的提高而增大,两者存在一定的相关性。当混凝土的强度由 C10 增加到 C60 时,其弹性模量由 1.75×10^4 MPa 增加到 3.60×10^4 MPa。集料含量越高,或其弹性模量越大,则混凝土的弹性模量就越高。混凝土的水灰比越小,或养护较充分且龄期较长,则混凝土的弹性模量就越高。

混凝土的弹性模量具有重要的实用意义。在结构设计中,计算钢筋混凝土的变形、裂缝扩展及大体积混凝土的温度应力时,混凝土的弹性模量是所需的参数。

c. 混凝土受压变形与破坏:由于早期非荷载变形的作用,混凝土在受力之前,其中水泥浆内部或水泥浆与集料之间的界面处已存在随机分布的微细原生界面裂缝。混凝土在短期荷载作用下产生的变形,与这些原始裂缝的变化密切相关。

当混凝土试件所承受的单向静压荷载不超过极限应力的 30% 时,这些裂缝无明显变化,此时荷载(应力)与变形(应变)呈近似直线关系。

当荷载达到极限应力的 50% 时,有些界面裂缝就开始失稳而逐渐扩展延伸至砂浆基体中。

当荷载超过极限应力的 75% 时,在界面裂缝继续扩展的同时,砂浆基体中的裂缝也逐渐增加,并与邻近的界面裂缝连接起来,成为连续裂缝,使混凝土变形加速增大,荷载曲线的斜率也明显减小。当荷载超过极限应力后,连续裂缝急剧扩展,变形急剧增大,混凝土的承载能力迅速下降,最终导致试件完全破坏。

② 长期荷载作用下的变形 —— 徐变:在持续的恒定荷载作用下,混凝土的变形随时间变化(见图 5-13)。从图中看出,加荷载后立即产生一个瞬时弹性变形,而后随时间增长变形逐渐增大。这种在恒定荷载作用下依赖时间而增长的变形,称为徐变,有时亦称蠕变。当卸荷时,混凝土立即产生一个反向的瞬时弹性变形,称为瞬时恢复,其后还有一个随时间而减小的变形恢复称为徐变恢复。最后残留不能恢复的变形称为残余变形。徐变恢复有时亦称弹性后效。

混凝土徐变主要是水泥石的徐变,集料起限制作用。一般认为,混凝土徐变是由水泥

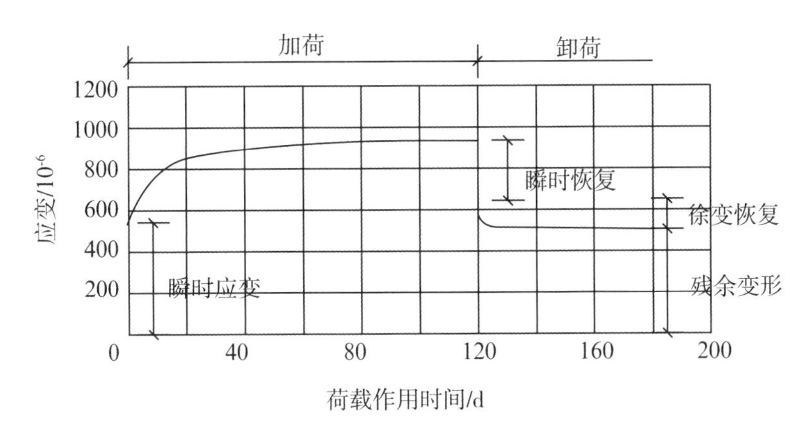

图 5-13　混凝土的变形与荷载作用时间的关系

石中凝胶体在长期荷载作用下的黏性流动引起的。加载初期，由于毛细孔较多，凝胶体在荷载作用下移动，故初期徐变增长较快，之后由于内部移动和水化的进展，毛细孔逐渐减少，同时水化物结晶程度也不断提高，使得黏性流动困难，造成徐变越来越慢。混凝土徐变一般可达数年，其徐变应变值一般可达 0.3 ～ 1.5mm/m。

对于水泥混凝土结构来说，徐变是一个很重要的性质。徐变可使钢筋混凝土构件截面中的应力重新分布，从而消除或减少内部应力集中现象；对于大体积混凝土能消除一部分温度应力；但对于预应钢筋混凝土构件，要求徐变值尽可能小，因为徐变会造成预应力损失。

3. 耐久性

混凝土耐久性，是混凝土在实际使用条件下抵抗各种破坏因素作用，长期保持强度和外观完整性的能力。混凝土的耐久性是一个综合性指标，它包括的内容很多，如抗冻融、抗碳化、抗腐蚀以及抗碱集料反应等。这些性能决定了混凝土经久耐用的程度。

1）抗冻性

混凝土抗冻性是指混凝土在水饱和状态下经受多次冻融循环作用，能保持强度和外观完整性的能力。通常混凝土是多孔材料，毛细孔里的水分结冰时，体积会随之增大，需要空隙扩展冰水体积的9%，或者把多余的水沿试件边界排除，有时两者同时发生，否则冰晶将通过挤压毛细管壁或产生水压力使水泥浆体受损。这个过程所形成的水压力，其大小取决于结冰处至“逸出边界”的距离、材料的渗透性以及结冰速率。经验表明：饱和的水泥浆体试件中，除非浆体里每个毛细孔距最近的逸出边界不超过 75 ～ 100μm，否则就会产生破坏压力。而这么小的间距可以通过掺用适当的引气剂来达到。需要注意的是，水泥浆基体引气的混凝土仍可能受到损伤，这种情况是否会发生主要取决于骨料对冰冻作用的反应，亦即取决于骨料颗粒的孔隙大小、数量、连通性和渗透性。一般来说，在一定的孔径分布、渗透性、饱和度与结冰速率条件下，大颗粒骨料可能会受冻害，但小颗粒的同种集料则不会。密实的混凝土和具有封闭孔隙的混凝土抗冻性较高。由于冻融是破坏混凝土最严重的因素之一，因此抗冻性是评定混凝土耐久性的主要指标。由于抗冻试验方法不同，试验结果评定指标也不相同。我国常采用慢冻法、快冻法两种。慢冻法是我国常用的抗冻试验方法，采用气冻水融的循环制度，每次循环周期为 8 ～ 12h；快冻法每次冻融循环所需时间只有 2 ～ 4h，特别适用于抗冻要求较高的混凝土。

试验结果评定指标如下。

① 抗冻标号(适于慢冻法)：它是以同时满足强度损失率不超过 25％、重量损失率不超过 5％ 时的最大循环次数来表示的。混凝土抗冻标号有 F_{25}、F_{50}、F_{100}、F_{150}、F_{200}、F_{250}、F_{300} 7 个等级，表示混凝土能承受冻融循环的最大次数不小于 25、50、100、150、200、250、300 次。

② 混凝土耐久性指标：它是以混凝土经受快速冻融循环，同时满足相对动弹性模值不小于 60％ 和重量损失率不超过 5％ 时的最大循环次数来表示的。

③ 耐久性系数：混凝土的耐久性系数，可按式(5-10) 来计算(适用于快冻法)：

$$K_n = \frac{PN}{300} \tag{5-10}$$

式中，K_n 为混凝土耐久性系数；N 为达到要求(冻融循环 300 次，或相对动弹模量值下降到 60％，或重量损失率达到 5％，停止试验) 的冻融循环次数；P 为经 N 次冻融循环的试件的相对动弹性模量。

抗冻混凝土应选用硅酸盐水泥或普通硅酸盐水泥，不宜使用火山灰硅酸盐水泥。且宜用连续级配的粗集料，其含泥量不得大于 1.0％，泥块含量不得大于 0.5％；细集料含泥量不得大于 3％，泥块含量不得大于 1.0％。F_{100} 以上混凝土粗细集料应进行坚固性试验，并应掺引气剂。

2) 抗渗性

5.9 海港工程结构破坏

混凝土抗渗性是指混凝土抵抗压力水渗透的能力。混凝土渗透性主要是内部孔隙形成连通渗水通道所致。因此，它直接影响混凝土抗冻性和抗侵蚀性。混凝土的渗透能力主要取决于水胶比(该比值决定毛细孔的尺寸、体积和连通性) 和最大集料粒径(影响粗集料和水泥浆体之间界面过渡区的微裂缝)。影响混凝土渗透性的因素与影响混凝土强度的因素有着相似之处，因为强度和渗透性都是通过毛细管孔隙率而相互建立联系的。通常来说，减小水泥浆体中大毛细管空隙(如大于100nm) 的体积可以降低渗透性；采用低水胶比、充足的胶凝材料用量以及正确的振捣和养护也有可能做到这一点。同样，适当地注意骨料的粒径和级配、热收缩和干缩应变，过早加载或过载都是减少界面过渡区微裂缝的必要步骤；而界面过渡区的微裂缝正是施工现场的混凝土渗透性大的主要原因。流体流动途径的曲折程度也决定渗透性的大小，渗透性同时还受混凝土构件厚度的影响。

混凝土抗渗性用抗渗标号表示。它以 28d 龄期的标准试件，按规定方法试验，所能承受的最大静水压力表示，有 P_2、P_4、P_6、P_8、P_{10}、P_{12} 6 个标号，分别表示能抵抗 0.2MPa、0.4MPa、0.6MPa、0.8MPa、1.0MPa、1.2MPa 的静水压力而不渗透。抗渗混凝土最大水灰比要求如表 5-18 所示。

表 5-18　抗渗混凝土最大水灰比

抗渗等级	C20 ～ C30	＞C30
P_6	0.60	0.55
P_8 ～ P_{12}	0.55	0.50
＞P_{12}	0.50	0.45

影响混凝土抗渗性的根本因素是孔隙率和孔隙特征，混凝土孔隙率越低，连通孔越少，抗渗性越好。所以提高混凝土抗渗性的主要措施是降低水胶比、选择好的集料级配、充分振捣和养护、掺用引气剂和优质粉煤灰掺合料。

3）碳化

空气中的CO_2气体渗透到混凝土内，与其碱性物质起化学反应后生成碳酸盐和水，使混凝土碱度降低的过程，称为混凝土碳化，亦称中性化。水泥水化生成大量的氢氧化钙，pH值为12～13。碱性介质对钢筋有良好的保护作用，在钢筋表面生成难溶的Fe_2O_3，称为钝化膜。碳化后，使混凝土碱度降低，pH值为8.5～10。混凝土失去对钢筋的保护作用，造成钢筋锈蚀。

在正常的大气介质中，混凝土的碳化深度可用式(5-11)来计算：

$$D = a\sqrt{t} \tag{5-11}$$

式中，D为碳化深度(mm)；a为碳化速度系数，普通混凝土$a = \pm 2.32$；t为碳化龄期(d)。

影响混凝土碳化的因素很多，不仅有材料、施工工艺、养护工艺，还有周围介质因素等。碳化作用只有在适中的湿度下，才会较快进行。

4）碱集料反应

5.10 碱集料反应与混凝土结构破坏

混凝土中的碱性氧化物(Na_2O和K_2O)与集料中的二氧化硅成分产生化学反应时，由于所生成的物质不断膨胀，混凝土产生裂纹、崩裂，强度降低，甚至产生破坏的现象称为碱集料反应。一般分为碱-硅反应、碱-硅酸盐反应和碱-碳酸盐反应三种。

控制碱集料反应关键在于控制水泥和外加剂或掺合料的碱含量(一般控制每立方米混凝土不大于0.75kg的碱量)和可溶性集料。

碱集料反应对混凝土破坏的主要特征是引起的混凝土膨胀、开裂。但与常见的干缩干裂、荷载引起的裂缝以及耐久性引起的破坏不同，其主要特点如下。

(1) 碱集料反应引起混凝土开裂、剥落，在其周围往往聚集较多白色浸出物，当钢筋锈露时，其附近有棕色沉淀物。从混凝土芯样看，集料周围有裂缝、反应环与白色胶状泌出物。

(2) 碱集料反应产生的裂缝形貌与分布，与结构中钢筋形成限制和约束作用有关，其裂缝往往发生在顺筋方向，裂缝呈龟背状或地图形状。

(3) 碱集料反应引起的混凝土裂缝，往往发生在断面大、有雨水或渗水、受环境温度与湿度变化大的部位。对同一构件或结构，在潮湿部位出现裂缝，有白色沉淀物，而干燥部位无裂缝症状，应考虑碱集料反应破坏。

(4) 碱集料反应引起混凝土开裂的速度和危害比其他耐久性因素引起的破坏更快、更严重。一般不到两年就有明显裂缝出现。

耐久性对混凝土工程来说具有非常重要的意义，若耐久性不足，将会产生极为严重的后果，甚至对未来社会造成极为沉重的负担。影响混凝土耐久性的因素很多，而且各种因素间相互联系、错综复杂，但是主要包括前述的抗冻性、抗渗性、抗碳化性和抗碱集料反应，此外还有温湿度变化、氯离子侵蚀、酸气(SO_2、NO_x) 侵蚀、硫酸盐腐蚀、盐类侵蚀以及施工质量等因素。

虽然混凝土在不同环境条件下的破坏过程各不相同，但对于提高其耐久性的措施来说，却有许多共同之处。概括来说，以耐久性为主的混凝土配合比设计应考虑如下基本法则。

① 低用水量法则：指在满足工作性条件下尽量减小用水量。混凝土用水量大的直接后果就是混凝土的吸水率和渗透性增大，干缩裂缝更易出现，集料与水泥石界面黏结力减小，混凝土干湿体积变化率增大，抗风化能力降低。一般高耐久性混凝土的用水量要求不大于 165kg/m^3。

② 低水泥用量法则：指在满足混凝土工作性和强度的条件下，尽量减小水泥用量，这是提高混凝土体积稳定性和抗裂性的重要措施。

③ 最大堆积密度法则：指优化混凝土中集料的级配，获取最大堆积密度和最小空隙率，尽可能减小水泥浆用量，以达到降低砂率、减小用水量和水泥量的目的。

④ 适当的水胶比法则：在一定范围内混凝土的强度与拌和物的水胶比成正比，但是为了保证混凝土的抗裂性能，其水胶比应适当，不宜过小，否则易导致混凝土自身收缩增大。

⑤ 活性掺合料与高效减水剂双掺法则：高耐久性混凝土的配制必须发挥活性掺合料与高效减水剂的叠加效应，以减小水泥用量和用水量，密实混凝土内部结构，使耐久性得以改善。

【案例分析 5-5】混凝土耐久性与潮汐侵蚀分析

概况：对挪威海岸 20 ～ 50 年历史的混凝土结构的调查表明，在潮汛线下限以下及上限以上的混凝土支承桩，全都处于良好状态，而潮汛区只有约 50% 的桩处于良好状态。

原因分析：在海工混凝土中，在潮汐区，由于毛细管力的作用，海水沿混凝土内毛细管上升，并不断蒸发，于是盐类在混凝土中不断结晶和聚集，使混凝土开裂。干湿循环加剧这种破坏作用，因此在高低潮位之间(潮汛区) 的混凝土破坏特别严重。而完全浸在海水中，特别是在没有水压差情况下的混凝土，侵蚀却很小。

【案例分析 5-6】混凝土强度与搅拌时间

概况：某工程使用等量的 42.5 级普通硅酸盐水泥、粉煤灰配制的 C25 混凝土，在工地现场搅拌，为赶进度搅拌时间较短。拆模后检测发现所浇筑的混凝土强度波动较大，部分低于所要求的混凝土强度指标。

原因分析：该混凝土强度等级较低，而选用的水泥强度等级较高，因此使用了较多的粉煤灰作为掺合料。由于搅拌时间较短，粉煤灰与水泥搅拌不均匀，导致混凝土强度波动较大，以致部分混凝土强度未达到要求。

5.5　混凝土质量控制与评定

5.5.1　混凝土的质量控制

混凝土材料是典型的多相复合材料，影响其性能的因素众多，因此，实际工程中的质量控制较为困难。为确保混凝土材料在工程中的质量稳定与性能可靠，应严格控制影响其质量的诸因素，如原材料、计量、搅拌、运输、成型、养护等。对于已经生产或使用的混凝土，准确评定其质量状况则更为重要，因为混凝土的实际性能是确定工程质量的最基本保障。评定混凝土质量最常用的指标是强度。

混凝土的质量控制包括初步控制、生产控制和合格控制。其中初步控制主要包括组成材料的质量控制和混凝土配合比的确定与控制；生产控制主要包括生产过程中各组分的准确计量，混凝土拌和物的搅拌、运输、浇筑和养护等；合格控制主要包括按照生产批次对混凝土的强度或其他性能指标进行检验评定和验收。

1. 强度波动规律 —— 正态分布

在正常情况下，对于混凝土材料，许多因素都是随机的。因此，混凝土强度的变化也是随机的，测定其强度时，若以混凝土强度为横坐标，以某一强度出现的概率为纵坐标，绘出的强度-概率分布曲线一般符合正态分布（见图 5-14）。该正态分布曲线高峰为混凝土平均强度 f_{cu}，以平均强度为对称轴，左右两边曲线是对称的，距对称轴愈远，出现的概率就愈小，并逐渐趋于零。曲线和横坐标之间的面积为概率的综合，等于 100%。

正态分布曲线愈矮而宽，表示强度数据的离散程度愈大，说明施工控制水平愈差；曲线窄而高，说明强度测定值比较集中，波动小，混凝土的均匀性好，施工水平高。

1）强度平均值、标准差、变异系数

在生产中常用强度平均值、标准差、强度保证率和变异系数等参数来评定混凝土质量。强度平均值为预留的多组混凝土试块强度的算术平均值，可按式(5-12) 来计算：

$$\overline{f}_{cu} = \frac{1}{n}\sum_{i=1}^{n} f_{cu,i} \tag{5-12}$$

式中，n 为预留混凝土试块组数（每组 3 块）；$f_{cu,i}$ 为第 i 组试块的抗压强度(MPa)。

标准差又称均方差，其数值表示正态分布曲线上拐点至强度平均值（亦即对称轴）的距离，可按式(5-13) 来计算：

$$\sigma = \sqrt{\frac{\sum_{i=1}^{n} n\,\overline{f}_{cu,i}^{2}}{n-1}} \tag{5-13}$$

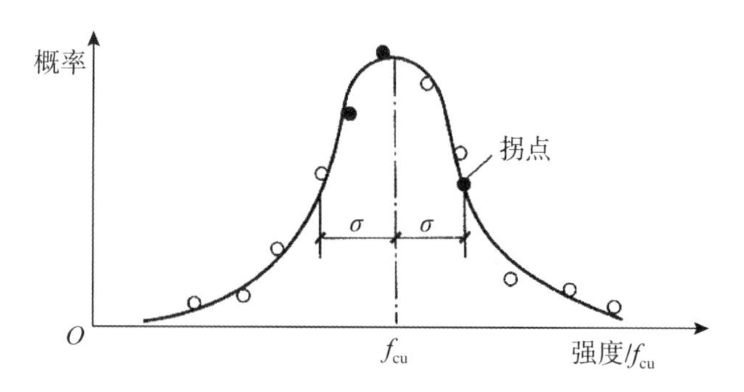

图 5-14　混凝土强度正态分布曲线

变异系数又称离散系数，以强度标准差与强度平均值之比来表示，可按式(5-14)来计算：

$$C_v = \frac{\sigma}{\overline{f}_{cu}} \tag{5-14}$$

强度平均值只能反映强度整体的平均水平，而不能反映强度的实际波动情况。通常用标准差反映强度的离散程度，强度平均值相同的混凝土，标准差越小，则强度分布越集中，混凝土的质量越稳定，此时标准差的大小能准确地反映混凝土质量的波动情况；但当强度平均值不等时，适用性较差。变异系数也能反映强度的离散程度，变异系数越小，说明混凝土的质量水平越稳定，对于强度平均值不同的混凝土之间可用该指标判断其质量波动情况。

2）强度保证率

强度保证率是指混凝土的强度值在总体分布中大于强度设计值的概率，可用图 5-15 中的阴影部分的面积表示。《普通混凝土配合比设计规程》(JGJ 55—2011) 规定，工业与民用建筑及一般构筑物所用混凝土的保证率应不低于 95%。一般通过式(5-15) 将混凝土强度的概率分布曲线转化为标准正态分布曲线，然后通过标准正态方程[式(5-16)]，求得强度保证率。

$$t = \frac{\overline{f}_{cu} - f_{cu,k}}{\sigma} = \frac{\overline{f}_{cu} - f_{cu,k}}{C_v \overline{f}_{cu}} \tag{5-15}$$

$$P = \frac{1}{\sqrt{2\pi}} \int_t^{\infty} e^{-\frac{t^2}{2}} dt \tag{5-16}$$

实际应用中，当已知 t 时，可从数理统计书中查到 P，部分 t 值对应的 P 值如表 5-19 所示。

表 5-19　不同概率度 t 对应的强度保证率 P

t	0	0.50	0.84	1.00	1.20	1.28	1.40	1.60
P	50.0	69.2	80.0	84.1	88.5	90.0	91.9	94.5
t	1.645	1.70	1.81	1.88	2.00	2.05	2.33	3.00
P	95.0	95.5	96.5	97.0	97.7	99.0	99.4	99.87

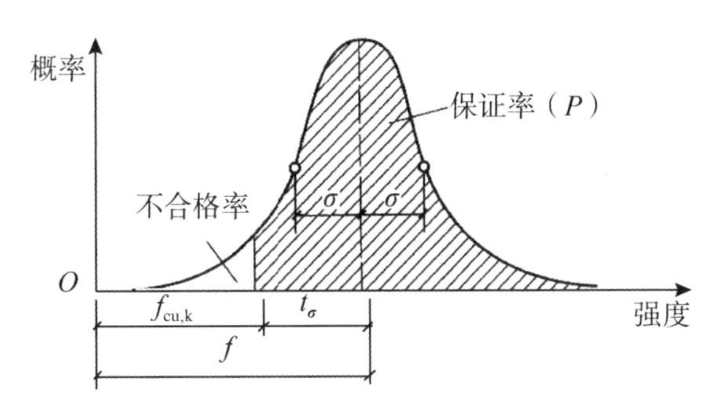

图 5-15　混凝土正态分布与保证率

3）设计强度、配制强度、标准差及强度保证率的关系

根据正态分布的相关知识，当所配制的混凝土强度平均值等于设计强度时，其强度保证率仅为50%，显然不能满足要求，否则会造成极大的工程隐患。因此，为了达到较高的强度保证率，要求混凝土的配制强度 $f_{cu,0}$ 必须高于设计强度 $f_{cu,k}$。

基于式(5-15)，若令混凝土的配制强度等于平均强度，则有：

$$f_{cu,0} = f_{cu,k} + t\sigma \tag{5-17}$$

式(5-17) 中，概率密度 t 的取值与强度保证率 P 一一对应，其值通常根据要求的保证率查表 5-19 获得。强度标准差 σ 一般根据混凝土生产单位以往积累的资料经统计计算获得。当无历史资料或资料不足时，可根据以下情况参考取值：

混凝土设计强度等级为 C10 ～ C20 时，$\sigma = 4.0$；

混凝土设计强度等级为 C25 ～ C40 时，$\sigma = 5.0$；

混凝土设计强度等级为 C45 ～ C60 时，$\sigma = 6.0$。

《普通混凝土配合比设计规程》(JGJ 55—2011) 规定，混凝土配制强度应按式(5-18)计算：

$$f_{cu,0} \geqslant f_{cu,k} + 1.645\sigma \tag{5-18}$$

在混凝土设计强度确定的前提下，保证率和标准差决定了配制强度的高低，保证率越高，强度波动性越大，则配制强度越高。

5.5.2　混凝土的质量评定

混凝土的质量评定主要指其强度的检测评定，通常是将抗压强度作为主控指标。留置试块用的混凝土应在浇筑地点随机抽取且具有代表性，取样频率及数量、试件尺寸大小选择、成型方法、养护条件、强度测试以及强度代表值的取定等，均应符合现行国家标准的有关规定。

根据《混凝土强度检验评定标准》(GB/T 50107—2010) 的规定，混凝土的强度应按照批次分批检验，同一个批次的混凝土强度等级应相同，生产工艺条件应相同，龄期应相同，混凝土配合比应基本相同。目前，评定混凝土强度合格性的常用方法主要有两种，即统计法和非统计法两类。

1.统计方法

商品混凝土公司、预制混凝土构件厂家及采用现场集中搅拌混凝土的施工单位所生产的混凝土强度一般采用该种方法来评定。

根据混凝土生产条件不同，利用该方法进行混凝土强度评定时，应视具体情况按下述两种情况分别进行。

1）标准差已知

当一定时期内混凝土的生产条件较为一致，且同一品种的混凝土强度变异性较小时，可以把每批混凝土的强度标准差σ_0作为一常数来考虑。进行强度评定，一般用连续的三组或三组以上的试块组成一个验收批，且其强度应同时满足下列要求：

$$\sigma_0 = \sqrt{\frac{\sum_{i=1}^{n} f_{cu,i}^2 - nm f_{cu}^2}{n-1}} \tag{5-19}$$

$$m_{f_{cu}} \geqslant f_{cu,k} + 0.7\sigma_0 \tag{5-20}$$

$$f_{cu,min} \geqslant f_{cu,k} - 0.7\sigma_0 \tag{5-21}$$

$$f_{cu,min} \geqslant 0.85 f_{cu,k} \quad （当混凝土强度等级不大于 C20 时） \tag{5-22}$$

$$f_{cu,min} \geqslant 0.9 f_{cu,k} \quad （当混凝土强度等级大于 C20 时） \tag{5-23}$$

式中，σ_0为同一验收批的混凝土立方体抗压强度的标准差（MPa）；mf_{cu}为同一个验收批的混凝土立方体抗压强度平均值（MPa）；$f_{cu,k}$为同一验收批的混凝土立方体抗压强度标准值（MPa）；$f_{cu,min}$为验收批混凝土立方体抗压强度的最小值（MPa）；m为前一检验期内用来确定强度标准差的总批数（$m \geqslant 15$）。

2）标准差未知

当混凝土的生产条件不稳定，且混凝土强度的变异性较大，或不能够积累足够的强度数据用来确定验收批混凝土立方体抗压强度的标准差时，应利用不少于10组的试块组成一个验收批，进行混凝土强度评定。其强度代表值必须同时满足公式（5-24）与（5-25）的要求。

$$m_{f_{cu}} - \lambda_1 S_{f_{cu}} \geqslant 0.9 f_{cu,k} \tag{5-24}$$

$$f_{cu,min} \geqslant \lambda_2 f_{cu,k} \tag{5-25}$$

式中，λ_1、λ_2为两个合格判定系数，应根据留置的试件组数来确定，具体取值如表5-20所示。$S_{f_{cu}}$为验收批内混凝土立方体抗压强度的标准差（MPa）。

表 5-20　混凝土强度的合格判定系数

合格判定系数	10～14	15～24	≥25
λ_1	1.70	1.65	1.60
λ_2	0.90	0.85	0.85

2.非统计方法

非统计方法主要用于评定现场搅拌批量不大或小批量生产的预制构件所需的混凝土。当同一批次的混凝土留置试块组数少于9时，进行混凝土强度评定，其强度值应同时

满足公式(5-26)与(5-27)的要求。

$$m_{f_{cu}} \geqslant 1.15 f_{cu,k} \tag{5-26}$$

$$f_{cu,min} \geqslant 0.95 f_{cu,k} \tag{5-27}$$

由于缺少相应的统计资料，非统计方法的准确性较差，故对混凝土强度的要求更为严格。在生产实际中应根据具体情况选用适当的评定方法。对于用判定为不合格的混凝土浇筑的构件或结构应进行工程实体鉴定和处理。

混凝土的无损检测技术是指不破坏结构构件，而通过测定与混凝土性能有关的物理量来推定混凝土强度、弹性模量及其他性能的测试技术。最常用的是回弹法和超声法。超声法是指用一定冲击动能冲击混凝土表面，利用混凝土表面硬度与回弹值的函数关系来推算混凝土的强度的方法，通常采用混凝土回弹仪进行测定。超声法是指通过超声波(纵波)在混凝土中传播的不同波速来反映混凝土的质量。对于混凝土内部缺陷则利用超声波在混凝土中传播的声时、振幅、波形三个声学参数综合判断其内部缺陷情况，通常采用混凝土超声仪进行检测。

5.11 混凝土强度检测

5.6　普通混凝土的配合比设计及施工工艺

混凝土的性能取决于不少因素(见图 5-16)，诸如水泥熟料的组成和岩相结构，水泥的细度和粒径分布，水泥浆体的流变性和孔隙率，粗、细集料的化学、矿物组成，粒形，表面光滑度与级配等。这些会影响混凝土拌和物的和易性以及混凝土硬化后的孔隙率、强度、耐久性以及其他的物理力学性能。而在组成材料已定的情况下，决定混凝土各项性能的则主要是各组成材料之间的相对比例。

5.6.1　配合比及主要设计环节

建筑工程中所使用的混凝土须满足以下四项基本要求：

(1) 混凝土拌和物须具有与施工条件相适应的和易性；

(2) 满足混凝土结构设计的强度等级；

(3) 具有适应所处环境条件下的耐久性和生态环境协调；

(4) 在保证上述三项基本要求前提下的经济性。

完整的混凝土配合比设计应包括初步配合比计算、试配和调整、施工配合比确定三个步骤。

5.12 混凝土配合比设计

1. 配合比

混凝土配合比是指混凝土内各种组成材料的数量比例，通常有两种表示方法。一种是以每立方米混凝土中各项材料的质量来表示，例如，水泥 346kg、砂 556kg、碎石 1297kg、水 180kg。另一种是以各项材料间的质量比例来表示，如上例经换算

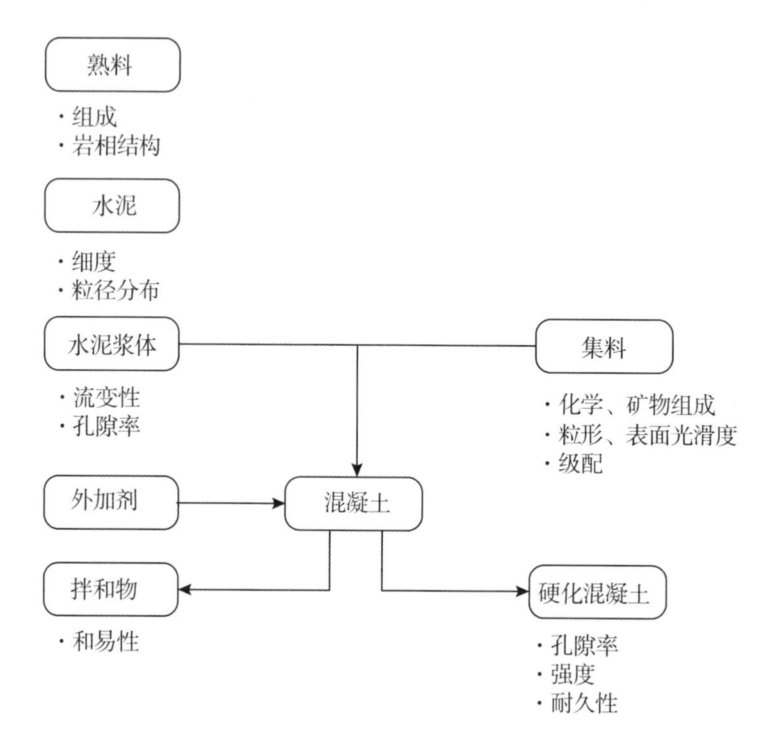

图 5-16　影响混凝土性能的若干主要因素

后即为:水泥∶砂∶石 = 1∶1.61∶3.75,水灰比 = 0.52。此外也有用材料体积比表示的方法,但误差较大,只能用于小型工程。

2. 主要设计环节

混凝土配合比设计可以分为三个主要环节(见图 5-17)。

(1) 将水泥和水配成一定水灰比的水泥浆,以满足要求的强度和耐久性。

(2) 将砂和石子组成孔隙率最小、总表面积不大的集料,也就是要决定砂石比或砂率,以便在经济的原则下,达到要求的和易性。

(3) 决定水泥浆对集料的比例(料浆比),常以每立方米混凝土的用水量或水泥用量来表示。

5.6.2　初步配合比设计实例及具体步骤

某民用建筑室内钢筋混凝土柱,断面最小尺寸为 280mm,钢筋最小净距为 35mm,混凝土设计强度等级为 C30,坍落度要求 30 ~ 50mm,采用振捣器捣实。可供应的材料规格如下:

525 号普通硅酸盐水泥,密度(γ_c) 为 3.1g/cm^3;425 号矿渣硅酸盐水泥,密度(γ_c) 为3.03g/cm^3。

中砂,细度模数为 2.80,级配合格,密度(γ_s) 为 2.65g/cm^3。

碎石,连续粒级为 5 ~ 20mm 和 5 ~ 40mm 两种,密度(γ_g) 分别为 2.69g/cm^3、2.67g/cm^3。

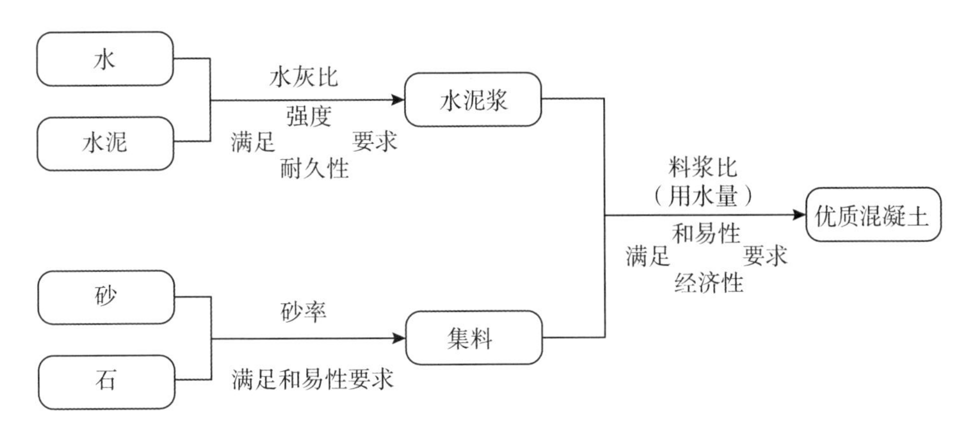

图 5-17　混凝土配合比设计的主要环节

1. 选择水泥品种，确定混凝土试配强度

若是一般工程，则两种水泥均可采用，但矿渣水泥的标号尚不足混凝土强度等级的 15 倍，故以 525 号普通硅酸盐水泥为宜。

由于在实际施工中各项原材料的质量会有波动，配料称量上总有误差，拌和、运输、浇捣及养护等工序也难始终如一，这一切影响着混凝土质量的均匀性。因此，为了使设计的强度等级有 95% 的保证率，混凝土施工时的配制强度应以式(5-28) 计算：

$$f_{cu,0} = f_{cu,k} + 1.645\sigma \tag{5-28}$$

式中，$f_{cu,0}$ 为混凝土的施工配制抗压强度(MPa)；$f_{cu,k}$ 为混凝土的设计强度等级(MPa)；σ 为施工单位按历史统计水平的标准偏差(MPa)。如无近期混凝土强度统计资料，则对 C10 ～ C20，可取 $\sigma = 4.0$MPa；对 C25 ～ C40，可取 $\sigma = 5.0$MPa；对 C45 ～ C60，可取 $\sigma = 6.0$MPa。

现因施工单位缺乏系统的强度等级统计资料，故配制强度可按式(5-29) 计算：

$$f_{cu,0} = 30 + 1.645 \times 5 = 38.2(\text{MPa}) \tag{5-29}$$

2. 确定水灰比(W/C)

水灰比可按式(5-30) 计算：

$$f_{28} = 0.46 f_b \left(\frac{C}{W} - 0.52\right) \tag{5-30}$$

式中，f_b 为水泥的实际强度；新鲜水泥，也可在水泥标号的基础上乘以 1.13 的强度富余系数估算，即：

$$f_b = f_{ce,k}\gamma_c = 52.5 \times 1.13 = 59.3(\text{MPa}) \tag{5-31}$$

把配制强度 $f_{cu,0} = 38.2$MPa 作为上式中的 f_{28}，并将 $f_b = 59.3$MPa 一同代入，求得水灰比 $W/C = 0.52$。

3. 选取用水量(W)，并计算水泥用量(C)

根据断面最小尺寸和钢筋最小净距，选择 5 ～ 20mm 的碎石。按所需坍落度 30 ～ 50mm，查表 5-21，可以初步选定用水量(W)，每立方米混凝土用水量 $W = 195$kg。

表 5-21　混凝土用水量选用参考　　单位：kg/m^3

所需坍落度 /mm	碎石最大粒径 /mm			卵石最大粒径 /mm		
	15	20	40	10	20	40
10 ～ 30	205	185	170	190	170	160
30 ～ 50	215	195	180	200	180	170
50 ～ 70	225	205	190	210	190	180
70 ～ 90	235	215	200	215	195	185

因此，每立方米混凝土中水泥用量可通过式(5-32)来计算：

$$C = \frac{W}{W/C} = \frac{195}{0.52} = 375(\text{kg}) \tag{5-32}$$

4. *选取砂率*(S_p)

一般可按集料品种、规格及水灰比值，在表 5-22 的范围内选用。

表 5-22　混凝土的适宜砂率

水灰比	碎石最大粒径 /mm			卵石最大粒径 /mm		
	15	20	40	10	20	40
0.40	30 ～ 35	29 ～ 34	27 ～ 32	26 ～ 32	25 ～ 31	24 ～ 30
0.50	33 ～ 38	32 ～ 37	30 ～ 35	30 ～ 35	29 ～ 34	28 ～ 33
0.60	36 ～ 41	35 ～ 40	33 ～ 38	33 ～ 38	32 ～ 37	31 ～ 36
0.70	39 ～ 44	38 ～ 43	36 ～ 41	36 ～ 41	35 ～ 40	34 ～ 39

如本例即为 32% ～ 37%，取 34%。

5. *计算砂石用量*(S、G)

1) 体积法

假设理想的混凝土是：水泥浆填满砂的空隙，而水泥砂浆再填满石子的空隙，因此四种材料紧密地互相填满；$1m^3$ 混凝土体积中除少量空气之外，应当是四种材料密实体积之和[式(5-33)、式(5-34)]，故又称绝对体积法。

$$\frac{C}{\gamma_c} + \frac{S}{\gamma_s} + \frac{G}{\gamma_g} + \frac{W}{\gamma_w} = 100—10a \tag{5-33}$$

即

$$\frac{375}{3.1} + \frac{S}{2.65} + \frac{G}{2.69} + \frac{195}{1} = 100—10a \tag{5-34}$$

式中，a 为混凝土含气量(%)，在不使用含气型外加剂时，a 可取为 1。

因此
$$\frac{S}{2.65} + \frac{G}{2.69} = 674 \tag{5-35}$$

而
$$S_p = \frac{S}{S+G} = 34\% \tag{5-36}$$

故可将以上两式联立，求得：砂用量 $S=613\text{kg}$，石子用量 $G=1190\text{kg}$。

所以，该混凝土的初步配合比为：每立方米混凝土中水泥375kg、水195kg、砂613kg、石子1190kg。

如用以上各组成材料间的质量比例表示，即为：水泥：砂：石子＝1：1.64：3.17，水灰比为0.52。

2）质量法

质量法又称假定容积密度法。对于新拌混凝土，一般其湿容积密度仅为2400～2500kg/m³，因此可以先假定混凝土的湿容积密度（γ_h），再扣除水和水泥的用量，即可求得砂、石的总量：

$$S+G=\gamma_h-W-C=2400-195-375=1830(\text{kg}) \tag{5-37}$$

砂率仍取34%。即可求得：砂用量 $S=622\text{kg}$；石子用量 $G=1208\text{kg}$。

于是，计算得到的初步配合比为：每立方米混凝土中，水泥：砂：石子＝1：1.66：3.22，水灰比为0.52。

但要注意，所采用的水泥用量和水灰比，必须满足表5-23中相应的规定，否则应改用表中所列的限制，才能保证必要的耐久性。

表5-23 根据耐久性的需要，混凝土的最大水灰比和最小水泥用量

项次	混凝土所处的环境条件	最大水灰比	最小水泥用量（包括外掺混合材）/（kg/m³）	
			钢筋混凝土、预应力钢筋混凝土	无筋混凝土
1	不受雨雪影响的混凝土	不作规定	225	220
2	受雨雪影响的露天混凝土、位于水中及水位升降范围内的混凝土、在潮湿环境中的混凝土	0.7	250	225
3	寒冷地区水位升降范围内的混凝土、受水压作用的混凝土	0.65	275	250
4	严寒地区水位升降范围内的混凝土	0.60	300	275

5.6.3 配合比和易性的调整与基准配合比的确定

初步计算配合比是借助经验公式或数据，并根据理论关系计算出来的。该结果不可能将影响混凝土技术性能的因素都考虑周全，也不一定与实际情况完全符合。因此，必须经过试配调整，使新拌混凝土的和易性满足施工要求。

混凝土试配时，所采用的原材料（如砂、石骨料）的质量均以干燥状态为基准。混凝土的搅拌方法，宜与生产时使用的方法相一致。试配时，每盘混凝土的最小搅拌量应符合表5-24的规定，当采用机械搅拌时，其搅拌量不应小于搅拌机额定搅拌量的25%。

表 5-24　混凝土试配的最小搅拌量

骨料最大粒径 /mm	拌和物数量(L)
31.5 及以下	15
37.5	25

准确称取按试配数量计算所得的各组成材料用量，拌和均匀后测定其坍落度或维勃稠度，并观察其黏聚性和保水性。若其和易性不满足施工要求，则需要调整个材料用量。其调整原则如下：

(1) 当实测坍落度小于(或维勃稠度大于) 要求值时，可保持水灰比不变，适当增加水泥浆数量。一般每增加 10mm 坍落度，需增加 2% ～ 5% 的水泥浆量。

(2) 当实测坍落度大于(或维勃稠度小于) 要求值时，可在保持砂率不变的情况下，适当增加砂、石用量，而使水泥浆量相对减少。

(3) 当新拌混凝土显得砂浆量不足而表现出黏聚性或保水性不良时，可单独增加一些砂子，即适当增大砂率。

(4) 当新拌混凝土显得砂浆量过多而流动性较低时，应适当增加一些石子用量，即适当减小砂率。

按照上述调整原则，每次调整后均应对新拌混凝土的和易性进行重新评定，直至满足要求为止。

和易性调整合格后，应检测新拌混凝土的实际表观密度值(ρ_{ct})。当各材料的实际拌和用量分别为水泥 C_b、砂 S_b、石子 G_b、水 W_b 时，拌和物总量应为 $M = C_b + S_b + G_b + W_b$。由此，可按式(5-38) 重新换算出 1m^3 混凝土各材料的用量，即满足和易性要求的混凝土基准配合比。

$$C' = \frac{C_b}{M}\rho_{ct}, S' = \frac{S_b}{M}\rho_{ct}, G' = \frac{G_b}{M}\rho_{ct}, W' = \frac{W_b}{M}\rho_{ct} \tag{5-38}$$

5.6.4　检验强度，确定试验室设计配合比

上述基准配合比经试配调整后，尽管其和易性满足施工要求，但其水灰比尚未确定是否满足设计强度的要求。因此，还需对混凝土强度进行复核，必要时还应对混凝土抗渗性、抗冻性等耐久性指标进行复核。

为了一次复核检验就能获得满足强度要求的最佳配比，通常在进行混凝土强度复核时，至少采用三个不同的配合比。其中一个为基准配合比，另外两个配合比只改变水灰比，且两个配合比的水灰比宜较基准配合比分别增加和减少 0.05，而用水量均匀，基准配合比相同，砂率值可分别增加和减少 1%。

新增两种配合比同基准配合比一样，也许进行试配调整，待其和易性合格后再测出各自的表观密度值。每种配合比均应至少制作一组(三块) 试件，并标准养护到 28d 时试压。

经过 28d 试压试验可得出三组混凝土强度(通常对于道面混凝土为抗折强度，对于其他结构混凝土为抗压强度) 实验结果，根据实验结果可绘制出不同灰水比(C/W，或胶水比) 与相应混凝土强度($f_{cu,0}$) 的关系图(见图 5-18)，从图中求出与要求配制强度相对应的

混凝土灰水比(或胶水比),该配比为满足设计强度要求的最佳配比。

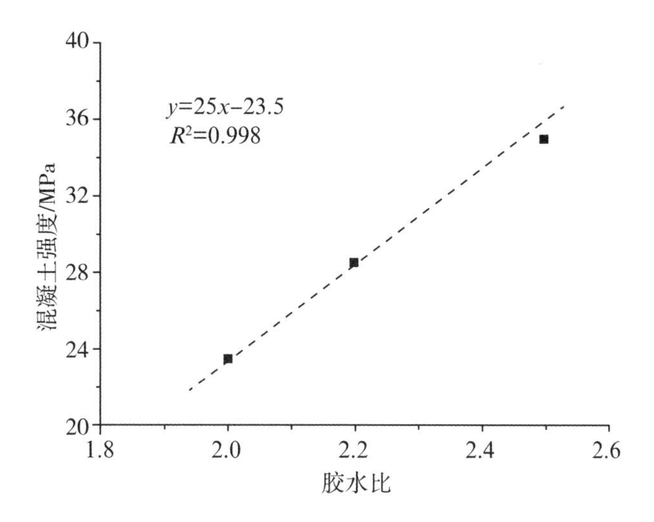

图 5-18　混凝土强度与胶水比(C/W)关系图

经强度复核后确定的混凝土配合比,即 $1m^3$ 各材料的计算用量分别为水泥 C'、砂 S'、石子 G'、水 W'。其中,砂和石子用量可按选定的灰水比(或胶水比)进行必要调整。

在进行强度检验的配合比调整过程中,混凝土的配合比可能发生了变化,使其各原材料计算用量的体积之和可能不等于 $1m^3$。为了确定其实际材料需求量,尚应根据实际测得的混凝土表观密度(ρ_{ct}),按如下步骤进行校正。

(1) 按式(5-39)计算混凝土的理论表观密度 ρ_{cc}:

$$\rho_{cc} = W + S' + G' + W' \tag{5-39}$$

(2) 按式(5-40)计算混凝土配合比校正系数 δ:

$$\delta = \frac{\rho_{ct}}{\rho_{cc}} \tag{5-40}$$

(3) 当 $|\rho_{ct} - \rho_{cc}| \leqslant 0.02\rho_{cc}$ 时,上述 $1m^3$ 混凝土各材料的计算用量即为混凝土的设计配合比:

$$C = C', S = S', G = G', W = W' \tag{5-41}$$

(4) 当 $|\rho_{ct} - \rho_{cc}| > 0.02\rho_{cc}$ 时,将上述 $1m^3$ 混凝土各材料的用量均乘以校正系数,即可得混凝土的设计配合比:

$$C = \delta C', S = \delta S', G = \delta G', W = \delta W' \tag{5-42}$$

5.6.5　换算施工配合比

试验室设计配合比是以干燥集料为基础的配合比,而施工现场所用的砂、石材料通常会含有一定的水分,且随着天气情况的变化而改变。因此,试验室设计配合比还不能在施工现场直接应用,施工技术人员必须根据现场砂、石含水情况,随时对其进行含水率换算,换算以后的配合比称为施工配合比。

假设施工现场砂的含水率为 W_S,石子的含水率为 W_G,则混凝土的施工配合比应为:

$$C = C', S' = S(1 + W_S), G' = G(1 + W_G), W' = W - SW_S - GW_G \quad (5\text{-}43)$$

5.6.6 工艺控制注意事项

混凝土的质量除取决于选择适宜的组成材料及正确确定配合比外，还将取决于施工工艺过程中各环节的质量控制是否严格。

水泥质量的波动对混凝土质量影响很大。对于每一批水泥，都必须经过试验鉴定后才能使用。在运输、保管过程中应避免受潮变质或混杂错用等现象。集料的含水量是引起水灰比变化的一个重要因素，必须经常测试，及时调整，定出符合当时实际情况的施工配合比。

5.13 混凝土工艺控制

拌和时，应当经常检查称量设备，以保持投料的准确性。拌和的均匀性，常以搅拌的时间来控制，并应经常进行和易性检验。如有较大差异，通常应注意用水量，或者检查集料的含水量、级配是否发生了较大的变动，并须立即进行调整。

在运送过程中，混凝土拌和物常易产生分离、泌水、砂浆流失、流动性减小等问题，必须严加控制。如有必要，还可适当调整配合比例，或在浇筑地点重新搅拌。

在混凝土浇捣完毕以后，必须于一定时间内进行养护，维持适宜的温度和湿度。自然养护时，一般在混凝土凝结后就用稻草、麻袋或砂子等覆盖，定时浇水。使用普通水泥的混凝土，浇水保湿的时间不少于 7d；而使用矿渣水泥和火山灰水泥的混凝土，则不应少于 14d。也可待混凝土表面游离水蒸发后即刻涂刷密封剂，进行密封法养护。

混凝土的拆模，应在其达到必要的强度之后进行。具体的拆模时间，原则上应根据试件的强度试验来确定，并且试件的养护应尽可能与结构物的养护条件相同。但试件的尺寸小，易受温度和干燥的影响，应予考虑。

5.7 新型混凝土及其新技术

5.7.1 高强混凝土

高强混凝土具有强度高、耐久性好、变形小的特点，它能适应现代工程结构向大跨度、重载荷、高耸型发展和承受恶劣环境条件的需要。使用高性能混凝土，可获得明显的工程效益和经济效益。因此，研究和推广高强混凝土技术有着重要意义。

高强混凝土的概念，是随着混凝土技术水平的发展而变化的。在不同的历史时期，在不同的国家，高强混凝土的含义也是不同的。在我国，20 世纪 50 年代把强度在 30MPa 以上的混凝土叫高强混凝土，70 年代称强度 40MPa 以上的混凝土为高强混凝土，80 年代称强度 50MPa 以上的混凝土为高强混凝土。现在，中国土木工程学会高强与高性能混凝土委员会编写的《高强混凝土结构设计施工指南》将强度等级为 C50 以上的混凝土称为高强混凝土。目前，通常还将强度等级等于或大于 C60 的混凝土称为高强混凝土，这种分类标准

比较符合中国国情。

配制高强混凝土的技术途径：一是提高水泥石基材本身的强度；二是增强水泥石-骨料界面的胶结能力；三是选择性能优良的混凝土骨料。高强度等级的水泥、高效减水剂、高活性掺合料以及优质的粗细骨料，是配制高强混凝土的基础；低水灰比是高强技术的关键；为获得高密实度水泥石，改善水泥石-骨料界面结构、增强骨料骨架作用是配制高强混凝土的主要环节。

高强混凝土从称料到搅拌、运输、浇筑、养护等，都要严格按照施工程序进行操作，加强原材料质量检验和施工过程控制。使用高强混凝土，尽量以商品混凝土的形式供应，在现场采用泵送的方法进行施工，这样便于保证高强混凝土的施工质量。

由于高强混凝土用水量小，水泥用量高，所以要加强养护，保证水泥水化的温度、湿度和龄期，保持潮湿养护对混凝土的强度发展、体积稳定性以及避免过多的原生裂缝，获得完好的微观结构具有重要影响。

高强混凝土早期强度增长较快，但 28d 龄期后强度增长速率通常低于普通混凝土。高强混凝土弹性模量略高，破坏时呈现突然脆性破坏，而且伴随较大的破坏声响。高强混凝土拉压强度比低于普通混凝土，而且强度越高，拉压比越小，脆性越大，这是高强混凝土的致命缺点。高强混凝土的耐久性比普通混凝土好。

5.7.2　高性能混凝土

5.14 超高性能混凝土(UHPC)

20 世纪 90 年代前半期是国内高性能混凝土(high performance concrete，HPC)发展的初期，国内学术界认为“三高”混凝土就是高性能混凝土。据此观点，高性能混凝土应该是高强度、高工作性、高耐久性的，或者说高强混凝土才可能是高性能混凝土；高性能混凝土必须是流动性好的、可泵性好的混凝土，以保证施工的密实性；耐久性是高性能混凝土的重要指标，但混凝土达到高强后，自然会有较高的耐久性。经过 10 余年的发展，在国内外多种观点逐渐交流融合后，目前人们对高性能混凝土的定义已有清晰的认识。美国混凝土协会(American Concrete Institute，ACI)最初对于 HPC 的定义为：HPC 是具备所要求的性能和均质性的混凝土，这种混凝土按照惯常做法，靠传统的组分、普通的拌和、浇筑与养护方法是不可能获得的。

我国对高性能混凝土的定义是：

(1) 高性能混凝土是一种新型高技术混凝土，是在大幅度提高普通混凝土性能的基础上采用现代混凝土技术制作的混凝土；

(2) 它将耐久性作为设计的主要指标；

(3) 针对不同用途要求，高性能混凝土对耐久性、工作性、适用性、强度、体积稳定性、经济性等性能予以重点保证；

(4) 高性能混凝土在配制上的特点是低水胶比，选用优质原材料，掺加足够的矿物细粉和高效减水剂；

(5) 高性能混凝土不一定是高强混凝土。

在多种劣化因素综合作用下的混凝土结构需采用高性能混凝土，因为良好的耐久性是高性能混凝土的主要特征之一。

混凝土结构的耐久性，由混凝土的耐久性和钢筋的耐久性两部分组成。其中，混凝土耐久性是指混凝土在工作环境下，长期抵抗内、外部劣化因素的作用，仍能维持其应有结构性能的能力。

与普通混凝土一样，高性能混凝土的耐久性也是一个综合性指标，包括抗渗性、抗碳化性、抗冻害性、抗盐害性、抗硫酸盐腐蚀性、碱-骨料反应等内容。为保证高性能混凝土的耐久性，需要针对混凝土结构所处环境和预定功能进行专门的耐久性设计。

5.7.3 轻集料混凝土

集料是混凝土中的主要组成材料，占混凝土总体积的 60% 以上，集料的存在使混凝土比单纯的水泥石具有更高的体积稳定性、更好的耐久性和更低的成本。集料的性能决定了混凝土的性能，是设计混凝土配合比的依据和关键。

5.15 陶粒混凝土

轻集料混凝土是指采用轻质粗集料、密度小于 1950kg/m³ 的混凝土，主要用作保温隔热材料。一般情况下密度较小的轻集料混凝土强度也较低，但保温隔热性能较好；密度较大的混凝土强度也较高，可以用作结构材料。

与普通混凝土相比轻集料混凝土在强度几乎没有多大改变的前提下，可使结构自身的质量降低 30% ～ 35%，工程总造价将降低 5% ～ 20%，不仅间接地提高了混凝土的承载能力，降低成本，还能改善保温、隔热、隔声等功能性，满足现代建筑不断发展的要求。

5.7.4 自密实混凝土

密实是对混凝土最基本的要求。混凝土若不能很好地密实，其性能就不能体现。在普通混凝土的施工中，混凝土浇筑后需对其进行机械振捣，使其密实，但机械振捣需要一定的施工空间，而在建筑物的一些特殊部位，如配筋非常密集的地方，无法进行振捣，这就给混凝土的密实带来了困难。然而，自密实混凝土能够很好地解决这一问题。

自密实混凝土指混凝土拌和物主要靠自重，不需要振捣即可充满模型和包裹钢筋，属于高性能混凝土的一种。该混凝土流动性好，具有良好的施工性能和填充性能，而且集料不离析，混凝土硬化后具有良好的力学性能和耐久性。

5.7.5 大体积混凝土

5.16 三峡大坝

大体积混凝土工程在现代工程建设中，如各种形式的混凝土大坝、港口建筑物、建筑物地下室底板以及大型设备的基础等有着广泛的应用。但是对于大体积混凝土的概念，一直存在着多种说法。我国混凝土结构工程施工及验收规范认为，建筑物的基础最小边尺寸在 1 ～ 3m 范围内就属于大体积混凝土。

大体积混凝土的特点除体积较大外，主要是由于混凝土的水泥水化热不易散发，在外

界环境或混凝土内力的约束下，极易产生温度收缩裂缝。仅用混凝土的几何尺寸大小来定义大体积混凝土，就容易忽视温度收缩裂缝及为防止裂缝而应采取的施工要求。因此，美国混凝土协会认为："任意体积的混凝土，其尺寸大到足以必须采取措施减小由于体积变形而引起的裂缝，统称为大体积混凝土。"

大体积混凝土结构的截面尺寸较大，所以由荷载引起裂缝的可能性很小。但水泥在水化反应过程中释放的水化热产生的温度变化和混凝土收缩的共同作用，将会产生较大的温度应力和收缩应力，这是大体积混凝土结构出现裂缝的主要因素。这些裂缝往往给工程带来不同程度的危害甚至会造成巨大损失。进一步认识温度应力以及防止温度变形裂缝，是大体积混凝土结构施工中的一个重大研究课题。

5.7.6　装饰混凝土

水泥混凝土是当今世界最主要的土木工程材料，但美中不足是其外观颜色单调、灰暗、呆板，给人以压抑感。于是，人们设法在建筑物的混凝土表面上作适当处理，使其产生一定的装饰效果，具有艺术感，这就产生了装饰混凝土。

混凝土的装饰手法很多，通常是通过混凝土建筑的造型，或在混凝土表面做出一定的线形、图案、质感、色彩等，获得建筑艺术性，从而满足建筑立面、地面或屋面的不同装饰要求。

目前装饰混凝土主要有以下几种：

(1) 彩色混凝土。彩色混凝土是采用白水泥或彩色水泥、白色或彩色石子、白色或彩色石屑以及水等配制而成的。可以对混凝土整体着色，也可以对面层着色。

(2) 清水混凝土。清水混凝土是通过模板，利用普通混凝土结构本身的造型、线形或几何外形而取得简单、大方、明快的立面效果，从而获得装饰性。或者利用模板在构件表面浇筑出凹饰纹，使建筑立面更加富有艺术性。由于这类装饰混凝土构件基本保持了普通混凝土原有的外观色质，故称清水混凝土。

5.17 清水混凝土实例

(3) 露石混凝土。露石混凝土是在混凝土硬化前或硬化后，通过一定的工艺手段，使混凝土表层的集料适当外露，由集料的天然色泽和自然排列组合显示装饰效果，一般用于外墙饰面。

(4) 镜面混凝土。镜面混凝土是一种表面光滑、色泽均匀、明亮如镜的装饰混凝土。它的饰面效果犹如花岗岩，可与大理石媲美。

5.7.7　再生混凝土

城市环境是衡量一个城市管理水平的重要标志，同时也是一个城市的市民生活质量和水平的重要体现。在城镇化建设的发展和旧城改造中，建筑物拆旧、新建、扩建、房屋装修会产生大量建筑垃圾。建筑垃圾造成的"垃圾围城"现象影响了城市的形象和市民的生活质量，造成了严重的环境污染。将建筑垃圾进行资源化利用，变得越来越重要。随着我国耕地保护和环境保护的各项法律法规的颁布和实施，如何处理建筑垃圾不仅是建筑施工企业和环境保护部门面临的重要课题，而且是全社会无法回避的环境与生态问题。

5.18 再生混骨料混凝土

再生集料混凝土简称再生混凝土，指将废弃混凝土块经过破碎、清洗、分级后，按一定比例与级配混合，部分或全部代替砂石等天然骨料（主要是粗骨料）配制而成的混凝土。再生混凝土可以利用建筑垃圾作粗骨料，也可以利用建筑垃圾作全骨料。利用建筑垃圾作为全骨料配制生成全级配再生混凝土时，全级配再生骨料由于破碎工艺和骨料来源不同，破碎出的骨料的级配可能存在一定的差异，全骨料中的再生细骨料的比例有时会比较低，所以在进行配合比设计时，针对现场骨料的级配情况，需要加入建筑垃圾细颗粒调整砂率。但考虑到砂率过大，坍落度会降低，坍落度损失会增大，调整后的砂率不宜过大，应控制在 40% 以内。此外，粉煤灰的掺入也是必不可少的，粉煤灰的微集料效应和二次水化反应可以增加混凝土的密实性，提高再生混凝土后期强度，提高混凝土的耐久性。

5.7.8 生态混凝土

生态混凝土是指既能够减轻对地球环境造成的负荷，又能够与自然生态系统协调共生，为人类构造更加舒适环境的混凝土材料。生态混凝土可分为环境友好型生态混凝土和生物相容型生态混凝土两大类。

1.环境友好型生态混凝土

环境友好型生态混凝土是指可以降低环境负荷的混凝土。目前，降低混凝土生产和使用过程中负荷的技术途径主要有以下三条。

(1)降低混凝土生产过程中的环境负担。这种技术途径主要通过固体废弃物的再生利用来实现。例如，采用城市垃圾焚烧灰、下水道污泥和工业废弃物作为原料生产的水泥来制备混凝土。这种混凝土有利于解决废弃物处理，保护黏土和石灰石资源，有效利用能源。也可以通过将火山灰、高炉矿渣等工业副产品进行混合等途径生产混凝土，这种混合材料生产的混凝土有利于节约资源、处理固体废弃物和降低二氧化碳排放量。另外，还可以将废弃混凝土做骨料生产再生混凝土。

(2)降低使用过程中的环境负荷。这种途径主要通过使用新技术和新方法来降低混凝土的环境负荷，例如提高混凝土的耐久性，通过合理设计和加强施工质量管理来提高建筑物的寿命。混凝土建筑物的使用寿命延长了，就相当于节省了资源和能源，减少了废渣、废气的排放。

(3)通过提高性能来改善混凝土的环境影响。这种技术途径目前研究较多的是多孔混凝土。孔隙特征不同，混凝土的特性就有很大差别，如良好的透水性、吸声性、蓄热性、吸附气体的性能，相应的产品有路面透水混凝土、吸声混凝土、吸收有害气体的混凝土，可以调温、储蓄热量的混凝土等。

2.生物相容型生态混凝土

生物相容型生态混凝土是指能与动植物和谐共存的混凝土。根据用途，这类混凝土又可以分为植物相容型生态混凝土、海洋生物相容型生态混凝土、淡水生物相容型生态混凝土以及净化水质用混凝土等。

植物相容型生态混凝土，利用多孔混凝土孔隙的透气、透水性能，渗透植物所需营养，促进植物根系生长这一特点来种植小草、灌木等植物，用于河川护堤、道路护坡的绿化，美化环境。

海洋生物、淡水生物相容型生态混凝土，是将多孔混凝土设置在河流、湖泊和海滨等水域，让陆生和水生小动物附着栖息在其凹凸不平的表面或连续孔隙内，通过相互作用或共生作用，形成食物链，为海洋生物和淡水生物生长提供良好条件，保护生态环境。

净化水质用混凝土，是利用多孔混凝土外表面对各种微生物的吸附，通过生物层的作用起到间接净化作用。如将其制成浮体结构或浮岛设置在营养化的湖泊、河道内净化水，使水草、藻类生长更加繁茂，通过定期采割，利用生物循环过程消耗污水的富营养成分，从而保护生态环境。

5.7.9　智能混凝土

智能化是现代社会发展的方向，交通系统要智能化，办公场所要智能化，甚至居住社区也要智能化，所有这些都要求作为各项建筑基础的混凝土也要智能化。实现混凝土智能化的基本思路，是在混凝土内加入智能成分，使之具有屏蔽电磁场、调温调湿、自动变色、损伤报警等功能。目前，国内智能混凝土的研制开发主要集中在以下几个方面。

1. 电磁场屏蔽混凝土

通过掺加导电粉末和导电纤维（如碳、石墨、铝、铜等），使混凝土具有吸收和屏蔽电磁波的功能，消除或减轻各种电器、电子设备、电子设施等的电磁泄漏对人体健康的危害。

2. 交通导航混凝土

通过掺加某些材料，使混凝土具有反射电磁波的功能。用这种混凝土作为车道两侧的导航标记，使电脑控制汽车可以自行确定行车路线和速度，实现高速公路的自动导航。

3. 损伤自诊断混凝土

将某些物质掺加到混凝土中，使其具有自动感知内部应力、应变和损伤程度的功能，混凝土本身成为传感器，实现对构件或结构变形、断裂的自动监测。

4. 调湿混凝土

通过掺加某些材料，使混凝土具有自动调湿功能，如利用这种混凝土修建对室内湿度有严格要求的展览馆、博物馆和美术馆等建筑物。

5. 自愈合混凝土

将某些特殊材料掺入混凝土中，当混凝土结构在某些外力作用下出现开裂时，这些特殊材料会自动释放出类似黏结剂的物质，起到使损伤愈合的功能。

5.19 自愈合混凝土

5.7.10　混凝土3D打印技术

混凝土3D打印技术是在3D打印技术的基础上发展起来的应用于混凝土施工的新技术，其主要工作原理是将配置好的混凝土浆体通过挤出装置，在三维软件的控制下，按照预先设置好的打印程序，由喷嘴挤出进行打印，最终得到设计的混凝土构件。3D打印混凝土技术在实际施工打印过程中，由于其具有较高的可塑性，在成型过程中无需支撑，是一种新型的混凝土无模成型技术，它既有自密实混凝土的无需振捣的优点，也有喷射混凝土便于制造复杂构件的优点。

5.20 混凝土3D打印

混凝土3D打印建筑相比传统建筑具有强度高、建筑形式自由、建造周期短、环保、节能等方面的优势。总体来说，3D打印技术是混凝土行业发展的一大机遇，3D打印混凝土技术也成为混凝土行业发展的一个重要方向，但仍需进一步深入探索。

【本章小结】

混凝土是指由胶凝材料精细集料、水等材料按适当的比例配合拌和制成的混合物，经一定时间后硬化而成的坚硬固体。最常见的混凝土是以水泥为主要胶凝材料的普通混凝土，即以水泥、砂、石子和水为基本组成材料，根据需要掺入化学外加剂或矿物掺合料。水泥是混凝土中最重要的组分。配制混凝土时，应根据工程性质，部位、施工条件、环境状况等按各品种水泥的特性作出合理的选择。普通混凝土所用集料按粒径大小分为两种，粒径大于5mm的称为粗集料。粒径为5mm的称为细集料。外加剂是指能有效改善混凝土某项或多项性能的一类材料。其掺量一般只占水泥用量的5%以下，却能显著改善混凝土的和易性、强度、耐久性或调节凝结时间及节约水泥。外加剂已成为除水泥、水、砂子、石子以外的第五组分材料。混凝土掺合料不同于生产水泥时与熟料一起磨细的混合材料，它是在混凝土搅拌前或在搅拌过程中，与混凝土其他组分一样，直接加入的一种粉体外掺料。用于混凝土的掺合料绝大多数是具有一定活性的工业废渣，主要有粉煤灰、粒化高炉矿渣粉、硅灰等。

新拌混凝土是指由混凝土的组成材料拌和而成的尚未凝固的混合物。新拌混凝土的和易性，也称工作性，是指混凝土拌和物易于施工操作(拌和、运输、浇注、振捣）并获得质量均匀、成型密实的性能。和易性是一项综合技术性质，它至少包括流动性、黏聚性和保水性三项独立的性能。普通混凝土是主要的建筑结构材料，强度是最主要的技术性质。混凝土的强度包括抗压、抗拉、抗弯和抗剪强度等。混凝土的抗压强度与各种强度及其他性能之间有一定相关性，是结构设计的主要参数，也是混凝土质量评定的指标。混凝土抵抗环境介质作用并长期保持良好的使用性能和外观完整性，从而维持混凝土结构安全和正常使用的能力称为耐久性。混凝土耐久性主要包括抗渗性、抗冻性、抗侵蚀能力、碳化、碱集料反应及混凝土中的钢筋锈蚀等。

混凝土在硬化和使用过程中，由于受物理、化学等因素的作用，会产生各种变形，这些变形是导致混凝土产生裂纹的主要原因之一，从而进一步影响混凝土的强度和耐久性。按

照是否承受荷载，混凝土的变形性可分为在非荷载作用下的变形和在荷载作用下的变形。混凝土的质量和强度保证率直接影响混凝土结构的可靠性和安全性。混凝土强度的波动规律一般符合正态分布。

混凝土配合比，是指单位体积的混凝土中各组成材料的质量比例。确定这种数量比例关系的环节，就称为混凝土配合比设计。普通混凝土的配合比应根据原材料性能和对混凝土的技术要求进行计算，并经试验室试配、调整后确定。除普通混凝土外，根据用途及性能的不同，还有高性能混凝土和再生混凝土等。

【本章习题】

第5章习题
参考答案

一、判断题（正确的打√，错误的打×）

1. 提高混凝土拌和物流动性主要采用多加水的办法。 （ ）
2. 混凝土拌和物中水泥浆越多，和易性越好。 （ ）
3. 干硬性混凝土的维勃稠度越大，其流动性越大。 （ ）
4. 在其他条件相同时，卵石混凝土比碎石混凝土流动性好。 （ ）
5. 在结构尺寸和施工条件允许的情况下，尽可能选择较大粒径的粗骨料，这样可以节约水泥。 （ ）
6. 两种砂子的细度模数相同，它们的级配也一定相同。 （ ）
7. 用同样配合比的混凝土拌和物做成的不同尺寸的抗压试件，试验时大尺寸的试件破坏荷载大，故其强度高；小尺寸试件的破坏荷载小，故其强度低。 （ ）
8. 混凝土中掺减水剂，可减小用水量或改善和易性或提高强度或节约水泥。 （ ）
9. 粉煤灰作混凝土掺合料具有形态效应、活性效应和微骨料效应。 （ ）
10. 混凝土施工配合比与试验室配合比的水灰比相同。 （ ）
11. 确定混凝土水灰比的原则是在满足强度和耐久性的前提下取较小值。 （ ）

二、单项选择题

1. 设计混凝土配合比时，确定水灰比的原则是按满足（ ）而定。
   A. 混凝土强度
   B. 最大水灰比限值
   C. 混凝土强度和最大水灰比的规定
   D. 耐久性
2. 混凝土施工规范中规定了最大水灰比和最小水泥用量，是为了保证（ ）。
   A. 强度 B. 耐久性
   C. 和易性 D. 混凝土与钢材的相近线膨胀系数
3. 试拌调整混凝土时，当坍落度太小时，应采用（ ）措施。
   A. 保持水灰比不变，增加适量水泥浆 B. 增加水灰比
   C. 增加用水量 D. 延长拌和时间
4. 试拌调整混凝土时，发现拌和物的保水性较差，应采用（ ）措施。
   A. 增加砂率 B. 减小砂率 C. 增加水泥 D. 增加用水量

5. 在混凝土配合比设计中，选用合理砂率的主要目的是(　　)。
A. 提高混凝土的强度　　B. 改善拌和物的和易性
C. 节省水泥　　D. 节省粗骨料
6. 混凝土配比设计的三个关键参数是(　　)。
A. 水胶比、砂率、石子用量　　B. 水泥用量、砂率、单位用水量
C. 水胶比、砂率、单位用水量　　D. 水胶比、砂子用量、单位用水量
7. 在混凝土配合比一定的情况下，卵石混凝土与碎石混凝土相比较，其(　　)较好。
A. 流动性　　B. 黏聚性　　C. 保水性　　D. 需水性

三、多项选择题

1. 高性能混凝土应满足(　　)方面主要要求。
A. 高耐久性　　B. 高强度
C. 高工作性　　D. 高体积稳定性
2. 属于"绿色"混凝土的是(　　)。
A. 粉煤灰混凝土　　B. 再生骨料混凝土
C. 粉煤灰陶粒混凝土　　D. 重混凝土
3. 改善混凝土抗裂性的措施包括(　　)
A. 掺加聚合物　　B. 掺加钢纤维、碳纤维等纤维材料
C. 提高混凝土强度　　D. 增加水泥用量
4. 对混凝土用砂的细度模数描述不正确的是(　　)。
A. 细度模数就是砂的平均粒径　　B. 细度模数越大，砂越粗
C. 细度模数能反映颗粒级配的优劣　　D. 细度模数相同，颗粒级配也相同
5. 对混凝土用砂的颗粒级配区理解正确的是(　　)。
A. 根据 0.600mm 筛孔的累计筛余率，划分成三个级配区
B. Ⅱ 区颗粒级配最佳，宜优先选用
C. Ⅰ 区砂偏细，使用时应适当降低含砂率
D. Ⅲ 区砂偏粗，使用时应适当提高含砂率
6. 混凝土粗集料最大粒径的选择应考虑(　　)。
A. 结构的断面尺寸及钢筋间距　　B. 泵送管道内径的限制
C. 满足强度和耐久性对粒径的要求　　D. 搅拌、成型设备的限制

四、简答题

1. 影响混凝土强度的主要因素和提高强度的主要措施有哪些？

2. 影响混凝土耐久性的主要因素和提高混凝土耐久性的主要措施有哪些？

3. 称取砂样 500g，经筛分析试验称得各号筛的筛余量如下表：

筛孔尺寸 /mm	5.00	2.50	1.25	0.63	0.315	0.16	<0.16
筛余量 /g	35	100	65	50	90	135	25

问：

(1) 此砂是粗砂吗?依据是什么?

(2) 此砂级配是否合格?依据是什么?

4. 采用强度等级 32.5 的普通硅酸盐水泥、碎石和天然砂配制混凝土，制作尺寸为 100mm × 100mm × 100mm 试件 3 块，标准养护 7d 测得破坏荷载分别为 140kN、135kN、142kN。试求：

(1) 该混凝土 7d 的立方体抗压强度标准值；

(2) 估算该混凝土 28d 的立方体抗压强度标准值；

(3) 估计该混凝土所用的水灰比。

第6章　建筑砂浆

【本章重点】

建筑砂浆的组成材料、和易性、力学性质、黏结性等方面的内容，特殊用途砂浆、干粉砂浆等的技术性质与应用。

第6章课件

【学习目标】

学习和掌握砌筑砂浆的性能特点，在工程施工中能正确选择原材料，合理确定施工配合比等。

【课程思政】中国古建筑千年不倒的秘密:糯米砂浆

在商代以前，我国古代工匠就开始使用黏合剂，从最初的黄泥和草的混合泥浆，到由石灰、黏土、沙子组合的“三合土”按比例加水混合，用于建筑干燥后异常坚固。再到大约1500年前，古代中国的建筑工人将糯米和熟石灰以及石灰岩混合，制成糨糊，然后将其填补在砖石的空隙中，制成有超强度的“糯米砂浆”。科学家在中国长城(明长城)的城墙黏合物中发现了糯米的成分，糯米砂浆被认为是长城的主要黏合材料，而这种强度很大的黏合材料也被认为是万里长城千年不倒的原因。

在中国古代，糯米砂浆一般用于建造陵墓、宝塔、城墙等大型建筑物中。有些古建筑物非常坚固，甚至现代推土机都难以推倒，还能承受强度很大的地震。由此糯米砂浆是现存修复古代建筑的最好材料。糯米砂浆的成分包括熟石灰、糯米浆和一些沙石。

糯米砂浆有耐久性好、自身强度和黏结强度高、韧性强、防渗性好等特点，在中国古建筑修复中有着巨大的应用前景。

最新研究发现了一种名为支链淀粉的“秘密原料”，似乎是赋予糯米砂浆传奇性强度的主要原因。支链淀粉是发现于稻米和其他含淀粉食物中的一种多糖物或复杂的碳水化合物。科学家表示:“分析研究表明，古代砌筑砂浆是一种特殊的有机与无机合成材料。无机成分是碳酸钙，有机成分则是支链淀粉。支链淀粉来自添加至砂浆中的糯米汤。此外，我们发现，砂浆中的支链淀粉起到了抑制剂的作用:一方面控制硫酸钙晶体的增长，另一方面生成紧密的微观结构，而后者应该是令这种有机与无机砂浆强度如此之大的原因。”

为了确定糯米能否有助于建筑物修复，研究人员准备了掺入不同糯米的石灰砂浆，对比传统石灰砂浆测试了它们的性能。两种砂浆的测试结果表明，掺入糯米汤的石灰砂浆的物理特性更稳定，机械强度更大，兼容性更强，这些特点令其成为修复古代石造建筑的合适材料。

砂浆，在土木工程中的用量很大，使用范围很广，主要用于砌筑、抹面、修补和装饰工程中。建筑砂浆由胶凝材料、细集料、掺合料和水按照适当比例配制而成。它与混凝土在组成上的差别仅在于建筑砂浆中不含粗集料，故又称为无粗集料混凝土。

按照胶凝材料不同，建筑砂浆可分为水泥砂浆、混合砂浆（水泥石灰砂浆、水泥黏土砂浆、石灰黏土砂浆）、石灰砂浆、石膏砂浆和聚合物砂浆等。按照用途不同，建筑砂浆可分为砌筑砂浆、抹面砂浆（普通抹面砂浆、装饰砂浆以及防水砂浆等）和特种砂浆（保温砂浆、耐酸防腐砂浆、吸声砂浆等）。工程上使用较多的是砌筑砂浆和抹面砂浆。按照生产和施工方法不同，建筑砂浆又可分为现场拌制砂浆和商品砂浆。本章主要介绍常用的砌筑砂浆和抹面砂浆。

6.1　建筑砂浆的组成材料

建筑砂浆的组成材料主要有胶凝材料、细集料、掺合料、水和外加剂等。

6.1.1　胶凝材料

胶凝材料在砂浆中起着胶凝作用，它是影响砂浆流动性、黏聚性和强度的主要技术组分。胶凝材料应根据砂浆的用途和使用环境类别进行选用，对于干燥环境使用的砂浆，可选用气硬性胶凝材料；对于处于潮湿环境或水中的砂浆，则必须用水硬性胶凝材料。建筑砂浆常用的胶凝材料主要有水泥、石灰等。

1. 水泥

配制砂浆的水泥可采用常用的硅酸盐系列水泥常用品种。砂浆中水泥品种的选择与混凝土相同，应根据砂浆的用途和使用环境确定。砂浆对强度的要求不是很高，为合理利用资源、节约材料，在配制砂浆时，应尽量选择低强度等级水泥。水泥强度等级过高，会使砂浆中水泥用量不足而导致其保水性不良。若水泥强度等级过高，应加入掺合料予以调整。在配制特殊用途砂浆时，可采用某些专用和特种水泥。

2. 石灰

在配制石灰砂浆或混合砂浆时，需要使用石灰。为保证砂浆的质量，配制前应预先将石灰熟化成石灰膏，并充分“陈伏”后再使用，以消除过火石灰的膨胀破坏作用。在满足工程要求的前提下，也可使用工业废料，如电石灰膏等替代石灰膏。

6.1.2　细集料

细集料在砂浆中起到骨架和填充的作用，对砂浆的流动性、黏聚性和强度等技术性能影响较大。性能良好的细集料可提高砂浆的工作性和强度，尤其对砂浆的收缩开裂，有较好的抑制作用。砂浆中最常用的细集料是河砂。砂中所含的泥对砂浆的和易性、强度、变形性和耐久性均有影响。

砂浆中含有少量的泥，可改善砂浆的黏聚性和保水性，故砂浆中砂的含泥量可比混凝土中略高。砌筑用砂的含泥量应满足《砌体工程施工质量验收规范》(GB 50203—2011) 的规定：对水泥砂浆和强度等级不小于 M5 的水泥混合砂浆，不应超过 5%；对强度等级小于 M5 的水泥混合砂浆，不应超过 10%。

砂的粗细程度对水泥用量、和易性、强度及收缩性能影响很大。由于砂浆层薄弱，对砂子的最大粒径应有所限制。用于砌筑毛石砌体的砂浆，砂子的最大粒径应小于砂浆层厚度的 1/4 ～ 1/5，可采用粗砂。用于砌筑砖砌体的砂浆，砂子的最大粒径不得大于 2.5mm。用于光滑抹面和勾缝的砂浆，则应采用细砂，最大粒径不得超过 1.25mm。用于装饰的砂浆，还可采用彩砂和石渣等，但应根据经验并经试验后，确定其技术要求。

对于机制砂、山砂及特细砂等资源较多的山区，为降低工程成本，砂浆可合理利用这些资源，但应经试验能满足要求后方可使用。

膨胀珍珠岩主要用于保温砂浆。珍珠岩是一种火山灰玻璃质岩，在快速加热条件下它可膨胀成一种低密度、多孔状的材料，故称为膨胀珍珠岩。因其耐火、隔声性能好，且无毒、价格低廉，故常作为保温砂浆的集料。

6.1.3 掺合料和外加剂

在砂浆中，掺合料是为了改善砂浆的工作性而加入的无机材料，如黏土膏、粉煤灰和沸石粉等。为改善砂浆的工作性和其他性能，还可在砂浆中掺入外加剂，如增塑剂、保水剂和减水剂等。砂浆中掺入外加剂时，不但要考虑外加剂对砂浆本身性能的影响，还要根据砂浆的用途，考虑外加剂对砂浆使用功能的影响，并通过试验确定外加剂的品种和数量。

为了提高砂浆的和易性，改善硬化后砂浆的性质，节约水泥，可在水泥砂浆或混合砂浆中掺入外加剂，最常用的是微沫剂，它是用松香与工业纯碱熬制成的一种憎水性有机表面活性剂。经强力搅拌能在砂浆中产生微细泡沫，增加水泥的分散性，可改善砂浆的和易性，代替部分石灰膏。掺量一般为水泥质量的 0.05% ～ 0.1%，以通过试验的调配掺量为准。当在配有钢筋的砌体用砂浆中掺加氯盐类外加剂时，氯盐掺量按无水状态计算不得超过水泥质量的 1%。

6.1.4 拌和水

砂浆拌和用水技术要求与混凝土拌和用水相同。应采用洁净、无油污和硫酸盐等杂质的可饮用水，为节约用水，经化验分析或试拌验证合格后的工业废水也可用于拌制砂浆。

此外，为了改善砂浆的性能也可掺入一些其他材料，如掺入纤维可以改善砂浆的抗裂性，掺入防水剂可提高砂浆的防水性和抗渗性等。

【案例分析 6-1】石灰膏的掺加会降低砂浆强度

概况：在(砌筑用) 水泥混合砂浆中，为了提高和易性，掺加了较多的石灰膏，其结果是和易性很好，而且节约了大量水泥，但强度大幅度下降。

原因分析：石灰膏能改善砂浆的和易性；只用石灰膏作为胶凝材料的石灰砂浆28d抗压强度只有0.5MPa左右；石灰膏多用了，而水泥少加了，会导致砂浆强度大幅度下降；石灰膏不能替代水泥；石灰或石灰膏由石灰石经煅烧且放出二氧化碳后得到，有大量碳排放。因此，当今预拌砂浆中一般不使用石灰膏。

6.2　建筑砂浆的技术性质

砂浆的主要技术性质包括新拌砂浆的和易性、硬化后砂浆的强度和强度等级、砂浆的黏结力、砂浆的变形性能、砂浆的凝结时间、砂浆的耐久性等。

6.2.1　新拌砂浆的和易性

砂浆在硬化前具有良好的和易性，即砂浆在搅拌、运输、摊铺时易于流动并不易失水的性质。和易性好的砂浆便于施工操作，可以比较容易地在砖石表面上铺成均匀连续的薄层，且与底面紧密地黏结，保证工程质量。和易性不良的砂浆施工操作困难，灰缝难以填实，水分易被砖石吸收使砂浆很快变干稠，与砖石材料也难以紧密黏结。

新拌砂浆的和易性主要包括流动性和保水性两大方面。

1.流动性

砂浆的流动性，是指砂浆在自重或外力作用下可流动的性质，也称为“稠度”。实验室用砂浆稠度仪测定其稠度值(沉入量)，即标准圆锥体自砂浆表面贯入的深度来表示，也称沉入度。测定砂浆的流动性时，先将被测砂浆均匀地装入砂浆流动性测定仪的砂浆筒中，置于测定仪圆锥体下，将质量为300g的带滑杆的圆锥尖与砂浆表面接触，然后突然放松滑杆，在10s内圆锥体沉入砂浆中的深度值(单位为cm)为沉入度(稠度)值。

沉入度值大，则表示砂浆流动性好，但是流动性过大，砂浆容易分层、析水；若流动性过小，则不便于施工操作，灰缝不易填充密实，将会降低砂浆结构的强度。

砂浆流动性和许多因素有关，基于内外因素分析，主要有胶凝材料种类和用量、拌和水量、细集料(砂)的质量、砂浆搅拌时间、砂浆放置时间、环境的温度和湿度等。无论采用手工施工，还是机械喷涂施工，都要求砂浆具有一定的流动性或稠度。

2.保水性

保水性是指砂浆保持水分的能力，即搅拌好的砂浆在运输、存放、使用的过程中，水与胶凝材料及骨料分离快慢的性质。保水性会影响施工质量。砂浆的保水性用“分层度”表示，用砂浆分层度筒测定。

砂浆的分层度越大，保水性越差，可操作性变差，即在运输、存放时，砂浆混合物容易分层而不均匀，上层变稀，下层变得干稠。砂浆的保水性太差，会造成砂浆中水分容易被砖、石等吸收，不能保证水泥水化所需的水分，影响水泥的正常水化，降低砂浆的本身强度和黏结强度。

保水性好的砂浆分层度以 10 ～ 30mm 为宜。分层度小于 10mm 的砂浆，虽保水性良好，无分层现象，但往往胶凝材料用量过多，或砂过细，导致过于黏稠不易施工或易发生干缩开裂，尤其不宜做抹面砂浆；分层度大于 30mm 的砂浆，保水性差，易于离析，不宜采用。

6.2.2 硬化后的强度和强度等级

硬化后的砂浆应将砖、石、砌块等块状材料黏结成整体，并具有传递荷载和协调变形的能力。因此，砂浆应具有一定的强度和黏结性。一定的强度可保证砌体强度等结构性能，良好的黏结力有利于砌块与砂浆之间的黏结。一般情况下，砂浆的抗压强度越高，它与基层的黏结力越强，同时，在粗糙、洁净、湿润的基面上，砂浆的黏结力比较强。故工程上将抗压强度作为砂浆的主要技术指标。

6.1 砂浆在陶瓷砖铺贴中的性能要求

砂浆的强度等级是以 70.7mm × 70.7mm × 70.7mm 的立方体标准试件，在标准条件（温度为 20℃，水泥砂浆相对湿度为 90%，混合砂浆的相对湿度为 60% ～ 80%）下养护 28d，用标准试验方法测得的抗压强度来确定的。砂浆按抗压强度可分为 M5.0、M7.5、M10、M15 、M20、M25、M30 等 7 个等级，其中常用的有 M1.0、M2.5、M5.0、M7.5、M10。

影响砂浆抗压强度的因素很多，如材料的性质、砂浆的配合比、施工质量等，抗压强度还受基层材料吸水性能的影响，很难用简单的公式表达砂浆的抗压强度与其他组成材料之间的关系。

当基层为不吸水材料（如致密石材）时，砂浆的抗压强度和混凝土相似，主要取决于水泥的强度和胶水比。其关系可按式(6-1) 来计算：

$$f_{m,0} = Af_{ce}\left(\frac{C}{W} - B\right) \tag{6-1}$$

式中，$f_{m,0}$ 为砂浆的试配强度(MPa)；f_{ce} 为水泥 28d 实测抗压强度(MPa)，按式(5-8) 来算；C/W 为胶水比或灰水比；A、B 为经验系数，可取 $A = 0.29$，$B = 0.4$，也可根据试验资料统计确定。

当基层材料为吸水材料（如砖或其他多孔材料）时，即使砂浆拌和时的用水量不同，但因砂浆具有一定的保水性，经过基层吸水后保留在砂浆中的水分几乎是相同的，因此砂浆的强度主要取决于水泥的强度和水泥的用量，而与砂浆的胶水比基本无关。其关系可按式(6-2) 来计算：

$$f_{m,0} = \frac{\alpha f_{ce} m_c}{1000} + \beta \tag{6-2}$$

式中，$f_{m,0}$ 为砂浆的试配强度(MPa)；f_{ce} 为水泥 28d 实测抗压强度(MPa)，可按式(5-8) 来算；m_c 为对应于干燥状态 $1m^3$ 砂中的水泥用量(kg)；α、β 为经验回归系数，根据试验资料统计确定。

砂浆的强度等级可根据工程类别、砌体部位、所处的环境来选择。

6.2.3 砂浆的其他性能

1. 黏结力

砂浆的黏结力是影响砂浆抗剪强度、抗震性、抗裂性等的重要因素。为了提高砌体的整体性，保证砌筑的强度，要求砂浆具有足够的黏结力。砂浆的黏结力与砂浆的强度有关，砂浆的抗压强度越高，其黏结力越大。此外，砂浆的黏结力还与养护条件、砖石表面粗糙程度、清洁程度及潮湿程度等有关。在充分润湿、干净、粗糙的基面表层上，砂浆的黏结力较好。所以为了提高砂浆的黏结力，保证砌体质量，砌筑前应将砖石等砌筑材料浇水湿润。

影响砂浆黏结力的因素很多。通常，砂浆黏结力随着其抗压强度的增大而提高；黏结力还与基底表面的粗糙程度、洁净程度、润湿情况及施工养护条件等因素有关。在充分润湿、粗糙、洁净的表面上使用且养护良好的条件下，砂浆与基底黏结较好。

2. 变形性能

砂浆在硬化过程承受荷载和温度、湿度条件变化时都容易产生变形。如果变形过大，或变形不均匀，就会降低砌体的整体稳定性，引起沉降或开裂。在拌制砂浆时，如果砂过细、胶凝材料过多或选用轻集料，则砂浆会因较大的收缩变形而开裂。掺太多轻集料或混合材料（如粉煤灰、轻砂等）的砂浆，其收缩变形较大，应采取一些措施防止开裂，如在抹面砂浆中掺入一定量的麻刀、纸筋等。因此，为了减小收缩，可以在砂浆中加入适量的膨胀剂。

3. 凝结时间

砂浆的凝结时间，以贯入阻力达到 0.5MPa 时所用时间为评定依据。水泥砂浆不宜超过 8h，水泥混合砂浆不宜超过 10h，掺入外加剂后，砂浆的凝结时间应满足工程设计和施工的要求。

4. 耐久性

砂浆的耐久性指砂浆在使用条件下经久耐用的性质，包括抗冻性、抗渗性等。提高建筑砂浆抹灰砂浆耐久性的对策是在良好施工性能的基础上，控制砂浆适宜的强度等级与较低的收缩率和弹性模量。控制砂的粒度和掺量，较粗的砂和砂掺量较多时，都能减少砂浆干缩；在满足和易性和强度要求的前提下，尽可能地限制胶凝材料用量，控制用水量，以减少干缩；掺入适量的纤维材料（麻刀、纸筋）；分层抹灰和浆面积较大的墙面分格处理，可使砂浆相对收缩值减小；控制养护速度，使砂浆脱水缓慢、均匀。

砂浆强度太低，可能引起掉粉；砂浆强度太高，砂浆收缩率和弹性模量均大幅度增加，可能引起开裂或空鼓。

鉴于砂浆的黏结力和耐久性都随着砂浆抗压强度的提高而增加，所以工程上将抗压强度作为砂浆的主要技术指标。

6.3 砌筑砂浆

用于将砖、石、砌块等块体材料黏结为砌体的砂浆，称为砌筑砂浆，它是目前用量最大的一种砂浆。砌筑砂浆在建筑砌体中起着结合作用，使砌块材料具有承载力，并将块体材料的连接处密封起来，以防止空气和潮湿的渗透；此外，砌筑砂浆还固定砌体中配制的钢筋、连接件和锚固螺栓等使之与砌体形成整体。在力学上，砌筑砂浆的作用主要是传递荷载、协调变形，而不是直接承受荷载。砌体的承载力不仅取决于砖、石、砌块等块体材料的性能，而且与砌筑砂浆的强度和黏结力有密切关系，因而，砌筑砂浆是砌体的重要组成部分。

6.3.1 砌筑砂浆的技术条件

砌筑砂浆的种类应根据砌体的部位进行合理选择。水泥砂浆宜用于潮湿环境和强度要求比较高的砌体，如地下砖石基础、多层房屋的墙体、钢筋砖过梁等；水泥石灰混合砂浆宜用于干燥环境中的砌体，如地面以上的承重或非承重的砖石砌体；石灰砂浆可用于干燥环境和强度要求不高的砌体，如较低的单层建筑物或临时性建筑物的墙体。

根据《砌筑砂浆配合比设计规程》(JGJ/T 98—2010) 的规定，砌筑砂浆应符合下列技术要求。

(1) 水泥砂浆及预拌砌筑砂浆的强度等级可分为 M5、M7.5、M10、M15、M20、M25、M30，水泥混合砂浆的强度等级可分为 M5、M7.5、M10、M15。

(2) 水泥砂浆拌和物的表观密度不宜小于 1900kg/m^3，水泥混合砂浆和预拌砌筑砂浆拌和物的表观密度不宜小于 1800kg/m^3。

(3) 砌筑砂浆稠度、保水率、试配抗压强度应同时符合要求。

(4) 砌筑砂浆的稠度应按表 6-1 规定选用。

表 6-1 砌筑砂浆的稠度

砌体种类	施工稠度 /mm
烧结普通砖砌体、粉煤灰砖砌体	70 ～ 90
混凝土砖砌体、普通混凝土小型空心砌块砌体、灰砂砖砌体	50 ～ 70
烧结多孔砖、烧结空心砖、轻骨料混凝土小型砌块和蒸压加气混凝土砌块的砌体	60 ～ 80
石砌体	30 ～ 50

(5) 砌筑砂浆的保水率和材料用量应符合表 6-2 规定。

表 6-2　砌筑砂浆的保水率和材料用量

砂浆种类	保水率 /%	材料用量 /(kg/m^3)
水泥砂浆	≥ 80	水泥用量 ≥ 200
水泥混合砂浆	≥ 84	水泥和石灰膏、电石膏总量 ≥ 350
预拌砌筑砂浆	≥ 88	胶凝材料用量 ≥ 200

(6) 有抗冻性要求的砌体工程，砌筑砂浆应进行冻融试验。砌筑砂浆的抗冻性应符合表 6-3 的规定，且当设计对抗冻性有明确要求时，尚应符合设计规定。

表 6-3　砌筑砂浆的抗冻性

使用条件	抗冻指标	质量损失率 /%	强度损失率 /%
夏热冬暖地区	F15	≤ 5	≤ 25
夏热冬冷地区	F25		
寒冷地区	F35		
严寒地区	F50		

(7) 砌筑砂浆中水泥和石灰膏、电石膏等材料用量可按表 6-2 选取。

(8) 砌筑砂浆中可掺入保水增稠材料、外加剂等，掺量应经试配后确定。

(9) 砌筑砂浆试配时应采用机械搅拌。搅拌时间应自加水算起，并应符合：对水泥砂浆和水泥混合砂浆，搅拌时间不得少于 120s；对预拌砌筑砂浆和掺有粉煤灰、外加剂、保水增稠材料等砂浆，搅拌时间不得少于 180s。

6.3.2　砌筑砂浆的配合比设计

1. 配合比设计的原则

砌筑砂浆的强度等级是根据工程类型和结构部位经结构设计计算而确定的。选择砂浆配合比时去强度等级必须符合工程设计的要求，一般可查阅有关资料和手册选定配合比。对于重要结构工程或当时工程量较大时，为了保证工程质量和降低造价，应进行砂浆配合比设计。但无论采用哪种方法，都应通过试验调整和验证后方可应用。

6.2 现场拌和砌筑砂浆要求

2. 配合比设计步骤

1) 水泥混合砂浆配合比计算

主要包括试配强度确定、水泥用量、掺加料用量、砂用量、用水量等几大内容，具体如下。

(1) 砂浆试配强度的确定：建筑砂浆的强度应具有 95% 的保证率，其试配强度按式 (6-3) 计算：

$$f_{m,0} = \sigma f_1 \tag{6-3}$$

式中，$f_{m,0}$ 为砂浆的试配强度(MPa)，精确至 0.1MPa；f_1 为砂浆抗压强度平均值(MPa)，精确至 0.1MPa；σ 为砂浆现场强度标准差(MPa)，精确至 0.1MPa。

砂浆现场强度的标准应通过有关资料统计得出，如无统计资料，可按照表 6-4 取用。

表 6-4 不同施工水平砂浆强度标准差 σ 选用值 单位：MPa

施工水平	砂浆强度等级							σ
	M5	M7.5	M10	M15	M20	M25	M30	
优良	1.00	1.50	2.00	3.00	4.00	5.00	6.00	1.15
一般	1.25	1.88	2.50	3.75	5.00	6.25	7.50	1.20
较差	1.50	2.25	3.00	4.50	6.00	7.50	9.00	1.25

(2) 计算每立方米砂浆中水泥用量：每立方米砂浆中水泥用量，可按式(6-4) 来计算：

$$Q_C = \frac{1000(f_{m,0} - \beta)}{\alpha f_{ce}} \tag{6-4}$$

式中，Q_C 为每立方米砂浆中水泥用量(kg)，精确至 1kg；$f_{m,0}$ 为砂浆的试配强度(MPa)，精确至 0.1MPa；f_{ce} 为水泥的实测强度(Mpa)，精确至 0.1MPa；α、β 为砂浆的特征系数，当为水泥混合砂浆时，$\alpha = 3.03$，$\beta = -15.09$。

在无法取得水泥的实测强度值时，可按式(6-5) 计算：

$$f_{ce} = \gamma_c f_{ce,k} \tag{6-5}$$

式中，$f_{ce,k}$ 为水泥强度等级对应的强度值(MPa)；γ_c 为水泥强度等级值的富余系数，该值应按实际统计资料确定。无统计资料时可取 1.0。

(3) 每立方米砂浆中掺加料用量：根据大量实践，每立方米砂浆胶结材料与掺加料的总量达 350kg，基本上可满足砂浆的塑性要求。因而，掺加料用量可按式(6-6) 来计算：

$$Q_D = Q_A - Q_C \tag{6-6}$$

式中，Q_D 为每立方米砂浆掺加料用量(kg)，精确至 1kg；Q_A 为每立方米砂浆中水泥和掺加料的总量(kg)，精确至 1kg；Q_C 为每立方米砂浆的水泥用量(kg)，精确至 1kg。

当掺合料为石灰膏时，其稠度应为(120 ± 5)mm；若石灰膏的稠度不是 120mm，其用量应乘以换算系数，换算系数如表 6-5 所示。

表 6-5 石灰膏不同稠度的换算系数

石灰膏稠度 /mm	120	110	100	90	80	70	60	50	40	30
换算系数	1.00	0.99	0.97	0.95	0.93	0.92	0.90	0.88	0.87	0.86

(4) 确定每立方米砂浆中砂的用量：每立方米砂浆中的砂子用量，应将干燥状态(含水率小于 0.5%) 砂的堆积密度值作为计算值。砂浆中的水、胶结料和掺加料用来填充砂子的空隙，所以 $1m^3$ 砂子就构成了 $1m^3$ 砂浆的砂用量。

(5) 按砂浆稠度选每立方米砂浆用水量：每立方米砂浆的用水量，根据砂浆稠度等要求可选用 210 ~ 310kg。砂浆中用水量多少，应根据砂浆稠度要求来选用，由于用水量多少对其强度影响不大。因此一般根据经验能满足施工所需稠度即可。通常情况下，水泥混合

砂浆用水量要小于水泥砂浆用水量。每立方米砂浆中的用水量,混合砂浆用水量选取时应注意:混合砂浆中的用水量,不包括石灰膏或黏土膏中的水;当采用细砂或粗砂时,用水量分别取上限和下限;稠度小于 70mm 时,用水量可小于下限;施工现场气候炎热或干燥季节,可酌量增加用水量。

3. 砂浆配合比的试配、调整和确定

(1) 砌筑砂浆试配时应采用机械搅拌:水泥砂浆和水泥混合砂浆搅拌的时间不得少于 120s;预拌砌筑砂浆和掺有粉煤灰、外加剂、保水增稠材料等砂浆的搅拌时间不得少于 180s。

(2) 按计算或查表所得配合比进行试拌时,应测定其拌和物的稠度和保水率,当不能满足要求时,应调整材料用量,直到符合要求为止。然后确定为试配时砂浆的基准配合比。

(3) 为使砂浆强度能在计算范围内,试配时至少采用三个不同的配比。其中一个是基准配合比,其他配合比的水泥用量应按基准配合比分别增加和减少 10%。在保证稠度、分层度合格的条件下,可对用水量或掺加料用量作相应调整。分别按规定成型试件,测定砂浆稠度,并选用符合试配强度要求且水泥用量最低的配合比作为砂浆试配配合比。

① 砌筑砂浆试配配合比校正。

根据确定的砂浆试配配合比材料用量,按式(6-7) 来计算理论表观密度值(ρ_t):

$$\rho_t = Q_C + Q_D + Q_S + Q_W \tag{6-7}$$

式中,ρ_t 为砂浆的理论表观密度值(kg/m^3),精确至 10kg/m^3;Q_S 为每立方米砂浆中砂的用量(kg);Q_W 为每立方米砂浆水的用量(kg)。

按式(6-8) 来计算砂浆配合比的校正系数 δ:

$$\delta = \frac{\rho_c}{\rho_t} \tag{6-8}$$

式中,ρ_c 为砂浆的表观密度值(kg/m^3),精确至 10kg/m^3;δ 为砂浆配合比校正系数。

当砂浆的实测表观密度值与理论表观密度之差的绝对值不超过理论值的 2% 时,可将试配配合比确定为砂浆设计配合比;当超过 2% 时,应将试配配合比中每项材料用量均乘以校正系数,确定为砂浆的配合比。

② 预拌砌筑砂浆生产前应进行试配、调整和确定,并应符合行业标准的规定。

4. 实例

某工程砖墙的砌筑砂浆要求使用强度等级为 M7.5 的水泥石灰混合砂浆,砂浆的稠度为 70 ~ 100mm。

原材料性能如下:水泥为 32.5 级粉煤灰硅酸盐水泥;砂为中砂,干燥砂的堆积密度为 1450kg/m^3,砂的含水率为 2%;石灰膏稠度为 120mm。工程的施工水平一般。

(1) 计算砂浆的试配强度 $f_{m,0}$:由题意知 $f_1 = 7.5$MPa,查表 6-4 知 $\sigma = 1.2$,代入式(6-3) 得:

$$f_{m,0} = \sigma f_1 = 1.2 \times 7.5 = 9.0(\text{MPa}) \tag{6-9}$$

(2) 计算水泥用量 Q_C：

$$Q_C = \frac{1000(f_{m,0} - \beta)}{\alpha f_{ce}} = \frac{1000(9.0 + 15.09)}{3.03 \times 32.5} = 245(\text{kg/m}^3) \tag{6-10}$$

(3) 计算石灰膏用量 Q_D：

$$Q_D = Q_A - Q_C = 350 - 245 = 105(\text{kg/m}^3) \tag{6-11}$$

(4) 计算砂用量 Q_S：根据砂子的含水率和堆积密度，计算每立方米砂浆用砂量。

$$Q_S = 1450 \times (1 + 2\%) = 1479(\text{kg/m}^3) \tag{6-12}$$

(5) 选择用水量 Q_W：由于砂浆使用中砂，要求稠度较大，为 120mm，在 270 ～ 330kg/m^3 范围内取用水量 $Q_W = 300\text{kg/m}^3$。

(6) 试配时各材料的用量比为：水泥∶石灰膏∶砂∶水 = 245∶105∶1479∶300 = 1∶0.43∶6.04∶1.22。

(7) 配合比试配、调整与确定(略)。

【案例分析 6-2】以硫铁矿渣代替建筑砂配制砂浆的质量问题

概况：上海市某中学教学楼为五层内廊式砖混结构，工程交工验收时质量良好。但使用半年后，发现砖砌体裂缝，一年后，建筑物开裂严重，以致成为危房不能使用。该工程砂浆采用硫铁矿渣代替建筑砂。其含硫量较高，有的高达 4.6%。

原因分析：由于硫铁矿渣中的三氧化硫和硫酸根与水泥或石灰膏反应，生成硫铝酸钙或硫酸钙，产生体积膨胀。而其硫含量较高，在砂浆硬化后不断生成此类体积膨胀的水化产物，致使砌体产生裂缝，抹灰层起壳。

6.4 抹面砂浆

凡是涂抹在建筑物(或墙体)表面的砂浆，统称为抹面(或灰)砂浆。抹面砂浆是兼有保护基层和美化作用的砂浆。根据其功能不同，抹面砂浆一般可分为普通抹面砂浆和特殊用途砂浆(例如，具有防水、耐腐蚀、绝热、吸声及装饰等用途的砂浆)。常用的抹面砂浆有水泥砂浆、石灰砂浆、水泥石灰混合砂浆、麻刀石灰砂浆(简称麻刀灰)、纸筋石灰砂浆(简称纸筋灰)。

与砌筑砂浆相比，抹面砂浆具有以下特点：抹面层不承受荷载；抹面层与基底层要有足够的黏结强度，使其在施工中或长期自重和环境作用下不脱落、不开裂；抹面层多为薄层，并分层涂抹；面层要求平整、光洁、细致、美观，多数用于干燥环境，大面积暴露在空气中。

6.4.1 普通抹面砂浆

普通抹面砂浆主要是为了保护建筑物，并使其表面平整美观。抹面砂浆与砌筑砂浆不

同，其主要要求不是强度，而是与底面的黏结力。所以配制时需要较多胶凝材料，并应具有良好的和易性，以便操作。

6.3 抹面砂浆脱落分析

为了保证抹灰表面平整，避免开裂、脱落等现象，通常抹面应分两层或三层进行施工。各层抹灰要求不同，所以每层所用的砂浆也不一样。

6.4 抹面砂浆裂纹分析

底层砂浆主要起与基层黏结的作用。砖墙底层多用石灰砂浆；有防水、防潮要求时用水泥砂浆；板条墙和顶棚的底层抹灰多用水泥砂浆或者混合砂浆。中层抹灰主要起找平作用，多用混合砂浆或石灰砂浆。面层主要起装饰作用，砂浆中适宜细砂。面层抹灰多用混合砂浆、麻刀石灰浆、纸筋石灰浆。在容易碰撞或潮湿部位的面层，如墙裙、踢脚板、雨蓬、水池、窗台等均应采用水泥砂浆。传统抹面砂浆的配合比，可参照表6-6选用。

表6-6　普通抹面砂浆参考配合比

材料	体积配合比	材料	体积配合比
水泥：砂	1：2～1：3	石灰：石膏：砂	1：0.4：2～1：2：4
石灰：砂	1：2～1：4	石灰：黏土：砂	1：1：4～1：1：8
水泥：石灰：砂	1：1：6～1：2：9	石灰膏：麻刀灰	100：1.3～100：2.5(质量比)

6.4.2　装饰砂浆

涂抹在建筑内外墙表面，且具美观装饰效果的抹面砂浆统称为装饰砂浆。装饰砂浆的底层和中层抹灰与普通抹灰砂浆基本相同，主要区别是在面层，面层要选用具有一定颜色的胶凝材料和集料以及采用某种特殊的施工操作工艺，以使表面呈现出各种不同的色彩、线条与花纹等装饰效果。装饰砂浆的胶凝材料通常有普通水泥、矿渣水泥、火山灰水泥和白色水泥、彩色水泥，或是在常用水泥中掺加一些耐碱矿物配成彩色水泥以及石灰、石膏等。集料常采用大理石、花岗石等带颜色的细石渣或玻璃、陶瓷碎片。

外墙面的装饰砂浆有如下工艺做法。

1. 拉毛

先用水泥砂浆做底层，再用水泥石灰砂浆做面层。在砂浆尚未凝结之前，用抹刀将表面拉成凹凸不平的形状。

2. 水刷石

用颗粒细小(约5mm)的石渣拌成的砂浆做表面，在水泥终凝前，喷水冲刷表面，冲洗掉石渣表面的水泥浆，使石渣表面外露。水刷石用于建筑的外墙面，具有一定的质感，且经久耐用，不需维护。

3. 干黏石

在水泥砂浆面层的表面，对黏结粒径5mm以下的白色或彩色石渣、小石子、彩色玻璃、陶瓷碎粒等，要求黏结均匀、牢固。干黏石的装饰效果与水刷石相近，且石子表面更洁净艳丽；避免了喷水冲洗的湿作业，施工效率高，而且节约材料和水。干黏石在预制外墙板的生产中有较多应用。

4. 斩假石

斩假石又称为斧剁石、剁假石。砂浆的配制与水刷石基本一致。砂浆表面硬化后，用斧刃将表面剁毛并露出石渣。斩假石的装饰效果与粗面花岗石相似。

5. 假面砖

假面砖是一种在水泥砂浆之中掺入氧化铁黄或氧化铁红等类颜料，加以手工操作，最终达到模仿面砖效果的一种砖。将硬化的普通砂浆表面用刀斧锤凿刻画出线条；或在初凝后的普通砂浆表面用木条、钢片压画出线条；也可用涂料画出线条，使墙面具有砖砌体、放瓷砖贴面、仿石材贴面等艺术效果。

6. 水磨石

水磨石用普通水泥、白水泥、彩色水泥或普通水泥加耐碱颜料拌和各种色彩的大理石石渣做面层，硬化后用机械反复磨平抛光表面而成。水磨石多用于地面、水池等工程部位。可事先设计图案色彩，磨平抛光后更具艺术效果。水磨石还可制成预制件或预制块，用作楼梯踏步、窗台板、柱面、台度、踢脚板、地面板等构件。室内外的地面、墙面、台面、柱面等，也可用水磨石进行装饰。

装饰砂浆还可用喷涂、弹涂、辊压等工艺方法，做成丰富多彩、形式多样的装饰面层。装饰砂浆操作方便，施工效率高。与其他墙面、地面装饰相比，其成本低，耐久性好。

6.5 特殊砂浆

6.5.1 防水砂浆

防水砂浆是指用于制作防水层的抗渗性较高的砂浆。砂浆防水层又称刚性防水层。适用于不受振动和具有一定刚度的混凝土或砖、石砌体工程，用于水塔、水池等的防水。变形较大或可能发生不均匀沉陷的工程不宜采用刚性防水层。防水砂浆可用普通水泥砂浆中掺入防水剂制得。防水剂的掺量按生产厂家推荐的最佳掺量掺入，最后经试配确定。防水砂浆的防水效果在很大程度上取决于施工质量。

6.5.2 绝热砂浆

采用水泥、石灰、石膏等胶凝材料与膨胀珍珠岩、膨胀蛭石、陶粒、陶砂或聚苯乙烯泡沫颗粒等轻质多孔材料，按一定比例配制的砂浆称为绝热砂浆。绝热砂浆质轻，具有良好的绝热保温性能，可用于屋面隔热层、隔热墙壁、冷库以及工业窑炉、供热管道隔热层等处。如果在绝热砂浆中掺入或在绝热砂浆表面喷涂憎水剂，则这种砂浆的保温隔热效果会更好。

6.5.3　耐酸砂浆

耐酸砂浆是以水玻璃与氟硅酸钠为胶凝材料，加入石英石、花岗石、铸石等耐酸粉料和细集料拌制硬化而成的砂浆。耐酸砂浆可用于耐酸地面、耐酸容器基座、与酸接触的结构部位。在某些有酸雨腐蚀的地区，建筑物的外墙装修也可应用耐酸砂浆，提高建筑物的耐酸雨腐蚀能力。

6.5.4　防射线砂浆

在水泥砂浆中掺入重晶石粉、重晶石砂，可配制有防 X 射线和 γ 射线能力的砂浆。其配合比约为：水泥∶重晶石粉∶重晶石砂 = 1∶0.25∶(4 ～ 5)。在水泥中掺入硼砂、硼化物等可配制具有防中子射线的砂浆。厚重气密不易开裂的砂浆也可阻止地基中土壤或岩石里的氡(具有放射性的气体)向室内迁移或流动。

6.5.5　膨胀砂浆

在水泥砂浆中加入膨胀剂，或使用膨胀水泥，可配制膨胀砂浆。膨胀砂浆具有一定的膨胀性，可补偿水泥砂浆的收缩，防止干缩开裂。膨胀砂浆还可在修补工程和装配式大板工程中，靠膨胀作用而填充缝隙，达到黏结密封的目的。

6.5.6　自流平砂浆

自流平砂浆是在自重作用下能流平的砂浆，地坪和地面常采用自流平砂浆。良好的自流平砂浆可使地坪平整光洁、强度高、耐磨性好、不易开裂、施工方便、质量可靠。自流平砂浆的关键技术是掺用合适的外加剂，严格控制砂的级配和颗粒形态，选择级配合适的水泥和其他胶凝材料。

6.5.7　吸声砂浆

吸声砂浆是具有吸声功能的砂浆。一般多孔结构都具有吸声功能，所以在砂浆中加入锯末、玻璃棉、矿棉或有机纤维等多孔材料就可配制吸声砂浆。工程上常用以水泥∶石灰∶膏∶砂∶锯末 = 1∶1∶3∶5(体积比)来配制吸声砂浆。

6.6　商品砂浆

商品砂浆是降低能源、资源消耗、减少环境污染的环保型产品，商品砂浆可提高工程工效和质量，实现施工现代化，加强城市建设施工管理。商品砂浆比起传统的砂浆有着明显的优点。

(1) 产品质量高、性能稳定，可以适应不同的用途和功能要求；

(2) 产品黏结性好,大大提高了外墙瓷砖的黏结强度,减少了瓷砖掉落的安全隐患;

(3) 产品施工性能良好,施工人员乐意使用。

商品砂浆又称预拌砂浆,一般可分为湿拌砂浆、干混砂浆。

6.6.1 湿拌砂浆

湿拌砂浆是水泥、细集料、保水增稠材料、外加剂和水以及根据需要掺入的矿物掺合料等组分按一定比例,在搅拌站经计量、拌制后,采用搅拌运输车运送至使用地点,放入专用容器储存,并在规定时间内使用完毕的砂浆拌和物。湿拌砂浆按用途可分为湿拌砌筑砂浆、湿拌抹灰砂浆、湿拌地面砂浆和湿拌防水砂浆。

6.6.2 干混砂浆

干混砂浆是指由专业生产厂家生产的,经干燥筛分处理的细集料与无机胶结料、保水增稠材料、矿物掺合料和添加剂按一定比例混合而成的一种颗粒状或粉状混合物,它既可由专用罐车运输到工地加水拌和使用,也可采用包装形式运到工地拆包加水拌和使用。干混砂浆按用途可分为干混砌筑砂浆、干混抹灰砂浆、干混地面砂浆、干混普通防水砂浆、干混陶瓷黏结砂浆、干混界面砂浆、干混保温板黏结砂浆、干混保温板抹面砂浆、干混聚合物水泥防水砂浆、干混自流平砂浆、干混耐磨地坪砂浆和干混饰面砂浆。

【本章小结】

砂浆是由胶凝材料、细集料和水按一定比例配制而成的一种用途和用量均较大的土木工程材料。砂浆的技术要求主要是指砂浆拌和物的密度,新拌砂浆的和易性,硬化砂浆的抗压强度,砂浆的黏结力、变形性、抗冻性及抗裂性等诸项性能。新拌砂浆的和易性主要通过流动性和保水性来评定。用于将砖、石砌块等块体材料黏结为砌体的砂浆,称为砌筑砂浆。用于涂抹在建筑物表面,兼有保护基层和美化作用的砂浆称为抹面砂浆。砌筑砂浆应根据工程类别和砌体部位的设计要求来选择砂浆的强度等级,再按所选择的砂浆强度等级确定其配合比。一般情况下可参考有关资料和手册,经过试配、调整来确定施工配合比。根据生产和供应形式,预拌砂浆可分为预拌干砂浆和预拌湿砂浆两大类型。预拌砂浆除了使用水泥、石膏、粉煤灰、矿渣粉以及各种粒级的细集料等普通原材料外,还常添加一些用以改善砂浆塑性性能和满足砂浆硬化后特殊性能要求的原材料,包括增稠剂、保水剂、稳定剂、聚合物乳液和可再分散乳胶粉、纤维、颜料以及各种混凝土外加剂等。

【本章习题】

第6章习题参考答案

一、判断题(正确的打√,错误的打×)

1. 砂浆的和易性与混凝土的和易性相同。 (　　)
2. 新拌砂浆的和易性包括流动性和保水性两方面。 (　　)
3. 砂浆的流动性越大越好。 (　　)
4. 新拌砂浆能够保持水分的能力称为保水性。 (　　)

5.砂浆的流动性是根据沉入度的大小来判定的。 ( )
6.抹面砂浆和砌筑砂浆的功能相同。 ( )
7.使用预拌砂浆可提高劳动生产率,改善劳动条件。 ( )

二、单项选择题

1.凡涂在建筑物或构件表面的砂浆,可统称为( )。
A.砌筑砂浆 B.抹面砂浆 C.混合砂浆 D.防水砂浆
2.用于不吸水底面的砂浆强度,主要取决于( )。
A.水灰比及水泥强度 B.水泥用量
C.水泥及砂用量 D.水泥及石灰用量
3.在抹面砂浆中掺入纤维材料可以改变砂浆的( )。
A.抗压强度 B.抗拉强度 C.保水性 D.分层度
4.用于吸水底面的砂浆强度主要取决于( )。
A.水灰比和水泥强度等级 B.水泥用量和水泥强度等级
C.水泥和砂用量 D.水泥和石灰用量
5.测定砂浆抗压强度的标准试件的尺寸是( )。
A.70.7mm×70.7mm×70.7mm B.70mm×70mm×70mm
C.100mm×100mm×100mm D.40mm×40mm×40mm

三、多项选择题

1.砂浆的和易性包括( )。
A.流动性 B.保水性 C.黏聚性 D.稠度
2.砂浆的技术性质有( )。
A.砂浆的和易性 B.砂浆的强度 C.砂浆黏结力 D.砂浆的变形性能
3.常用的普通抹面砂浆有( )等。
A.石灰砂浆 B.水泥砂浆 C.混合砂浆 D.砌筑砂浆

四、简答题

1.砂浆的和易性包括哪些含义?各用什么技术指标来表示?

2.抹灰砂浆与砌筑砂浆各有什么特点?

3.商品砂浆较现场搅拌砂浆的优点有哪些?干混砂浆与湿拌砂浆的优缺点有哪些?

第7章　钢　材

【本章重点】

钢材力学性能测试方法、影响因素和强化措施，土木工程中常用钢材的分类和选用原则，钢材的腐蚀机理和防护措施。

第7章课件

【学习目标】

了解钢材的微观结构与其性质的关系；熟练掌握钢材的力学性能(包括强度、弹性、塑性变形、耐疲劳性)的意义、测定方法及影响因素；熟悉钢材的强化机理和强化方法；掌握土木工程中常用钢材的分类和选用原则；掌握钢材的腐蚀机理和防护措施。

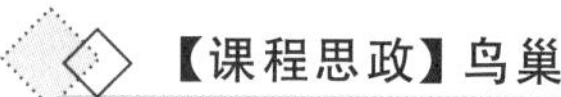

【课程思政】鸟巢

7.1上海环球金融中心

鸟巢，建筑造型呈椭圆形的马鞍形，外壳由钢结构有序编织而成，内部为三层碗状看台，看台混凝土结构为地下一层、地上七层的钢筋混凝土框架结构。可容纳观众9.1万人，工程占地面积约为20.4万平方米，总建筑面积约为25.8万平方米。

鸟巢结构设计奇特新颖，设计使用钢量为4.2万吨，但一般的钢材承受不了这种高强度，因此采用了Q460低合金高强度钢。这种钢板厚度需要达到110毫米，但国内只有100毫米的，110毫米的大多从国外进口。为了满足鸟巢的建设需求，我国科研人员历经半年3次试制终于科技攻关获得成功，撑起了鸟巢的铁骨钢筋。

鸟巢钢结构施工需多项技术，在国内属首次遇到，如箱型弯扭构件、钢结构综合安装技术、钢结构合龙施工、钢结构支撑卸载、焊接综合技术和施工测量测控技术与应用等六项最难施工技术，国内一无先例，二无规范可循，完全靠施工单位人员的技术研究与创新。

鸟巢的巨大成功体现了中国劳动者的伟大智慧。鸟巢被选为中国当代十大标志性建筑之一，被《泰晤士报》评为“最强悍”建筑。也有报道将鸟巢评为当代世界奇迹之一。

7.1　概述

金属材料分为有色金属和黑色金属两大类。黑色金属是以铁元素为主要成分的金属及其合金，如铁、钢和合金钢。有色金属是以其他金属元素为主要成分的金属及其合金，如

铜、铝、锌、铅等金属及其合金。

土木工程中应用量最大的金属材料是钢材，广泛应用于铁路、桥梁等各种结构工程中，还大量用作门窗和建筑五金等，在国民经济中发挥着重要作用。钢材强度高、品质均匀，具有一定的弹性和塑性变形能力，能够承受冲击、振动等荷载，且可加工性能好，能进行各种机械加工，也可以通过铸造的方法，将钢铸造成各种形状，还可以通过切割、铆接或焊接等多种方式的连接，进行装配式施工。因此，钢材是最重要的土木工程材料之一。

目前，建筑、市政结构大部分采用钢筋混凝土结构，此种结构自重大，但用钢量小，因此成本较低。建筑中的超高层结构为减轻自重，往往采用钢结构，而一些小型的工业建筑和临时用房为缩短施工周期，采用钢结构的比例也很大，桥梁工程和铁路中的钢结构更是占有绝对的地位。钢结构质量轻，施工方便，适用于大跨度、高层结构及缩短施工周期等的工程。但是，钢材在使用和服役过程中极易发生锈蚀，需要定期维护，因而成本和维护费用较大。

7.2 钢材的冶炼和分类

7.2.1 钢材的冶炼

钢是由生铁冶炼而成的。生铁是铁矿石、熔剂（石灰石）、燃料（焦炭）在高炉中经过还原反应和造渣反应得到的一种碳铁合金，其中碳的含量为 2.06% ～ 6.67%，磷、硫等杂质的含量也较高。生铁硬而脆，无塑性和韧性，不能进行焊接、锻造、轧制等加工，在建筑中很少应用。含碳量小于 0.04% 的铁碳合金，称为工业纯铁。熟铁是指含碳量低于 0.02% 的铁。

7.2 钢材冶炼脱氧程度与其性能关系

炼钢的原理是将熔融的生铁进行氧化，使铁的含量降到一定的程度，同时把硫、磷等杂质含量也降到一定允许范围内。所以，在理论上凡含碳量在 2.0% 以下，含有害杂质较少的铁碳合金，均可称为钢。钢的密度为 7.84 ～ 7.86g/cm^3。

目前，大规模炼钢的方法主要有以下三种。

1.氧气转炉法

氧气转炉法以熔融铁水为原料，由炉顶向转炉内吹入高压氧气，铁水中硫、磷等有害杂质迅速氧化而被有效除去。其特点是冶炼速度快（每炉需 25 ～ 45min），钢质较好且成本较低。常用来生产优质碳素钢和合金钢。目前，氧气转炉法是最主要的一种炼钢方法。

2.平炉法

平炉法以固体或液态生铁、废钢铁及适量的铁矿石为原料，以煤气或重油为燃料，依靠废钢铁及铁矿石中的氧气与杂质起氧化作用而成渣，熔渣浮于表面，使下层液态钢水与空气隔绝，避免空气中的氧、氮等进入钢中。平炉法冶炼时间长（每炉需 4 ～ 12h），有足够的时间调整和控制其成分，去除杂质更为彻底，故钢的质量好。可用于炼制优质碳素钢、合金钢及其他有特殊要求的专用钢。其缺点是能耗高、成本高。此法已逐渐被淘汰。

3. 电炉法

电炉法以废钢铁和生铁为原料，利用电能加热进行高温冶炼。该法熔炼温度高，且温度可自由调节，清除杂质较易，故电炉钢的质量最好，但成本也最高。主要用于冶炼优质碳素钢和特殊合金钢。

7.2.2 钢材的分类

一般地，对于钢而言，化学组成、杂质含量、脱氧程度、用途等的不同会造成其变现出不同性能，因此，为便于生产和使用，常对钢进行下列分类。

1. 按化学成分分类

按化学成分，钢可分为碳素钢和合金钢两大类。

1）碳素钢

碳素钢的主要成分是铁，其次是碳，故也称铁碳合金。此外，还含有少量的硅、锰及极少量的硫、磷等元素。其中碳含量对钢的性质影响显著。根据碳含量不同，碳素钢又可分为低碳钢（含碳量小于 0.25%）、中碳钢（含碳量为 0.25% ～ 0.60%）和高碳钢（含碳量大于 0.60%）。

2）合金钢

合金钢是在碳素钢的基础上，特意加入少量的一种或多种合金元素（如硅、锰、钛、钒等）后冶炼而成的。合金元素的掺量虽小，但能显著地改善钢的力学性能和工艺性能，还可使钢获得某种特殊的性能。按照合金元素含量不同，合金钢又可分为低合金钢（合金元素总含量小于 5%）、中合金钢（合金元素总含量为 5% ～ 10%）和高合金钢（合金元素总含量大于 10%）。

2. 按有害杂质含量分类

按钢中有害杂质硫、磷含量的多少，可分为四大类：普通钢（硫含量不大于 0.05%，磷含量不大于 0.045%）、优质钢（硫含量不大于 0.035%，磷含量不大于 0.035%）、高级优质钢（硫含量不大于 0.025%，磷含量不大于 0.025%）、特级优质钢（硫含量不大于 0.015%，磷含量不大于 0.025%）。

3. 按用途分类

按用途的不同，钢可以分为以下三类。

（1）结构钢，指主要用于工程结构和机械零件的钢，一般为低碳钢或中碳钢。

（2）工具钢，指主要用于各种工具、量具及模具的钢，一般为高碳钢。

（3）特殊钢，指具有特殊物理、化学或机械性能的钢，如不锈钢、耐热钢、耐磨钢、磁性钢等，一般为合金钢。

4. 按冶炼时脱氧程度分类

除国家标准对钢材的分类外，根据过去习惯还有按冶炼时脱氧程度分类。

1）沸腾钢

当炼钢时脱氧不充分，钢液中还有较多金属氧化物，浇铸钢锭后钢液冷却到一定的温度时，其中的碳会与金属氧化物发生反应，生成大量一氧化碳气体，气体外逸，引起钢液激烈沸腾，因而这种钢材称为沸腾钢。沸腾钢中碳和有害杂质磷、硫等在钢中分布不均，富集于某些区间的现象较严重，钢的致密程度较低。故沸腾钢的冲击韧性和可焊性较差，特别是低温冲击韧性的降低更显著。

2）镇静钢

当炼钢时脱氧充分，钢液中金属氧化物很少或没有，在浇铸钢锭时钢液会平静地冷却凝固，这种钢称为镇静钢。镇静钢组织致密，气泡少，偏析程度低，各种力学性能比沸腾钢优越。可用于受冲击荷载的结构或其他重要结构。

3）特殊镇静钢

比镇静钢脱氧更充分彻底的钢，称为特殊镇静钢。

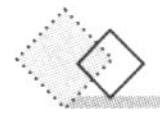

【案例分析7-1】钢结构屋架倒塌

概况：某厂的钢结构屋架是用中碳钢焊接而成的，使用一段时间后，屋架坍塌。

原因分析：因为钢材选用不当，中碳钢的塑性和韧性比低碳钢差；且其可焊性能较差，焊接时钢材局部温度高，形成了热影响区，其塑性、韧性下降较多，较易产生裂纹。建筑上常用的钢种是普通碳素钢中的低碳钢和合金钢中的低合金高强度结构钢。

炼钢炉出来的钢水被铸成钢坯或钢锭，钢坯经压力加工成钢材（钢铁产品）。钢材一般可分为型、板、管和丝四大类。

1. 型钢类

型钢品种很多，是一种具有一定界面形状和尺寸的实心长条钢材。按其断面形状不同又分为简单和复杂断面两种。前者包含圆钢、方钢、扁钢、六角钢和角钢；后者包括钢轨、工字钢、槽钢、窗框钢和异型钢等。直径在6.5～9.0mm的小圆钢称线材。

2. 钢板类

钢板是一种宽厚比和表面积都很大的扁平钢材。按厚度的不同分薄板（厚度小于4mm）、中板（厚度为4～25mm）和厚板（厚度大于25mm）三种。钢带包括在钢板类内。

3. 钢管类

钢管是一种中空截面的长条钢材。按其截面形状不同可分圆管、方形管、六角管和各种异形截面钢管。按加工工艺不同又可分为无缝钢管和焊接钢管两大类。

4. 钢丝类

钢丝是线材的再一次冷加工产品，按其形状不同，可分为圆钢丝、扁钢丝和三角形钢丝等。钢丝除直接使用外，还用于生产钢丝绳、钢纹线和其他制品。

我国目前将钢材分为16大品种，如表7-1所示。

表 7-1　钢材的分类

类别	品种	说明
型材	重轨	每米质量大于 30kg 的钢轨(包括起重机轨)
	轻轨	每米质量不大于 30kg 的钢轨
	大型型钢	普通钢圆钢、方钢、扁钢、六角钢、工字钢、槽钢、等边和不等边的角钢及螺纹钢等。按尺寸大小分为大、中、小型
	中型型钢	
	小型型钢	
	线材	直径 5 ～ 10mm 的圆钢和盘条
	冷弯型钢	将钢材或钢带冷弯成型制成的型钢
	优质型材	优质钢圆钢、方钢、扁钢和六角钢等
	其他钢材	包括重轨配件、车轴坯、轮箍等
板材	薄钢板	厚度不大于 4mm 的钢板
	厚钢板	厚度大于 4mm 的钢板。可分为中板(4mm ＜ 厚度 ⩽ 20mm)、厚板(20mm ＜ 厚度 ⩽ 60mm)、特厚板(厚度 ＞ 60mm)
	钢带	又称带钢,长而窄并成卷供应的薄钢板
	电工硅钢薄板	又称硅钢片或矽钢片
管材	无缝钢管	用热轧、热轧 - 冷拔或挤压等方法生产的管壁无接缝的钢管
	焊接钢管	将钢板或钢带卷曲成型,然后焊接制成的钢管
金属制品	金属制品	包括钢丝、钢丝绳、钢绞线等

7.3　钢材的微观结构和化学组成

钢材是铁 - 碳合金晶体。其晶体结构中,各个原子以金属键相互结合在一起,这种结合方式就决定了钢材具有很高的强度和良好的塑性。描述晶体结构的最小单元是晶格,钢的晶格有两种构件,即体心立方晶格和面心立方晶格,前者是原子排列在一个正六面体的中心和各个顶点而构成的空间格子,后者是原子排列在一个正六面体的各个顶点和六个面的中心而构成的空间格子。

碳素钢从液态变成固态晶体结构时,随着温度的降低,其晶格要发生两次转变,即在 1390℃ 以上的高温时,形成体心立方晶格,称 δ-Fe;温度由 1390℃ 降至 910℃ 的中温范围时,则转变为面心立方晶格,称 γ-Fe,此时伴随体积收缩;继续降至 910℃ 以下的低温时,又转变成体心立方晶格,称 α-Fe,这时将产生体积膨胀。

借助于现代先进的测试手段对金属的微观结构进行深入研究,可以发现钢材的晶格并不都是完好无缺的规则排列,而是存在许多缺陷,它们将显著地影响钢材的性能,这也

是钢材的实际强度远比其理论强度小的根本原因。对于钢材，一般而言，其主要的缺陷有点缺陷、线缺陷和面缺陷三种。

要得到含 Fe 100% 纯度的钢是不可能的，实际上，钢是以 Fe 为主的 Fe-C 合金，其中 C 含量虽很低，但对钢材性能的影响非常大。碳素钢冶炼时在钢水冷却过程中，其 Fe 和 C 有以下三种结合形式：固溶体、化合物(Fe_3C) 和机械混合物。这三种形式的 Fe-C 合金，于一定条件下能形成具有一定形态的聚合体，称为钢的组织。钢的基本组织主要有铁素体、奥氏体、渗碳体和珠光体四种(见表 7-2)。

表 7-2　钢的基本晶体组织

名称	含碳量 /%	结构特征	性能
铁素体	≤0.02	碳在 α-Fe 中的固溶体	塑性、韧性好，但强度、硬度低
奥氏体	0.77～2.11	碳在 γ-Fe 中的固溶体	＞727℃ 才稳定存在，强度、硬度不高，塑性好
渗碳体	6.67	铁和碳的化合物 Fe_3C	抗拉强度低，塑性差，更脆，耐磨
珠光体	约 0.8	铁素体和渗碳体的机械混合物	塑性较好，强度和硬度较高

碳素钢的含碳量不大于 0.8% 时，其基本组织为铁素体和珠光体。随着含碳量增大，珠光体的含量较大，铁素体相应减少，因而强度、硬度随之提高，但塑性和冲击韧性则相应下降。当碳素钢的含碳量等于 0.8% 时，钢的基本组织为珠光体。当碳素钢的含碳量大于 0.8% 时，钢的基本组织为珠光体和渗碳体，随着含碳量的增大，钢材的硬度增大，塑性、韧性减小，强度也下降(见图 7-1)。

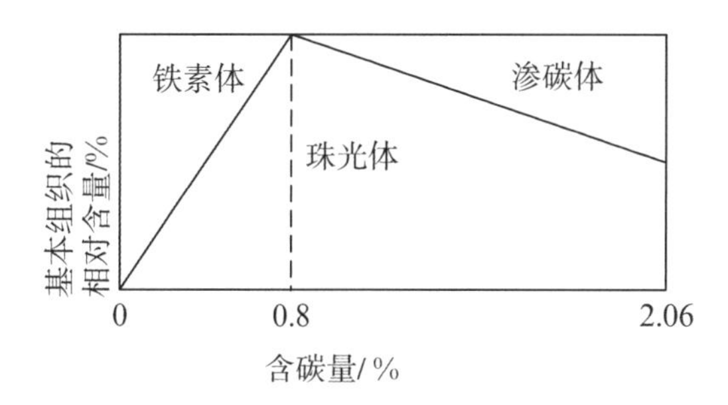

图 7-1　碳酸钢基本组织相对含量与含碳量的关系

除铁、碳外，在冶炼过程中会从原料、燃料中引入一些其他元素，这些元素存在于钢材组织结构中，对钢材的结构和性能有重要影响。根据这些元素的效应，可将其分为能改善优化钢材性能的合金元素和劣化钢材性能的元素两大类，具体变化情况如表 7-3 所示。

7.3 化学成分对钢材性能的影响

表 7-3　化学元素对钢材性能的影响

化学元素	强度	硬度	塑性	韧性	可焊性	其他
碳(C) 含量小于 0.8%　↑	↑	↑	↓	↓	↓	冷脆性　↑
硅(Si) 含量大于 1%　↑			↓	↓↓	↓	冷脆性　↑

续　表

化学元素		强度	硬度	塑性	韧性	可焊性	其他
锰(Mn)	↑	↑	↑		↑		脱氧、脱硫剂
钛(Ti)	↑	↑↑		↓	↑		强脱氧剂
钒(V)	↑	↑					时效　↓
铌(Nb)	↑	↑		↑	↑		
磷(P)	↑	↑		↓	↓	↓	偏析、冷脆 ↑↑
氮(N)	↑	↑		↓	↓↓	↓	冷脆性　↑
硫(S)	↑	↓				↓	
氧(O)	↑	↓				↓	

【案例分析 7-2】钢结构运输廊道倒塌

概况：某钢铁厂仓库运输廊道为钢结构，于某日倒塌。经检查可知，杆件发生断裂的位置在应力集中处的节点附近的整块母材上，桁架腹板和弦杆所有安装焊接结构均未破坏；全部断口和拉断处都很新鲜，未发黑、无锈迹。

原因分析：切取部分母材化学成分分析，其碳、硫含量均超过相关标准中碳硫含量规定，经组织研究也证实了含碳过高的化学分析。碳含量增加，钢强度、硬度增高，而塑性和韧性降低，且钢的冷脆性增大，可焊性降低。而硫多数以 FeS 形式存在，降低了钢的强度和耐疲劳性能，且不利于焊接。这是导致工程质量事故的原因。

7.4　钢材的主要技术性能

钢材作为主要的受力结构材料，不仅要具有一定的力学性能，而且要具有容易加工的性能，即工艺性能。其中力学性能是钢材最重要的使用性能，包括强度、弹性、塑性和耐疲劳性等。工艺性能是钢材的冷弯性能和可焊性。

7.4.1　抗拉性能

抗拉性能是建筑钢材最重要的力学性能。钢材受拉时，在产生应力的同时，相应地产生应变。应力和应变的关系反映出钢材的主要力学特征。从图 7-2 低碳钢(软钢)的应力-应变关系中可看出，低碳钢从受拉到拉断，经历了四个阶段：弹性阶段(OA)、屈服阶段(AB)、强化阶段(BC)和颈缩阶段(CD)。

1. 弹性阶段(OA)

在图中 OA 段，应力较低，应力与应变呈正比例关系，卸去外力，试件恢复原状，无残

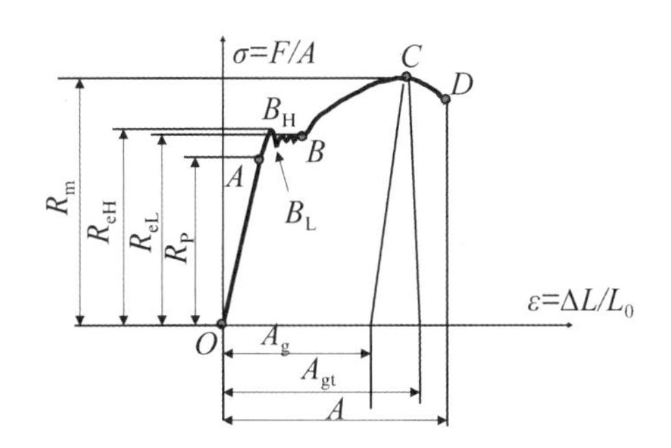

图 7-2　低碳钢受拉时的应力 - 应变图

余形变，这一阶段称为弹性阶段。弹性阶段的最高点（A 点）所对应的应力称为弹性极限，用 R_P 表示，在弹性阶段，应力和应变的比值为常数，称为弹性模量，用 E 表示。弹性模量反映钢材的刚度，是计算结构受力变形的重要指标。土木工程中常用钢材的弹性模量为(2.0 ～ 2.1) × 10^5 MPa。

2. 屈服阶段（AB）

当应力超过弹性极限后，应变的增长比应力快，此时，除产生弹性变形外，还产生塑性变形。当应力达到 B_H 后塑性变形急剧增加，应力 - 应变曲线出现一个小平台，这种现象称为屈服，这一阶段称为屈服阶段。屈服强度指当金属材料呈现屈服现象时，在试验期间达到塑性变形发生而力不增加的应力点。如果应力在屈服阶段出现波动，则应区分为上屈服点 B_H 和下屈服点 B_L。上屈服强度是指试样发生屈服而应力首次下降前的最大应力（R_{eH}）。下屈服强度是指不计初始瞬时效应时的最小应力（R_{eL}）。由于下屈服点比较稳定且容易测定，因此，采用下屈服点作为钢材的屈服强度（R_{eL}）。钢材受力达到屈服强度后，变形迅速增长，尽管尚未断裂，但已不能满足使用要求，故结构设计中将屈服强度作为许用应力取值的依据。常用低碳钢的抗拉强度为 185 ～ 235MPa。

3. 强化阶段（BC）

在钢材屈服到一定程度后，由于内部晶格扭曲、晶粒破碎等原因，阻止了塑性变形的进一步发展，钢材抵抗外力的能力重新提高，在应力 - 应变图上，曲线从 B_L 点开始上升直至最高点 C，这一过程称为强化阶段；对应于最高点 C 的应力称为抗拉强度（R_m）。它是钢材所承受的最大应力。常用低碳钢的抗拉强度为 375 ～ 500MPa。图 7-2 中 A_g 表示最大力下材料的最大塑性延伸率；A_{gt} 表示最大力下材料的最大总延伸率（弹性延伸与塑性延伸之和）。

抗拉强度在设计中虽然不能利用，但是抗拉强度与屈服强度之比（强屈比）R_m/R_{eL}，却是评价钢材使用可靠性的一个参数。强屈比愈大，钢材受力超过屈服点工作时的可靠性越大，安全性越高，但是，强屈比太大，钢材强度的利用率偏低，浪费材料。钢材的强屈比一般不低于用于抗震结构的普通钢筋，实测的强屈比应不低于 1.25。

4. 颈缩阶段（CD）

在钢材达到 C 点后，试件薄弱处的断面将显著减小，塑性变形急剧增加，产生“颈缩”

现象而断裂。图 7-2 中，A 表示断后伸长率，可从引伸计的信号测得或者直接从试样上测得这一性能指标。

塑性是钢材的一个重要性能指标。钢材的塑性通常用拉伸试验时的伸长率或断面收缩率来表示。断后伸长率 A 按式(7-1) 计算：

$$A = \frac{L_1 - L_0}{L_0} \times 100\% \tag{7-1}$$

式中，A 为断后伸长率；L_0 为试件原始标距，即室温下施力前的试样长度(mm)；L_1 为试样断后标距，即在室温下将断后的两部分紧密对接在一起，保证两部分的轴线位于同一条直线上，测量试样断裂后的长度(mm)。

断后伸长率是断后标距的残余伸长($L_1 - L_0$)与原始标距 L_0 之比的百分率。A 表示 $L_0 = 5.65\sqrt{S_0}$ 关系的试样断后伸长率，S_0 为平行长度的原始横截面。对于原始标距 L_0 与横截面 S_0 不是 $5.65\sqrt{S_0}$ 关系的试样，符号 A 应附下脚标说明所使用的比例系数，例如，$A_{11.3}$ 表示原始标距为 $11.3\sqrt{S_0}$ 的断后伸长率。对于非比例试样，符号 A 应附下脚标说明所使用的原始标距，以毫米(mm) 表示，例如，A_{80mm} 表示原始标距为 80mm 的断后伸长率。在试件标距内，试样的塑性变形分布是不均匀的，颈缩处变形最大。故原始标距越小，计算所得的断后伸长率越大。故同一种钢材，A 大于 $A_{11.3}$。

伸长率是衡量钢材塑性的指标，它的数值越大，表示钢材塑性越好。良好的塑性，可将结构上的应力(超过屈服点的应力) 重新分布，从而避免结构过早破坏。

断面收缩率指断裂后试样横截面积的最大缩减量与原始横截面积之比：

$$Z = \frac{S_0 - S_u}{S_0} \times 100\% \tag{7-2}$$

式中，Z 为断面收缩率；S_0 为试件原始截面积；S_u 为试件拉断后颈缩处的截面积。

伸长率和断面收缩率表示钢材断裂前经受塑性变形的能力。伸长率越大或断面收缩率越高，则钢材塑性越大。钢材塑性大，不仅便于进行各种加工，而且能保证钢材在建筑上的安全使用。因为钢材的塑性变形能调整局部高峰应力，使之趋于平缓，以免引起建筑结构的局部破坏及其所导致的整个结构破坏；钢材在塑性破坏前，有很明显的变形和较长的变形持续时间，便于人们发现和补救。

某些合金钢或含碳量高的钢材，如预应力混凝土用的高强度钢筋和钢丝具有硬钢的特点，无明显屈服阶段。由于在外力作用下屈服现象不明显，不便测出屈服点，故采用规定塑性延伸强度。规定塑性延伸强度指塑性延伸率等于规定的引伸计标距百分率时对应的应力，如图 7-3 所示。使用符号应附下脚标说明所规定的残余延伸率，如 $R_{p0.2}$ 表示规定残余延伸率为 0.2% 时的应力。

由拉伸试验测定的屈服强度(R_{eL})、抗拉强度(R_m) 和伸长率(A) 是钢材重要的技术指标。

7.4.2 冲击性能

钢材的冲击韧性是处在简支梁状态的金属试样在冲击负荷作用下折断时的冲击吸收

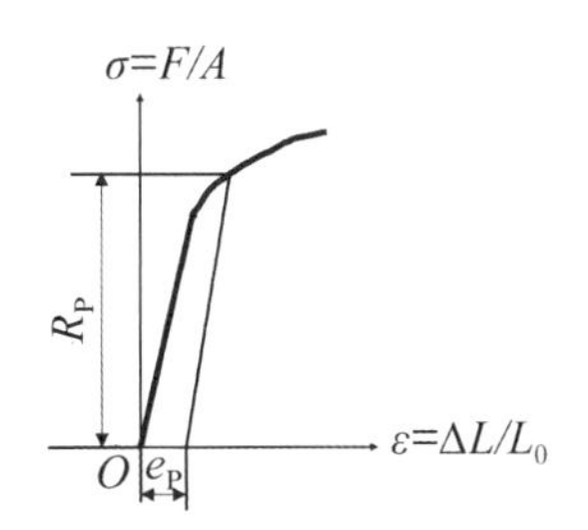

图 7-3 规定塑性延伸强度

功。钢材的冲击韧性试验是将标准弯曲试样置于冲击机的支架上，并使切槽位于受拉的一侧，如图 7-4 所示。当试验机的重摆从一定高度自由落下时，在试样中间开 V 形缺口，试样吸收的能量等于重摆所做的功 W。若试件在缺口处的最小横截面积为 A，则冲击韧性 α_k（单位为 J/cm^2）为：

$$\alpha_k = \frac{W}{A} \times 100\% \tag{7-3}$$

图 7-4 冲击韧性试验仪器

钢材的冲击韧性与钢材的化学成分、组织状态，以及冶炼、加工都有关系。例如，钢材中磷、硫含量较高，存在偏析、非金属夹杂物和焊接中形成的微裂纹等都会使冲击韧性显著降低。

冲击韧性随温度的降低而下降，其规律是开始时下降缓和，当达到一定温度范围时，突然下降很多而呈脆性，这种性质称为钢材的冷脆性；这时的温度称为脆性临界温度。脆性临界温度的数值越低，钢材的抗低温冲击性能越好。在负温下使用的结构，应当选用脆性临界温度低于使用温度的钢材。由于脆性临界温度的测定工作较复杂，通常根据使用环境的温度条件规定 −20℃ 或 −40℃ 的负温冲击值指标，以保证钢材在脆性临界温度以上使用。

钢材的冲击韧性越大，钢材抵抗冲击荷载的能力越强。α_k 值与试验温度有关。有些材料在常温时冲击韧性并不低，破坏时呈现脆性破坏特征。

7.4.3 耐疲劳性

受交变荷载反复作用时，钢材在应力低于其屈服强度的情况下突然发生脆性断裂破坏的现象，称为疲劳破坏。钢材的疲劳破坏一般是由拉应力引起的，受交变荷载反复作用时，钢材首先在局部形成细小裂纹，随后因微裂纹尖端的应力集中而使其逐渐扩大，直至突然发生瞬时疲劳断裂。疲劳破坏是在低应力状态下突然发生的，所以危害极大，往往造成灾难性的事故。

在一定条件下，钢材疲劳破坏的应力值随应力循环次数的增加而降低。钢材在无穷次交变荷载作用下而不至引起断裂的最大循环应力值，称为疲劳强度极限，实际测量时常以 2×10^6 次应力循环为基准。钢材的疲劳强度与很多因素有关，如组织结构、表面状态、合金成分、夹杂物和应力集中等几种情况。一般来说，钢材的抗拉强度高，其疲劳极限也较高。

7.4.4 冷弯性能

冷弯性能是指钢材在常温下承受弯曲变形的能力，以试验时的弯曲角度 α 和弯心直径 d 为指标。钢材的冷弯试验是对直径（或厚度）为 α 的试件，采用标准规定的弯心直径 $d(d = n\alpha, n$ 为整数)，弯曲到规定的角度时（180° 或 90°），检查弯曲处有无裂纹、断裂及起层等现象。若没有这些现象则认为冷弯性能合格。钢材冷弯时的弯曲角度 α 越大，d/α 越小，则表示冷弯性能越好，如图 7-5 所示。

7.4 钢材的冷弯性能与其内部组织的关系

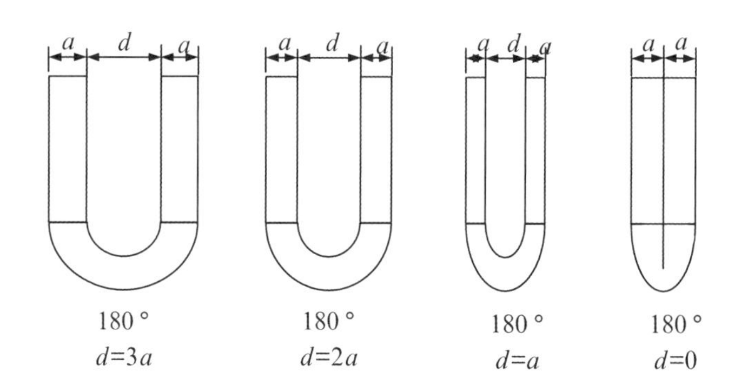

图 7-5 钢材冷弯试验

应该指出的是，伸长率反映的是钢材在均匀变形下的塑性，而冷弯性能是钢材处于不利变形条件下的塑性，可揭示钢材内部组织是否均匀，存在内应力和夹杂物等缺陷。而这些缺陷在拉伸试验中常因塑性变形导致应力重分布而得不到反映。

7.4.5 冷拉性能

冷拉是将钢筋拉至其应力 - 应变曲线的强化阶段内任一点 K 处，然后缓慢卸去荷载，则当再度加载时，其屈服极限将有所提高，而其塑性变形能力将有所降低。冷拉一般可控制冷拉率。钢筋经冷拉后，一般屈服点可提高 20% ～ 25%。

7.4.6　冷拔性能

冷拔是将光圆钢筋通过硬质合金拔丝模孔强行拉拔。冷拔作用比纯拉伸的作用强烈，钢筋不仅受拉，而且同时受到挤压作用。经过一次或多次的冷拔后得到的冷拔低碳钢丝，其屈服点可提高 40% ～ 60%，但钢的塑性和韧性下降，而具有硬钢的特点。

建筑工程中大量使用的钢筋采用冷加工强化具有明显的经济效益。经过冷加工的钢材，可适当减小钢筋混凝土结构设计截面，或减小混凝土中配筋数量，从而达到节约钢材的目的。钢筋冷拉还有利于简化施工工序。冷拉盘条钢筋可省去开盘和调直工序；冷拉直条钢筋则可与矫直、除锈等工序一并完成。但冷拔钢丝的屈强比较大，相应的安全储备较小。

7.5 钢材的冷拉和冷拔功效

7.4.7　冷轧性能

冷轧是将圆钢在冷轧机上轧成断面形状规则的钢筋，可提高其强度及与混凝土的黏接力。钢筋在冷轧时，纵向与横向同时产生变形，因而能较好地保持其塑性和内部结构均匀性。

7.4.8　时效处理

将冷加工处理后的钢筋，在常温下存放 15 ～ 20d，或加热至 100 ～ 200℃ 后保持一定时间(2 ～ 3h)，其屈服强度进一步提高，且抗拉强度也提高，同时塑性和韧性也进一步降低，弹性模量则基本恢复。这个过程称为时效处理。

时效处理方法有两种：在常温下存放 15 ～ 20d，称为自然时效，适合用于低强度钢筋；加热至 100 ～ 200℃ 保持一定时间(2 ～ 3h)，称人工时效，适合用于高强钢筋。

钢筋经冷拉时效处理后，屈服强度和极限抗拉强度提高，塑性和韧性则相应降低，且屈服强度和极限抗拉强度提高的幅度略大于冷拉。时效处理对去除冷拉件的残余应力有积极作用。

7.4.9　热处理

热处理是将钢材按规定的温度，进行加热、保温和冷却处理，以改变其组织，得到所需要的性能的一种工艺。热处理包括淬火、回火、退火和正火。

7.6 干将莫邪宝剑 —— 钢材冷加工和热处理

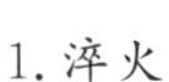
1. 淬火

将钢材加热至基本组织改变温度以上，保温使基本组织转变为奥氏体，然后将其投入水或矿物油中急冷，使晶粒细化，碳的固溶量增加，强度和硬度增加，塑性和韧性明显下降。

2. 回火

将比较硬脆、存在内应力的钢，再加热至基本组织改变温度以下(150 ～ 650℃)，保温后按一定制度冷却至室温的热处理方法称回火。回火后的钢材,内应力消除,硬度降低,塑性和韧性得到改善。

3. 退火

将钢材加热至基本组织转变温度以下(低温退火)或以上(完全退火),适当保温后缓慢冷却,以消除内应力,减少缺陷和晶格畸变,使钢的塑性和韧性得到改善。

4. 正火

将钢件加热至基本组织改变温度以上,然后在空气中冷却,使晶格细化,钢的强度提高而塑性有所降低。

【案例分析 7-3】北海油田平台倾覆

概况:1980 年 3 月 27 日,北海爱科菲斯科油田的 A. L. 基尔兰德号平台突然从水下深部传来一次震动,紧接着一声巨响,平台立即倾斜,短时间内翻于海中,致使 123 人丧生,造成巨大的经济损失。

原因分析:现代海洋钢结构如移动式钻井平台,特别是固定式桩基平台,在恶劣的海洋环境中受风浪和海流的长期反复作用和冲击振动,在严寒海域长期受流冰等随海潮对平台的冲击碰撞,另外还受低温作用和海水腐蚀介质的作用等,这些都给钢结构平台带来极为不利的影响。突出问题就是海洋钢结构的脆性断裂和疲劳破坏。

上述事故的调查分析显示,事故原因是撑竿支座疲劳裂纹萌生、扩展,导致撑竿迅速断裂。撑竿断裂,使相邻 5 个支杆过载而破坏,接着所支撑的承重脚柱破坏,使平台 20min 内全部倾覆。

7.5 土木工程中常用钢材的牌号与选用

土木工程中常用的钢材主要是建筑钢材和铝合金。建筑钢材分为钢结构用钢和钢筋混凝土结构用钢。前者主要是型钢和钢板,后者主要是钢筋、钢丝、钢绞线等。建筑钢材的原料钢多为碳素钢和低合金钢。

7.5.1 建筑钢材

1. 碳素结构钢

碳素结构钢是最基本的钢种,包括一般结构钢和工程用热轧钢板、钢带、型钢等。《碳素结构钢》(GB/T 700—2006) 中规定了碳素结构钢的牌号、技术要求、试验方法和检验规则等。

1) 牌号及其表示方法

碳素结构钢牌号由代表屈服点的字母、屈服点数值、质量等级符号、脱氧方法等四个部分按顺序组成。其中以“Q” 代表屈服点;屈服点数值共分 195MPa、215MPa、235MPa 和

275MPa四种；质量等级按硫、磷等杂质含量由多到少，分别用A、B、C、D符号表示；脱氧方法以F表示沸腾钢，Z、TZ表示镇静钢和特殊镇静钢，Z和TZ在钢的牌号中可以省略。例如：Q235-A-F表示屈服点为235MPa的A级沸腾钢。

随着牌号的增大，含碳量增加，强度提高，塑性和韧性降低，冷弯性能逐渐变差。同一钢号内质量等级越高，钢材的质量越好，如Q235C级优于Q235A、Q235B级。

7.7 鸟巢钢材Q460

2) 碳素结构钢技术性能与应用

根据国家标准《碳素结构钢》(GB/T 700—2006)，随着牌号的增大，对钢材屈服强度和抗拉强度的要求增大，对伸长率的要求降低。

碳素结构钢的技术性能要求主要包括化学成分、冶炼方法、交货状态、力学性能和表面质量等五大方面。碳素结构钢的化学成分、力学性能和冷弯试验指标应分别符合表7-4、表7-5和表7-6的要求。

表7-4　碳素结构钢的化学成分要求

牌号	质量等级	化学成分(质量分数/%)，≤					脱氧方法
		C	Mn	Si	S	P	
Q195	—	0.12	0.50	0.30	0.40	0.035	F、Z
Q215	A	0.15	1.20	0.35	0.050	0.045	F、Z
	B				0.045		
Q235	A	0.22	1.40	0.35	0.050	0.045	F、Z
	B	0.20(经需方同意或，可调整为0.22)			0.045		
	C	0.17			0.040	0.040	Z
	D	0.17			0.35	0.035	TZ
Q275	A	0.24	1.50	0.35	0.050	0.045	F、Z
	B	0.21(当厚度或直径≤40mm)； 0.22(当厚度或直径>40mm)			0.045	0.045	Z
	C	0.20			0.040	0.040	Z
	D				0.035	0.035	TZ

不同牌号的碳素结构钢在土木工程中有不同的应用。

(1)Q195强度不高，塑性、韧性、加工性能与焊接性能较好，主要用于轧制薄板和盘条等。

表 7-5　碳素结构钢的力学性能

牌号	等级	拉伸试验												冲击试验	
		屈服强度 R_{eH}/MPa，≥						抗拉强度/MPa	伸长率 A/(%)，≥					温度/℃	V 型缺口冲击吸收功（纵向）/J，≥
		厚度（或直径）/mm							厚度（直径）/mm						
		≤16	>16～40	>40～60	>60～100	>100～150	>150～200		≤40	>40～60	>60～100	>100～150	>150～200		
Q195	—	195	185	—	—	—	—	315～430	33		—	—	—	—	—
Q215	A	215	205	195	185	175	165	335～450	31	30	29	27	26	—	—
	B													20	27
Q235	A	235	225	215	215	195	185	370～500	26	25	24	22	21	—	—
	B													20	27
	C													0	
	D													−20	
Q275	A	275	265	255	245	225	215	410～540	22	21	20	18	17	—	—
	B													20	27
	C													0	
	D													−20	

注：Q195 的屈服强度值仅供参考，不作交货条件；厚度大于 100mm 的钢材，抗拉强度下限允许降低 20MPa，宽带钢（包括剪切钢板）抗压强度上限不作交货条件；厚度小于 25mm 的 Q235B 级钢材，若供方能够保证冲击吸收功值合格，则经需方同意，可不作检验。

表 7-6 碳素结构钢的冷弯试验指标

牌号	试样方向	冷弯试验 $d=2a$，180°	
		钢材厚度(直径)/mm	
		≤60	>60～100
		弯心直径 d	
Q195	纵	0	—
	横	$0.5a$	
Q215	纵	$0.5a$	$1.5a$
	横	a	$2a$
Q235	纵	a	$2a$
	横	$1.5a$	$2.5a$
Q275	纵	$1.5a$	$2.5a$
	横	$2a$	$3a$

注：d 为试样的宽度，a 为试样的厚度(或直径)；钢材厚度(或直径)大于100mm时，弯曲试验由试验双方协商确定。

(2)Q215 与 Q195 钢基本相同，其强度稍高，大量制作成管坯、螺栓等。

(3)Q235 强度适中，有良好的承载性，又具有较好的塑性和韧性，可焊性和可加工性也较好，是钢结构常用的牌号，被大量制作成钢筋、型钢和钢板，用于建造房屋和桥梁等。Q235 是建筑工程中最常用的碳素结构钢牌号，其既具有较高强度，又具有较好的塑性、韧性，同时还具有较好的可焊性。Q235 良好的塑性可保证钢结构在超载、冲击、焊接、温度应力等不利因素作用下的安全性，因而 Q235 能满足一般钢结构用钢的要求。Q235A 一般用于只承受静荷载的钢结构，Q235B 适合用于承受动荷载焊接的普通钢结构，Q235C 适合用于承受动荷载焊接的重要钢结构，Q235D 适合用于低温环境使用的承受动荷载焊接的重要钢结构。

(4)Q275 牌号的钢，强度较高，但塑性、韧性差，焊接性能也差，不宜进行冷加工，可用来轧制带肋钢筋，制作螺栓配件，用于钢筋混凝土结构和钢结构中，但更多的是用于机械零件和工具中。

《优质碳素结构钢》(GB/T 699—2015) 中规定，优质碳素结构钢共有 28 个牌号，表示方法与其平均含碳量(以 0.01% 为单位) 及含锰量相对应。如序号 6 的优质碳素结构钢统一数字代号为 U20302，牌号为 30，其碳含量为 0.27% ～ 0.34%，Mn 含量为 0.50% ～ 0.80%。又如序号 14 的优质碳素结构钢统一数字代号为 U20702，牌号为 70，其碳含量为 0.67% ～ 0.75%，Mn 含量为 0.50% ～ 0.80%。序号 18 ～ 28 的优质碳素结构钢 Mn 含量比序号 1 ～ 17 的优质碳素结构钢高，牌号还注明 Mn。如序号 21 的优质碳素结构钢统一数字代号为 U21302，其碳含量与统一数字代号 U20302 的优质碳素结构钢碳含量相同，亦为 0.27% ～ 0.34%，但 Mn 含量为 0.70% ～ 1.00%，其牌号为 30Mn。

在建筑工程中，牌号 30 ～ 45 的优质碳素结构钢主要用于重要结构的钢铸件和高强度螺栓等，牌号 65 ～ 80 的优质碳素结构钢用于生产预应力混凝土用钢丝和钢绞线。

2. 低合金高强度结构钢

1) 组成与牌号

低合金高强度结构钢是一种在碳素钢的基础上添加总量小于 5% 的一种或多种合金元素的钢材。合金元素有硅(Si)、锰(Mn)、钒(V)、铌(Nb)、铬(Cr)、镍(Ni) 及稀土元素等。

《低合金高强度结构钢》(GB/T 1591—2018) 规定，低合金钢牌号由代表钢材屈服强度的字母“Q”、屈服强度值、交货状态代号、质量等级符号(B、C、D、E、F) 四个部分组成。交货状态为热轧时，交货状态代号可省略；交货状态为正火或正火轧制状态时，交货状态代号均用 N 表示。如 Q355ND 表示屈服强度不小于 355MPa，交货状态为正火或正火轧制质量等级为 D 级的低合金高强度结构钢。

2) 性能与应用

低合金高强度结构钢与碳素结构钢相比，具有较高的强度，综合性能好。其强度的提高主要是靠加入合金元素细晶强化和固溶强化来达到的。在相同的使用条件下，可比碳素结构钢节省用钢 20% ～ 30%，对减轻结构自重有利。同时还具有良好的塑性、韧性、可焊性、耐磨性、耐蚀性、耐低温性等性能。

低合金高强度结构钢主要用于轧制各种型钢、钢板、钢管及钢筋，广泛用于钢结构和

钢筋混凝土结构中，特别适用于各种重型结构、高层结构、大跨度结构及桥梁工程等。

3. 耐候结构钢

耐候结构钢是通过添加少量合金元素如Cu、P、Cr、Ni等，使其在金属基体表面形成保护层，以提高耐大气腐蚀性能的钢。其有高耐候钢与焊接耐候钢两个类别，主要用于车辆、桥梁、建筑、塔架等长期暴露在大气中使用的钢结构。高耐候钢与焊接耐候钢相比，具有较好的耐大气腐蚀性能，但焊接性能差于后者。

7.5.2　土木工程常用钢材

1. 钢筋

1) 热轧光圆钢筋

热轧光圆钢筋的牌号由HPB与屈服强度特征值构成。HPB为热轧光圆钢筋的英文(hot rolled plain bars)缩写。热轧光圆钢筋需符合《钢筋混凝土用钢 第1部分：热轧光圆钢筋》(GB/T 1499.1—2017)的规定：热轧光圆钢筋的屈服强度R_{eL}、抗拉强度R_m、断后伸长率A、最大总伸长率A_{gt}和冷弯试验的力学性能特征值应符合表7-7的规定。

表7-7　热轧光圆钢筋的力学性能

牌号	R_{eL}/MPa	R_m/Mpa	A/%	A_{gt}/%	冷弯试验180°
HPB300	≥300	≥420	≥25	≥10.0	$d=a$

注：d为弯芯直径；a为钢筋公称直径。

热轧光圆钢筋的强度虽然不高，但具有塑性好、伸长率高、便于弯折成形、容易焊接等特点。它的使用范围很广，可用作中、小型钢筋混凝土结构的主要受力钢筋，构件的箍筋，钢、木结构的拉杆等。还可作为冷轧带肋钢筋的原材料，盘条还可作为冷拔低碳钢丝的原材料。

2) 带肋钢筋

带肋钢筋指横截面通常为圆形，且表面带肋的混凝土结构用钢材。带肋钢筋包括热轧带肋钢筋和冷轧带肋钢筋。带肋钢筋表面轧有纵肋和横肋，纵肋即平行于钢筋轴线的均匀连续肋；横肋是与钢筋轴线肋不平行的其他肋。月牙肋钢筋是横肋的纵截面呈月牙形，且与纵肋不相交的钢筋。带肋钢筋加强了钢筋与混凝土之间的黏结力，可有效防止混凝土与配筋之间发生相对位移。

3) 热轧带肋钢筋

《钢筋混凝土用钢 第2部分：热轧带肋钢筋》(GB/T 1499.2—2018)规定，普通热轧钢筋是按热轧状态交货的钢筋。热轧带肋钢筋(hot rolled ribbed bars)按屈服强度特征值分为400、500、600级。普通热轧带肋钢筋的牌号由HRB和牌号的屈服强度特征值构成，包括HRB400、HRB500、HRB600，以及HRB400E、HRB500E。HRB为热轧带肋钢筋的英文缩写；E为“地震”的英文首位字母。细晶粒热轧带肋钢筋的牌号由HRBF和牌号的屈服强度特征值构成，HRBF是在热轧带肋钢筋的英文缩写后加“细”的英文(fine)的首位字母，包括HRBF400、HRBF500，以及HRBF400E、HRBF500E。

热轧带肋钢筋可用于纵向受力普通钢筋混凝土，梁、柱纵向受力普通钢筋混凝土和箍筋等。牌号后加E的钢筋表示其达到国家颁布的“抗震”标准。

4）冷轧带肋钢筋

冷轧带肋钢筋(cold rolled ribbed steel bars)是由热轧圆盘条经冷轧后，在其表面带有沿长度方向均匀分布的横肋的钢筋。其横肋呈月牙形。《冷轧带肋钢筋》(GB/T 13788—2017)规定，冷轧带肋钢筋按延性高低分为两类：冷轧带肋钢筋，代号CRB；高延性冷轧带肋钢筋，代号由CRB、抗拉强度特征值及H构成。C、R、B、H分别为冷轧(cold rolled)、带肋(ribbed)、钢筋(bar)、高延性(high elongation)四个词的英文首位字母。钢筋分为CRB550、CRB650、CRB800、CRB600H、CRB680H、CRBH800H六个牌号。CRB550、CRB600H为普通钢筋混凝土用钢筋；CRB650、CRB800、CRBH800H为预应力混凝土用钢筋；CRB680H既可作为普通钢筋混凝土用钢筋，也可作为预应力混凝土用钢筋。

冷轧带肋钢筋提高了钢筋的强度，特别是锚固强度较高，而塑性较低，但伸长率一般仍较同类冷加工钢材大。

5）不锈钢钢筋

热轧不锈钢钢筋(hot rolled stainless bars)是按热轧工艺生产，以不锈、耐腐蚀为主要特征的钢筋。《钢筋混凝土用不锈钢钢筋》(YB/T 4362—2014)规定，钢筋按屈服强度特征值分为300、400、500级。钢筋的屈服强度$R_{p0.2}$、拉伸强度R_m、断后伸长率A、最大力下总伸长率A_{gt}等力学性能特征值应符合表7-8的规定。

表7-8　热轧不锈钢钢筋的力学性能

类别	牌号	$R_{p0.2}$/MPa	R_m/MPa	A/%	A_{gt}/%
热轧光圆不锈钢钢筋	HPB300S	≥300	≥330	≥25	≥10
热轧带肋不锈钢钢筋	HPB400S	≥400	≥440	≥16	≥7.5
热轧带肋不锈钢钢筋	HPB500S	≥500	≥550	≥15	≥7.5

钢筋伸长率类型可从A或A_{gt}中选定，但仲裁检验时采用A_{gt}。弯曲180°后，钢筋受弯部位表面不得产生裂纹。

2. 钢丝和钢绞线

1）预应力混凝土用钢丝

《预应力混凝土用钢丝》(GB/T 5223—2014)规定，钢丝按加工状态分为冷拉钢丝和消除应力钢丝两类。冷拉钢丝应用于压力管道。冷拉钢丝代号为WCD；低松弛钢丝代号为WLR。钢丝按外形分为光圆、螺旋肋、刻痕三种。光圆钢丝代号为P；螺旋肋钢丝代号为H；刻痕钢丝代号为I。

7.8 虎门二桥缆索钢丝

钢丝的抗拉强度比钢筋混凝土用热轧光圆钢筋、热轧带肋钢筋高许多，在构件中采用预应力钢丝可收到节省钢材、减少构件截面和节省混凝土的效果，主要用作桥梁、吊车梁、大跨度屋架、管桩等预应力钢筋混凝土构件中。

2）锌铝合金镀层钢丝缆索

《锌铝合金镀层钢丝缆索》(GB/T 32963—2016）规定，对光面钢丝表面采用熔融热浸镀方式，生成锌铝合金镀层钢丝，其中镀层中铝含量在4.2%～7.2%的称为锌铝合金镀层钢丝。采用锌铝合金镀层钢丝制成的缆索称为锌铝合金镀层钢丝缆索，包括悬索桥主缆用预制平行锌铝合金镀层钢丝索股和斜拉桥用热挤聚乙烯锌铝合金镀层钢丝拉索。悬索桥锌铝合金镀层钢丝吊索可参照使用。

3）预应力混凝土用钢绞线

预应力混凝土用钢绞线由冷拉光圆钢丝和刻痕钢丝捻制而成。由冷拉光圆钢丝捻制成的钢绞线称为标准型钢绞线；由刻痕钢丝捻制成的钢绞线称为刻痕钢绞线；捻制后再经冷拔成的钢绞线称为模拔型钢绞线。

7.9 如何鉴别钢筋的质量

按《预应力混凝土用钢绞线》(GB/T 5224—2014)，预应力混凝土钢绞线按结构分为八类。如用两根钢丝捻制的钢绞线，代号为1×2；用三根钢丝捻制的钢绞线，代号为1×3；用三根刻痕钢丝捻制的钢绞线，代号为1×3I；用七根钢丝捻制的钢绞线，代号为1×7；用七根钢丝捻制又经模拔的钢绞线，代号为(1×7)C。

公称直径为15.20mm，强度级别为1860MPa的七根钢丝捻制的标准型钢绞线，其标记为：预应力钢绞线1×7-15.20-1860-GB/T 5224-2014。

公称直径为8.70 mm，强度级别为1720MPa的三根刻痕钢丝捻制的标准型钢绞线，其标记为：预应力钢绞线1×3I-8.70-1720-GB/T 5224-2014。

预应力钢绞线主要用于预应力混凝土配筋。与钢筋混凝土中的其他配筋相比，预应力钢绞线具有强度高、柔性好、质量稳定、成盘供应无需接头等优点。适用于大型屋架、薄腹梁、大跨度桥梁等负荷大、跨度大的预应力结构。

3. 型钢

型钢所用的母材主要是普通碳素结构钢和低合金高强度结构钢。钢结构常用的型钢有工字钢、H型钢、T型钢、槽钢、等边角钢、不等边型钢等。型钢由于截面形式合理，材料在截面上分布对受力最为有利，且构件间连接方便，所以它是钢结构中主要采用的钢材。

1）热轧H型钢和剖分T型钢

H型钢由工字钢发展而来，优化了截面的分布。与工字钢相比，H型钢具有翼缘宽、侧向刚度大、抗弯能力强、翼缘两表面相互平行、连接构件方便、省劳力、重量轻、节省钢材等优点，常用于要求承载力大、截面稳定性好的大型建筑。

T型钢由H型钢对半剖分而成，GB/T 11263—2017《热轧H型钢和剖分T型钢》规定，H型钢分为四类：宽翼缘H型钢(代号为HW)、中翼缘H型钢(代号为HM)、薄壁H型钢(代号为HT)和窄翼缘H型钢(代号为HN)。剖分T型钢分为三类：宽翼缘剖分T型钢(代号为TW)、中翼缘剖分T型钢(代号为TM)和窄翼缘剖分T型钢(代号为TN)。

规格表示方法如下：

H型钢：H与高度H值×宽度B值×腹板厚度t_1值×翼缘厚度t_2值，如H596×199×10×15。

剖分T型钢：T与高度H值×宽度B值×腹板厚度t_1值×翼缘厚度t_2值，如T207

×405×18×28。

2）冷弯薄壁型钢

其主要包括结构用冷弯空心型钢和通用冷弯开口型钢两类。

(1) 结构用冷弯空心型钢：空心型钢是用连续辊式冷弯机组生产的，按形状可分为方形空心型钢(代号为 F) 和矩形空心型钢(代号为 J)。

(2) 通用冷弯开口型钢：冷弯开口型钢是用可冷加工变形的冷轧或热轧钢带在连续辊式冷弯机组上生产的，按形状分为冷弯等边角钢、冷弯不等边角钢、冷弯等边槽钢、冷弯不等边槽钢、冷弯内卷边槽钢、冷弯外卷边槽钢、冷弯 Z 型钢、冷弯卷边 Z 型钢八种。

4. 建筑结构用钢板

《建筑结构用钢板》(GB/T 19879—2015) 对制作高层建筑结构、大跨度结构及其他重要建筑结构结构用厚 6 ～ 200mm 的 Q345GJ，厚 6 ～ 150mm 的 Q235GJ、Q390GJ、Q420GJ、Q460GJ 和厚 12 ～ 40mm 的 Q500GJ、Q550GJ、Q620GJ，Q690GJ 的热轧钢板提出了相关的规定。

钢的牌号由代表屈服强度的汉语拼音字母(Q)、规定最小屈服强度数值、代表高性能建筑结构用钢的汉语拼音字母(GJ)、质量等级符号(B、C、D、E) 组成，如 Q345GJC。对于厚度方向性能钢板，在质量等级后加上厚度方向性能级别(Z15、Z25、Z35)，如 Q345GJCZ25。

建筑结构用钢板是一种综合性能良好的结构钢板，适用于承受动力荷载、地震荷载。同样适用于要求有较高强度与延性的重要承重构件，特别是采用厚板密实性截面的构件，如超高层框架柱，转换层大梁，大吨位、大跨度重级吊车梁等。近几年来，大批量建筑结构用钢板的厚板已成功地用于国家体育场(鸟巢)、北京大兴国际机场、国家大剧院、中央电视台新台址主楼等多项标志性工程，效果良好。另外，因厚度方向性能钢板需要加价，故设计选用建筑结构用钢板，应合理地要求此项性能。

5. 棒材和钢管

1）棒材

常用的棒材有六角钢、八角钢、扁钢、圆钢和方钢。

热轧六角钢和八角钢是截面为六角形和八角形的长条钢材，规格用“对边距离”表示。建筑钢结构的螺栓常以此种钢材为坯材。

热轧扁钢是截面为矩形并稍带钝边的长条钢材，规格用“厚度×宽度”表示，规格范围为 3mm×10mm ～ 60mm×150mm。扁钢在建筑上用作房架构件、扶梯、桥梁和栅栏等。

2）钢管

钢结构中常用热轧无缝钢管和焊接钢管。钢管在相同截面积下，刚度较大，因而是中心受压杆的理想截面；流线型的表面使其承受风压小，用于高耸结构十分有利。在建筑结构上钢管多用于制作桁架、塔桅等构件，也可用于制作钢管混凝土。钢管混凝土是指在钢管内浇筑混凝土而形成的构件，可使构件承载力大大提高，且具有良好的塑性和韧性，经济效果显著，施工简单、工期短。钢管混凝土可用于厂房柱、构架柱、地铁站台柱、塔柱和高层建筑等。

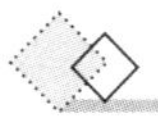
【案例分析 7-4】中央电视台新台址主楼钢结构工程中用 Q345GJ 钢板替代 Q390D 钢材

主楼钢结构工程中，原大量选用了 Q390 钢材，最大厚度达 130mm，同时对钢材的强度、延性、抗震性能、焊接性能等综合性能均有很高的要求。

专家论证会讨论提出，该工程选用的 Q390 钢材其性能和技术指标符合设计规范，但大批量 Q390 钢特别是大批量厚板在国内大型、重要建筑工程中首次采用，应用经验不足。同时 Q390 钢为通用性低合金钢，按该工程使用要求尚需附加屈强比、屈服强度上限与碳当量等多项补充技术要求。且 Q390 钢板的焊接要求高，与施工进度要求不相适应。而由《建筑结构用钢板》(GB/T 19879—2015) 可知，高层建筑用 Q345GJ 厚板较 Q390 钢有较好的延性、冲击韧性和焊接性能，已在国内多项大型重点工程上成功应用，如国家体育场、五棵松文化体育中心等。经分析比较，Q345GJ 厚板(50 ～ 100mm) 钢的强度级别相当于 Q390 钢，综合性能优于 Q390 钢，因此该工程可用 Q345GJ 替代 Q390D，并要求钢厂保证较为稳定的屈服强度区间，适当加密检验批次，以确保质量。

7.6 钢材的腐蚀与防护

7.6.1 钢材的腐蚀

钢材表面与周围介质发生作用而引起破坏的现象称作腐蚀(锈蚀)。钢材腐蚀的现象普遍存在，如在大气中生锈，特别是当环境中有各种侵蚀性介质或湿度较大时，情况就更为严重。腐蚀不仅使钢材有效截面积均匀减小，还会产生局部锈坑，引起应力集中；腐蚀会显著降低钢的强度、塑性、韧性等力学性能。根据钢材与环境介质的作用原理，腐蚀可分为化学腐蚀和电化学腐蚀。

1. 化学腐蚀

7.10 钢筋腐蚀主要原因分析

化学腐蚀指钢材与周围的介质(如氧气、二氧化碳、二氧化硫和水等)直接发生化学作用，生成疏松的氧化物而引起的腐蚀。一般情况下，是钢材表面 FeO 保护膜被氧化成黑色的 Fe_2O_3。

在常温下，钢材表面能形成 FeO 保护膜，可以防止钢材进一步锈蚀。所以，在干燥环境中化学锈蚀速度缓慢，但在温度和湿度较大的情况下，这种锈蚀进展加快。

2. 电化学腐蚀

钢材由不同的晶体组织构成，并含杂质，由于这些成分的电极电位不同，当有电解质溶液(如水)存在时，就会在钢材表面形成许多微小的局部原电池。电化学锈蚀是指钢材与电解溶液接触而产生电流，形成原电池而引起的锈蚀。整个电化学腐蚀过程如下：

阳极区：$Fe \longrightarrow Fe^{2+} + 2e$

阴极区：$H_2O + 1/2O_2 + 2e \longrightarrow 2OH^-$

溶液区：$Fe^{2+} + 2OH^- \longrightarrow Fe(OH)_2$

$Fe(OH)_2$ 不溶于水，但易被氧化[见式(7-4)]，该氧化过程会发生体积膨胀。

$$4Fe(OH)_2 + 2H_2O + O_2 \longrightarrow 4Fe(OH)_3 \tag{7-4}$$

水是弱电解质溶液，而溶有 CO_2 的水则成为有效的电解质溶液，从而加速电化学腐蚀的过程。钢材在大气中的腐蚀，实际上是化学腐蚀和电化学腐蚀共同作用所致，但以电化学腐蚀为主。

7.6.2 钢材的防护

钢材的腐蚀既有内因(材质)，又有外因(环境介质的作用)，因此要防止或减少钢材的腐蚀，可以从改变钢材本身的易腐蚀性、隔离环境中的侵蚀介质或改变钢材表面的电化学过程三个方面入手。具体措施有采用耐候钢、金属 / 非金属 / 防腐油覆盖(保护层)、电化学保护、防火保护等。

7.11 混凝土中钢筋的腐蚀

1. 采用耐候钢

耐候钢即耐大气腐蚀的钢材。耐候钢是在碳素钢和低合金钢中加入少量铜、铬、镍、钼等合金元素而制成的。这种钢在大气作用下，能在表面形成一种致密的防腐保护层，起到耐腐蚀的作用(其耐腐蚀性能可高达普通钢的 2 ～ 8 倍)，可以很好地保护内部钢材免受外界侵害，同时保持钢材具有良好的焊接性能。

2. 金属 / 非金属 / 防腐油覆盖(保护层)

此类方法主要通过将钢材与腐蚀介质隔绝开达到防腐的目的。

(1) 金属覆盖：根据电化学腐蚀原理，用耐腐蚀性好的金属以电镀或喷镀的方法覆盖一层或多层在钢材表面上，提高钢材的耐腐蚀能力，如镀锌(白铁皮)、镀锡(马口铁)、镀铜或镀铬等。根据防腐作用机理分为阳极覆盖和阴极覆盖。

(2) 非金属覆盖：在钢材表面覆盖非金属材料作为保护膜(隔离层)，使之与环境介质隔离，避免或减缓腐蚀。常用的非金属材料有油漆、搪瓷、合成树脂涂料等。

油漆通常分为底漆、中间漆和面漆，它们的作用是不同的。底漆要求与钢材表面有比较好的附着力和防锈能力，中间漆为防锈漆，面漆需要有较好的牢固度和耐候性，以保护底漆不受损伤或风化。

(3) 涂防腐油：国内研究出的“73418”防腐油取得了较好的效果。它是一种黏性液体，将其均匀涂抹在钢材表面，形成一层连续、牢固的透明薄膜，使得钢材与腐蚀介质隔绝，在 $-20℃ \sim 50℃$ 时应用于马口铁以外的所有钢材。

(4) 混凝土包裹防锈：钢筋混凝土结构中会用到大量的钢筋，外部混凝土的包裹可以防止钢筋锈蚀。水泥水化会产生大量的氢氧化钙，而其能够保证混凝土内部具有较高的 pH 值，此值约等于 12，这样的环境能够确保在钢材表面形成碱性氧化膜(钝化膜)，对钢筋起保护作用，提高钢材的耐腐蚀能力。但是随着混凝土服役时间的增加，体系中混凝土被碳化，体系中的碱度会降低，钢筋表面的钝化膜会被破坏，进而钢筋的保护屏障被破坏，最终混凝土中钢筋被逐渐锈蚀。

此外，在水泥或混凝土材料组成成分中，还可能含有一定量的氯离子，当其浓度达到一定范围时，也会严重破坏钢筋表面的钝化膜，最终造成钢筋锈蚀。

因此为防止混凝土中钢筋锈蚀，除了要严格控制水泥、混凝土中氯离子的含量外，还应提高混凝土的密实度和钢筋外混凝土的保护层厚度。在二氧化碳浓度高的地区，采用硅酸盐水泥或普通硅酸盐水泥，限制含氯盐外加剂掺量并使用混凝土用钢筋防锈剂。预应力混凝土应禁止使用含氯盐的集料和外加剂。钢筋涂覆环氧树脂或镀锌也是一种有效的防锈措施。

此外，还可以在混凝土结构中使用不锈钢钢筋，按产品外形可分为热轧光圆不锈钢钢筋和热轧带肋不锈钢钢筋两种。如1937—1941年建设的墨西哥Yucatan海港工程，其不锈钢钢筋混凝土桩可抵抗海水腐蚀，该工程至今已服役80多年，未进行过较大的维修。

3. 电化学保护

有些钢结构建筑如轮船外壳、地下管道等结构不适宜涂保护层，这时候可以采用电化学保护法，金属单质不能获得电子，所以只要把被保护金属作为发生还原反应的阴极，即可起到防腐作用。一种方法是在钢结构附近埋设一些废钢铁，并加直流电源，将阴极接在被保护的钢材上，阳极接在废钢铁上，通电时只要电流足够强大，废钢铁则成为阳极而被腐蚀，钢结构成为阴极而被保护；第二种方法是在被保护的钢结构上连接一块更加活泼的金属，外加活泼金属作为阳极被腐蚀，钢结构作为阴极被保护。

4. 防火保护

钢是不燃性材料，但这并不表明钢材能够抵抗火灾。耐火试验与火灾案例表明，以失去支持能力为标准，无保护层时的钢柱和钢屋架的耐火极限只有0.25h，而裸露钢梁的耐火极限为0.15h，温度在200℃以内，可以认为钢材的性能基本不变；超过300℃以后，弹性模量、屈服点和极限强度均开始显著下降，应变急剧增大；达到600℃时已经失去承载能力。所以，没有防火保护层的钢结构是不耐火的。

钢结构防火保护的基本原理是采用绝热或吸热材料，阻隔火焰和热量，降低钢结构的升温速率。防火方法以包覆法为主，即用防火涂料、不燃性板材或混凝土和砂浆将钢构件包裹起来。

【案例分析7-5】咸淡水钢闸门的腐蚀

7.12 港珠澳大桥防腐

概况：某临海钢闸门一侧是咸水，另一侧是淡水。防腐施工是喷砂除锈后进行喷锌，再涂二道氯化橡胶铝粉漆。但闸门浸水一个半月后，发现闸门在浸水部位的漆膜出现大面积起泡、龟裂或脱落现象，并出现锈蚀。

原因分析：首先，金属热喷涂保护所选用的材料不合适。《水工金属结构防腐蚀规范》(SL 105—2007)指出："淡水环境中的水工金属结构，金属热喷涂材料宜选用锌、铝、锌铝合金或铝镁合金；用于海水及工业大气环境中则宜选用铝、铝镁合金或锌铝合金。”

另外，涂料选用不当。氯化橡胶漆可以涂在钢铁表面但不宜涂在铝、锌等有色金属上，这是因为氯化橡胶漆与锌层不仅结合力差，而且它会与锌层发生化学反应，腐蚀锌层。

【本章小结】

钢材包括各类钢结构用的型钢、钢板、钢管、钢丝和钢筋混凝土中的各种钢筋等，是土木工程中应用量最大的金属材料。钢材一般分为型、板、管和丝四大类。

钢和铁的主要成分是铁和碳，碳的质量分数大于 2.0% 的为生铁，小于 2% 的为钢。

碳素钢中除了铁和碳元素外，还含有硅、锰、硫、磷、氮等元素，它们的含量决定了钢材的质量和性能，尤其是某些有害杂质（硫和磷）。

钢材的主要力学性能有抗拉性能、抗冲击性能、耐疲劳性能和硬度，而冷弯性能和可焊接性能则是钢材应用的重要工艺性能。

土木工程结构使用的钢材主要由碳素钢、低合金高强度结构钢、优质碳素结构钢和合金结构钢等加工而成。

钢材在使用过程中，经常与环境中的介质接触，由于环境介质的作用，其中的铁与介质产生化学反应，逐步被破坏，导致钢材腐蚀，亦称钢筋锈蚀。基于钢材锈蚀的机理分析，可通过采用耐候钢、金属 / 非金属 / 防腐油覆盖（保护层）、电化学保护、防火保护等措施对结构中的钢材进行保护，从而提高钢结构整体的耐锈蚀能力。

【本章习题】

第 7 章习题参考答案

一、单项选择题

1. 钢材抵抗冲击荷载的能力称为（　　）。

A. 塑性　　B. 冲击韧性

C. 弹性　　D. 硬度

2. 钢的含碳量一般为（　　）。

A. 2% 以下　　B. 大于 3.0%

C. 2% 以上　　D. 大于 2% 且小于 3.0%

3. 普通碳素结构钢随钢号的增加，钢材的（　　）。

A. 强度增加，塑性增加　　B. 强度降低，塑性增加

C. 强度降低，塑性降低　　D. 强度增加，塑性降低

4. 低碳钢的拉伸性能试验的强化阶段最高点对应的应力值称为（　　）。

A. 弹性极限　　B. 屈服强度　　C. 抗拉强度　　D. 比例极限

二、多项选择题

1. 建筑钢材按脱氧程度分类可分为（　　）。

A. 沸腾钢　　B. 镇静钢　　C. 半镇静钢　　D. 特殊镇静钢

2. 下列关于钢材分类,说法正确的是(　　)。

A. 建筑钢材按化学成分可分为碳素钢和合金钢

B. 半镇静钢存在不均匀气孔,成分和质量不均匀、杂质多、力学强度差,但是成材率高,成本低,一般用于轧制碳素结构钢型钢和钢板

C. 碳素结构钢、低合金高强度结构钢属于优质结构钢

D. 碳素钢的含碳量一般小于2%

3. 衡量钢材塑性好坏的指标通常有(　　)。

A. 含碳量　　B. 钢材等级　　C. 伸长率　　D. 断面收缩率

4. 钢材经冷拉后容易出现下列哪些现象?(　　)

A. 拉伸曲线的屈服阶段缩短　　B. 钢材的伸长率增大

C. 钢材的材质变硬　　D. 钢材的抗拉强度增大

三、判断题(正确的打√,错误的打×)

1. 屈强比愈大,钢材受力超过屈服点工作时的可靠性愈大,结构安全性愈高。(　　)

2. 钢材经淬火后,强度和硬度提高,塑性和韧性下降。(　　)

3. 所有钢材都会出现屈服现象。(　　)

四、简答题

1. 某厂钢结构屋架使用中碳钢,采用一般的焊条直接焊接。使用一段时间后屋架坍落,请分析事故的可能原因。

2. 为何使用钢材也需要考虑防火?

第8章　墙体材料

【本章重点】

本章主要介绍烧结普通砖的主要原材料和物理力学性能指标，烧结多孔砖和空心砌块、蒸压制品、砌筑石材和混凝土制品等墙体材料性能等。

第8章课件

【学习目标】

掌握各种墙体材料的技术性质与特性。

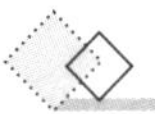

【课程思政】嵩岳寺塔

嵩岳寺塔是中国现存最早的砖塔，该塔距今已有1500多年的历史。整个塔室上下贯通，呈圆筒状。全塔刚劲雄伟，轻快秀丽，建筑工艺极为精巧。该塔虽高大挺拔，但是用砖和黄泥粘砌而成，塔砖小而且薄，历经千余年风霜雨露侵蚀而依然坚固不坏，至今保存完好，充分证明了我国古代建筑材料与工艺之高超。嵩岳寺塔无论在建筑艺术上，还是在建筑材料和技术方面，都是中国乃至世界古代建筑史上的一件珍品。

8.1 意大利比萨斜塔与建筑石材

墙体材料用砌筑、拼装或其他方法构成承重或非承重墙体材料，承重墙体材料在整个建筑中起承重、传递重力、维护和隔断等作用。在一般的房屋建筑中，墙体约占房屋建筑总重的1/2，用工量、造价的1/3，所以墙体材料是建筑工程中基本而重要的建筑材料。传统的墙体材料是烧结黏土砖和黏土瓦，但生产烧结黏土砖要破坏大量的农田，不利于生态环境的保护，同时黏土砖自重大，施工中劳动强度大，生产效率低，影响建筑业的机械化施工。国内已有部分城市规定在框架结构的工程中，用黏土砖砌筑的墙体，不能通过验收。当前，墙体、屋面类材料的改革趋势是利用工业废料和地方资源，生产出轻质、高强、大块、多功能的墙体材料。

墙体材料属于结构兼功能材料，按形状大小一般分为砖、砌块和板材三类。

按生产制品方式来划分，墙体材料主要有烧结制品、蒸压蒸养制品、砌筑石材、混凝土制品等。

我国传统的砌筑材料主要是烧结普通砖和石材，烧结普通砖在我国砌墙材料产品构成中曾占“绝对统治”地位，是世界上烧结普通砖的“王国”，有“秦砖汉瓦”之说。但是，随着我国经济的快速发展和人们环保意识的日益提高，以烧结砖为代表的高能耗、高资源消耗传统墙体材料，已经不适应社会发展的需求，国家推出“积极开发新材料、新工艺、新技

术”等相关政策和规定。因地制宜地利用地方性资源和工业废料，大力开发和使用轻质、高强、耐久、大尺寸和多功能的节土、节能和可工业化生产的新型墙体材料，以期获得更高的技术效益和社会效益，是当前的发展方向。

8.1　砖

砖的原料相当普遍，除了黏土、页岩和天然砂以外，还有一些工业废料如粉煤灰、煤矸石和炉渣等。砖的形式有实心砖、多孔砖和空心砖，还有装饰用的花格砖。制砖的工艺有两类：一类是烧结工艺，由该工艺制得的砖称为烧结砖；另一类是蒸养(压)方法，由此方法获得的砖称为蒸养(压)砖。

8.1.1　烧结普通砖

凡通过焙烧而制得的砖，称为烧结砖。根据《烧结普通砖》(GB/T 5101—2017)，烧结普通砖是指以黏土、页岩、煤矸石、粉煤灰、建筑渣土、淤泥(江河湖淤泥)、污泥等为原料，经焙烧而成，主要用于建筑物承重部位的普通砖，产品代号为FCB。按主要原料分为黏土砖(N)、页岩砖(Y)、煤矸石砖(M)、粉煤灰砖(F)、建筑渣土砖(Z)、淤泥砖(U)、污泥砖(W)、固体废弃物砖(G)等。

1. 烧结普通砖的原料及生产

烧结普通砖的主要原料为粉质或砂质黏土，其主要化学成分为 SiO_2、Al_2O_3 和 Fe_2O_3 和结晶水，由于地质生成条件不同，可能还含有少量的碱金属和碱土金属氧化物等。除黏土外，还可利用页岩、煤矸石、粉煤灰、建筑渣土、淤泥(江河湖淤泥)、污泥等作为原料来制造，这是因为它们的化学成分与黏土相似。

烧结砖的生产工艺流程(见图8-1)为：采土 → 调土 → 制坯 → 干燥 → 焙烧 → 成品。采土和调土是根本，制坯是基础，干燥是保证，焙烧是关键。

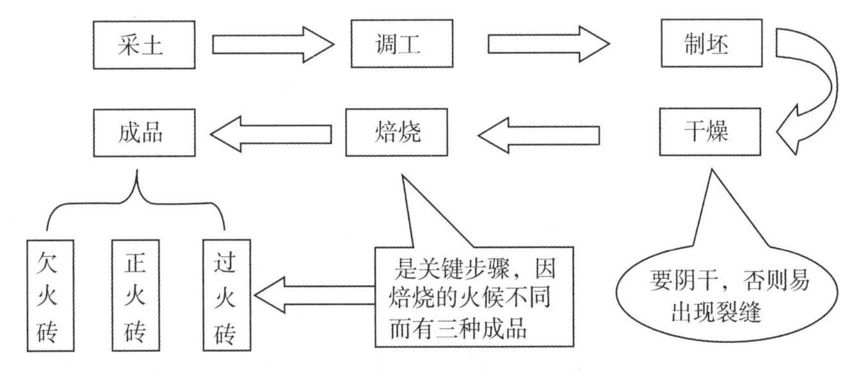

图8-1　烧结砖生产工艺流程

焙烧温度的控制是制砖工艺的关键，不宜过高或过低，一般要控制在 900 ～ 1100℃。如果焙烧温度过高或时间过长，则易产生过火砖。过火砖的特点为色深、敲击声清脆、强度较高、吸水率低等，砖体平整度较差，会出现翘曲、变形、裂口，影响砌筑墙体整体质量。反之，如果焙烧温度过低或时间不足，则易产生欠火砖。欠火砖的特点为表面平整，声音哑、土心、抗风化性能和耐久性能差。

若砖窑中焙烧时为氧化气氛，则黏土中所含的氧化物被氧化成三氧化铁(Fe_2O_3)而使砖呈红色，称为红砖。若在氧化气氛中烧成后，再在还原气氛中闷窑，红色 Fe_2O_3 还原成青灰色氧化亚铁(FeO)，砖呈青灰色，称为青砖。青砖一般较红砖致密，耐碱、耐久性好，但其燃料消耗多，价格较红砖高。

2. 烧结普通砖的技术要求

(1) 规格尺寸：烧结普通砖的外形为直角六面体，其公称尺寸为 240mm × 115mm × 53mm，如图 8-2 所示。通常将 240mm × 115mm 面称为大面，240mm × 53mm 面称为条面，115mm × 53mm 面称为顶面。若考虑砖之间 10mm 厚的砌筑灰缝，则 4 块砖长、8 块砖宽、16 块砖厚均为 1m。$1m^3$ 的砌砖体需用砖数为 4 × 8 × 16 = 512 块。尺寸偏差应符合《烧结普通砖》(GB/T 5101—2017) 规定。

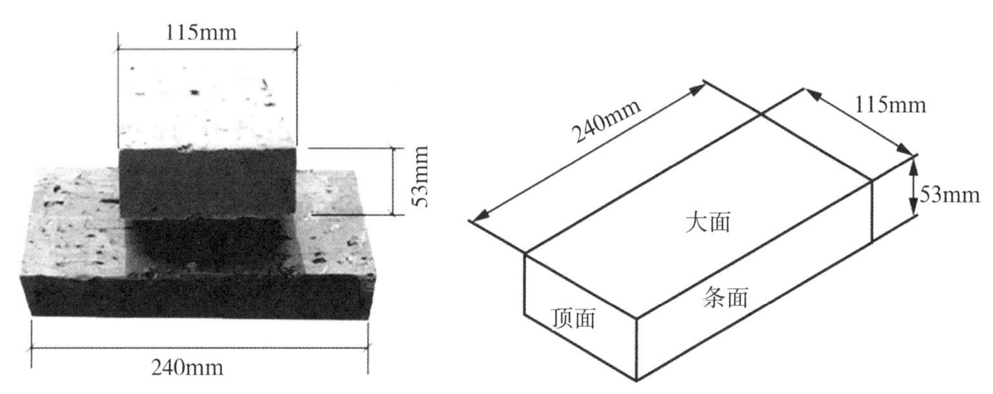

图 8-2　烧结普通砖的尺寸及平面名称

(2) 外观质量：烧结普通砖的外观质量包括两条面的高度差、弯曲、杂质凸出高度、缺棱掉角、裂纹、完整面、颜色等要求，优等品颜色应基本一致。

(3) 强度等级：烧结普通砖按抗压强度分为 MU30、MU25、MU20、MU15、MU10 五个等级。

试验时取砖样 10 块，把砖样切断或锯成两个半截砖，将已断开的半截砖放入室温的净水中浸 10 ～ 20min 后取出，并以断口相反方向叠放，两者中间用厚度不超过 5mm 的水泥净浆黏结，然后分别将 10 块试件平放在加压板的中央，垂直于受压面加荷，应均匀平稳，不得发生冲击或振动。加荷速度为(5 ± 0.5)kN/s，直至试件破坏为止，分别记录最大破坏荷载，计算出每块砖样的强度 f_i，并按照式(8-1)、式(8-2)、式(8-3) 计算标准差、变异系数和强度标准值。根据试验和计算结果并按照表 8-1 确定烧结普通砖的强度等级。

$$s = \sqrt{\frac{1}{9}\sum_{i=1}^{10}(f_i - \overline{f})^2} \tag{8-1}$$

$$\delta = \frac{s}{\overline{f}} \tag{8-2}$$

$$f_k = \overline{f} - 1.8s \tag{8-3}$$

式中，f_i 为单块试样的抗压强度测定值(MPa)；$\overline{f}$ 为 10 块试样的抗压强度平均值(MPa)；s 为单块试样的抗压强度测定值(MPa)；f_k 为烧结普通砖抗压强度标准值(MPa)；δ 为砖强度变异系数。

表 8-1　烧结普通砖强度等级

强度等级	抗压强度平均值 $\overline{f}$/MPa	变异系数 $\delta \leqslant 0.21$	变异系数 $\delta > 0.21$
		强度标准值 f_k/MPa	单块最小抗压强度 f_{min}/MPa
MU30	$\geqslant 30.0$	$\geqslant 22.0$	$\geqslant 25.0$
MU25	$\geqslant 25.0$	$\geqslant 18.0$	$\geqslant 22.0$
MU20	$\geqslant 20.0$	$\geqslant 14.0$	$\geqslant 16.0$
MU15	$\geqslant 15.0$	$\geqslant 10.0$	$\geqslant 12.0$
MU10	$\geqslant 10.0$	$\geqslant 6.5$	$\geqslant 7.5$

(4)抗风化性能:抗风化性能是指材料在干湿变化、温度变化、冻融变化等物理因素作用下不破坏并保持原有性质的能力。它是材料耐久性的重要内容之一。

显然,地域不同,风化作用程度也就不同。我国按风化指数分为严重风化区(风化指数等于或大于 12700)和非严重风化区(风化指数小于 12700)(见表 8-2)。风化区用风化指数进行划分。风化指数 = 日气温从正温降至负温或从负温升至正温的每年平均天数 × 每年从霜冻之日起至消失霜冻之日止这一期间降雨总量(mm)的平均值。

表 8-2　风化区的划分

严重风化区	非严重风化区
黑龙江、吉林、辽宁、内蒙古、新疆、宁夏、甘肃、青海、陕西、山西、河北、北京、西藏、天津	山东、河南、安徽、江苏、湖北、江西、浙江、四川、贵州、湖南、福建、台湾、广东、广西、海南、上海、重庆、云南、香港、澳门

由于抗风化性能是一项综合性指标,主要受到砖的吸水率与地域位置的影响,因而用于东北、内蒙古、新疆这些严重风化区的烧结普通砖,必须进行冻融试验。冻融试验后,每块砖样不允许出现裂纹、分层、掉皮、缺棱、掉角等冻坏现象,且质量损失不得大于 2%。而用于其他风化区的烧结普通砖,若能达到表 8-3 的要求,则可不再进行冻融试验。否则,必须做冻融试验。

表 8-3　烧结普通砖的吸水率、饱和系数

砖种类	严重风化区				非严重风化区			
	5h 煮沸吸水率/%		饱和系数		5h 煮沸吸水率/%		饱和系数	
	平均值	单块最大值	平均值	单块最大值	平均值	单块最大值	平均值	单块最大值
黏土砖	≤18	≤20	0.85	0.87	≤19	≤20	0.88	0.90
粉煤灰砖	≤21	≤23			≤23	≤25		
页岩砖	≤16	≤18	0.74	0.77	≤18	≤20	0.78	0.80
煤矸石砖	≤16	≤18			≤18	≤20		

(5) 泛霜：泛霜（又称起霜、盐析、盐霜）是指可溶性盐类（如硫酸盐等）在砖或砌块表面的析出现象，一般呈白色粉末、絮团或絮片状（见图 8-3）。泛霜会造成外粉刷剥落、砖体表面粉化掉屑、破坏砖与砂浆之间的黏结，甚至使砖的结构松散，强度下降，影响建筑物正常使用。通常，轻微泛霜就能对清水墙建筑美观产生较大影响。中等泛霜用于严重部位时，7～8 年后因盐析结晶膨胀将使砖砌体表面产生粉化剥落，在干燥环境中使用约 10 年后也将出现粉化剥落。严重泛霜的砖将严重影响砖体结构的强度及建筑物寿命。

8.2 烧结普通砖盐析现象

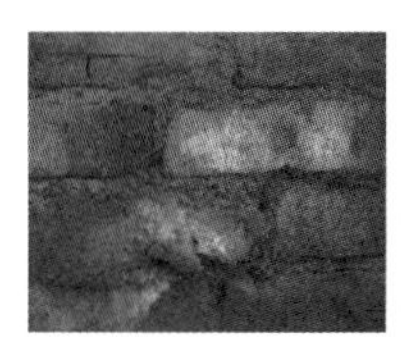
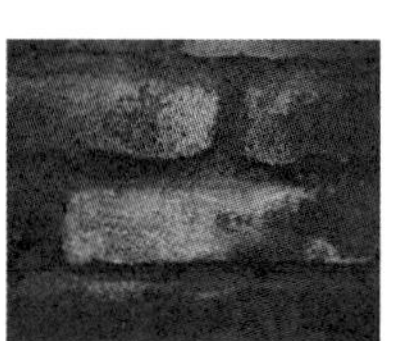

图 8-3　砖体表面的泛霜现象

(6) 石灰爆裂：当产生黏土砖的原料中含有石灰石时，则焙烧时石灰石会煅烧成生石灰留在砖体内部，这时的生石灰为过火石灰，砖吸收水分后生石灰消化产生体积膨胀，导致砖体发生膨胀破坏，这种现象称为石灰爆裂。石灰爆裂会严重影响烧结砖的质量，并降低砌体强度。所以，标准中规定优等品砖不允许出现最大破坏尺寸大于 2mm 的爆裂区域；最大破坏尺寸大于 2mm 且小于等于 10mm 的爆裂区域，每组砖样不得多于 15 处，其中大于 10mm 的爆裂不得多于 7 处。

(7) 酥砖和螺旋纹砖：酥砖是指砖坯被雨水淋、受潮、受冻，或在焙烧过程中受热不均等原因，而产生的有大量网状裂纹的砖，这些网状裂纹会使砖的强度和抗冻性严重降低。螺旋纹砖是指从挤泥机挤出的砖坯上存在螺旋纹的砖，螺旋纹在烧结时不易消除，导致砖受力时易产生应力集中，使砖的强度下降。

8.3 砖的强度对比

3. 产品标记

砖的产品标记按产品名称的英文缩写、类别、强度等级和标准编号顺序缩写。例如烧结普通砖，强度等级为 MU15 的黏土砖，其标记为 FCB N MU15

GB/T 5101-2017。

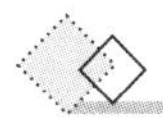

【案例分析 8-1】某砖混结构浸水后倒塌

概况：某县城于 1997 年 7 月 8 号至 10 日遭受洪灾，某住宅楼底部自行车库进水。12 日上午倒塌，墙体破坏后部分呈粉末状，该楼为五层半砖砌体本重结构。在残存北纵墙基础上随机抽取 20 块砖进行试验。自然状态下实测抗压强度平均值为 5.85MPa，低于设计要求的 MU10 砖抗压强度。从砖厂成品堆中随机抽取了砖测试，抗压强度十分离散，高的达 21.8MPa，低的仅 5.1MPa。

原因分析：该砖的质量差。设计要求使用 MU10 砖，而在施工时使用的砖大部分为 MU7.5，现场检测结果显示砖的强度低于 MU7.5。该砖厂土质不好，砖均质性差。且砖的软化系数小，被积水浸泡过，强度大幅度下降，故部分砖破坏后呈粉末状。还需说明的是其砌筑砂浆强度低，黏结力差，故浸水后楼房倒塌。

8.1.2　烧结多孔砖和多孔砌块

为了减轻砌体自重，减小墙厚，改善绝热及隔声性能，烧结多孔砖和多孔砌块的用量日益增多。烧结多孔砖和多孔砌块的生产工艺与烧结普通砖相同，但对原料的可塑性要求高。烧结多孔砖和多孔砌块是以黏土、页岩、煤矸石、粉煤灰、淤泥（江河湖淤泥）及其他固体废弃物等为主要原料，经焙烧而成的主要用于建筑物承重部位的多孔砖和多孔砌块。多孔砖和砌块的孔的尺寸小而数量多。使用时孔洞垂直于受压面，主要用于建筑物承重部位。

按主要原料分为黏土砖和黏土砌块（N）、页岩砖和页岩砌块（Y）、煤矸石砖和煤矸石砌块（M）、粉煤灰砖和粉煤灰砌块（F）、淤泥砖和淤泥砌块（U）、固体废弃物砖和固体废弃物砌块（G）等。

烧结多孔砖和砌块是承重墙体材料，其具有良好的隔热保温性能、透气性能和优良的耐久性能。技术要求如下：

1. 规格

《烧结多孔砖和多孔砌块》（GB/T 13544—2011）规定：砖和砌体外形一般为直角六面体。在与砂浆的接合面上应设增加结合力的粉刷槽（设在条面或顶面上深度不小于 2mm 的沟或类似结构）和砌筑砂浆槽（设在条面或顶面上深度大于 15mm 的凹槽）。

砖的规格尺寸（mm）为 290、240、190、180、140、115、90；砌块的规格尺寸（mm）为 490、440、390、340、290、240、190、140、115、90。

2. 强度等级

烧结多孔砖根据抗压强度分为 MU30、MU25、MU20、MU15、MU10 五个等级。

3. 密度等级

烧结多孔砖的密度分为 1000、1100、1200、1300 四个等级；砌块的密度分为 900、1000、1100、1200 四个等级。

4. 尺寸偏差和外观质量

按照《烧结多孔砖和多孔砌块》(GB/T 13544—2011) 规定,烧结多孔砖的尺寸偏差和外观质量应符合表 8-4 的要求。

表 8-4　烧结多孔砖和砌块的尺寸允许偏差和外观质量

项目		指标	
		样本平均偏差	样本极差
尺寸偏差	＞400mm	±3.0mm	≤10.0mm
	300～400mm	±2.5mm	≤9.0mm
	200～300mm	±2.5mm	≤8.0mm
	100～200mm	±2.0mm	≤7.0mm
	＜100mm	±1.5mm	≤6.0mm
	完整面	不得少于一条面和一顶面	
	缺棱掉角的三个破坏尺寸	不得同时大于 30mm	
	裂纹长度	大面(有孔面)上深入孔壁 15mm 以上宽度方向及其延伸到条面的长度	≤80mm
		大面(有孔面)上深入孔壁 15mm 以上长度方向及其延伸到顶面的长度	≤100mm
		条、顶面上的水平裂纹	≤100mm
	杂质在砖或砌块面上造成的凸出高度	≤5.0mm	

5. 孔型结构和孔洞率

砖的孔型结构和孔洞率如表 8-5 所示。

表 8-5　砖的孔型结构和孔洞率

孔型	孔洞尺寸/mm		最小外壁厚/mm	最小肋厚/mm	孔洞率/%		孔洞排列
	孔宽度尺寸 b	孔长度尺寸 L			砖	砌块	
矩形条孔或矩形孔	≤13	≤40	≥12	≥5	≥28	≥33	所有孔宽应相等,孔采用单向或双向交错排列; 孔洞排列上下、左右应对称,分布均匀,手抓孔的长度方向尺寸必须平行于砖的条面

注:矩形孔的孔长 L、孔宽 b 满足式 $L \geqslant 3b$ 时,为矩形条孔;孔四个角应做成过渡圆角,不得做成直尖角;如设有砌筑砂浆槽,则砌筑砂浆槽不计算在孔洞率内;规格大的砖应设置手抓孔,手抓孔尺寸为(30～40)mm×(75～85)mm。

6. 产品标记

产品标记按产品名称、品种、规格、强度等级、密度等级和标准编号顺序编写。例如,规

格尺寸为290mm×140mm×90mm、强度等级为MU25、密度为1200级的黏土烧结多孔砖，其标记为烧结多孔砖 N 290×140×90 MU25 1200 GB/T 13544-2011。

同样有泛霜、石灰爆裂和抗风化性能等的技术要求。

8.1.3　烧结保温砖和保温砌块

1. 主要品种和特点

根据《烧结保温砖和保温砌块》(GB/T 26538—2011)，烧结保温砖和砌块是指以黏土、页岩或煤矸石、粉煤灰、淤泥等固体废弃物为主要原料制成的，或加入成孔材料制成的实心或多空薄壁经焙烧而成的，主要用于建筑围护结构的保温隔热的砖或砌块。

烧结保温砖和保温砌块按照主要原料分为：黏土烧结保温砖和保温砌块(NB)、页岩烧结保温砖和保温砌块(YB)、煤矸石烧结保温砖和保温砌块(MB)、粉煤灰烧结保温砖和保温砌块(FB)、淤泥烧结保温砖和保温砌块(YNB)、其他固体废弃物烧结保温砖和保温砌块(QGB)。

按烧结处理工艺和砌筑方法分为：经精细工艺处理砌筑中采用薄灰缝、契合无灰缝的为A类；未经精细工艺处理砌筑中采用普通灰缝的为B类。

规格按长度、宽度和高度尺寸不同，分为A类和B类，具体规格如表8-6所示。

表8-6　烧结保温砖和保温砌块尺寸

类别	长度、宽度或高度/mm
A	490、360(359、365)、300、250(249、248)、200、100
B	390、290、240、190、180(175)、140、115、90、53

烧结保温砖和保温砌块具有许多烧结制品的优异性能，如耐久性能、防火性能、防水性能、耐候性、尺寸稳定性和保温、隔声性能都较突出，基本不会干缩湿胀，热膨胀系数也很小，且不会因受外界应力而变形。

2. 技术要求

烧结保温砖外形多为直角六面体。烧结保温砌块多为直角六面体，也有各种异形，其主规格尺寸的长度、宽度或高度有一项或一项以上分别大于365mm、240mm或115mm，但高度不大于长度或宽度的6倍，长度不超过高度的3倍。

烧结保温砖和保温砌块的强度分为MU15、MU10.0、MU7.5、MU5.0和MU3.5五个等级；烧结保温砖和保温砌块的密度分为700、800、900和1000四个等级；烧结保温砖和保温砌块的传热系数按K值分为2.00、1.50、1.35、1.00、0.90、0.80、0.70、0.60、0.50、0.40十个等级；烧结保温砖和保温砌块产品的标记按产品名称、类别、规格、密度等级、强度等级、传热系数和标准编号顺序来编写。

例如，规格尺寸为240mm×115mm×53mm、密度等级为900、强度等级为MU7.5、传热系数为1.00级的B类页岩保温砖，其标记为烧结保温砖 YB B(240×115×53)900 MU7.5 1.00 GB/T 26538-2011。

又如，规格尺寸为490mm×360mm×200mm、密度等级为800、强度等级为MU3.5、传热系数为0.50级的A类淤泥砌块，其标记为烧结保温砌块YNB A(490×360×200)800 MU3.5 0.50 GB/T 26538-2011。

同样有泛霜、石灰爆裂和抗风化性能等的技术要求。

8.1.4 烧结空心砖和空心砌块

烧结空心砖是以黏土、页岩、煤矸石、粉煤灰、淤泥(江、河、湖的淤泥)及其他固体废弃物为主要原料，经焙烧而成的。其孔洞率一般不小于35%，主要用于砌筑非承重的墙体结构。空心砖多为直角六面体的水平空心孔，在其外壁上应设深度为1mm以上的凹槽，以增加与砌筑胶结材料的黏合力，砖的壁厚应大于10mm，肋厚应大于7mm。

烧结空心砖和空心砌块具有质轻、强度高、保温、隔声降噪性能好。环保、无污染，是框架结构建筑物的理想填充材料。

根据《烧结空心砖和空心砌块》(GB/T 13545—2014)规定，砖的外形为直角六面体，其长、宽、高应符合下列要求：390mm，290mm，240mm，190mm，180(175)mm，140mm；190mm，180(175)mm，140mm，115mm；180(175)mm，140mm，115mm，90mm。烧结空心砖和空心砌块基本构造如图8-4所示。

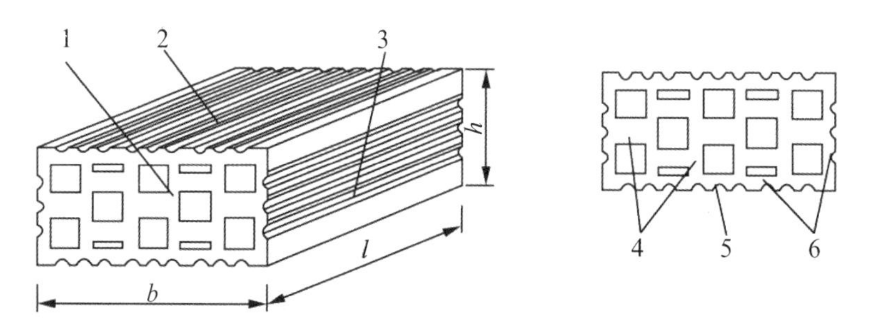

1—顶面；2—大面；3—条面；4—肋；5—凹槽面；6—壁；l—长；b—宽；h—高。

图8-4 烧结空心砖和空心砌块基本构造

烧结空心砖和空心砌块体积密度分为800、900、1000、1100四个级别；烧结空心砖和空心砌块抗压强度分为MU10.0、MU7.5、MU5.0、MU3.5四个级别。

烧结空心砖和空心砌块的孔洞一般位于砖的顶面或条面，单孔尺寸较大但数量较少，孔洞率高；孔洞方向与砖主要受力方向相垂直。孔洞对砖受力影响较大，因而烧结空心砖强度相对较低。

产品标记按产品名称、类别、规格、密度等级、强度等级和标准编号顺序编写。

例如，规格尺寸为290mm×190mm×90mm、密度等级为800、强度等级为MU7.5的页岩空心砖，其标记为烧结空心砖Y(290×190×90)800 MU7.5 GB/T 13545-2014。

同样有泛霜、石灰爆裂和抗风化性能等的技术要求。

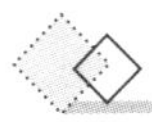
【扩展阅读】限制实心黏土砖与发展新型墙体材料

砌筑材料主要用于砌筑墙体。我国房屋建筑材料中大部分是墙体材料，其中黏土砖每年耗用大量的黏土资源。烧结实心黏土砖不仅能耗高，还会污染环境且不利于建筑节能。

中国建筑材料联合会于2016年发布了《新型墙体材料产品目录(2016年本)》和《墙体材料行业结构调整指导目录(2016年本)》。新型墙体材料产品目录包括：① 纸面石膏板、蒸压加气混凝土板等19类板材类产品。② 烧结多孔砌块、普通混凝土小型砌块、蒸压加气混凝土砌块等5类砌块类产品。③ 烧结多孔砖、蒸压灰砂砖、承重混凝土多孔砖等9类砖类产品。④ 其他：必须达到国家标准、行业标准和地方标准的，并经行业或省级有关部门鉴定通过的复合保温砌块(砖、板)、预制复合墙板等产品；利用各种工业、农业、矿山废渣、建筑渣土、淤泥、污泥等，经无害化处理并检测必须达到国家有关规定，废渣掺量必须达到资源综合利用有关规定，放射性核素限量符合《建筑材料放射性核素限量》(GB 6566—2010)要求，技术性能必须达到国家或行业相关标准的墙材产品。

发展新型墙体材料的目的不仅是取代实心黏土砖，更重要的是保护环境，节约资源、能源，满足建筑结构体系的发展，包括抗震、多功能；而且是给传统建筑行业带来变革性新工艺，摆脱人海式施工，进而采用工厂化、现代化、集约化施工。新型墙体材料正朝着大型化、轻质化、节能化、利废化、复合化、装饰化和装配式建筑的方向发展。

8.2　蒸压制品

8.2.1　蒸压粉煤灰砖

蒸压粉煤灰砖是指以粉煤灰、生石灰为主要原料，掺加适量石膏和集料经混合料制备、压制成型、高压或常压养护或自然养护而成的粉煤灰砖。以粉煤灰、石灰为主要原料，掺加适量石膏和集料，经坯料制备、压制成型、高压蒸汽养护而成的砖。产品代号为AFB。

根据《蒸压粉煤灰砖》(JC/T 239-2014)，蒸压粉煤灰砖的外形为直角六面体。砖的公称尺寸为：长度240mm，宽度115mm，高度53mm。其他规格尺寸由供需双方协商后确定。

蒸压粉煤灰砖按强度分为MU10、MU15、MU20、MU25、MU30五个等级。

产品标记：规格尺寸为240mm×115mm×53mm、强度等级为MU15的砖标记为AFB 240mm×115mm×53mm MU15 JC/T 239-2014。

粉煤灰砌块适用于工业与民用建筑的墙体和基础，但不适宜用于长期受高温和长期受潮的承重墙。

图8-5为2010年世博会山西馆，其外墙材料粉煤灰加气砼砌块替代了原拟采用的不锈钢材料，其有四种规格，总共3067块，造型新颖，大气厚重，有防火功能，有重量轻、保温隔热性能好的优点。

蒸压粉煤灰砖可用于工业与民用建筑的基础和墙体，但应注意以下几点。

图 8-5　2010 年世博会山西馆

(1) 龄期不足 10d 的不得出厂;砖装卸时,不应碰撞、扔摔,应轻码轻放,不应翻斗倾卸;堆放时应按规格、龄期、强度等级分批分别码放,不得混杂;堆放、运输、施工时,应有可靠的防雨措施。

(2) 在用于基础或易受冻融和干湿交替的部位,对砖要进行抗冻性检验,并用水泥砂浆抹面或在建筑设计上采取其他适当措施,以提高建筑物的耐久性。

(3) 粉煤灰砖出釜后应存放一个月左右后再用,以减小相对伸缩值。

(4) 长期受热高于 200℃,或受冷热交替作用,或有酸性侵蚀的建筑部位不得使用粉煤灰砖。

(5) 粉煤灰砖吸水迟缓,初始吸水较慢,后期吸水量大,故必须提前润水,不能随浇随砌。砖的含水率一般宜控制在 10% 左右,以保证砌筑质量。

8.2.2　蒸压灰砂砖

蒸压灰砂砖是以砂、石灰为主要原料,经坯料制备,压制成型、蒸压养护而成的实心砖,简称灰砂砖。

灰砂砖的尺寸规格和烧结普通砖相同,其表观密度为 1800 ~ 1900kg/m^3,导热系数约为 0.61W/(m・K)。灰砂砖的颜色分为彩色(Co)、本色(N)。

灰砂砖的产品标记采用产品名称(LSB)、颜色、强度等级、产品等级、标准编号的顺序编写,例如强度等级为 MU20,优等品的彩色灰砂砖标记为 LSB Co 20A GB/T 11945-2019。

蒸压灰砂砖,既具有良好的耐久性能,又具有较高的墙体强度。蒸压灰砂砖虽然可用于工业与民用建筑的墙体和基础。

由于蒸压灰砂砖在高压下成型,又经过蒸压养护,砖体组织致密,强度高,大气稳定性好,干缩率小,尺寸偏差小,外形光滑。在应用上应注意以下几点。

(1) 蒸压灰砂砖主要用于工业与民用建筑的墙体和基础。其中,MU15、MU20 和 MU25 的灰砂砖可用于基础及其他建筑,MU10 的灰砂砖仅可用于防潮层以上的建筑部位。

(2) 蒸压灰砂砖不得用于长期受热200℃以上、受急冷急热或有酸性介质侵蚀的环境，也不宜用于受流水冲刷的部位。灰砂砖表面光滑平整，使用时应注意提高砖与砂浆之间的黏结力。

(3) 蒸压灰砂砖早期收缩值大，出釜后应至少放置一个月后再用，以防止砌体的早期开裂。

(4) 蒸压灰砂砖砌体干缩较大，墙体在干燥环境中容易开裂，故在砌筑时砖的含水率宜控制在5%～8%。干燥天气下，蒸压灰砂砖应在砌筑前1～2d浇水。禁止使用干砖或含饱和水的砖砌筑墙体。不宜在雨天施工。

8.2.3　蒸压加气混凝土砌块

蒸压加气混凝土砌块，指用钙质材料（如水泥、石灰）和硅质材料（如砂子、粉煤灰、矿渣）的配料加铝粉作加气剂，经加水搅拌、浇注成型、发气膨胀、预养切割，再经高压蒸汽养护而成的多孔硅酸盐砌块（见图8-6）。是适用于民用和工业建筑物承重、非承重墙体和保温隔热的一种多孔轻质块体材料，其代号为ACB。

8.4 黏土砖与加气混凝土砌块吸水率比较

图8-6　蒸压加气混凝土砌块

根据《蒸压加气混凝土砌块》(GB/T 11968—2020)，蒸压加气混凝土砌块外形一般为直角六面体；抗压强度有A1.5、A2.0、A2.5、A3.5、A5.0五个级别；干密度有B03、B04、B05、B06、B07五个级别；砌块按尺寸偏差和外观质量、干密度、抗压强度和抗冻性分为Ⅰ型、Ⅱ型二个等级。

产品标记：强度等级为A3.5、干密度为B05、优等品、规格尺寸为600mm×200mm×250mm的蒸压加气混凝土Ⅰ型砌块，应标记为AAC-B A3.5 B05 600×200×250(Ⅰ) GB/T 11968-2020。

加气混凝土砌块具有以下特性。

(1) 多孔轻质。一般蒸压加气混凝土砌块的孔隙率达70%～80%，平均孔径约为1mm。蒸压加气混凝土砌块的表观密度小，一般为黏土砖的1/3。可以减轻建筑物自重，从而降低建筑物的综合造价。

(2) 保温隔热性能好。其导热系数为0.14～0.28W/(m·K)，是黏土砖的1/5，保温隔热性能好。用作墙体可降低建筑物采暖、制冷等使用能耗。作为单一材料可在北方地区达到节能指标的要求，其他材料很难达到。是目前国内单一墙体材料中性能最优的新型墙体材料。

(3) 吸水导湿缓慢。由于蒸压加气混凝土砌块的气孔大部分为“墨水瓶”结构的气孔,只有少部分是水分蒸发形成的毛细孔。所以,孔肚大口小,毛细管作用较差,导致砌块吸水导湿缓慢。

8.5 孔隙率对砌体材料抗渗性的影响

蒸压加气混凝土砌块体积吸水率和黏土砖相近,而吸水却缓慢得多。蒸压加气混凝土砌块的这个特性对砌筑和抹灰有很大影响。在抹灰前如果采用与黏土砖同样方式往墙上浇水,黏土砖容易吸足水量,而蒸压加气混凝土砌块表面看来浇水不少,实则吸水不多。抹灰后砖墙壁上的抹灰层可以保持湿润,而蒸压加气混凝土砌块墙抹灰层反被砌块吸去水分而容易产生干裂。

(4) 干燥收缩较大。和其他材料一样,蒸压加气混凝土砌块干燥收缩,吸湿膨胀。在建筑应用中,如果干燥收缩过大,在有约束阻止变形时,收缩形成的应力超过了制品的抗拉强度或黏结强度,制品或接缝处就会出现裂缝。

8.6 加气混凝土砌块墙体开裂分析

为避免墙体出现裂缝,必须在结构和建筑上采取一定的措施。而严格控制制品上墙时的含水率也是极其重要的,最好控制上墙含水率在20%以下。

(5) 防火性能好,达到国家一级耐火标准。

(6) 施工方便,可锯、可刨、可钉,可以根据施工要求随意加工。

蒸压加气混凝土砌块广泛用于一般建筑物墙体,可用于多层建筑物的承重墙和非承重墙及隔墙。体积密度级别低的砌块用于屋面保温。不得用于长期浸水、干湿交替、受酸侵蚀的部位。

8.2.4 蒸压加气混凝土板

蒸压加气混凝土板是生产用原材料(包括水泥、生石灰、粉煤灰、砂、铝粉、石膏等),经配料、搅拌、浇注成型、切割和蒸压养护而制成的,适用于民用和工业建筑物承重、非承重墙体和保温隔热的一种多孔轻质材料。

8.7 加气混凝土板在装配式建筑钢结构中的应用

根据《蒸压加气混凝土板》(GB15762—2020),蒸压加气混凝土板按照使用部位和功能分为屋面板(AAC-W)、楼板(AAC-L)、外墙板(AAC-Q)、隔墙板(AAC-G)等。

蒸压加气混凝土板按蒸压加气混凝土强度有A2.5、A3.5、A5.0三个强度级别。

1. 产品标记

(1) 屋面板、楼板、外墙板的标记应包括品种代号、强度级别、规格(长度×宽度×厚度)、承载力允许值、标准号等内容。

例如,强度等级为A5.0、长度为4800、宽度为600mm、厚度为175mm、承载力允许值为2000N/m^{2}的屋面板,标记为AAC-W-A5.0-4800×600×175-2200-GB/T15762-2020。

(2) 隔墙板的标记应包括品种代号、强度级别、规格(长度×宽度×厚度)、标准号等内容。

例如，强度等级为 A2.5、长度为 4200、宽度为 600mm、厚度为 150mm 的隔墙板，标记为 AAC-G-A2.5-4200×600×150-GB/T15762-2020。

8.3　砌筑石材

石材是以天然岩石为主要原材料，对其加工制作并用于建筑、装饰、碑石、工艺品或路面等的材料。石材具有相当高的强度、良好的耐磨性和耐久性，并且资源丰富，便于就地取材。因此，在大量使用钢材、混凝土和高分子材料的现代土木工程中，石材的使用仍然相当普遍和广泛。石材包括天然石材和人造石材。

天然石材是从天然岩石中开采的，经过或不经过加工而制成的材料。天然石材具有抗压强度高，耐久性和耐磨性良好，资源分布广，便于就地取材等优点，但岩石的性质较脆，抗拉强度较低，体积密度大，硬度高，因此开采和加工比较困难。

人造石材用无机或者有机胶结料、矿物质原料及各种外加剂配制而成，例如人造大理石、花岗石等。人造石材具有天然石材的花纹、质感和装饰效果，而且花色、品种、形状等多样化，并具有质量轻、强度高、耐腐蚀、耐污染、施工方便等优点，而且可以人为控制其性能、形状、花色图案等。

8.3.1　砌筑石材的分类

1. 按照岩石的形成分类

根据岩石的成因，天然岩石可以分为岩浆岩、沉积岩、变质岩三大类。

1) 岩浆岩

岩浆岩又称火成岩，是由岩浆喷出地表或侵入地壳冷却凝固所形成的岩石，有明显的矿物晶体颗粒或气孔，约占地壳总体积的 65%、总质量的 95%。根据形成条件的不同，岩浆岩可分为深成岩、喷出岩、火山岩三种。

深成岩是岩浆侵入地壳深层 3 千米以下，缓慢冷却形成的火成岩，一般为全晶质粗粒结构。其特性是结构致密，容重大，抗压强度高，吸水率低，抗冻性好，耐磨性好，耐久性好，建筑常用的深成岩有花岗岩、闪长岩、辉长岩。花岗岩是分布最广的深成侵入岩。主要矿物成分是石英、长石和云母，浅灰色和肉红色最为常见，具有等粒状结构和块状构造。按次要矿物成分的不同，可分为黑云母花岗岩、角闪石花岗岩等。很多金属矿产，如钨、锡、铅、锌、汞、金等稀土元素及放射性元素与花岗岩类有密切关系。花岗岩既美观，其抗压强度又高，是优质建筑材料。

喷出岩是在火山爆发岩浆喷出地面之后，经冷却形成的。由于冷却较快，当喷出岩浆层较厚时，形成的岩石接近深成岩；当喷出的岩浆较薄时，形成的岩石常呈现多孔结构。建筑常用的喷出岩有玄武岩、辉绿岩等。玄武岩是一种分布最广的喷出岩。矿物成分以斜长石、辉石为主，黑色或灰黑色，具有气孔构造和杏仁状构造、斑状结构。根据次要矿物成分，可分为橄榄玄武岩、角闪玄武岩等。铜、钴、冰洲石等有用矿产常产于玄武岩气孔中，玄武岩本身可用作为优良耐磨耐酸的铸石原料。

火山岩都是轻质多孔结构的材料，建筑常用的火山岩有浮石，浮石指火山喷发后岩浆冷却后形成的一种矿物质，主要成分是二氧化硅，质地软，比重小，能浮于水面。浮石可作为轻质骨料，配置轻骨料混凝土作为墙体材料。

2）沉积岩

沉积岩又称为水成岩，是在地壳发展演化过程中，在地表或接近地表的常温常压条件下，任何先成岩遭受风化剥蚀作用的破坏产物，以及生物作用与火山作用的产物在原地或经过外力的搬运所形成的沉积层，又经成岩作用而成的岩石。

沉积岩一般结构致密性较差，容重较小，孔隙率和吸水率较大，强度较低，耐久性较差，建筑常用的沉积岩有石灰岩、砂岩、页岩等，可用于基础、墙体、挡土墙等石砌体。

3）变质岩

变质岩是地壳中先形成的岩浆岩或沉积岩，在环境条件（内部温度、高压）改变的影响下，其矿物成分、化学成分以及结构构造发生变化而形成的岩石。岩浆岩变质后，性能变好，结构变得致密，变得坚实耐久，如石灰岩变质为大理石；沉积岩经过变质后，性能反而变差，如花岗岩变质成片麻岩，易产生分层剥落，耐久性变差。建筑常用的变质岩有大理岩、片麻岩、石英岩、板岩等。片麻岩可用于一般建筑工程的基础、勒脚等石砌体。

2. 按照外形分类

1）料石

砌筑料石一般由致密的砂岩、石灰岩、花岗岩加工而成，可制成条石、方石及楔形的拱石。按其加工后的外形规则程度可分为毛料石、粗料石、半细料石和细料石四种。

8.8 石料的砌筑

（1）毛料石：外观大致方正，一般不加工或者稍加调整。料石的宽度和厚度不宜小于 200mm，长度不宜大于厚度的 4 倍。叠砌面和接砌面的表面凹入深度不大于 25mm，抗压强度不低于 30MPa。

（2）粗料石：规格尺寸同上。叠砌面和接砌面的表面凹入深度不大于 20mm；外露面和相接周边的表面凹入深度不大于 20mm。

（3）半细料石：规格尺寸同上，但叠砌面和接砌面的表明凹入深度不大于 15mm。

（4）细料石：通过细加工，规格尺寸同上。叠砌面和接砌面的表面凹入深度不大于 10mm，外露面及相接周边的表面凹入深度不大于 2mm。

粗料石主要应用于建筑物的基础、勒脚、墙体部位，半细料石和细料石主要用作镶面的材料。

2）毛石

毛石是不成形的石料，处于开采以后的自然状态。它是岩石经爆破或者人工开凿后所得形状不规则的石块，形状不规则的称为乱毛石，有两个大致平行面的称为平毛石。

（1）乱毛石：形状不规则，一般要求石块中部厚度不小于 150mm，长度为 300 ～ 400mm，质量约为 20 ～ 30kg，其强度不宜小于 10MPa，软化系数不应小于 0.8。

(2) 平毛石：由乱毛石略经加工而成，形状较乱毛石规整，基本上有六个面，但表面粗糙，中部厚度不小于200mm。

毛石常用于砌筑基础、勒脚、墙身、堤坝、挡土墙等，也可配制片石混凝土等。

3) 条石

条石是由致密岩石凿平或锯解而成的，其外露表面可加工成粗糙的剁斧面或平整的机刨面或平滑而无光的粗磨面或光亮且色泽鲜明的磨光面，一般选用强度高而无裂缝的花岗岩加工而成，常用于台阶、地面和桥面。

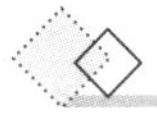
【课程思政8-1】赵州桥

河北赵州桥建于1400多年前的隋代，桥长约51m，净跨37 m，拱圈的宽度在拱顶为9m，在拱脚处为9.6m。建造该桥的石材为石灰岩，石质的抗压强度非常高(约为100 MPa)。该桥在主拱肋与桥面之间设计了并列的四个小孔，挖去部分填肩材料，从而开创了“敞肩拱”的桥形的先河。拱启结构的改革是石拱建筑中富有意义的创造之举，因为挖空拱启不仅减轻了桥的自重，节省了材料，减轻了桥基负担，使桥台轻巧，直接建在天然地基上，而且亦使桥台位移很小，地基下沉甚微，拱圈内部应力很小。这也正是该桥使用千年却仅有极微小的位移和沉陷，至今不坠的重要原因之一。经计算发现，由于在拱肩上加了四个小拱，并采用16～30cm厚的拱顶薄填石，拱轴线(一般即拱圈的中心线)和恒载压力线甚为接近，拱圈各横截面上均只受压力或极小拉力。赵州桥结构体现的二线要重合的道理，直到现代才被国内外结构设计人员广泛认识。该桥充分利用了石材坚固耐用的长处，从结构上减轻桥的自重，扬长避短，是造桥史上的奇迹。

8.3.2　天然石材的性能

天然石材的技术性质包括物理性质、力学性质和工艺性质。天然石材的技术性质决定于其组成的矿物的种类、特征以及结合状态。

1. 物理性质

1) 表观密度

天然石材按表观密度大小分为：轻质石材，其表观密度$\leqslant 1800 kg/m^3$；重质石材，其表观密度$> 1800 kg/m^3$。

石材表观密度与其矿物组成和孔隙率有关，它能间接反映石材的致密程度和孔隙多少，在通常情况下，同种石材的表观密度愈大，其抗压强度愈高，吸水率愈小，耐久性愈好。

2) 吸水性

吸水率低于1.5%的岩石称为低吸水性岩石；吸水率介于1.5%～3.0%的称为中吸水性岩石；吸水率高于3.0%的称为高吸水性岩石。

3）耐水性

石材的耐水性用软化系数表示。根据软化系数大小，石材可分为3个等级：高耐水性石材软化系数大于0.90；中耐水性石材软化系数为0.7～9.0；低耐水性石材软化系数为0.6～0.7。

一般软化系数低于0.6的石材，不允许用于重要建筑。

4）抗冻性

石材的抗冻性用冻融循环次数来表示。石材在水饱和状态下经受规定条件下数次冻融循环，而强度降低值不超过25%，重量损失不超过5%，则认为抗冻性合格。石材的抗冻标号分为D5、D10、D15、D25、D50、D100、D200等。

石材的抗冻性与其矿物组成、晶粒大小、晶粒分布均匀性、胶结物的胶结性质等有关。

5）耐热性

石材的耐热性与其化学成分及矿物组成有关。石材经高温后，因热胀冷缩、体积变化而产生内应力或组成矿物发生分解和变异等导致结构破坏。如含有碳酸钙的石材，温度达到827℃时开始破坏；由石英和其他矿物所组成的结晶石材（如花岗岩等），当温度达到700℃以上时，由于石英受热发生膨胀，强度迅速下降。

2. 力学性质

1）抗压强度

砌筑用石材的抗压强度以边长为70mm的立方体抗压强度值来表示。根据抗压强度值的大小，天然石材强度分为MU100、MU80、MU60、MU50、MU40、MU30、MU20等7个等级。抗压试件也可采用表8-7所列各种边长尺寸的立方体，但应对试验结果乘以相应的换算系数。

表8-7　石材强度试件尺寸及换算系数

立方体边长/mm	200	150	100	70	50
换算系数	1.43	1.28	1.14	1.0	0.86

石材的抗压强度大小取决于矿物组成、结构与构造特征、胶结物种类及均匀性等因素。

矿物组成对石材抗压强度有一定的影响。例如，组成花岗岩的主要矿物成分中石英是很坚硬的矿物，其含量越多，则花岗岩的强度越高，而云母为片状矿物，易分裂成柔软薄片，因此，若云母含量越多，则其强度越低。沉积岩的抗压强度则与胶结物成分有关，由硅质物质胶结的，其抗压强度较大；由石灰质物质胶结的次之；由黏土物质胶结的，则其抗压强度最小。

岩石的结构与构造特征对石材的抗压强度也有很大影响。结晶质石材的强度较玻璃质的高，等粒状结构的强度较斑状结构的高，构造致密的强度较疏松多孔的高。具有层状、带状或片状构造的石材，其垂直于层理方向的抗压强度较平行于层理方向的高。

2）冲击韧性

石材的抗拉强度比抗压强度小得多，约为抗压强度的1/20～1/10，是典型的脆性

材料。

石材的冲击韧性取决于矿物组成与构造。石英岩和硅质砂岩脆性很大，含暗色矿物较多的辉长岩、辉绿岩等具有相对较大的韧性。通常，晶体结构的岩石的韧性较非晶体结构的岩石的高。

3）耐磨性

石材的耐磨性用磨耗率来表示。砂石材料磨耗率是指其抵抗撞击、边缘剪力和摩擦的联合作用的能力。石料的磨耗率采用洛杉矶磨耗试验或狄法尔磨耗试验测定。

石材的耐磨性与石材的内部组成、矿物硬度、结构、构造特征、抗压强度、冲击韧性等密切相关。

3. 工艺性质

石材的工艺性质指开采、加工的适应性，包括加工性、磨光性和抗钻性。

（1）加工性：指对岩石开采、锯解、切割、凿琢、磨光和抛光等加工工艺的难易程度。强度、硬度较高的石材，不易加工；质脆而粗糙，颗粒呈交错结构，含层状或片状构造以及业已风化的岩石，都难以满足加工要求。

（2）磨光性：指岩石能否磨成光滑表面的性质。致密、均匀、细粒的岩石，一般都有良好的磨光性，可以磨成光滑亮洁的表面。疏松多孔、鳞片状结构的岩石，磨光性均较差。

（3）抗钻性：指岩石钻孔的难易程度。影响抗钻性的因素很复杂，一般与岩石的强度、硬度等性质有关。

8.3.3　天然石材选用原则

在选用石材时，应根据建筑物类型、环境条件、使用要求等选择适用和经济的石材。一般应考虑适用性、经济性、安全性。

1. 适用性

在选用石材时，根据其在建筑物中的用途和部位，选定其主要技术性质能满足要求的石材。

8.9 地下基础用石材性能要求

（1）承重构件：需要考虑抗压强度、耐水性、抗冻性等能否满足设计要求。

（2）装饰部分：需要考虑是否具有良好的绝热性能；用作地面、台阶、踏步等构件要求坚韧耐磨。

（3）围护结构构件：需要考虑石材的雕琢、磨光性能及石材的外观、花纹、色彩等。

2. 经济性

石材的表观密度大，运输不便，运输费用高，在建筑施工中应充分利用地方资源，尽可能做到就地取材。等级越高的石材，装饰效果越好，但价格越高。难以开采和加工的原料必然成本高，选材时应充分注意。

3. 安全性

由于天然石材是构成地壳的基本物质，因此可能存在含有放射性元素的物质或成分，比如镭、钍等放射性元素，在衰变中会产生对人体有害的物质。氡无色、无味，五官不能察觉，特别是易在通风不良的地方聚集，可导致肺、血液、呼吸道发生病变。

从颜色上看，红色、深红色的岩石的放射性超标较多。因此，在选用天然石材时，应有放射性检验合格证明或检测鉴定。

《建筑材料放射性核素限量标准》(GB 6566—2010) 中规定，根据装修材料放射性水平大小划分为三类：A 类装修材料产销和使用范围不受使用限制；B 类装修材料不可用于Ⅰ类民用建筑物的内饰面，但可用于Ⅰ类民用建筑的外饰面及其他一切建筑物的内、外饰面；C 类装修材料只可用于建筑物的外饰面及室外其他用途。因此，装饰工程中应选用经放射性测试，且发放了放射性产品合格证的产品。此外，在使用过程中，还应经常打开居室门窗，促进室内空气流通，稀释氡气，达到减少污染、保护人体健康的目的。

8.3.4 天然石材的破坏与防护

天然石材在使用过程中受到周围环境的影响，如水分的浸渍与渗透，空气中有害气体的侵蚀及光、热、生物或外力的作用等，会发生风化而逐渐破坏。

水是石材发生破坏的主要因素，它能软化石材并加剧其冻害，且能与有害气体结合成酸，使石料发生分解与溶蚀。大量的水流还能对石材起冲刷与冲击作用，从而加速石材的破坏。因此，使用石材时应特别注意水的影响。

为减轻与防止石材的风化与破坏，应做到以下几点。

1. 合理选材

石材的风化与破坏速度主要取决于石材抵抗破坏因素的能力，因此合理选用石材品种是防止破坏的关键。对于重要的结构工程应选用结构致密、耐风化能力强的石材，且其外露的表面应光滑，以便将水分迅速排掉。

2. 表面处理

可在石材表面涂刷憎水性涂料，如各种金属皂、石蜡等，使石材表面由亲水性变为憎水性，并与大气隔绝，以延缓风化的发生。

8.4 其他类型的墙体材料

8.4.1 混凝土制品

1. 混凝土小型空心砌块

根据《普通混凝土小型砌块》(GB/T 8239—2014)，混凝土小型空心砌块是以水泥、矿物掺合料、砂、石、水等为原材料，经搅拌、振动成型、养护等工艺制成的小型砌块，包括空心砌块和实心砌块(见图 8-7)。

根据《普通混凝土小型砌块》(GB/T 8239—2014)，砌块主规格尺寸为 390mm×(90,120,140,190,240,290)mm×(90,140,190)mm，承重空心砌块的最小外壁厚不应小于 30mm，最小肋厚不应小于 25mm，空心率不应小于 25%，非承重空心砌块的最小外壁厚和最小肋厚不应小于 20mm，空心率小于 25%。按抗压强度分为 MU5.0、MU7.5、MU10、MU15、MU20、MU25、MU30、MU35、MU40 九个等级。砌块按空心率分为空心砌块(空心率不小于 25%，代号为 H)和实心砌块(空心率小于 25%，代号为 S)。砌块按使用时砌筑墙体的结构和受力情况，分为承重结构用砌块(代号为 L，简称承重砌块)、非承重结构用砌块(代号为 N，简称非承重砌块)。

8.10 新型墙体材料的一般生产流程

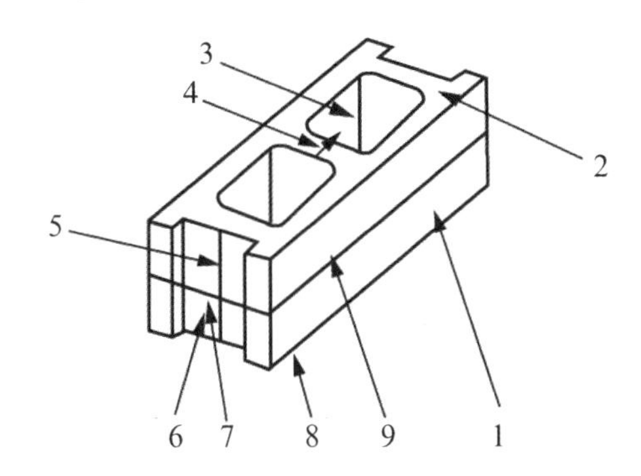

1— 条面；2— 坐浆面(肋厚较小的面)；3— 壁；4— 肋；5— 高度；
6— 顶面；7— 宽度；8— 铺浆面(肋厚较大的面)；9— 长度。

图 8-7　混凝土小型空心砌块

砌块按下列顺序标记：砌块种类、规格尺寸、强度等级(MU)、标准代号。

标记示例：

(1) 规格尺寸为 390mm×190mm×190mm、强度等级为 MU15.0、承重结构用实心砌块，其标记为 LS390×190×190 MU15.0 GB/T 8239-2014。

(2) 规格尺寸为 395mm×190mm×194mm、强度等级为 MU5.0、非承重结构用空心砌块，其标记为 NH 395×190×194 MU5.0 GB/T 8239-2014。

(3) 规格尺寸为 190×190mm×190mm、强度等级为 MU15.0、承重结构用的半块砌块，其标记为 LH50 190×190×190 MU15.0 GB/T 8239-2014。

混凝土小型空心砌块可适用于地震设计烈度为 8 度和 8 度以下地区的一般工业与民用建筑的墙体。用于多层建筑的内外墙，框架、框架结构的填充墙，市政工程的挡土墙等。

普通混凝土小型空心砌块的应用效果主要有以下几个方面。

(1) 满足设计要求的强度：由于外内墙所选砌块的抗压强度大于 7.5MPa 和 5MPa，作为框架填充墙已能满足设计要求。

(2) 较大幅度减轻结构自重：经估算每平方米建筑面积减小恒载 1.08kN，地震力减小约 10%，在梁截面不变的条件下，内力减小，配筋相应减少。

(3) 节省结构工程造价：由于荷载减小，地震作用减轻，结构断面减小，配筋减少，估算结构部分的造价节省约 6%。

(4) 方便施工，墙体质量好，节省砂浆：砌块规格统一，尺寸误差小，砌筑速度快；灰缝小，较大幅度节省砂浆。

(5) 整体工程造价基本持平：造价基本与黏土砖持平。

(6) 具有与红砖墙类似的防潮性能：除了 40% 左右的空洞外，实体部分为致密的混凝土，不像其他微孔材料一样在砌体内部积水，防渗防潮。

(7) 布置管线方便：水管、电线管采用暗敷，布置在砌块的空洞内，不需大量凿墙、砍砖。安装线盒、水龙头等设备方便。

为防止或避免小砌块因失水而产生收缩导致墙体开裂，应特别注意：小砌块采用自然养护时，必须养护 28d 后才可上墙；出厂时小砌块的相对含水率必须严格控制；在施工现场堆放时，必须采用防雨措施；砌筑前，不允许浇水预湿；为防止墙体开裂，应根据建筑的情况设置伸缩缝，在必要的部位增加构造钢筋；5 层及以上房屋的墙，以及受震动或层高大于 6 米的墙、柱所用砌块的最低强度为 MU7.5。安全等级为一级或设计使用年限大于 50 年的房屋、墙使用砌块的最低强度应至少提高一级；重墙和外墙用的砌块，干缩率应小于 0.5mm/m；非承重墙和内墙用的砌块，干缩率应小于 0.6mm/m。

2. 轻集料混凝土小型空心砌块

根据《轻集料混凝土小型空心砌块》(GB/T 15229—2011)，轻集料混凝土小型空心砌块是用轻集料混凝土制成的小型空心砌块。轻集料混凝土是用轻粗集料、轻砂(或普通砂)、水泥和水等原材料配制而成的干表观密度不大于 1950kg/m^2 的混凝土。产品代号为 LB。

轻集料混凝土小型空心砌块按砌块孔的排数分为单排孔、双排孔、三排孔、四排孔等。按砌块密度等级分为 700、800、900、1000、1100、1200、1300、1400 八级；按砌块强度等级分为 MU2.5、MU3.5、MU5.0、MU7.5、MU10.0 五级。

轻集料混凝土小型空心砌块(LB) 按代号、类别(孔的排数)、密度等级、强度等级、标准编号的顺序进行标记。例如，符合 GB/T 15229—2011、双排孔、800 密度等级、3.5 强度等级的轻集料混凝土小型空心砌块标记为 LB 2 800 MU3.5 GB/T 15229-2011。

轻集料混凝土小型空心砌块的吸水率应不大于 18%，干燥收缩率应不大于 0.065%，碳化系数应不小于 0.8，软化系数应不小于 0.8。

砌块应在厂内养护 28d 龄期后才可出厂。堆放时砌块应按类别、密度等级和强度等级分批堆放。砌块装卸时，严禁碰撞、扔摔，应轻码轻放，不许用翻斗车倾卸。砌块堆放和运输时应有防雨、防潮和排水措施。

轻集料混凝土砌块具有轻质、保温隔热性能好、抗震性能和耐火性能好等特点，主要应用于非承重结构的维护和框架填充墙。但轻集料混凝土小型空心砌块的温度变形和干缩变形大于烧结普通砖，为防裂缝，使用时需要设置混凝土芯柱增强砌体的整体性能，也可根据具体情况设置伸缩缝，在必要的部位增加构造钢筋。

3. 陶粒发泡混凝土砌块

根据《陶粒发泡混凝土砌块》(GB/T 36534—2018)，陶粒发泡混凝土砌块是以陶粒

(见图8-8)为骨料,以水泥和粉煤灰等为胶凝材料,与泡沫剂和水制成浆料后,按一定比例均匀混合搅拌、浇筑、养护并切割而成的轻质多孔混凝土砌块。产品代号为CFB。

图8-8 陶粒

陶粒发泡混凝土砌块按立方体抗压强度分为MU2.5、MU3.5、MU5.0、MU7.5四个等级;按干密度分为600、700、800、900四个等级;按导热系数和蓄热系数分为H12、H14、H16、H18、H20五个等级。

产品标记:强度等级为MU5.0、干密度等级为700级、导热系数等级为H18级、规格尺寸为600mm×240mm×300mm的陶粒发泡混凝土砌块,其标记为CFB MU5.0 700 H8 600×240×300 GB/T 36534-2018。

陶粒发泡混凝土砌块养护、堆放龄期达28d以上方可出厂。砌块应按不同规格型号等级分类堆放,不得混杂,同时要求堆放平整,堆放高度适宜。出厂前,应捆扎包装,表面塑料薄膜封包。运输装卸时,宜用专用机具,要轻拿轻放,严禁碰撞、扔摔,禁止翻斗倾卸。

8.11 透水砖与生态环境

泡沫混凝土陶粒砌块具有表观密度小、强度高、隔热保温性能好、收缩率小、吸水率低、抗渗性能强、抗冻性好、防火和耐久性优、吸声隔声效果好的优点,适用于耐久性节能建筑的内、外墙砌体。

4.泡沫混凝土砌块

根据《泡沫混凝土砌块》(JC/T 1062—2022),泡沫混凝土砌块是用物理方法将泡沫剂水溶液制备成泡沫,再将泡沫加入由水泥基胶胶凝材料、集料、掺合料、泡沫剂或发泡剂和水制成的料浆中,经混合搅拌、浇注成型、自然或蒸汽养护而成的轻质多孔混凝土砌块,也称为发泡混凝土砌块。

泡沫混凝土砌块按砌块立方体抗压强度分为A2.5、A3.5、A5.0,A7.5四个等级;按砌块干表观密度分为B05、B06、B07、B08、B09、B10六个等级。

产品按下列顺序进行标记:产品代号、密度等级、规格尺寸、强度等级、导热系数等级和标准编号。

例如,密度等级为B08、规格尺寸为600mm×250mm×200mm、强度等级为A3.5、导热系数等级为$\lambda_{0.13}$的泡沫混凝土砌块,其标记为FCB B08 600×250×200 A 3.5 $\lambda_{0.13}$

JC/T 1062-2022。

泡沫混凝土砌块使用时注意以下问题。

(1) 砌块必须存放28d才可出厂。砌块贮存堆放应做到：场地平整，并设有养护喷淋装置和防晒设施；同品种、同规格、同等级做好标记；码放整齐稳妥，不得混杂；14d后不得喷淋；堆放高度不能超过3m，有防雨措施。

(2) 产品运输时，宜成垛绑扎或用其他包装。绝热用产品宜捆扎加塑料薄膜封包。运输装卸时，宜用专用机具，严禁摔、掷、翻斗车自翻卸货。

(3) 泡沫混凝土砌块施工时的含水率一般小于15%，且外墙应做饰面防护措施。

(4) 在下列情况下，不得采用泡沫混凝土砌块：为建筑物的基础；处于浸水、高温和化学侵蚀环境；承重制品表面温度高于80℃部位。

泡沫混凝土砌块突出特点是在混凝土内部形成封闭的泡沫孔，使混凝土具有良好的保温隔热性和隔声性能。

8.4.2　墙用板材

墙用板材改变了墙体砌筑的传统工艺，通过黏结、组合等方法进行墙体施工，加快了建筑施工的速度。墙用板材除轻质外，还具有保温、隔热、隔声、防水及自承重的性能，有的轻型墙板还具有高强、绝热性能，目前在工程中应用十分广泛。

墙用板材的种类很多，主要包括水泥类墙板、石膏类墙板、复合墙板等类型。

1. 水泥类墙板

水泥类墙用板材具有较好的力学性能和耐久性，生产技术成熟，产品质量可靠，主要用于承重墙、外墙和复合外墙的外层面，但表观密度大、抗拉强度低、体型较大的板材在施工中易受损。为减轻自重，同时提高保温隔热性，生产时可制成空心板材，也可加入一些纤维材料制成增强型板材，还可在水泥板材上制作具有装饰效果的表面层。

1) 预应力混凝土空心板

预应力混凝土空心板是以高强度的预应力钢绞线用先张法制成的。可根据需要增设保温层、防水层、外饰面层等。《预应力混凝土空心板》(GB/T 14040—2007) 规定，高度宜为120mm、180mm、240mm、300mm、360mm，宽度宜为900mm、1200mm，长度不宜大于高度的40倍，混凝土强度等级不应低于C30，如用轻骨料混凝土浇筑，轻骨料混凝土强度等级不应低于LC30。预应力混凝土空心板可用于承重或非承重的内外墙板、楼面板、屋面板、阳台板、雨篷等，如图8-9所示。

2) 玻璃纤维增强水泥(GRC) 轻质多孔墙板

GRC轻质多孔墙板是用抗碱玻璃纤维作增强材料，以水泥砂浆为胶结材料，经成型、养护而成的一种复合材料。GRC是glass fiber reinforced cement的缩写。GRC轻质多孔墙板具有重量轻、强度高、隔热、隔声、不燃、加工方便、价格适中、施工简便等优点，可用于一般建筑物的内隔墙和复合墙体的外墙面，如图8-10所示。

2. 石膏类墙板

石膏板主要有纸面石膏板、纤维石膏板、石膏空心板三类。

图 8-9　预应力混凝土空心板

图 8-10　GRC 轻质多孔墙板

1）纸面石膏板

纸面石膏板是以建筑石膏为主要原料，并掺入某些纤维和外加剂制成芯材，将护面纸与芯材牢固结合制成的建筑板材。主要包括普通纸面石膏板、耐水纸面石膏板、耐火纸面石膏板、耐水耐火纸面石膏板（见图 8-11）。

图 8-11　纸面石膏板

纸面石膏板具有轻质、高强、绝热、防火、防水、吸声、可加工、施工方便等特点。普通纸面石膏板适用于建筑物的围护墙、内隔墙和吊顶。在厨房、厕所以及空气相对湿度大于 70% 的潮湿环境使用时，必须采用相应防潮措施。耐火纸面石膏板主要用于对防火要求较高的建筑工程，如档案室、楼梯间、易燃厂房和库房的墙面和顶棚。耐水纸面石膏板主要用于相对湿度大于75%的浴室、厕所、盥洗室等潮湿环境下的吊顶和隔墙。

2）纤维石膏板

纤维石膏板是以建筑石膏为主要原料，加入适量有机或无机纤维和外加剂，经打浆、铺浆脱水、成型、干燥而成的一种板材。石膏硬化体脆性较大，且强度不高。加入纤维材料可使板材的韧性增加，强度提高。纤维石膏板中加入的纤维较多，一般在10%左右，常用纤维类型多为纸纤维、木纤维、甘纤维、草纤维、玻璃纤维等。纤维石膏板具有质轻、高强、隔声、阻燃、韧性好、抗冲击力强、抗裂防震性能好等特点，可锯、钉、刨、粘，施工简便，主要用于非承重内隔墙、天花板、内墙贴面等。

3）石膏空心板

石膏空心板是以石膏为胶凝材料，加入适量轻质材料（如膨胀珍珠岩等）和改性材料（如水泥、石灰、粉煤灰、外加剂等），经搅拌、成型、抽芯、干燥等工序制成的空心条板。具有加工性好、重量轻、颜色洁白、表面平整光滑等特点，可在板面喷刷或粘贴各种饰面材料，空心部位可预埋电线和管件，施工安装时不用龙骨，施工简单且效率高，主要用于非承重内隔墙。

3. 复合墙板

复合墙板是将不同功能的材料分层复合而制成的墙板。一般由外层、中间层和内层组成。外层用防水或装饰材料做成，主要起防水或装饰作用；中间层为减轻自重而掺入的各种填充性材料，有保温、隔热、隔声作用；内层为饰面层。内外层之间多用龙骨或板勒连接，以增加承载力。目前，建筑工程中已广泛使用各种复合板材。

1）钢丝网夹芯复合板材

钢丝网夹芯复合板材是将聚苯乙烯泡沫塑料、岩棉、玻璃棉等轻质芯材夹在中间，两片钢丝网之间用“之”字形钢丝相互连接，形成稳定的三维网架结构，然后用水泥砂浆在两侧抹面，或进行其他饰面装饰，由此形成的板材称为钢丝网夹芯复合板材。

2）金属面夹芯板

金属面夹芯板是以阻燃型聚苯乙烯泡沫塑料、聚氨酯泡沫塑料或岩棉、矿渣棉为芯材，两侧粘上彩色压型（或平面）镀锌板材复合形成的。外露的彩色钢板表面一般涂以高级彩色塑料涂层，使其具有良好的抗腐性和耐气候性。

【本章小结】

墙体材料在房屋中起到承受荷载、传递荷载、间隔和维护作用，直接影响到建筑物的性能和使用寿命。墙体材料按形状大小一般分为砖、砌块和板材三类；以制品方式来划分，主要分为烧结制品、蒸压蒸养制品、砌筑石材和混凝土制品等。烧结普通砖的技术要求主要包括规格、外观质量、强度等级、抗风化性能、泛霜、石灰爆裂和产品标记等。烧结多孔砖和砌块是承重材料，其具有良好的隔热保温性能、透气性能和优良的耐久性能。烧结保温砖和保温砌块主要作为建筑维护结构保温隔热的砖或砌块。烧结空心砖和空心砌块主要用于非承重墙和填充墙。蒸压粉煤灰砖可用于工业与民用建筑的基础和墙体。蒸压灰砂砖具有较高的墙体强度和良好的耐久性能，可用于工业与民用建筑的墙体和基础。蒸压加气

混凝土砌块和板保温隔热性能好，适用于工业与民用建筑承重墙和非承重墙。天然岩石可分为岩浆岩、沉积岩和变质岩。天然石材的技术性质包括物理性质、力学性质和工艺性质。天然石材的技术性质取决于其组成的矿物种类、特征以及组合状态。其他墙体材料主要包括混凝土小型空心砌块、轻集料混凝土小型空心砌块、陶粒发泡混凝土砌块、泡沫混凝土砌块、水泥类墙板、石膏类墙板以及复合墙板等。

【本章习题】

第8章习题参考答案

一、判断题（正确的打√，错误的打×）

1. 烧结普通砖的标准尺寸为240mm×115mm×53mm。（　　）
2. 红砖比青砖结实、耐碱和耐久，质量较好。（　　）
3. 烧砖时窑内为氧化气氛时制得青砖，为还原气氛时制造得红砖。（　　）
4. 烧结黏土砖生产成本低，性能好，可大力发展。（　　）
5. 多孔砖和空心砖都具有自重较小、绝热性能较好的优点，故它们均适合用来砌筑建筑物的承重内外墙。（　　）
6. 石材的抗冻性用软化系数表示。（　　）
7. 石灰爆裂即过火石灰在砖体内吸水消化时产生膨胀，导致砖发生膨胀破坏。（　　）

二、单项选择题

1. 以下砌体材料，（　　）由于黏土耗费大，逐渐退出建材市场。

   A. 烧结普通砖　　B. 烧结多孔砖　　C. 烧结空心砖　　D. 灰砂砖

2. 下列墙体材料，（　　）不能用于承重墙体。

   A. 烧结普通砖　　B. 烧结多孔砖　　C. 烧结空心砖　　D. 灰砂砖

3. 红砖是在（　　）条件下焙烧的。

   A. 氧化气氛　　B. 先氧化气氛，后还原气氛

   C. 还原气氛　　D. 先还原气氛，后氧化气氛

4. 黏土砖的质量等级是根据（　　）来确定的。

   A. 外观质量　　B. 抗压强度平均值和标准值

   C. 强度等级和耐久性　　D. 尺寸偏差

5. 为保持室内温度的稳定性，墙体材料应选取（　　）的材料。

   A. 导热系数小、热容量小　　B. 导热系数小、热容量大

   C. 导热系数大、热容量小　　D. 导热系数大、热容量大

6. 与烧结普通砖相比，烧结空心砖的（　　）。

   A. 保温性好、体积密度大　　B. 强度高、保温性好

   C. 体积密度小、强度高　　D. 体积密度小、保温性好、强度较低

三、多项选择题

1. 蒸压灰砂砖的原料主要有（　　）。

   A. 石灰　　B. 煤矸石　　C. 砂子　　D. 粉煤灰

2. 以下材料属于墙用砌块的是(　　)。

A. 蒸压加气混凝土砌块　　B. 粉煤灰砌块

C. 水泥混凝土小型空心砌块　　D. 轻集料混凝土小型空心砌块

3. 利用煤矸石和粉煤灰等工业废渣烧砖,可以(　　)。

A. 减少环境污染　　B. 节约大片良田黏土

C. 节省大量燃料煤　　D. 大幅提高产量

四、简答题

1. 烧结普通砖按焙烧时的火候可分为哪几种?各有何特点?

2. 什么是新型墙体材料?其主要特点有哪些?

3. 天然石材选用的原则有哪些?

第9章　木　材

【本章重点】

材料的组成及其对材料性质的影响。

第9章课件

【学习目标】

了解土木工程材料的基本组成、结构和构造及其与材料基本性质的关系；熟练掌握土木工程材料的基本力学性质；掌握土木工程材料的基本物理性质；掌握土木工程材料耐久性的基本概念。

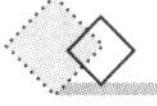

【课程思政】应县木塔

应县木塔建于辽清宁二年(公元1056年)，至今已有近千年，是我国现存最高最古老的一座木结构塔式建筑。应县木塔的设计，大胆继承了汉、唐以来富有民族特点的重楼形式，充分利用传统建筑技巧，广泛采用斗拱结构，全塔共享斗拱54种，每个斗拱都有一定的组合形式，将梁、坊、柱结成一个整体，每层都形成一个八边形中空结构层。

9.1 应县木塔千年不倒之谜

设计科学严密，构造完美，巧夺天工，是一座具有民族风格、民族特点的建筑，在我国古代建筑艺术中可以说达到了最高水平，即使现在也有较高的研究价值。古代匠师在经济利用木料和选料方面所达到的水平，令现代人惊叹。

这座结构复杂、构件繁多、用料超过5000m^3的木塔，所有构件的用料尺寸只有6种规格，用现代力学的观点看，每种规格的尺寸均符合受力特性，是近乎优化选择的尺寸。

应县木塔与意大利比萨斜塔、巴黎埃菲尔铁塔并称“世界三大奇塔”。2016年9月，它被吉尼斯世界纪录认定为“全世界最高的木塔”。

木材是土木工程的三大材料之一，是人类最早使用的天然有机材料。木结构是中国古代建筑的主要结构类型和重要特征。木材具有轻质高强、耐冲击、弹性和韧性好、导热性低、纹理美观、装饰性好等特点，建筑用的木材产品已从原木的初加工品(电杆、各种锯材等)发展到木材的再加工品(人造板、胶合木等)，以及成材的再加工品(建筑构件、家具等)等，在建筑工程中主要用于木结构、模板、支架墙板、吊顶、门窗、地板、家具及室内装修等。同时，木材也存在一些缺点，如构造不均匀，呈各向异性；易变形、易吸湿，湿胀干缩大；若长期处于干湿交替环境中，耐久性较差；易腐蚀，易虫蛀，易燃烧；天然缺陷较多，影响材质。不过木材经过一定的加工和处理后，这些缺点可一定程度上克服。

木材是天然资源，树木的生长需要一定的周期，故属于短缺材料，目前工程中主要用作装饰材料。随着木材加工技术的提高,木材的节约使用与综合利用有着良好的前景。

9.1 木材的分类和构造

木材主要由树木的树干加工而成,木材按其来源(树木的种类)分为针叶树木材和阔叶树木材两大类。木材的构造是决定木材性质的主要因素,不同的树种和生长环境条件不同的树材,其构造差别很大,木材的构造通常从宏观和微观两个方面进行。构造缺陷是确定木材质量标准或设计时必须考虑的因素。

9.1.1 分类

针叶树木材是用松树、杉树、柏树等生产的木材,针叶树树叶细长,树干通直高大,易得大材,其纹理顺直,材质均匀,木质较软而易于加工,又称软木材。针叶树木材强度较高,表观密度和胀缩变形较小,耐腐性较强,是建筑工程中的主要用材,广泛用作承重构件,制作范本、门窗等。

阔叶树木材是用杨树、桐树、樟树、榆树等生产的木材。阔叶树树叶宽大,多数树种的树干通直部分较短,一般材质坚硬,较难加工,又称为硬木材。阔叶树材一般表观密度较大,干湿变形大,易开裂翘曲,仅适用于尺寸较小的非承重木构件。因其加工后表现出天然美丽的木纹和颜色,具有很好的装饰性,常用作家具和建筑装饰材料。

9.1.2 木材的构造

木材的构造分为宏观构造和显微构造。木材的宏观构造是指用肉眼或借助放大镜所能看到的构造,它与木材的颜色、气味、光泽、纹理等形成区别于其他材料的显著特征。显微构造是指用显微镜观察到的木材构造,而用电子显微镜观察到的木材构造称为超微构造。

1. 木材的宏观构造

木材是由无数不同形态、不同大小、不同排列方式的细胞所组成的。要全面地了解木材构造,必须在横切面、径切面和弦切面三个切面上进行观察。

(1) 横切面:是指与树干主轴或木纹相垂直的切面。可以观察到各种轴向分子的横断面和木射线的宽度。

(2) 径切面:是指顺着树干轴线,通过髓心与木射线平行的切面。在径切面上,可以观察到轴向细胞的长度和宽度以及木射线的高度和长度。年轮在径切面上呈互相平行的带状。

(3) 弦切面:是顺着木材纹理,不通过髓心而与年轮相切的切面。在弦切面上年轮呈“V”字形。

一般从横、径、弦 3 个切面了解木材的结构特性,如图 9-1 所示。与树干主轴成直角的

锯切面称横切面，如原木的端面；通过树心与树干平行的纵向锯切面称径切面；垂直于端面并与树干主轴有一定距离的纵向锯切面则称弦切面。

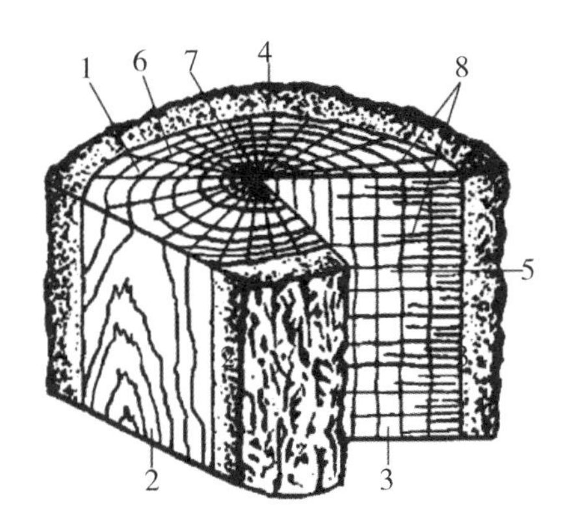

1— 横切面；2— 弦切面；3— 径切面；4— 树皮；5— 木质部；
6— 年轮；7— 髓心；8— 木射线。

图 9-1　木材的宏观构造

从木材三个不同切面观察木材的宏观构造，可以看出，树干由树皮、木质部、髓心组成。一般树的树皮覆盖在木质部外面，起保护树木的作用。髓心是树木最早形成的部分，贯穿整个树木的干和枝的中心，材性低劣，易于腐朽，不适宜作结构材。土木工程使用的木材均是树木的木质部分，木质部分的颜色不均，一般接近树干中心部分，含有色素、树脂、芳香油等，材色较深，水分较少，对菌类有毒害作用，称为心材。靠近树皮部分，材色较浅，水分较多，含有菌虫生活的养料，易受腐朽和虫蛀，称为边材。

9.2 两种木材的结构及用途

每个生长周期所形成的木材，在横切面上所看到的，围绕着髓心构成的同心圆称为生长轮。温带和寒带地区的树木，一年只有一度生长，故生长轮又可称为年轮。在有干湿季节之分的热带地区，一年中也只生一圆环。在同一年轮内，生长季节早期所形成的木材，胞壁较薄，形体较大，颜色较浅，材质较松软，称为早材（春材）。到秋季形成的木材，胞壁较厚，组织致密，颜色较深，材质较硬，称为晚材（秋材）。在热带地区，树木一年四季均可生长，故无早、晚材之别。相同树种，年轮越密而均匀，材质越好；晚材部分愈多，木材强度愈高。相同树种，年轮越密且均匀，材质越好；夏材部分越多，木材强度越高。从髓心向外的辐射线，称为木射线或髓线。髓线与周围连接较差，木材干燥时易沿髓线开裂。深浅相间的生长轮和放射状的髓线构成了木材雅致的颜色和美丽的天然纹理。树皮是指树干的外围结构层，是树木生长的保护层，建筑上用途不大。

2. 木材的微观构造

在显微镜下，可以看到木材是由无数呈管状的细胞紧密结合而成的，绝大部分细胞纵向排列形成纤维结构，少部分横向排列形成髓线。细胞分为细胞壁和细胞腔两部分。细胞壁由细胞纤维组成，细胞纤维间具有极小的空隙，能吸附和渗透水分；细胞腔则是由细胞壁包裹而成的空腔。木材的细胞壁越厚，腔越小，木材越密实，表观密度和强度也越大，但胀缩变形也大。一般来说，夏材比春材细胞壁厚。

木材细胞因功能不同可分为管胞、导管、木纤维、髓线等多种。管胞为纵向细胞，长 2 ～ 5mm，直径为 30 ～ 70μm，在树木中起支承和输送养分的作用，占树木总体积的 90% 以上。某些树种，如松树在管胞间有树脂道，用来储藏树脂，如图 9-2 所示。导管是壁薄而腔大的细胞，主要起输送养分的作用，大的管孔肉眼可见。木纤维长约 1mm，壁厚腔小，主要起支承作用。

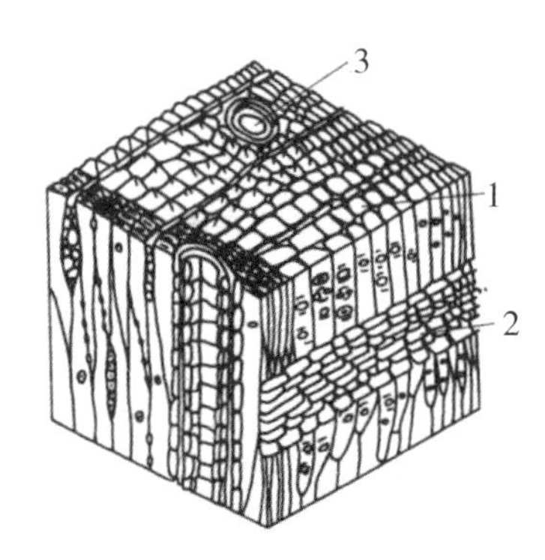

1— 管胞；2— 髓线；3— 树脂道。

(a) 针叶树木材

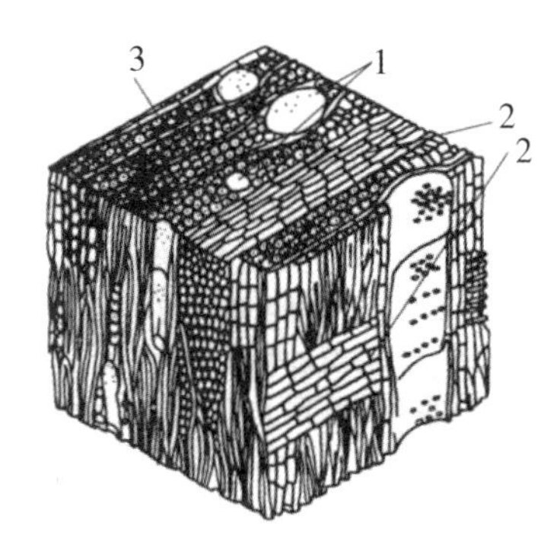

1— 导管；2— 髓线；3— 木纤维。

(b) 阔叶树木材

图 9-2　木材的显微构造

针叶树显微构造[见图 9-2(a)] 简单而规则，它主要由管胞、髓线(木射线) 和树脂道组成。管胞是组成针叶材的主要分子，占木材体积的 90% 以上。髓线是髓心呈辐射状排列的细胞，占木材体积的 7% 左右，细胞壁很薄，质软，在木材干燥时最易沿木射线方向开裂而影响木材利用。木薄壁组织是一种纵行成串的砖形薄壁细胞，有的形成年轮的末缘，有的散布于年轮中。树脂道系木薄壁组织细胞所围成的孔道，树脂道可降低木材的吸湿性，增加木材的耐久性。

阔叶树材的显微构造[见图 9-2(b)] 较复杂，其细胞主要有导管、髓线(木射线) 和木纤维等。导管是由一连串的纵行细胞形成的无一定长度的管状组织，构成导管的单个细胞称为导管分子，导管分子在横切面上呈孔状，称为管孔。木纤维是阔叶材的主要组成分子之一，占木材体积的 50% 以上，主要起支持树体和承受机械力作用，与木材力学性质密切相关。木纤维在木材中含量愈多，木材密度和强度相应越大，胀缩也越大。

阔叶树材的细胞种类比针叶树材多。最显著的是针叶树材的主要分子管胞既有输导功能，又有对树体的支持机能；而阔叶树材则不然，导管起输导作用，木纤维则起支持树体的机能。针叶树材与阔叶树材的最大差别(除极少数树种例外) 是前者无导管，而后者具有导管，有无导管是区分绝大多数阔叶材和针叶材的重要标志。此外，阔叶树材比针叶树材的木射线宽，列数也多；薄壁组织类型丰富，且含量高。

3. 构造缺陷

凡是树干上由正常的木材构造所形成的木节、裂纹和腐朽等缺陷称为构造缺陷。包含在树干或主枝木材中的枝条部分称为木节或节子，节子破坏木材构造的均匀性和完整性，不仅影响木材表面的美观和加工性质，更重要的是影响木材的力学性质，节子对顺纹抗拉强度的影响最大，其次是抗弯强度，特别是位于构造边缘的节子最明显，对顺纹抗压强度影响较小，能提高横纹抗压强度和顺纹抗剪强度。木腐菌的侵入会使木材颜色和结构逐渐改变，细胞壁受到破坏，变得松软易碎，呈筛孔状或粉末状等形态，称为腐朽。腐朽严重影响木材的性质，使木材质量减轻，吸水性增大，强度、硬度降低。木材纤维与纤维之间的分离所形成的裂隙称为裂纹，贯通的裂纹会破坏木材完整性，降低木材的力学性能，如斜纹、涡纹，会降低木材的顺纹抗拉、抗弯强度，应压木(偏宽年轮)的密度、硬度、顺纹抗压和抗弯强度较大，但抗拉强度及冲击韧性较小，纵向干缩率大，因而翘曲和开裂严重。

【案例分析 9-1】客厅木地板所选用的树种

概况：某客厅采用白松实木地板装修，使用一段时间后多处磨损。

原因分析：白松属针叶树材。其木质软，硬度低，耐磨性差。虽受潮后不易变形，但用于走动频繁的客厅则不妥，可考虑改用质量好的复合木地板，其板面坚硬耐磨，可防高跟鞋、家具的重压、磨刮。

9.3 实木地板性能与树种关系

9.4 木质地板选用建议

9.5 木质地板常见维护保养建议

9.2　木材的主要性质

9.2.1　木材的物理性质

木材的物理性质是指木材在不受外力和发生化学变化的条件下，所表现出的各种性质。

1. 密度和表观密度

木材的密度是指构成木材细胞壁物质的密度，用于反映材料的分子结构。各木材的分子构造基本相同，而密度具有变异性，即从髓到树皮、早材与晚材、从树根部到树梢的密度变化规律因木材种类不同而有较大的不同。密度平均约为 1.50 ～ 1.56g/cm^3，表观密度约为 0.37 ～ 0.82g/cm^3。

木材是一种多孔材料，它的表观密度随着树种、产地、树龄的不同有很大差异，而且随含水率及其他因素的变化而不同。一般有气干表观密度、绝干表观密度和饱水表观密度。木材的表观密度越大，其湿胀干缩率也大。

2. 吸湿性与含水率

木材的含水率是木材中水分质量占干燥木材质量的百分比。含水率的大小对木材的湿胀干缩和强度影响很大。新伐木材的含水率常在 35% 以上；风干木材的含水率为 15% ～ 25%；室内干燥木材的含水率为 8% ～ 15%。木材中的水分按其与木材结合形式和存在的位置，可分为自由水、吸附水和化学结合水。

自由水是存在于木材细胞腔和细胞间隙中的水，自由水的变化只与木材的表观密度、抗腐蚀性、燃烧性等有关。吸附水是被吸附在细胞壁内纤维之间的水，吸附水的变化则影响木材强度和木材胀缩变形性能。化学结合水即为木材中的化合水，其含量很低，在常温下一般不发生变化，故其对木材的性质无影响。

水分进入木材后，首先吸附在细胞壁中的细纤维间，成为吸附水，吸附水饱和后，其余的水成为自由水；反之，木材干燥时，首先失去自由水，然后才失去吸附水。木材中无自由水，而细胞壁内吸附水达到饱和，这时的木材含水率称为纤维饱和点。其数值随树种而异，通常在25%～35%，平均为30%左右。木材的纤维饱和点是木材物理力学性质发生的转折点。木材中所含的水分是随着环境的温度和湿度的变化而改变的。当木材长时间处于一定温度和湿度的环境中时，木材中的含水量最后会达到与周围环境湿度相平衡，这时木材的含水率称为木材平衡含水率。它是木材进行干燥时的重要指标，在使用时木材的含水率应接近平衡含水率或稍低于平衡含水率。平衡含水率随空气湿度的变大和温度的升高而增大，反之减小。我国北方木材的平衡含水率约为12%，南方约为18%，长江流域一般为15%左右。

3. 湿胀与干缩

湿胀干缩是指材料在含水率增加时体积膨胀，减少时体积收缩的现象。木材具有显著的湿胀干缩特性，其与木材含水率密切相关。当木材从潮湿状态干燥至纤维饱和点时，其尺寸并不改变。当干燥至纤维饱和点以下时，细胞壁中的吸附水开始蒸发，木材发生收缩；反之，干燥木材吸湿后，将发生膨胀，直到含水率达到纤维饱和点为止，此后木材含水率继续增大，也不再膨胀。由于木材为非均质构造，从其构造上可以分为弦向、径向和纵向因此木材不同方向的干缩湿胀变形明显不同。木材弦向干缩率最大，约为6%～12%；径向次之，约为3%～6%；纵向(即顺纤维方向)最小，约为0.1%～0.35%。木材弦向膨胀变形最大，是受到管胞横向排列的髓线与周围联结较差所致。木材的湿胀干缩变形还因树种不同而异，一般来说，表观密度大的、夏材含量多的木材，胀缩变形就大。

木材显著的湿胀干缩变形，对木材的实际应用带来严重影响，干缩会造成木材结构拼缝不严、接榫松弛、翘曲开裂，而湿胀又会使木材产生凸起变形。为了避免这种不利影响，在木材使用前预先将木材进行干燥处理，使木材含水率达到与使用环境湿度相适应的平衡含水率。

9.6 木材的干缩变形

4. 木材的强度

木材是一种天然的、非均质的各向异性材料，木材的强度主要有抗压强度、抗拉强度、抗剪强度及抗弯强度，而抗压强度、抗拉强度、抗剪强度又有顺纹、横纹之分(见图9-3)。所谓顺纹，是指作用力方向与纤维方向平行；横纹是指作用力方向与纤维方向垂直。当木材无缺陷时，其强度中顺纹抗拉强度最大，其次是抗弯强度和顺纹抗压强度，但有时却是抗压强度最高，这是由于木材是自然生长的材料，在生长期间或多或少会受到环境不利因素影响而造成一些缺陷，如木节、斜纹、夹皮、虫蛀、腐朽等，这些缺陷对木材的抗压强度影响较小，但对抗拉强度影响极为显著，从而造成抗拉强度低于抗压强度。当顺纹抗压强度为100时，木材无缺陷时各强度大小关系如表9-1所示。

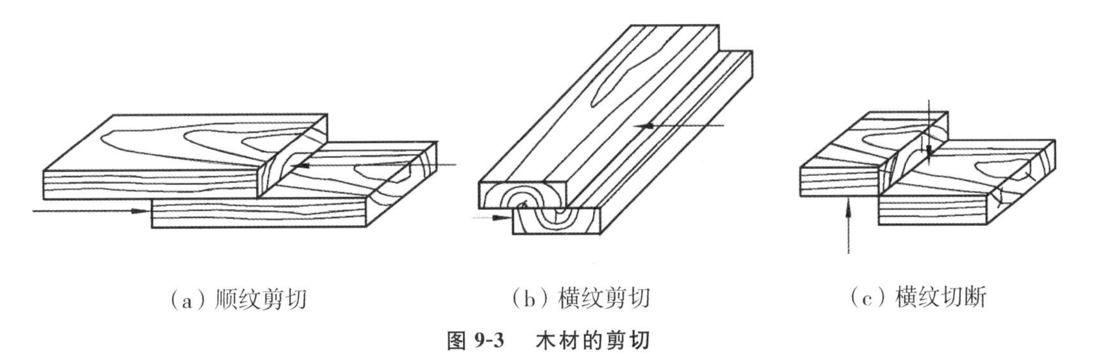

(a) 顺纹剪切　　(b) 横纹剪切　　(c) 横纹切断

图 9-3　木材的剪切

表 9-1　木材无缺陷时各种强度的比例关系　　单位:MPa

抗压强度		抗拉强度		抗弯强度	抗剪强度	
顺纹	横纹	顺纹	横纹		顺纹	横纹切断
100	10 ～ 30	200 ～ 300	5 ～ 30	150 ～ 200	15 ～ 30	50 ～ 100

木材顺纹抗压强度是木材各种力学性质中的基本指标,广泛用于受压构件中,如柱、桩、桁架中承压杆件等。横纹抗压强度又分弦向与径向两种。顺纹抗压强度比横纹弦向抗压强度大,而横纹径向抗压强度最小。

顺纹抗拉强度在木材强度中最大,而横纹抗拉强度最小。因此使用时应尽量避免木材受横纹拉力。

木材的剪切有顺纹剪切、横纹剪切和横纹切断三种。横纹切断强度大于顺纹剪切强度,顺纹剪切强度又大于横纹的剪切强度,用于土木工程的木构件受剪情况比受压、受弯和受拉少得多。

木材具有较高的抗弯强度,因此在建筑中广泛用作受弯构件,如梁、桁架、脚手架、瓦条等。一般抗弯强度高于顺纹抗压强度 1.5 ～ 2.0 倍。木材种类不同,其抗弯强度也不同。

木材的强度是由其纤维组织决定的,但木材的强度还受到含水率、环境温度、负荷时间、表观密度和疵病等的影响。木材长时间负荷后的强度远小于其极限强度,一般为其极限强度的 50% ～ 60%。木材在长期荷载下不致引起破坏的最大强度,称为持久强度,木结构设计时应将持久强度作为计算依据。环境温度升高以及木材中的疵病会导致木材强度降低。

1) 含水率

木材的含水率在纤维饱和点以内变化时,含水量增加使细胞壁中的木纤维之间的联结力减弱、细胞壁软化,故强度降低;水分减少使细胞壁比较紧密,故强度增高。

含水率的变化对各强度的影响是不一样的(见图 9-4)。对顺纹抗压强度和抗弯强度的影响较大,对顺纹抗拉强度和顺纹抗剪强度影响较小。

为正确判断木材的强度和比较试验结果,应根据木材实测含水率将强度按式(9-1) 换算成标准含水率(12%) 时的强度值:

$$\sigma_{12} = \sigma_w[1+\alpha(w-12\%)] \tag{9-1}$$

式中,σ_{12} 为含水率为 12% 时木材的强度(MPa);σ_w 为含水率为 w 时木材的强度(MPa);w

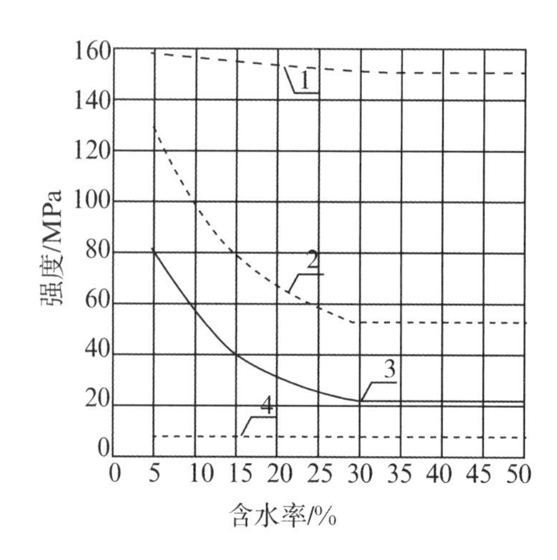

1— 顺纹抗拉;2— 抗弯;3— 顺纹抗压;4— 顺纹抗剪。

图 9-4　含水率对木材强度的影响

为试验时木材的含水率(%);α 为含水率校正系数,当木材的含水率在 9% ～ 15% 内时,可按表 9-2 取值。

表 9-2　α 取值

强度类型	抗压强度		顺纹抗拉强度		抗弯强度	顺纹抗剪强度
	顺纹	横纹	阔叶树	针叶树		
α 值	0.05	0.045	0.015	0.0	0.04	0.03

2) 环境温度

随环境温度升高,木材强度会降低。当温度由 25℃ 升到 50℃ 时,针叶树抗拉强度降低 10% ～ 15%,抗压强度降低 20% ～ 24%。当木材长期处于 60℃ ～ 100℃ 温度下时,会引起水分和所含挥发物蒸发,从而木材呈暗褐色,强度下降,变形增大。温度超过 140℃ 时,木材中的纤维素会发生热裂解,色渐变黑,强度明显下降。因此,长期处于高温的建筑物,不宜采用木结构。

3) 负荷时间

木材的长期承载能力远低于暂时承载能力。这是在长期承载的情况下,木材发生纤维蠕滑,累积后产生较大变形而降低了承载能力的结果。

木材在长期荷载作用下不致引起破坏的最大强度,称为持久强度。木材的持久强度比其极限强度小得多,一般为极限强度的 50% ～ 60%。一切木结构都处于某一种负荷的长期作用下,因此在设计木结构时,应考虑负荷时间对木材强度的影响。

4) 疵病

木材在生长、采伐及保存过程中,会产生内部和外部的缺陷,这些缺陷统称为疵病。木材的疵病主要有木节、斜纹、裂纹、腐朽及虫害等,这些疵病将影响木材的力学性质,但同一疵病对木材不同强度的影响不尽相同。一般木材或多或少都存在一些疵病,使木材的物

理力学性质受到影响。木节可以分为活节、死节、松软节、腐朽节等几种，活节影响较小。木节使木材顺纹抗拉强度显著降低，对顺纹抗压影响较小。在木材受横纹压力和剪切作用时，木节反而能增加其强度。斜纹为木纤维与树轴成一定夹角，斜纹木材严重降低其顺纹抗拉强度，对抗弯强度的影响次之，对顺纹抗压强度影响较小。裂纹、腐朽、虫害等疵病，会造成木材构造的不连续性或组织破坏，因此严重影响木材的力学性质，有时甚至能使木材完全失去使用价值。

5）纤维组织

木材受力时，主要靠细胞壁承受外力，细胞壁越均匀密实，强度也就越高。当夏材率高时，木材的强度高，表观密度也大。

5.木材的装饰性

利用木材进行艺术空间创造，可赋予建筑空间以自然典雅、明快富丽的效果，同时可展现时代气息，体现民族风格。不仅如此，木材构成的空间可使人心绪稳定，这不仅因为它具有天然纹理和材色带来的视觉效果，更重要的是它本身就是大自然的空气调节器，因而具有调节温湿度、散发芳香、吸声、调光等多种功能，这是其他装饰材料无法与之相比的。过去，木材是重要的结构用材，现在则因其具有很好的装饰性，主要用于室内装饰和装修。木材的装饰性主要体现在木材的色泽、纹理和花纹等方面。

1）木材的颜色

木材颜色以温和色彩（如红色、褐色、红褐色、黄色和橙色等）最为常见。木材的颜色对其装饰性很重要，但这并非指新鲜木材的“生色”，而是指在空气中放置一段时间后的“熟色”。

2）木材的光泽

任何木材都是径切面光泽最强，弦切面稍差。若木材的结构密实细致、板面平滑，则光泽较强。通常，心材比边材更有光泽，阔叶树材比针叶树材光泽好。

3）木材的纹理

木材纤维的排列方向称为纹理。木材的纹理可分为直纹理、斜纹理、螺旋纹理、交错纹理、波形纹理、皱状纹理、扭曲纹理等。不规则纹理常使木材的物理和力学性能降低，但其装饰价值有时却比直纹理木材高得多。因为不规则纹理能使木材具有非常美丽的花纹。

4）木材的花纹

木材表面的自然图形称为花纹。花纹是由树木中不寻常的纹理、组织和色彩变化引起的，还与木材的切面有关。美丽的花纹对装饰性十分重要。木材的花纹主要有以下几种。

① 抛物线、山峦状花纹（弦切面）：一些年轮明显的树种，如水曲柳、榆木和马尾松等，由于早材和晚材密实程度不同，会呈现此类花纹。有色带的树种也可产生此种花纹。

② 带状花纹（径切面）：具有交错纹理的木材，由于纹理不同方向对光线的反射不同而呈现明暗相间的纵列带状花纹。年轮明显或有色素带的树种也有深浅色交替的带状花纹。

③ 银光纹理或银光花纹（径切面）：当木射线明显较宽时，由于木射线组织对光线的反射作用较大，径切面上有显著的片状、块状或不规则状的射线斑纹，光泽显著。

④ 波形花纹、皱状花纹（径切面）：波形纹理导致径切面上纹理方向呈周期性变化，由

于光线反射的差异,形成极富立体感的波形或皱状花纹。

⑤ 鸟眼花纹(弦切面):由于寄生植物的寄生,在树内皮出现圆锥形突出,树木生长局部受阻,在年轮上形成圆锥状的凹陷。弦切面上这些部位组织扭曲,形似鸟眼。

⑥ 树瘤花纹(弦切面):因树木受伤或病菌寄生而形成球形突出的树瘤,由于毛糙曲折交织在弦切面上,构成不规则的圈状花纹。

⑦ 丫杈花纹(弦切面):连接丫杈的树干,纹理扭曲,径切面(沿丫杈轴向)木材细胞相互呈一定夹角排列,花纹呈羽状或鱼骨状,所以也称为羽状花纹或鱼骨花纹。

⑧ 团状、泡状或絮状花纹(弦切面):木纤维按一定规律沿径向前后卷曲,由于光线的反射作用,构成连绵起伏的图案。根据凸起部分的形状不同,可分为团状、泡状或絮状花纹。

6. 木材的结构

木材的结构是指木材各种细胞的大小、数量、分布和排列情况。结构细密和均匀的木材易于刨切,正切面光滑,涂上油漆后光亮。

木材的装饰性并不仅仅取决于某单个因素,而是由颜色、结构、纹理、图案、斑纹、光泽等综合效果及其持久性所共同决定的。

9.2.2 木材的化学性质

木材是一种天然生长的有机材料,它的化学组分因树种、生长环境、组织存在的部位不同而差异较大,主要有纤维素、半纤维素和木质素等细胞壁的主要成分,以及少量的树脂、油脂、果胶质和蛋白质等次要成分,其中纤维素占 50% 左右。所以木材的组成主要是一些天然高分子化合物。

木材的性质复杂多变。在常温下木材对稀的盐溶液、稀酸、弱碱有一定的抵抗能力;但随着温度的升高,其抵抗能力显著降低。而强氧化性的酸、强碱在常温下也会使木材变色和发生水解、氧化、酯化、降解交联等反应。在高温下即使是中性水,也会使木材发生水解反应。

木材的上述化学性质是对木材进行处理、改性以及综合利用的工艺基础。

9.3 木材的防护

木材作为土木工程材料有很多优点,但天然木材易变形、易腐蚀、易燃烧。为了延长木材的使用寿命并扩大其适用范围,木材在加工和使用前必须进行干燥、防腐防虫、防火等各种防护处理。

9.7 木材的防护措施

9.3.1　干燥

木材的干燥处理是木材不可缺少的过程。干燥的目的是：减小木材的变形，防止其开裂，提高木材使用的稳定性；提高木材的力学强度，改善其物理性能；防止木材腐朽、虫蛀，提高木材使用的耐久性；减轻木材的质量，节省运输费用。

木材的干燥方法可分为天然干燥和人工干燥，并以平衡含水率为干燥指标。

9.3.2　防腐防虫

木材腐蚀是由真菌或虫害所造成的内部结构破坏。可腐蚀木材的常见真菌有霉菌、变色菌和腐朽菌等。霉菌主要生长在木材表面，是一种发霉的真菌，通常对木材内部结构的破坏很小，经表面抛光后可去除。变色菌则以木材细胞腔内含有的有机物为养料，它一般不会破坏木材的细胞壁，只是影响其外观，而不会明显影响其强度。对木材破坏最严重的是腐朽菌，它以木质素为养料，并利用其分泌酶来分解木材细胞壁组织中的纤维素、半纤维素，从而破坏木材的细胞结构，直至使木材结构溃散而腐朽。真菌繁殖和生存的条件是同时具备适宜的温度、湿度、空气和养分。木材防腐的主要方法是阻断真菌的生长和繁殖，通常木材防腐的措施有以下四种：一是干燥法，采用蒸汽、微波、超高温处理等方法对木材进行干燥，降低其含水率至20%以下，并长期保持干燥；二是水浸法，将木材浸没在水中（缺氧）或深埋地下；三是表面涂覆法，在木构件表面涂刷油漆进行防护，油漆涂层既使木材隔绝了空气，又隔绝了水分；四是化学防腐剂法，将化学防腐剂注入木材中，使真菌、昆虫无法寄生。

木材除受真菌侵蚀而腐朽外，还会遭受昆虫的蛀蚀，常见的蛀虫有白蚁、天牛和蠹虫等。它们在树皮内或木质部内生存、繁殖，会逐渐导致木材结构的疏松或溃散。特别是白蚁，它常将木材内部蛀空，而外表仍然完好，其破坏作用往往难以被及时发现。在土木工程中木材防虫的措施主要是采用化学药剂处理，使其不适于昆虫的寄生与繁殖；防腐剂也能防止昆虫的破坏。

防腐剂的种类有很多，常用的有三类：水溶性防腐剂，主要有氟化钠、硼砂等，这类防腐剂主要用于室内木构件防腐；油剂防腐剂，主要有杂酚油（又称克里苏油）、杂酚油-煤焦油混合液等，这类防护剂毒杀效力强，毒性持久，但有刺激性臭味，处理后材面呈黑色，故多用于室外、地下或水下木结构；复合防腐剂，主要品种有硼酚合剂、氟铬酚合剂、氟硼酚合剂等，这类防护剂对菌、虫毒性大，对人、畜毒性小，药效持久，因此应用日益广泛。

9.3.3　防火

木材受到高温作用时，会分解出可燃性气体并放出热量，当温度达到260℃时即可燃烧，因而木结构设计中将260℃称为木材的着火危险温度。木材为易燃物质，应进行防火处理以提高其耐火性，使木材着火后不致沿表面蔓延，或当火源移开后，材面上的火焰能立即熄灭。木材防火就是对木材进行具有阻燃性能的化学物质处理，使其变成难燃的材料，以达到遇小火能自熄，遇大火能延缓或阻滞燃烧蔓延的目的，从而赢得扑救的时间。常用木材防火处理方法有两种:一是表面处理法,将不燃性材料覆盖在木材表面,构成防火保护层,阻止木材直接与火焰技触,常用的防火涂料有石膏、硅酸盐类、四氯苯酐醇树脂、丙烯酸乳胶防火涂料等;二是溶液浸注法,将木材充分干燥并初步加工成型后,以常压或加压方式将防火溶剂浸注木材中,利用其中的阻燃剂达到防火作用,常用的防火剂有磷氮系列、硼化物系列、卤素系列等。

【案例分析 9-2】木地板腐蚀

概况:某邮电调度楼设备用房于 7 楼现浇钢筋混凝土楼板上铺炉渣混凝土 50mm,再铺木地板。完工后设备未及时进场,门窗关闭了一年,当设备进场时,发现木板大部分腐蚀,人踩即断裂。

9.8 悬空寺

原因分析:炉渣混凝土中的水分封闭于木地板内部,慢慢浸透到未做防腐、防潮处理的木槅栅和木地板中,门窗关闭使木材含水率较高,此环境条件正好适合真菌的生长,导致木材腐蚀。

【案例分析 9-3】天安门顶梁柱

概况:天安门城楼建于明朝,清朝审修,经历数次战乱,屡遭炮火袭击,天安门依然岿然屹立。20 纪 70 年代初重修,从国外购买了上等良木更换顶梁柱一年后柱根便糟朽,不得不再次大修。

原因分析:这些木材拖于船后从非洲运回,饱浸海水,上岸后工期紧迫,不顾木材含水率高,在潮湿的木材上涂漆。水分难以挥发,这些潮湿的木材最易受到真菌的腐蚀。

9.4 木材的应用

木材的应用覆盖了采伐、制材、防护、木制品生产、剩余物利用、废弃物回收等多个环节。在这些环节中,应当对树木的各个部分按照各自的最佳用途予以收集加工,实现多次增值以达到木材在量与质总体上的高效益综合利用。其基本原则是:合理使用,高效利用,综合利用;产品及其生产应符合安全、健康、环保、节能要求;加强木材防护,延长木材使用寿命;废弃木材利用要减量化、资源化、无害化,实现木材的重新利用和循环利用。

9.9 废旧木材的综合利用

9.4.1 木材的初级产品

树木经过采伐修枝后,按加工程度和用途不同,木材分为圆条、原木、锯材三大类(见表 9-3)。承重结构用的木材,其材质按缺陷(木节、腐朽、裂纹、夹皮、虫害、弯曲和斜纹等)状况分为三等。各质量等级木材的应用范围如表 9-4 所示。

<table>
<caption>表 9-3　木材的初级产品</caption>
<tr><th colspan="2">分类</th><th>说明</th><th>用途</th></tr>
<tr><td colspan="2">圆条</td><td>除去根、梢、枝的伐倒木</td><td>用作进一步加工</td></tr>
<tr><td colspan="2">原木</td><td>除去根、梢、枝和树皮并加工成一定长度和直径的木段</td><td>用作屋架、柱、桁条等，也可用于加工锯材和胶合板等</td></tr>
<tr><td rowspan="7">锯材</td><td rowspan="3">板材：宽度 ≥ 3 倍厚度</td><td>薄板：厚度为 12 ～ 21mm</td><td>门芯板、隔断、木装修等</td></tr>
<tr><td>中板：厚度为 25 ～ 30mm</td><td>屋面板、装修、底板等</td></tr>
<tr><td>厚板：厚度为 40 ～ 60mm</td><td>门窗</td></tr>
<tr><td rowspan="4">方材：宽度 < 3 倍厚度</td><td>小方：截面积为 $54cm^2$ 以下</td><td>椽条、隔断木筋、吊顶搁栅</td></tr>
<tr><td>中方：截面积为 55 ～ $100cm^2$</td><td>支撑、搁栅、扶手、檩条</td></tr>
<tr><td>大方：截面积为 101 ～ $225cm^2$</td><td>屋架、檩条</td></tr>
<tr><td>特大方：截面积为 $226cm^2$ 以上</td><td>木或钢木屋架</td></tr>
</table>

表 9-4　各质量等级木材的应用范围

木材等级	Ⅰ	Ⅱ	Ⅲ
应用范围	受拉或拉弯构件	受弯或压弯构件	受压构件及次要受弯构件

9.4.2　木质人造板材

人造板是以木材或非木材植物纤维材料为主要原料，加工成各种材料单元，施加（或不施加）胶黏剂和其他添加剂，组坯胶合而成的板材或成型制品。主要包括胶合板、刨花板、纤维板及其表面装饰板等产品，详见《人造板及其表面装饰术语》（GB/T 18259—2018）。

胶合板又称层压板，是将原木旋切成大张薄片，再用胶黏剂按奇数层以各层纤维互相垂直的方向黏合热压而成的人造板材。制作胶合板的原木树种主要是水曲柳、椴木、桦木、马尾松等。胶合板一般是 3 ～ 15 奇数层，并以层数取名，如三合板、五合板等。胶合板的分类、性能及应用如表 9-5 所示。

表 9-5　胶合板分类、性能及应用

分类	名称	性能	应用环境
Ⅰ 类(NQF)	耐候胶合板	耐久、耐煮沸或蒸汽处理、抗菌	室外
Ⅱ 类(NS)	耐水胶合板	能在冷水中浸渍，能经受短时间热水浸渍，抗菌	室内
Ⅲ 类(NC)	耐潮胶合板	耐短期冷水浸渍	室内常态
Ⅳ 类(BNC)	不耐潮胶合板	具有一定的胶合强度	室内常态

生产胶合板是合理利用木材、改善木材物理力学性能的有效途径，它能获得较大幅度的板材，消除各向异性，克服木材的天然缺陷和局限。其主要特点是用小直径的原木就能

制成较大幅宽的板材，大大提高了木材的利用率，并且使产品规格化，使用起来更方便。因其各层单板的纤维互相垂直，它不仅消除了木材的天然疵点、变形、开裂等缺陷，而且各向异性小，材质均匀，强度较高。纹理美观的优质木材可做面板，普通木材做芯板，增加了装饰木材的出产率。胶合板广泛用作建筑室内隔墙板、天花板、门框、门面板以及各种家具及室内装修等。

刨花板指将木材或非木材植物纤维材料原料加工成刨花（或碎料），施加胶黏剂（或其他添加剂）组坯成型并经热压而成的一类人造板材。所用胶料可为有机材料（如动物胶、合成树脂等）或无机材料（如水泥、石膏和镁质胶凝材料等）。采用无机胶料时，板材的耐火性可显著提高。这类板材表观密度较小、强度较低，主要作为绝热和吸声材料；表面喷以彩色涂料后，可以用于天花板等。其中热压树脂刨花板和木丝板，在其表面可粘贴装饰单板或胶合板做饰面层，使其表观密度和强度提高，且具有装饰性，用于制作隔墙、吊顶、家具等。《刨花板》（GB/T4897—2015）规定，刨花板按用途分为 12 种类型，按功能分为 3 种类型，即阻燃刨花板、防虫害刨花板和抗真菌刨花板。

纤维板是将板皮、刨花、树枝等木材废料破碎、浸泡、研磨成木浆，再进行施胶、热压成型、干燥等工序而制成的板材。纤维板具有构造均匀、无木材缺陷、胀缩性小、不易开裂和翘曲等优良特性。若在浆料里施加或在湿板坯表面喷涂耐火剂或防腐剂，制成的纤维板还具有耐燃性和耐腐蚀性。因成型时温度和压力不同，纤维板分为硬质（表观密度不小于 $800kg/m^3$）、半硬质（表观密度为 $400 \sim 800kg/m^3$）和软质（表观密度小于 $400kg/m^3$）三种。硬质纤维板吸声、防水性能良好，坚固耐用，施工方便。有着色硬纸板、单板贴面板、打孔板、印花板、模压板等品种。硬质纤维板在建筑上应用很广，可代替木板用于室内墙壁、地板、门窗、家具和装修等。软质纤维板多用于吸声、绝热材料，经过表面处理可作顶棚天花的罩面板。

生产纤维板可使木材的利用率达 90% 以上。其特点是构造均匀，各项强度一致，完全避免了木材的各项缺陷，胀缩小，不易开裂和翘曲，抗弯强度高。在建筑工程中可替代木板用作建筑装修材料和建筑构件。

重组装饰木材也称科技木，是以人工林或普通树种木材为原料，在不改变木材天然特性和物理结构的前提下，采用仿生学原理和计算机设计技术，对木材进行调色、配色、胶压层积、整修、模压成型后制成的一种性能更加优越的全木质的新型装饰材料。科技木可仿天然珍贵树种的纹理，并保留木材隔热、绝缘、调湿、调温的自然属性。科技木原材料取材广泛，只要木质易于加工，材色较浅即可，可以多种木材搭配使用，大多数人工林树种完全符合要求。

各类人造板及其制品是室内装饰装修最主要的材料之一。室内装饰装修用人造板大多数存在游离甲醛释放问题。游离甲醛是室内环境主要污染物，对人体危害很大，已引起全社会的关注。《室内装饰装修材料人造板及其制品中甲醛释放限量》（GB 18580—2017）规定了各类人造板材中甲醛限量值。

9.4.3 木材的装饰装修制品

建筑装饰装修常用的木材有单片板、细木工板和木质地板等，其中木质地板常用的有

实木地板、实木复合地板、浸渍纸层压木质地板和木塑地板。

单片板是将木材蒸煮软化，对其旋切、刨切或锯割成的厚度均匀的薄木片，用以制造胶合板、装饰贴面或复合板贴面等。由于单片板很薄，一般不能单独使用，被认为是半成品材料。

细木工板又称大芯板，是中间为木条拼接，两个表面胶黏一层或两层单片板而成的实心板材。由于中间为木条拼接，有缝隙，因此可降低因木材变形而造成的影响。细木工板具有较高的硬度和强度，质轻、耐久、易加工，适用于家具制造、建筑装饰、装修工程中，是一种极有发展前景的新型木型材。细木工板按结构可分为芯板条不胶拼和胶拼两种；按表面加工状况可分为一面砂光细木工板、两面砂光细木工板、不砂光细木工板；按使用的胶合剂可分为Ⅰ类细木工板、Ⅱ类细木工板；按材质和加工工艺质量可分为一、二、三等。细木工板要求排列紧密，无空洞和缝隙；选用软质木料，以保证有足够的持钉力，且便于加工。细木工板尺寸规格如表9-6所示。

表9-6　细木工板的尺寸规格

宽度/mm	长度/mm					厚度/mm
915	915	—	1830	2135	—	16,19,22,25
1220	—	1220	1830	2035	2440	

实木地板是未经拼接、覆贴的单块木材直接加工而成的地板。实木地板有四种分类：按表面形态分为平面实木地板和非平面实木地板；按表面有无涂饰分为涂饰实木地板和未涂饰实木地板；按表面涂饰类型分为漆饰实木地板和油饰实木地板；按加工工艺分为普通实木地板和仿古实木地板。平面实木地板按外观质量、物理性能分为优等品和合格品，非平面实木地板不分等级。详见《实木地板　第1部分：技术要求》(GB/T 15036.1—2018)。

实木复合地板是以实木拼板或单板(含重组装饰板)为面板，以实木拼板、单板或胶合板为芯层或底层，进行不同组合层加工而成的地板。以面板树种来确定地板树种名称(面板为不同树种的拼花地板除外)。根据产品的外观质量分为优等品、一等品和合格品，并对面板树种、面板厚度、三层实木复合地板芯层、实木复合地板用胶合板提出了材料要求。详见《实木复合地板》(GB/T 18103—2022)。实木复合地板适用于办公室、会议室、商场、展览厅、民用住宅等的地面装饰。

浸渍纸层压木质地板也称为强化木地板，是用一层或多层专用纸浸渍热固性氨基树脂，铺装在刨花板、中密度纤维板、高密度纤维板等人造板基材表面，背面加平衡层，正面加耐磨层，经热压而成的地板。《浸渍纸层压木质地板》(GB/T 18102—2020)规定了其表层、基材和底层材料。其表层可选用下述两种材料：热固性树脂装饰层压板和浸渍胶膜纸。基材即芯层材料通常是刨花板、中密度纤维板或高密度纤维板。底层材料通常采用热固性树脂装饰层压板、浸渍胶膜纸或单板，起平衡和稳定产品尺寸的作用。浸渍纸层压木质地板具有耐烫、耐污、耐磨、抗压、施工方便等特点。浸渍纸层压木质地板安装方便，板与板之间可通过槽榫进行连接。在地面平整度保证的前提下，复合木地板可直接浮铺在地面上，而不需用胶黏结。其按表面耐磨等级分为商用级(≥9000转)、家用Ⅰ级(≥6000转)、家用Ⅱ级(≥4000转)。

木塑地板是由木材、竹材、农作物黏秆等木质纤维材料同热塑性塑料分别制成加工单元，按一定比例混合后，经成型加工制成的地板。《木塑地板》(GB/T 24508—2020)规定，表面未经其他材料饰面处理的木塑地板为素面木塑地板；表面经涂料涂饰处理的木塑地板为涂饰木塑地板。

9.4.4 木材的连接

因天然尺寸有限或结构构造的需要，而用拼合、接长和节点联结等方法，将木材连接成结构和构件。连接是木结构的关键部位，设计与施工的要求应严格，传力应明确，韧性和紧密性应良好，构造应简单，检查和制作应方便。木材连接的常见方法有榫卯连接、齿连接、螺栓连接和钉连接等。

1. 榫卯连接

榫卯连接是中国古代匠师创造的一种连接方式，其特点是利用木材承压传力，以简化梁柱连接的构造。利用榫卯嵌合作用，使结构在承受水平外力时，能有一定的适应能力。因此，这种连接至今仍在中国传统的木结构建筑中得到广泛应用，其特点是对木材的受力面积削弱较大，用料不甚经济。

2. 齿连接

齿连接是用于桁架节点的连接方式。这种方式将压杆的端头做成齿形，直接抵承于另一杆件的齿槽中，通过木材承压和受剪传力。为了提高其可靠性，要求压杆的轴线垂直于齿槽的承压面并通过其中心。这样使压杆的垂直分力对齿槽的受剪面有压紧作用，提高木材的抗剪强度。为了防止刻槽过深削弱杆件截面影响杆件承载能力，对于桁架中间节点，要求齿深不大于杆件截面高度的四分之一；对于桁架支座节点，不大于三分之一。受剪面过短容易撕裂，过长又起不了应用的作用，为此，宜将受剪面长度控制在木材截面高度的4到10倍之内。并应设置保险螺栓，以防受剪面意外剪坏时，可能引起的屋盖结构倒塌。

3. 螺栓连接和钉连接

在木结构中，螺栓和钉能够阻止构件的相对移动，并受到孔壁木材的挤压，这种挤压可以使螺栓和钉受剪与受弯，使木材受剪与受劈。

【本章小结】

木材可分为针叶材和阔叶材。由于树种和树木生长环境不同，木材的构造差异很大，构造不同木材的性质也不同。木材的物理力学性质主要有含水率湿胀干缩、强度等，其中含水率对木材的湿胀干缩性和强度影响较大。木材的宏观构造指用肉眼和放大镜能观察到的构造，主要包括树皮、木质部、形成层、髓心等；显微构造是在显微镜下观察的木材组织，它由无数管状细胞紧密结合而成。木材的缺陷主要有节子和裂纹等。木材在建筑上的应用具有悠久的历史，古今中外，木质建筑在建筑史上占据相当显赫的位置。用于土木工程的主要木材产品包括木材初级产品和各种人造板材。

【本章习题】

第9章习题参考答案

一、判断题（正确的打√，错误的打×）

1. 木材根据树种不同分为针叶树材和软木材两大类。（ ）
2. 木材的含水量越大，其强度越低。（ ）
3. 木材含水量在纤维饱和点之上，其含水量对强度影响不大。（ ）
4. 木材各强度中，顺纹抗拉强度最大。（ ）

二、单项选择题

1. 木材纤维饱和点一般（ ）。

   A. <20%　B. 25%～35%　C. >30%　D. 15%～25%

2. 木材（ ）的干缩率最大。

   A. 弦向　B. 径向　C. 纵向　D. 横向

3. 木材的持久强度一般为极限强度的（ ）。

   A. 30%　B. 25%～35%　C. 40%～50%　D. 50%～60%

4. 木材各强度中，（ ）强度最大。

   A. 顺纹抗压　B. 顺纹抗拉　C. 顺纹剪切　D. 横纹切断

5. 木材强度等级是按（ ）来评定。

   A. 平均抗压强度　B. 弦向静曲强度　C. 顺纹抗压强度　D. 极限强度

三、简答题

1. 木材按树种分为哪几类？其特点如何？

2. 什么是木材的纤维饱和点和平衡含水率？各有什么实用意义？

3. 木材防腐的措施有哪些？

4. 建筑装饰装修工程常用的木质地板有哪些？它们有何特点？

第 10 章　合成高分子材料

【本章重点】

土木工程中合成高分子材料主要制品的性能及应用。

第 10 章课件

【学习目标】

熟悉高分子化合物的概念、分类与命名、结构与性质；熟悉土木工程中合成高分子材料的主要制品及应用，包括工程塑料和胶黏剂等。

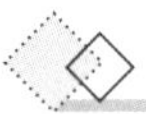
【课程思政】铝塑板的发展

高分子材料及其复合材料在土木工程中已得到广泛应用，世界上用于土木工程的塑料约占土木工程材料用量的 11%，估计还会增加。高分子材料本身还存在一些缺陷，若与其他材料复合，可扬长补短，在土木工程中得到更好的应用。如塑钢门窗、聚合物混凝土、塑钢管道、塑铝管道等复合材料在土木工程中的应用已显示出优势。其中，铝塑板这种高分子复合材料在土木工程中的应用发展是一个典型例子。

20 世纪 60 年代，为满足运输行业对材料轻、薄，表面质量好，成型性能好而加工成本少的要求，德国技术人员利用工字钢原理发明了铝塑复合板。铝塑复合板是以塑料为芯层，外贴铝板的三层复合板材，其表面施加装饰材料或保护性涂层。铝塑复合板以其质量轻、装饰性强、施工方便的特点，在国内外得到广泛应用。而其本身质量不断提高、发展。

在 20 世纪 80 年代，随着各项建筑规范更加苛刻和严格，德国、瑞士、法国等发达国家对以聚乙烯为芯材的复合板的防火性能提出了疑问，并规定了使用高度的限制。为适应市场的新要求，于 1990 年开始制造出达到不燃级防火的铝塑复合板。该产品在任何国家都没有使用高度上的限制要求。

铝塑板的发展历史，正是一个建材产品不断创新、不断完善的历程。我们可以从中得到许多有益的启示。

10.1 神奇的建筑结构胶

10.1　概述

合成高分子材料作为土木工程材料，始于 20 世纪 50 年代，现已成为水泥混凝土、木材、钢材之后的一种重要土木工程材料,其发展方兴未艾。

合成高分子材料是指由人工合成的高分子化合物为基础所组成的材料。它有许多优良的性能,如密度小、比强度大、弹性高、电绝缘性能好、装饰性能好等。作为土木工程材料,由于它能减轻构筑物自重,改善性能,提高工效,减少施工安装费用,获得良好的装饰及艺术效果,因而在土木工程中得到了越来越广泛的应用。但是,高分子材料在使用和服役过程中很容易老化,且容易燃烧,带有毒性。此外,高分子材料的耐热性能较差,温度偏高时,会发生分解,甚至变形。合成高分子材料产品形式多样,包括建筑塑料、涂料、胶黏剂、建筑防水材料等,其性能范围很宽,实用面很广。

 **【案例分析 10-1】美国米高梅旅馆火灾**

概况:美国米高梅旅馆大楼高 26 层,设备豪华,装饰精致。1980 年其戴丽餐厅发生火灾,使用水枪扑救未能成功。因餐厅内有大量塑料、纸制品和装饰品,火势迅速蔓延,且塑料制品胶合板等在燃烧时放出有毒烟气。着火后,旅馆内空调系统没有关闭,烟气通过空调管道扩散,在短时间内整个旅馆大楼充满烟雾。火灾造成巨大损失,死亡 84 人,受伤 679 人。

原因分析:大量使用易燃的塑料、木质及纸制品是造成火灾的重要原因之一。它们不仅燃烧速度快,而且会产生大量有毒气体。故在工程应用中需注意塑料制品等的可燃性和燃烧气体的毒性,尽量使用通过改进配方制成的自熄和难燃甚至不燃产品。

10.2 高分子化合物的基本概念

10.2.1 高分子化合物

一般把分子量低于 1000 的化合物称作低分子化合物,分子量在 10000 以上的称作高分子化合物,介于两者间的是分子量中等的化合物。高分子化合物,又称高分子聚合物(简称高聚物),是组成单元相互多次重复连接而构成的物质,因此其分子量虽然很大,但化学组成比较简单,都是由许多低分子化合物聚合而形成的。例如,聚氯乙烯分子结构为:

$$\left[-CH_2-\underset{\underset{Cl}{|}}{CH}- \right]_n$$

可见,聚氯乙烯是由低分子化合物氯乙烯聚合而成的,这种可以聚合成高聚物的低分子化合物,称为单体,而组成高聚物的最小重复结构单元称为链节,高聚物中所含链节的数目 n 称为聚合度,高聚物的聚合度为 $1\times10^3 \sim 1\times10^7$,因此其分子量必然很大。

10.2.2 高聚物的分类与命名

以高分子化合物为主要成分的材料称为聚合物材料或高分子材料。

1. 分类

(1) 按材料的性能与用途分类,可分为塑料、合成橡胶、合成纤维以及某些胶黏剂、涂料等。

(2) 按分子结构分类,可以分为线型、支链型和体型 3 种。

(3) 按合成反应类别分类,可分为加聚反应和缩聚反应,其反应产物分别为加聚物和缩聚物。

① 加成聚合:也称加聚聚合,是聚合物最主要的聚合方式之一。通常是在催化剂的存在下,含有双键的单体打开双键,相互连接而形成聚合物长链分子。加聚反应生成的高分子化合物称聚合树脂,它们多在原始单体名称前冠以“聚”字命名。加聚反应的特点是反应过程中不产生副产物。聚合度 n 值愈大,分子量愈大。

在加聚反应过程中,由一种单体加聚而得的称为均聚物;由两种或两种以上单体共加聚称为共聚,通过单体的共聚可以得到各种性能优良的塑料。

② 缩聚聚合:又称缩合聚合,是由含有活性官能团的两个或两个以上的单体,在加热和催化剂的作用下,经缩合反应,相互连接而形成高分子量聚合物,并同时析出水、氨、醇等副产物(低分子化合物)。缩聚反应过程中有副产物产生,所以缩合反应生成物的组成与原始单体完全不同。

缩聚反应生成的高分子化合物称缩合树脂。缩合树脂多在原始单体名称后加上“树脂”两字命名。

2. 命名

高聚物有多种命名方法,在土木工程材料工业领域常以习惯命名。对简单的一种单体的加聚反应产物,在单体名称前冠以“聚”字,如聚氯乙烯、聚丙烯等,大多数烯类单体聚合物都可按此命名;部分缩聚反应产物则在原料后辅以“树脂”二字命名,如酚醛树脂等,树脂又泛指作为塑料基材的高聚物;对一些两种以上单体的共聚物,则从共聚物单体中各取一字,后附“橡胶”二字来命名,如丁二烯与苯乙烯共聚物称为丁苯橡胶,乙烯、丙烯、乙烯炔共聚物称为三元乙丙橡胶。

10.2.3 高聚物的结构与性质

1. 高聚物分子链的形状与性质

高分子化合物按其链节在空间排列的几何形状,可分为线型聚合物、支链型聚合物、体型聚合物三类(见图 10-1)。

（a）线型　（b）支链型　（c）体型

图 10-1　高聚物的分子构型

1）线型

线型聚合物的大小分链节排列成线状主链[见图 10-1(a)]，大多数呈卷曲状，线状大分子间以分子间力结合在一起。因分子间作用力微弱，分子容易相互滑动，因此线型结构的合成树脂可反复加热软化、冷却硬化，故称为热塑性树脂。

线型高聚物具有良好的弹性、塑性、柔顺性，但强度较低、硬度小、耐热性、耐腐蚀性较差，且可溶可熔。

2）支链型

支链型高聚物的分子在主链上带有比主链短的支链[见图 10-1(b)]，因分子排列较松，分子间作用力较弱，因而密度、熔点、强度低于线型高聚物。

3）体型

体型高聚物的分子，由线型或支链型高聚物分子以化学键交联形成，呈空间网状结构[见图 10-1(c)]，由于化学键结合力强，且交联成一个巨型分子，因此体型结构的合成树脂仅在第一次加热时软化，固化后再加热时不会软化，称为热固性树脂。

热固性高聚物具有较高的强度与弹性模量，但塑性较小、较硬脆，耐热性、耐腐蚀性较好，不溶不熔。

2. 高聚物的聚集态结构与物理状态

聚集态结构是指高聚物内部大分子之间的几何排列与堆砌方式。按其分子在空间排列规则与否，固态高聚物中并存着晶态和非晶态两种聚集状态，但与低分子量晶体不同，由于长链高分子难免弯曲，故在晶态高聚物中也总存在非晶区，且大分子链可以同时跨越几个晶区和非晶区。晶区所占的百分比称为结晶度。结晶度越高，则高聚物的密度、弹性模量、强度、硬度、耐热性、折光系数等越高，而冲击韧性、黏附力、塑性、溶解度等越小。晶态高聚物一般为不透明或半透明的，非晶态高聚物则一般为透明的，体型高聚物只有非晶态一种。

高分子化合物中，在不同温度条件下的形态是有差别的，常具有三种力学性能不同的状态：玻璃态、高弹态、黏流态(见图 10-2)。

1）玻璃态

当温度较低时，高分子化合物的分子热运动的能量很小，所有分子间的运动和链段的运动都停止了，整个物质表现为非晶态的固体，和无机玻璃一样，所以叫玻璃态。

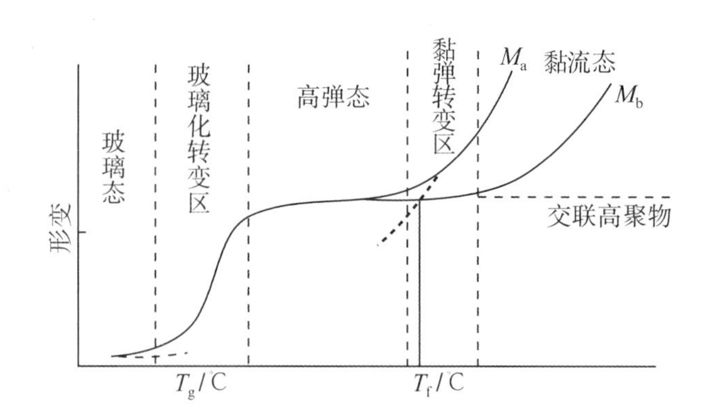

图 10-2 非晶态高聚物的形变-温度关系

使聚合物保持玻璃态的上限温度称为玻璃化转变温度(T_g)。塑料的玻璃化转变温度(T_g)高于室温,所以塑料是常温下呈玻璃态的非晶态高聚物。换句话说,玻璃态是塑料的使用状态,凡室温下处于玻璃态的聚合物都可用作塑料。

玻璃态高聚物处于低于 T_g 的某一温度时,分子振动也被“冻结”,这时加以外力,会出现不能拉伸的脆性现象,这个温度为脆化温度(T_b)。

2) 高弹态

当温度升高到玻璃化转变温度 T_g 以上(在 T_g 和 T_f 之间)时,分子热运动的能量增高,链段能运动,但大分子链仍被冻结,聚合物受到外力作用时,由于链段能自由运动,产生的变形较大,弹性模量较小,外力除去后又会逐步恢复原状,并且变形是可逆的,这种状态称为高弹态。例如,许多橡胶能近乎完全可恢复地被拉伸到 500% 甚至更多。使聚合物保持高弹态的上限温度,称为黏流温度(T_f)。高弹态是橡胶的使用状态,凡室温下处于高弹态的聚合物均可用作橡胶,因此,高弹态也叫橡胶态。

3) 黏流态

温度继续上升到黏流温度 T_f 以上,分子动能增加到整个分子链都可以移动的时候,整个体系成为可以流动的黏稠液体,这时的状态称为黏流态。这时给以外力,分子间产生滑动而变形。除去外力后,不能恢复原状,这种变形称为黏性流动变形或塑性变形。如果将温度降低到 T_f 以下,形状就被固定;利用高聚物的这种特性,可进行某些高聚物的加工塑造成型。

10.2.4 合成高分子化合物的性能特点

1. 优势

(1) 优良的加工性能。

(2) 质轻:如大多塑料密度为 0.9～2.2g/m^3,平均为 1.45g/cm^3,约为钢的 1/5。

(3) 导热系数小:如泡沫塑料的导热系数只有 0.02～0.046W/(m·K)。

(4) 化学稳定性较好:一般塑料对酸、碱、盐及油脂均有较好的耐腐蚀能力。

(5) 电绝缘性好。

(6) 功能的可设计性强。

(7) 装饰性能出色。

2. 劣势

10.2 塑料老化

(1) 易老化：所谓老化是指高分子化合物在阳光、空气、热以及环境介质中的酸、碱、盐等作用下，分子组成和结构发生变化，致使性质变化，如失去弹性、出现裂纹、变硬、变脆或变软、发黏失去原有的使用功能的现象。塑料、有机涂料和有机胶黏剂都会出现老化。

(2) 可燃性及毒性：高分子材料一般属于可燃的材料，但可燃性受材料组成和结构的影响有很大差别。

(3) 耐热性差：高分子材料的耐热性能普遍较差，如使用温度偏高会促进其老化，甚至分解；塑料受热会发生变形，在使用中要注意其使用温度的限制。

10.3　工程塑料

塑料是一种以天然或合成高分子化合物为基体材料，加入适量的填料和添加剂，在高温、高压下塑化成型，且在常温、常压下保持制品形状不变的材料。塑料的名称是根据树脂的种类确定的。

由于塑料在一定的温度和压力下具有较大的塑性，并可以加工成各种形状和尺寸的产品，且在常温下可保持既得的形状、尺寸和一定的强度，因此塑料可被加工成许多塑料制品。目前，新的高聚物不断出现，塑料的性能也在逐步发展。塑料作为土木工程材料有着广泛的前途，建筑工程常用的塑料制品有塑料壁纸、壁布、饰面板、塑料地板、塑料门窗、管线护套等，绝热材料有泡沫塑料与蜂窝塑料等，防水和密封材料有塑料薄膜、密封膏、管道、卫生设施等，土工材料有塑料排水板、土工织物等，市政工程材料有塑料给水管、塑料排水管、燃气管等，其发展前景十分广阔。

10.3.1　塑料的组成与分类

1. 塑料的组成

塑料根据其所含的组分数目可分为单组分塑料和多组分塑料。单组分塑料基本上由聚合物构成，仅含少量辅助物料(染料、润滑剂等)；多组分塑料则除聚合物外，还包含大量辅助剂(增塑剂、稳定剂、改性剂、填料等)。大部分塑料是多组分塑料，是由作为主要成分的聚合物和根据需要加入的各种添加剂组成的。

1) 合成树脂

习惯上或广义地讲，凡作为塑料基材的高分子化合物(高聚物)都称为树脂。合成树脂是塑料的基本组成材料，在塑料中起黏结组分的作用，所以也称为黏料。它是塑料的主要成分，约占塑料的30%～60%。塑料的性质主要决定于合成树脂的种类、性质和数量。

用于塑料的热塑性树脂主要有聚乙烯、聚氯乙烯、聚甲基丙烯酸甲酯、聚苯乙烯、聚四氟乙烯等加聚高聚物；用于塑料的热固性树脂主要有酚醛树脂、尿酸树脂、不饱和树脂、不饱和聚酯树脂、环氧树脂、有机硅树脂等缩聚高聚物。

2）填充剂

填充剂又称填料，是塑料的另一重要组分，约占塑料重量的40%～70%。在合成树脂中加入填充料可以降低分子链间的流淌性，可提高塑料的强度、硬度和耐热性，减少塑料制品的收缩，并能有效降低塑料的成本。

常见的填充料有木粉、滑石粉、硅藻土、石灰石粉、石棉、铝粉、刚玉粉、炭黑和玻璃纤维等。

3）增塑剂

增塑剂可降低树脂的流动温度，使树脂具有较大的可塑性以利于塑料加工成型，增塑剂的加入降低了大分子链间的作用力，因此降低了塑料的硬度和脆性，使塑料具有较好的塑性、韧性和柔顺性等机械性质。

增塑剂必须能与树脂均匀地混合在一起，并且具有良好的稳定性。常用的增塑剂有邻苯二甲酸二辛酯、磷酸三甲酚酯、樟脑、二苯甲酮等。

4）稳定剂

为防止塑料在热、光及其他条件下过早老化而加入的少量物质称为稳定剂。常用的稳定剂有抗氧化剂和紫外线吸收剂。

5）着色剂

着色剂可使塑料具有鲜艳的色彩，改善塑料制品的装饰性。常用的着色剂是一些有机染料和无机燃料。有时也采用能产生荧光或磷光的颜料。

6）固化剂

固化剂又称硬化剂或熟化剂，是一类受热能释放游离基来活化高分子链，使它们发生化学反应，由线型结构转变为体型结构的一种添加剂。其主要作用是在聚合物分子链之间产生横跨链，使大分子交联，使树脂具有热固性，形成稳定而坚硬的塑料制品。

酚醛树脂中常用的固化剂为乌洛托品（六亚甲基四胺），环氧树脂中常用的则为胺类（乙二胺、间苯二胺）、酸酐类（邻苯二甲酸酐、顺丁烯二酸酐）及高分子类（聚酰胺树脂）。

除上述组成材料以外，在塑料生产中还常常加入一定量的其他添加剂，使塑料制品的性能更好、用途更广泛。如加入发泡剂可以制得泡沫塑料，加入阻燃剂可以制得阻燃塑料。

2. 塑料的分类

1）按塑料受热时的变化特点，塑料分为热塑性塑料和热固性塑料

10.3 热塑性和热固性塑料差别

热塑性塑料的特点是受热时软化或熔融，冷却后硬化，再加热时又可软化，冷却后又硬化，这一过程可反复多次进行，而树脂的化学结构基本不变，始终呈线型或支链型。

热塑性塑料的耐热性较低，刚度小，但抗冲击韧性好。常用的热塑性塑料有聚乙烯、聚氯乙烯、聚丙烯、聚苯乙烯、聚甲醛、聚碳酸酯、聚酰胺、改性聚苯乙烯（ABS）塑料等。

热固性塑料的特点是受热时软化或熔融，可塑造成型，随着进一步加热，产生化学变化，相邻的分子相互连接（交联）而逐渐硬化，最终成为不能熔化和溶解的塑料制品。

该过程不能反复进行，再加热时不再软化或改变外观形状，只有在强热下分解破坏。

热固性塑料的耐热性较高，刚度大，质硬而脆。常用的热固性塑料有酚醛、环氧、不饱和聚酯、有机硅塑料等。

2）按塑料的功能和用途

（1）通用塑料：是指产量大、价格低、应用范围广的塑料。这类塑料主要包括六大品种，即聚乙烯、聚氯乙烯、聚丙烯、聚苯乙烯、酚醛和氨基塑料。其产量占全部塑料产量的四分之三以上。

（2）工程塑料：是指机械强度高，刚性较大，可以代替钢铁和有色金属制造机械零件和工程结构的塑料。这类塑料除具有较高强度外，还具有很好的耐腐蚀性、耐磨性、自润滑性及尺寸稳定性等。主要包括聚酰胺、聚碳酸酯、ABS 塑料等。

（3）特种塑料：是指耐热（能在 100 ～ 200℃ 以上温度下工作）或具有特殊性能和特殊用途的塑料。其产量少、价格高。主要包括有机硅、环氧、不饱和聚酯、有机玻璃、聚酰亚胺、有机氟塑料等。

10.3.2　塑料的性质

10.4 塑料的性质

塑料具有质量轻、比强度高、保温绝热性能好、加工性能好、富有装饰性等优点，但也存在易老化、易燃、耐热性差、刚性差等缺点。

建筑塑料和传统土木工程材料相比，具有以下几个方面的特性。

1. 装饰性优越

在建筑装饰工程中，装饰效果主要根据材料的色彩、质感、线型等要素来评定，而塑料则具备了这些要素。如在塑料生产中可用着色剂，使塑料获得鲜艳的色彩；可加入不同品种的填料构成不同的质感，或如脂如玉，或坚硬如石，刚柔相宜；也可用先进的印刷、压花、电镀等技术制成具有各种图案、花型的制品。

2. 可加工性好

建筑塑料可以采用多种方法加工成型，制成薄板、管材、门窗异型材等各种形状的产品，还便于切割和“焊接”。

3. 轻质高强

塑料一般都比较轻，其密度为 0.8 ～ 2.2g/cm^3，而泡沫塑料的密度仅为 0.01 ～ 0.5g/cm^3。这一性质非常适用于高层建筑，如用泡沫塑料做芯材制成的复合材料，既保温又可大大降低结构自重。常有的建筑塑料的强度值不高，如抗拉强度为 10 ～ 66MPa，抗弯强度为 20 ～ 120MPa，然而塑料的比强度值（强度与表观密度之比）却远高于混凝土，甚至高于结构钢，因此塑料是一种轻质高强的材料。

4. 保温性好，且抗振和吸声

塑料的导热性很小，导热系数为 0.23 ～ 0.70W/(m·K)。泡沫塑料的导热系数更低，只有 0.02 ～ 0.046W/(m·K)，是最好的绝热材料，保温隔热，而且塑料(特别是泡沫塑料)可减小振动，降低噪声。

5.耐化学腐蚀性好

金属材料易发生电化学腐蚀，其主要原因是金属具有失去自由电子的特性。然而，塑料分子都是由饱和的化学键构成的，缺乏与介质形成电化学作用的自由电子或离子，因而不会发生电化学腐蚀。塑料对酸、碱、盐及油脂也有较好的耐腐蚀性。

6.电绝缘性好

塑料的大分子结构中既无自由电子，也无足够的自由运动的离子等其他载流子，因此，通常塑料都是电的不良导体，其电绝缘性能良好，在建筑上常用作建筑电气材料。

然而，建筑塑料是一种黏弹性材料，弹性模量较低，易发生变形，特别是受热以后，随温度升高变形更大。在工程中，不宜选为结构材料。而且塑料具有易老化、耐热性差、有些塑料有毒等特点。针对这几种缺点，人们在生产中会加入不同品种、不同数量的添加剂，使塑料的性能得以改善，使用范围变宽。

10.3.3 常用工程塑料

建筑塑料，作为建筑上常用的塑料制品，绝大多数都是由合成树脂(即合成高分子化合物)和添加剂组成的多组分材料。其中，合成树脂在塑料中起胶结作用，把填充料等胶结成坚实整体，添加剂能够改善塑料的某些性能。

10.5 塑料地板消防安全必要性

建筑塑料具有轻质、高强、多功能等特点，符合现代材料的发展趋势，是一种理想的可用于替代木材、部分钢材和混凝土等传统建筑材料的新型材料。常用的建筑塑料可分为热塑性塑料和热固性塑料。前者在特定的温度范围内可反复加热软化和冷却硬化，如聚氯乙烯(PVC)、聚乙烯(PE)、聚丙烯(PP)、聚苯乙烯(PS)、改性聚苯乙烯(ABS)、聚甲基丙烯酸甲酯(PMMA)等；后者加热成型后再次受热不再具有可塑性，如酚醛树脂(PF)、脲醛树脂(UF)、三聚氰胺树脂(MF)、环氧树脂(EP)、不饱和聚酯树脂(UP)、有机硅树脂(SI)等。常用建筑塑料的特性及用途如表 10-1 所示。

表 10-1 常用建筑塑料的特性及用途

名称	特性	用途
聚乙烯(PE)	柔韧性好、介电性能和耐化学腐蚀性能良好，成型工艺好，但刚性差	用于防水材料、给排水管、绝缘材料
聚丙烯(PP)	耐腐性优良，力学性能和刚性超过聚乙烯，耐疲劳和耐应力开裂性好，但收缩率较大，低温脆性大	用于管材、卫生洁具、模板等
聚氯乙烯(PVC)	耐化学腐蚀性和电绝缘性优良，力学性能较好，具有难燃性，耐热性差，温度升高易降解	用于发泡制品，广泛用于建筑各部位，是应用最多的一种塑料

续　表

名称	特性	用途
聚苯乙烯(PS)	树脂透明,有一定机械强度,电绝缘性好,耐辐射,成型工艺好,脆性大,耐冲击性和耐热性差	主要以泡沫塑料形式作为隔热材料,也用来制造灯具平顶板等
改性聚苯乙烯(ABS)	具有韧、硬、刚相均衡的优良力学特性,电绝缘性和耐化学腐蚀性好,尺寸稳定性好,表面光泽性好,易涂装和着色,但耐热性一般,耐候性较差	用于生产建筑五金和各种管材、模板、异形板等
酚醛树脂(PF)	电绝缘性和力学性能良好,耐酸、耐水和耐烧蚀性优良,坚固耐用,尺寸稳定不易变形	生产各种层压板、玻璃钢制品、涂料和黏结剂等
环氧树脂(EP)	黏结性和力学性能优良,耐碱性良好,电绝缘性能好,固化收缩率低,可在室温、接触压力下固化成型	主要用于生产玻璃钢、黏结剂和涂料等
聚氨酯(PUR)	强度高,耐化学腐蚀性优良,耐热、耐油、耐溶剂性好,黏结性和弹性优良	主要以泡沫塑料形式作为隔热材料和优质涂料、黏结料、防水涂料和弹性嵌缝材料等
有机硅树脂(SI)	耐高、低温,耐腐蚀,稳定性好,绝缘性好	宜作高级绝缘材料和防水材料
聚甲基丙烯酸甲酯(PMMA)	弹性、韧性和抗冲击性良好,耐低温性好,透明度高,易燃	主要用作采光材料,代替玻璃且性能优良
玻璃纤维增强塑料(GRP)	强度特别高,质轻,成型工艺简单,除刚度不如钢材外,各种性能均良好	可作屋面、墙面围护、浴缸、水箱、冷却塔和排水管等材料

10.4　胶黏剂

10.4.1　胶黏剂的组成材料与基本要求

10.6 线槽为何不用橡胶

胶黏剂又称黏结剂,用于把相同或不同的材料构件黏合在一起。胶黏剂一般都是由多组分物质所组成的,常用胶黏剂的主要组成成分有黏料、填料和其他辅助材料。黏料是胶黏剂中最基本的黏结料组分,它的性质决定了胶黏剂的性能、用途和使用工艺。一般胶黏剂以其名称来命名。胶黏剂按照主要黏料、物理形态、硬化方法和被黏物材质分类,其中胶黏剂的主要黏料有动物胶、植物胶、无机物和矿物、合成弹性体、合成热塑性材料、合成热固性材料、热固性和热塑性材料与弹性体复合材料。

胶黏剂能够将材料牢固黏结在一起,是因为胶黏剂与材料间存在着黏附力以及胶黏剂本身具有内聚力。黏附力和内聚力的大小直接影响胶黏剂的黏结强度。当黏附力大于内聚力时，黏结强度主要取决于内聚力；当内聚力大于黏附力时，黏结强度主要取决于黏附力。一般认为黏附力主要来源于以下几个方面。

(1) 机械黏结力：胶黏剂渗入材料表面的凹陷处和孔隙内，在固化后如同镶嵌在材料内部，靠机械锚固力将材料黏结在一起。对非极性多孔材料，机械黏结力常起主要作用。

(2) 物理吸附力：胶黏剂与被黏物分子间的距离小于 0.5mm 时，分子间的范德华力发生作用而相吸附，黏结力来自分子间的引力。分子间引力的作用力虽然远小于化学键力，但是由于分子(或原子) 数目巨大，故吸附能力很强。

10.7 塑料管与镀锌铁管优缺点比较

(3) 化学键力：胶黏剂与材料间能发生化学反应，靠化学键力将材料黏结为一个整体。

(4) 扩散作用：胶黏剂与被黏物之间存在着分子(或原子) 间的相互扩散作用，这种扩展作用是两种高分子化合物的相互溶解，其结果是胶黏剂与被黏物分子之间更加接近，物理吸附作用得到加强。

因此，为将材料牢固地黏结在一起，胶黏剂必须具有以下基本要求：适宜的黏度，适宜的流动性；具有良好的浸润性，能很好地浸润被黏结材料的表面；在一定的温度、压力、时间等条件下，可通过物理和化学作用固化，并可调节其固化速度；具有足够的黏结强度和较好的其他性能。

10.8 硅胶密封胶失效

除此之外，胶黏剂还必须对人体无害。我国已制定了《室内装饰装修材料胶粘剂中有害物质限量》(GB 18583—2008) 的强制性国家标准。对胶黏剂中游离甲醛、苯、甲苯、二甲苯、总挥发性有机物等有害物质作出了限量规定。

10.9 混凝土修补用树脂胶黏剂

10.4.2 土木工程常用的胶凝剂性能特点与应用

1. 不饱和聚酯树脂胶黏剂

它主要由不饱和聚酯树脂、引发剂(室温下引发固化反应的助剂)、填料等组成，改变其组成可以获得不同性质和用途的胶黏剂。不饱和聚酯树脂胶黏剂的黏结强度高，抗老化性和耐热性好，可在室温下和常压下固化，但固化时的收缩大，使用时须加入填料或玻璃纤维等。不饱和聚酯树脂胶黏剂可用于黏结陶瓷、玻璃、木材、混凝土和金属等结构构件。

2. 环氧树脂胶黏剂

它主要由环氧树脂、固化剂、填料、稀释剂、增韧剂等组成。改变胶黏剂的组成可以得到不同性质和用途的胶黏剂。环氧树脂胶黏剂的耐酸、耐碱侵蚀性好，可在常温、低温和高温等条件下固化，并对金属、陶瓷、木材、混凝土、硬塑料等均有很高的黏附力。在黏结混凝土方面，其性能远远超过其他胶黏剂，广泛用于混凝土结构裂缝的修补和混凝土结构的补强与加固。

3.氯丁橡胶胶黏剂

它是目前应用最广的一种橡胶胶黏剂，主要由氯丁橡胶、氧化锌、氧化镁、填料、抗老化剂和抗氧化剂等组成。氯丁橡胶胶黏剂对水、油、弱碱、弱酸、脂肪烃和醇类都具有良好的抵抗力，可在－50～＋80℃的温度下工作，但具有徐变性，且易老化。建筑上常用于在水泥混凝土或水泥砂浆的表面上粘贴塑料或橡胶制品等情况。

4.丁腈橡胶胶黏剂

它最大的优点是耐油性好，剥离强度高，对脂肪烃和非氧化性酸具有良好的抵抗力。根据配方的不同，它可以冷硫化，也可以在加热和加压过程中硫化。为获得良好的强度和弹性，可将丁腈橡胶和其他树脂混合使用。丁腈橡胶胶黏剂主要用于黏结橡胶制品，黏结橡胶制品与金属、织物、木材等。

5.聚醋酸乙烯胶黏剂

聚醋酸乙烯胶黏剂是常用的热塑性树脂胶黏剂，俗称白乳胶。它是使用方便、价格低、应用广泛的一种非结构胶。它对各种极性材料有较高的黏附力，但耐热性、对溶剂作用的稳定性及耐水性较差，只能作为室温下使用的非结构胶。

还需指出的是，原广泛使用的聚乙烯醇缩醛胶黏剂已被淘汰。因为它不仅容易吸潮、发霉，而且会释放甲醛，污染环境。

选用胶黏剂需考虑被胶结材料的极性、受热条件、工作温度、环境及成本等因素。

10.10 胶黏剂应用于土木工程材料的基本要求

10.5　土工合成材料

土工合成材料是工程建设中应用的与土、岩石或其他材料接触的聚合物材料(含天然的)总称，包括土工织物、土工膜、土工复合材料、土工特种材料。土工合成材料置于土体内部、表面或各种土体之间，发挥着加强和保护土体的作用。

土工织物是透水性土工合成材料，按制造方法分为有纺土工织物和无纺土工织物。有纺土工织物是由纤维纱或长丝按一定方向排列机织的土工织物。无纺土工织物是由纤维纱或长丝随机或定向排列制成的薄絮垫，经机械结合、热黏合或化学黏合而成的土工织物。土工织物主要用于工程的反滤和排水需要，保护土流失。

10.11 土工格栅在防洪堤上的应用

土工膜是由聚合物(含沥青)制成的相对不透水膜。土工膜可用于土工堤、坝和输水渠道的防渗。

土工膜是由两种或两种以上材料复合成的土工合成材料。如复合土工膜是土工膜和土工织物(有纺或无纺)或其他高分子材料两种或两种以上材料的复合制品。

土工合成材料还有土工格栅、土工网、土工网垫、土工模袋和土工带等。

【案例分析 10-2】硬聚氯乙烯下水管破裂

概况：广东某企业生产硬聚氯乙烯下水管，在广东许多建筑工程中被使用，由于其质量优良而受到广泛好评。当该产品外销到北方时，施工队反应在冬季进行下水管安装时，经常发生水管破裂的现象。

原因分析：经技术专家现场分析，认为主要是水管的配方所致。因为该水管主要是在南方建筑工程上使用，由于广东常年的温度都比较高，该硬聚氯乙烯下水管的抗冲击强度可以满足实际使用要求，但到北方的冬天，地下的温度仍然相当低，这时硬聚氯乙烯下水管材料会变硬、变脆，抗冲击强度达不到要求。北方市场的硬聚氯乙烯下水管需要调整配方，生产厂家改进配方，在硬聚氯乙烯下水管配方中多加抗冲击改性剂，解决了水管易破裂的问题。

【案例分析 10-3】某住宅楼装修甲醛超标

概况：某住宅楼购买了一批由脲醛树脂作黏合剂的胶合板进行室内装修，装修经检测室内甲醛含量严重超标。

原因分析：胶合板通常是由脲醛树脂作黏合剂，在热压的条件下使树脂固化而制成的。脲醛树脂属于热固性黏合剂，是由尿素和甲醛反应而成的。但是一些胶合板生产企业为了追求产量和效益，在生产脲醛树脂时甲醛用量偏多，或胶合板生产时热压时间过短，或热压温度过低，造成胶合板残余甲醛含量过高，导致使用过程中胶合板不断有甲醛释放出来，污染环境。

【案例分析 10-4】世博会的“阳光谷”

上海世博会最大的单体建筑是世博轴。它作为“一轴四馆”的中心，从园区入口一直延伸到黄浦江边。其上错落有致地矗立着六朵银白色“喇叭花”，这 6 个倒锥形的“喇叭花”有一个好听的名字，叫“阳光谷”。40m 高的“阳光谷”将阳光采集到地下空间的同时，也把新鲜空气运送到地下，既改善了地下空间的压抑感，还实现了节能。此外，雨水也能顺着这些广口花瓶状的玻璃幕墙，流入地下二层的积水沟，再汇向 7000m^3 的蓄水池，经过处理后实现水的再利用。

这种节能环保的设计也同样体现在总面积达 77224m^2、最大跨度为 97m 的白色“喇叭花”膜布上，该索膜材料厚度仅为 1mm，但强度高，且有高反射性、防紫外线、不易燃烧等特点，而且索膜表层含有一层功能性涂料，能在雨水冲刷下自行清洁。

【本章小结】

合成高分子材料产品形式多样，包括建筑塑料、涂料、胶黏剂、建筑防水材料等，其性能范围很宽，实用面很广。但是，高分子材料在使用和服役过程中很容易发生老化，且容易燃烧，带有毒性，此外，高分子材料的耐热性能较差，温度偏高时，会发生分解，甚至变形。

常用的建筑塑料可分为热塑性塑料和热固性塑料。前者在特定的温度范围内可反复加热软化和冷却硬化，如聚氯乙烯(PVC)、聚乙烯(PE)、聚丙烯(PP)、聚苯乙烯(PS)、改性聚苯乙烯(ABS)、聚甲基丙烯酸甲酯(PMMA)等；后者加热成型后再次受热不再具有可塑性，如酚醛树脂(PF)、脲醛树脂(UF)、三聚氰胺树脂(MF)、环氧树脂(EP)、不饱和聚酯树脂(UP)、有机硅树脂(SI)等。

胶黏剂又称黏结剂，用于把相同或不同的材料构件黏合在一起。胶黏剂一般都是由多组分物质所组成的，常用胶黏剂的主要组成成分有黏料、填料和其他辅助材料。

土工合成材料是工程建设中应用的与土、岩石或其他材料接触的聚合物材料(含天然的)总称，包括土工织物、土工膜、土工复合材料、土工特种材料。土工合成材料置于土体内部、表面或各种土体之间，发挥着加强和保护土体的作用。

【本章习题】

第 10 章习题
参考答案

一、单项选择题

1. 填充料在塑料中的主要作用是(　　)。

A. 提高强度　　B. 降低树脂用量

C. 提高耐热性　　D. 以上均有

2. 在下列塑料中，属于热固性塑料的是(　　)塑料。

A. 聚氯乙烯　　B. 聚乙烯　　C. 不饱和聚酯　　D. 聚丙烯

3. 在下列塑料中，属于热塑性塑料的是(　　)塑料。

A. 酚醛　　B. 聚酯　　C. ABS　　D. 氨基

4. 混凝土结构修补时，最好使用(　　)胶黏剂。

A. 环氧树脂　　B. 不饱和聚酯树脂　　C. 氯丁橡胶　　D. 聚乙烯醇

二、多项选择题

1. 下列(　　)属于热固性材料。

A. 聚乙烯塑料　　B. 酚醛塑料　　C. 聚苯乙烯塑料　　D. 有机硅塑料

2. 按热性能分，以下属于热塑性树脂的是(　　)。

A. 聚氯乙烯　　B. 聚丙烯　　C. 酚醛树脂　　D. 有机硅树脂

3. 聚合物的优异性质不包括下列(　　)。

A. 耐腐蚀　　B. 导电性　　C. 耐高温

D. 抗老化　　E. 高弹性模量

4. 高分子材料按其主要原料的来源可分为(　　)。

A. 天然高分子材料　　B. 合成高分子材料　　C. 人造高分子材料

三、判断题(正确的打 √，错误的打 ×)

1. 胶黏剂的胶结界面结合力主要来源于机械结合力、物理吸附力、化学键结合力和扩散作用。(　　)

2. 一般而言，组成胶黏剂的材料有黏结料、固化剂、增韧剂、填料、稀释剂和改性剂。(　　)

3. 树脂是决定塑料性能和使用范围的主要组成，在塑料中起胶结作用，将填料等添加剂胶结为整体。(　　)

四、简答题

与传统建筑材料相比较，塑料有哪些优缺点？

第 11 章　沥青与沥青混合料

【本章重点】

石油沥青的组成、结构、技术性质和技术标准，沥青混合料配合比设计。

第 11 章课件

【学习目标】

掌握石油沥青的组成、结构、技术性质和技术标准；了解、熟悉改性石油沥青、沥青混合料；了解矿质混合料的组成设计、热拌沥青混合料的配合比设计和配制。

【课程思政】沥青

早在公元前 3800— 公元前 2500 年，人类就已经开始使用沥青。大约在 1600 年，古人在约旦河流域的上游开采沥青并一直沿用至今。我国也是最早发现并合理利用沥青的国家之一。公元前 50 年，人们将沥青溶解于橄榄油中，制造沥青油漆涂料。公元 200—300 年，沥青被用于农业，用沥青和油的混合物涂于树木受伤的地方，可促进组织愈合，也有人在树干上涂刷沥青防治病虫害。

11.1 彩色沥青

众所周知，沥青是高等级公路中最常用的材料之一。公元前 600 年，巴比伦出现了第一条沥青路，但这种技术不久便失传了。直至 19 世纪，人们才又采用沥青铺路。

11.1　沥青材料

沥青是一种憎水性的有机胶凝材料，是高分子碳氢化合物及非金属（主要为氧、氮、硫等）衍生物组成的极其复杂的混合物，在常温下呈黑色或黑褐色的固体、半固体或黏稠液体。

沥青按产源可分为地沥青（包括天然沥青、石油沥青）和焦油沥青（包括煤沥青、页岩沥青、木沥青、泥炭沥青）。常用的主要是石油沥青，另外还有少量的煤沥青。

沥青能与砂、石、砖、混凝土、木材、金属等材料牢固地黏结在一起，具有良好的耐腐蚀性。采用沥青作胶结料的沥青混合料是公路路面、机场道面结构的一种主要材料，也可用于铺路、建筑防水或坝面防渗。它具有良好的力学性能、一定的高温稳定性和低温柔韧性，用作路面具有抗滑性好、噪声小、行车平稳等优点。

11.1.1 石油沥青的组分

石油沥青是石油原油经蒸馏提炼出各种轻质油（如汽油、柴油等）和润滑油后的残留物，再经加工而得的产品，颜色为褐色或黑褐色。采用不同产地的原油、不同的提炼加工方式，可以得到组成、性质各异的多种石油沥青。按用途不同将石油沥青分为道路石油沥青，建筑石油沥青，防水、防潮石油沥青和普通石油沥青。

由于沥青的化学组成十分复杂，对组成进行分析很困难，且化学组成并不能反映其性质的差异，所以一般不作沥青的化学分析。而从使用角度将沥青中化学成分和物理力学性质相近的成分划分为若干个组，这些组称为组分(组丛)。各组分含量的多少与沥青的技术性质有着直接的关系，可将石油沥青组分分为油分、树脂和地沥青质三大类。

11.2 沥青三组分指的是什么?

1. 油分

油分为淡黄色至红褐色的油状液体，是沥青中分子量最小、密度最小的组分。石油沥青中油分的含量为 40% ～ 60%。油分赋予沥青以流动性。

2. 树脂

树脂又称沥青脂胶，为黄色至黑褐色黏稠状物质（半固体），分子量比油分大。石油沥青中脂胶的含量为 15% ～ 30%。沥青脂胶使沥青具有良好的塑性和黏性。

3. 地沥青质

地沥青质为深褐色至黑色固态无定形物质（固体粉末），分子量比树脂更大。地沥青质是决定石油沥青温度敏感性、黏性的重要组分，含量在 10% ～ 30%。其含量越高，沥青的温度敏感性越小，软化点越高，黏性越大，也越硬脆。

此外，石油沥青中还含有 2% ～ 3% 的沥青碳和似碳物，呈无定形黑色固体粉末状，在石油沥青组分中分子量最大，它会降低石油沥青的黏结力。石油沥青中还含有蜡，蜡也会降低石油沥青的黏结力和塑性，同时对温度特别敏感，即温度稳定性差，故蜡是石油沥青的有害成分。

11.1.2 石油沥青的技术性质

11.3 石油沥青的技术性质

沥青是憎水性材料，不溶于水，常用于道路工程和建筑防水工程。为保证工程质量，正确选用材料，必须掌握沥青的主要技术性质，并了解其测试方法。其中，针入度、延度和软化点是评价黏稠石油沥青牌号的三大指标。

1. 黏滞性

石油沥青的黏滞性是指沥青在外力或自重的作用下抵抗变形的一种能力，也反映了沥青软硬、稀稠的程度。黏滞性是划分沥青牌号的主要技术指标，其大小与石油沥青的组

分含量和温度有关。当石油沥青中地沥青质含量高、树脂适量、油分含量较低时，黏滞性就大。黏滞性受温度影响较大，在一定温度范围内，温度升高，黏滞性就下降，反之黏滞性升高。

沥青黏滞性大小的表示有绝对黏度和相对黏度（条件黏度）两种。绝对黏度的测定方法因材而异，较为复杂，不便于工程上应用，故工程上常采用相对黏度来表示。测定相对黏度的主要方法有标注黏度法和针入度法。黏稠石油沥青（固体或半固体）的相对黏度用针入度仪测定的针入度来表示。针入度值越小，表示黏度越大。

黏稠沥青的针入度测定方法是：在规定的时间（5s）和温度（25±0.1）℃内，用规定质量（100g）的标准针垂直贯入沥青试样的深度（以 0.1mm 为单位），即为针入度。针入度值越大，则黏性愈小，表示石油沥青愈软。建筑石油沥青、道路石油沥青的针入度值在 1～300mm 范围内。

液态石油沥青的黏滞性用标准黏度计测定的黏度表示，即在规定温度（20℃、25℃、30℃或 60℃）下，50mL 液体沥青通过规定直径 d（3mm、5mm 或 10mm）的小孔流出所需要的时间（以 s 为单位），常用符号“$C_{T,d}$”表示［T 为试验温度（℃），d 为孔径（mm）］。流出的时间越长，表示黏滞性越大。

2. 延度（塑性）

延度（塑性）是指沥青受到外力作用时，产生变形而不破坏，去除外力后不恢复原状，仍保持变形后的形状不变的性质。塑性与树脂含量和温度有关。沥青中树脂含量越高，沥青质表面的沥青膜层越厚，且沥青质和油分适量，则沥青的延度（塑性）越好。温度升高时，沥青的塑性增大。

石油沥青的塑性用延度来表示。延度越大，塑性越好。延度测定是把沥青制成“∞”形标准试件，置于延度仪内（25±0.5）℃水中，以（5±0.25）cm/min 的速度拉伸，用拉断时的伸长度（cm）表示。

沥青的延度与其化学组分、流变特性、胶体结构等有密切的关系。研究表明，当沥青树脂含量较高，且其他组分含量也适当时，其延展性较好；当沥青化学组分不协调，胶体结构不均匀，含蜡量增加时，沥青的延度相对降低。一般说来，在常温下，延性越好的沥青在产生裂缝时，其自愈能力越强。而在低温时延度越大，则沥青的抗裂性越好。

3. 温度敏感性

沥青胶结料的物理力学特性随温度变化而变化，在不同的温度条件下表现为完全不同的性状，这是沥青材料最具特色的而又最重要的性质。沥青作为一种高分子非晶态热塑性物质，没有一定的熔点。当温度升高时，沥青由固态或半固态逐渐软化，沥青分子之间发生相对滑动，此时沥青就像液体一样发生黏性流动，称为黏流态。与此相反，当温度降低时又逐渐由黏流态凝固为固态（或称高弹态），甚至变硬变脆（像玻璃一样硬脆称作玻璃态）。在相同的温度变化间隔里，各种沥青黏滞性、塑性变化幅度不相同，工程要求沥青随温度变化而产生的黏滞性、塑性变化幅度较小，即要求温度敏感性小。

温度敏感性，作为沥青重要性质之一，主要表现为稠度的变化，在沥青路面的设计、施工和使用中对工程质量起着重要作用。随着温度变化，沥青的黏滞性和塑性变化程度小，则沥青的温度敏感性小，反之则温度敏感性大。评价沥青温度敏感性的指标很多，常用的指标是软化点、针入度指数、针入度黏度指数(PVN)、黏度-温度敏感性指数(VTS)等。一般在工程领域，常用软化点指标来评价沥青的温度敏感性。

沥青软化点一般采用环球法软化点仪测定。它是把熔化的沥青试样注入规定尺寸(直径为15.88mm，高为6mm)的铜环内，冷却后在试样上放置一标准钢球(直径为9.53mm，重3.5g)，浸入水中或甘油中，以规定的升温速度(5℃/min)加热，当沥青软化下垂至规定距离(25.4mm)时的温度(单位为℃)，即为沥青软化点。软化点愈高，则沥青的温度敏感性愈小，耐热性愈好。

通常，石油沥青中地沥青质含量较高，在一定程度上能够减小其温度敏感性，在工程使用时往往加入滑石粉、石灰石粉或其他矿物填料来减小其温度敏感性。沥青中含蜡量较高时，会增大温度敏感性，当温度不太高(60℃左右)时就发生流淌；在温度较低时又易变硬开裂。

4. 大气稳定性

路用沥青在使用的过程中会受到储运、加热、拌和、摊铺、碾压、交通荷载以及自然因素的作用，而发生一系列的物理化学变化，如蒸发、氧化、脱氢、缩合等，化学组成发生变化，会使沥青老化，路面会变硬、变脆。沥青性质随时间而产生不可逆的化学组成结构和物理力学性能变化的过程，称为沥青的老化。抵抗老化的性质称为耐老化性能，其影响因素包括温度、光和水的作用等。

11.4 为何服役很久后的沥青变得很脆

沥青的大气稳定性是指石油沥青在热、阳光、氧气和潮湿等因素的长期综合作用下抵抗老化的性能，它反映沥青的耐久性。因此，可通过沥青的大气稳定性来评判沥青的抗老化性能(即耐久性)。通常，温度是影响氧化的主要因素，温度越高，反应速度越快，沥青的老化会被加速。

可以通过以下测试方法对沥青的老化性能进行评价。

1) 沥青薄膜加热试验和沥青旋转薄膜加热试验

沥青薄膜加热试验(TFOT)与沥青旋转薄膜加热试验(RTFOT)是同一性质的试验，只是试验条件不同。如美国等一些沥青标准中规定沥青旋转薄膜加热试验可用沥青薄膜加热试验代替。由于沥青旋转薄膜加热试验的沥青膜更薄，因此试验时间可缩短且更加接近沥青混合料拌和时的实际情况。两个方法均适用于道路石油沥青、聚合物改性沥青的耐老化性能评定。《公路工程沥青及沥青混合料试验规程》(JTG E20—2011)中的沥青薄膜加热试验和沥青旋转薄膜加热试验对两个试验作出了相关规定。

2) 沥青薄膜加热试验

沥青薄膜加热试验使用薄膜加热烘箱。试验中，把按规定准备好的试样分别注入4个已称质量的盛样皿中，其质量为(50±0.5)g，并形成沥青厚度均匀的薄膜。在薄膜加热烘箱达到恒温163℃后，迅速将盛有试样的盛样皿放入烘箱内的转盘，关闭烘箱，开动转盘架，水平转盘以(5.5±1)r/min的速度旋转，烘箱温度回升至162℃开始计时，在(163±

1)℃ 温度下保持 5h 。按需要测定试样的质量变化，测定加热后残留物的针入度、延度、软化点、黏度等性质的变化，以评定沥青的耐老化性能。

3) 沥青旋转薄膜加热试验

沥青旋转薄膜加热试验使用旋转薄膜烘箱。试验中，把按规定准备好的试样分别注入不少于 8 个已称质量的盛样瓶中，其质量为(35±0.5)g，将全部试样瓶放入烘箱环形架各瓶位中，开烘箱门后开启环形架转动开关，以(15±0.2)r/min 的速度转动。同时开始将流速为(4000±20)mL/min 的热空气喷入转动着的盛样瓶试样中，烘箱温度应在 10min 回升至(163±0.5)℃，使试样在(163±0.5)℃ 温度下受热时间不少于 75min。总的持续时间为 85min。到达时间后，停止环形架转动及喷射热空气，立即逐个取出盛样瓶。将进行质量变化试验的试样放入真空干燥器中，冷却至室温，称取质量，计算质量变化；测定加热后残留物的针入度、延度、软化点、黏度等性质的变化，以评定其耐老化性能。

① 压力老化容器加速沥青老化试验。《公路工程沥青及沥青混合料试验规程》(JTG E20—2011) 中的压力老化容器加速沥青老化试验规定，该试验方法使用旋转薄膜烘箱试验方法得到的残留物作为试验样品，采用高温和压缩空气在压力容器中对沥青进行加速老化，保持压力容器内目标老化温度和(2.1±0.1)MPa 压力达到 20h±10min 后，测定压力老化残留物的性能。

试验的目的是模拟沥青在道路使用过程中发生的氧化老化，以评价不同沥青在试验温度和压力条件下的抗氧化老化能力，但不能说明混合料因素的影响或沥青实际使用条件下对老化的影响。

② 沥青蒸发损失试验。《公路工程沥青及沥青混合料试验规程》(JTG E20—2011) 中的沥青蒸发损失试验规定，沥青试样在 163℃ 温度条件下加热并保持 5h 后的蒸发质量损失，以百分率表示(即“蒸发损失百分率”)，并以蒸发损失后的残留物进行针入度比试验，计算残留物针入度占原试样针入度的百分率(即“蒸发后针入度比”)。

$$\text{蒸发损失百分率} = \frac{\text{蒸发前质量} - \text{蒸发后质量}}{\text{蒸发前质量}} \times 100\% \tag{11-1}$$

$$\text{蒸发后针入度比} = \frac{\text{蒸发后针入度}}{\text{蒸发前针入度}} \times 100\% \tag{11-2}$$

蒸发损失百分率愈小，蒸发后针入度比愈大，则表示沥青大气稳定性愈好，即老化愈慢。

5. 施工安全性

闪点是指沥青试样在规定盛样器内按规定的升温速度受热时所蒸发的气体与火焰接触，初次发生一瞬即灭的火焰时的温度，以 ℃ 为计。

燃点指在空气中加热时，开始并继续燃烧的最低温度，也称着火点。一般燃点比闪点高约 10℃。闪点和燃点的高低表明沥青引起火灾或爆炸的可能性的大小，它关系到运输、储存和加热使用等方面的安全性。

《公路工程沥青及沥青混合料试验规程》(JTG E20—2011) 中的沥青闪点与燃点试验用以测定黏稠石油沥青、聚合物改性沥青及闪点 79℃ 以上的液体石油沥青的闪点和燃点，以评定施工安全性。

6. 溶解度

溶解度是指石油沥青在三氯乙烯、四氯化碳或苯中溶解的百分率。用以限制有害的不溶物（如沥青碳或似碳物等）含量。不溶物会降低沥青的黏结性。

除此之外，在沥青的生产和使用过程中，还应考虑其防水性能和耐蚀性能。此外，沥青能够溶解于多数有机溶剂中，如汽油、苯、丙酮等，使用时应予以注意。

11.1.3 石油沥青的技术标准与选用

石油沥青按用途不同可分为建筑石油沥青、道路石油沥青和普通石油沥青。在土木工程中，常使用的是建筑石油沥青和道路石油沥青。

1. 建筑石油沥青

建筑石油沥青针入度小（黏性大），软化点较高（耐热性较好），但延度较小（塑性较差），主要用于屋面及地下防水、沟槽防水与防腐、管道防腐蚀等工程，还可用于制作油纸、油毡、防水涂料和沥青嵌缝料膏。建筑沥青在使用时制成的沥青胶膜较厚，增大了对温度的敏感性，同时沥青表面有较强的吸热性能，一般同一地区的沥青屋面的表面温度比当地最高气温高 25 ～ 30℃。为避免夏季流淌，用于屋面的沥青材料的软化点应比本地区屋面最高温度高 20℃ 以上。软化点偏低时，沥青在夏季高温易流淌；而软化点过高时，沥青在冬季低温易开裂。因此，石油沥青应根据气候条件、工程环境及技术要求选用。对于屋面防水工程，需考虑沥青的高温稳定性，选用软化点较高的沥青；对于地下室防水工程，主要应考虑沥青的耐老化性，可选用软化点较低的沥青。

11.5 建筑石油沥青的选用

建筑石油沥青按针入度划分为 40 号、30 号和 10 号三个牌号（见表 11-1）。同种石油沥青中，牌号愈大，针入度愈大（黏性愈小），延度（塑性）愈大，软化点愈低（温度敏感性愈大），使用寿命愈长。

表 11-1 建筑石油沥青常见牌号技术标准

项目	10 号	30 号	40 号
针入度（25℃，100g）/（10^{-1} mm）	10 ～ 25	26 ～ 35	36 ～ 50
延度（25℃）/cm，≥	1.5	2.5	3.5
软化点（环球法）/℃，≥	95	75	60
溶解度（三氯甲烷、三氯乙烯、四氯化碳或苯）/%，≥	99		
蒸发损失（163℃，5h）/%，≤	1		
蒸发后针入度比 /%，≥	65		
闪点（开口）/℃，≥	260		
脆点 /℃	报告		

2. 道路石油沥青

按道路的交通量，道路石油沥青可分为重交通道路石油沥青和中、轻交通道路石油沥青两大类。

重交通道路石油沥青总体技术要求更高，如其蜡含量不大于 3.0%，而道路石油沥青蜡含量不大于 4.5%。蜡含量增加会影响沥青路面的抗滑性，从而影响高速公路的性能。重交通道路石油沥青适用于修筑高速公路、一级公路和城市快速路、主干路等重交通道路，也适用于各等级公路、城市道路、机场道面等。

《重交通道路石油沥青》(GB/T 15180—2010) 规定，沥青按针入度可分为 AH-130、AH-110、AH-90、AH-70、AH-50 和 AH-30 共六个牌号，其质量需满足表 11-2 中的要求。

表 11-2　重交通道路石油沥青质量要求

<table>
<tr><th colspan="2" rowspan="2">项目</th><th colspan="6">沥青牌号</th></tr>
<tr><th>AH-130</th><th>AH-110</th><th>AH-90</th><th>AH-70</th><th>AH-50</th><th>AH-30</th></tr>
<tr><td colspan="2">针入度(25℃,100g,5s)/(10^{-1}mm)</td><td>120 ～ 140</td><td>100 ～ 120</td><td>80 ～ 100</td><td>60 ～ 80</td><td>40 ～ 60</td><td>20 ～ 40</td></tr>
<tr><td colspan="2">延度(25℃)/cm，≥</td><td colspan="4">100</td><td>80</td><td>报告</td></tr>
<tr><td colspan="2">软化点 /℃</td><td>38 ～ 51</td><td>40 ～ 53</td><td>42 ～ 55</td><td>44 ～ 57</td><td>45 ～ 58</td><td>50 ～ 65</td></tr>
<tr><td colspan="2">溶解度 /%，≥</td><td colspan="6">99.0</td></tr>
<tr><td colspan="2">闪点 /℃，≤</td><td colspan="4">230</td><td colspan="2">260</td></tr>
<tr><td colspan="2">密度(25℃)/(g/cm³)</td><td colspan="6">报告</td></tr>
<tr><td colspan="2">含蜡量，≤</td><td colspan="6">3.0</td></tr>
<tr><td rowspan="3">薄膜烘箱加热试验(163℃,5h)</td><td>质量变化 /%，≤</td><td>1.3</td><td>1.2</td><td>1.0</td><td>0.8</td><td>0.60.5</td><td></td></tr>
<tr><td>针入度比 /%，≥</td><td>45</td><td>48</td><td>50</td><td>55</td><td>58</td><td>60</td></tr>
<tr><td>延度(15℃)/cm，≥</td><td>100</td><td>50</td><td>40</td><td>30</td><td colspan="2">报告</td></tr>
</table>

注：报告应为实测值。

道路石油沥青的牌号较多，选用时应根据地区气候条件、施工季节气温、路面类型、施工方法等按照有关标准选用。对于冬季寒冷地区或交通量较低的地区，宜选用稠度小、低温延度大的沥青，以减少低温开裂。对于日温差、年温差大的地区宜选用针入度指数大的沥青。对于夏季温度高、高温持续时间长的地区，重载交通路段、山区上坡路段宜选用稠度大、黏度大的沥青，以保证夏季路面有足够的稳定性。

此外，道路石油沥青还可作为密封材料和黏结剂以及沥青涂料。在土木工程中，一般选用黏性较大和软化点较高的道路石油沥青。

11.2 改性石油沥青

通常由石油加工厂生产的沥青并不能完全满足土木工程对沥青的性能要求，即良好的低温柔韧性、足够的高温稳定性、一定的抗老化性能力、较强的黏附力，以及对构件变形有良好的适应性和耐疲劳性能等。因此，常用矿物填料和高分子合成材料对沥青进行改性，即得到改性石油沥青。改性石油沥青主要用于生产防水材料。

通过对沥青材料的改性，可以改善以下几个方面的性能：

(1) 提高高温抗变形能力，增强沥青路面的抗车辙性能；

(2) 提高沥青的弹性，增强抗低温和抗疲劳开裂性能；

(3) 提高抗老化能力，延长沥青路面的使用寿命；

(4) 改善沥青与石料的黏附性。

改性沥青可分为橡胶改性沥青、树脂改性沥青、橡胶树脂改性沥青、矿物填充剂改性沥青等。

11.2.1 橡胶改性沥青

橡胶改性沥青是在沥青中掺入适量的橡胶使其改性的产品。沥青与橡胶的相溶性较好，混溶后的改性沥青高温变形很小，低温时具有一定塑性。所用的橡胶有天然橡胶、合成橡胶(氯丁橡胶、丁基橡胶和丁苯橡胶等)和再生橡胶。使用不同品种橡胶掺入的量和方法不同，形成的改性沥青性能也不同。

1. 氯丁橡胶改性沥青

沥青中掺入氯丁橡胶后，其气密性、低温柔性、耐化学腐蚀性、耐气候性等大大改善。氯丁橡胶改性沥青的生产方法有溶剂法和水乳法。溶剂法是先将氯丁橡胶溶于一定的溶剂中形成溶液，然后掺入沥青中，混合均匀形成氯丁橡胶改性沥青。水乳法是将橡胶和石油沥青分别制成乳液，再混合均匀形成氯丁橡胶性沥青。氯丁橡胶改性沥青可用于路面的稀浆封层和制作密封材料、涂料等。

2. 丁基橡胶改性沥青

丁基橡胶(ⅡR)是异丁烯-异戊二烯的共聚物，其中以异丁烯为主。由于丁基橡胶的分子链排列很整齐，而且不饱和程度很小，因此其抗拉强度好，耐热性和抗扭曲性均较强。用其改性的丁基橡胶沥青具有优异的耐分解性，并有较好的低温抗裂性和耐热性，多用于道路路面工程和制作密封材料、涂料。丁基橡胶改性沥青的配制方法与氯丁橡胶改性沥青类似，而且简单一些。将丁基橡胶碾切成小片，于搅拌条件下把小片加到100℃的溶剂中(不得超过110℃)，制成浓溶液。同时将沥青加热脱水熔化成液体状沥青。通常在100℃左右，把两种液体按比例混合搅拌均匀浓缩15～20min，以达到要求的性能指标。丁基橡胶

在混合物中的含量一般为 2% ～ 4%。同样也可以分别将丁基橡胶和沥青制备成乳液，然后按比例把两种乳液混合。

3. 再生橡胶改性沥青

再生橡胶改性沥青是将再生橡胶掺入沥青中，以便大大提高沥青的气密性、低温柔型、耐光(热)性、耐臭氧性和耐气候性。再生橡胶沥青材料的制备方法为：可以先将废旧橡胶加工成 1.5mm 以下的颗粒，然后将其与沥青混合，加热、搅拌、脱硫，得到一定弹性、塑性和良好黏结力的再生橡胶沥青材料。废旧橡胶的掺量视需要而定，一般为 3% ～ 5%。也可在热沥青中加入适量磨细的废旧橡胶并强烈搅拌，从而得到废旧橡胶改性沥青。胶粉改性沥青质量的好坏，主要取决于混合的温度、橡胶的种类和细度、沥青的质量等。废旧橡胶粉加入沥青中，可明显提高沥青的软化点，降低沥青的脆点。

再生橡胶改性沥青可以制成卷材、片材、密封材料、胶黏剂和涂料等。

11.2.2　树脂改性沥青

11.6 改性剂对改性沥青性能的影响

用树脂对沥青实现改性，可以改善沥青的低温柔韧性、耐热性、黏结性、不透气性和抗老化性能。一般树脂和石油沥青的相溶性较差，但与煤焦油和煤沥青的互溶性较好。目前，用于改性的树脂主要有 PVC、APP、SBS 等。

1. PVC 改性煤焦油

PVC 在一定温度下，与煤焦油能较好地互溶。生产中将 PVC 树脂强烈搅拌，并加入熔化的煤焦油均化而成 PVC 改性煤焦油。

经 PVC 改性的煤焦油，既具有较好的高温稳定性和低温柔韧性，又具有较好的拉伸强度、延伸率、耐蚀性和不透水性及抗老化性，故主要用于密封材料。

2. APP 改性煤焦油

APP 是丙烯的一种，属无规聚丙烯，其甲基无规律地分布在主链两侧。

无规聚丙烯常温下呈白色橡胶状，无明显的熔点，生产时将 APP 加入熔化沥青中，经剧烈搅拌均匀而成。

APP 改性沥青中，APP 形成网络结构。与石油沥青相比，APP 改性沥青的软化点高，延度大，冷脆点低，黏度大，耐热性和抗老化性优异，特别适用于气温较高的地区制造防水卷材。

3. SBS 改性煤焦油

SBS 是以丁二烯、苯乙烯为单体，加溶剂、引发剂、活化剂，以阴离子聚合反应生成的共聚物。SBS 在常温下不需要硫化就可以获得很好的弹性，当温度升到 180℃ 时，它可以变软、熔化，易于加工，而且具有多次可塑性。SBS 用于沥青的改性，可明显改善沥青的高温和低温性能。SBS 改性沥青已是目前世界上应用最广泛的改性沥青材料之一。

11.2.3 橡胶树脂改性沥青

橡胶和树脂同时用于改善沥青的性质，可使沥青同时具有橡胶和树脂的特性。树脂比橡胶便宜，橡胶和树脂又有较好的混溶性，故效果较好。橡胶、树脂和沥青在加热熔融状态下，沥青与高分子聚合物之间的某些链节扩散进入沥青分子中，形成凝聚的网状混合结构，故可以得到较优良的性能。配制时，采用的原材料品种、配比、制作工艺不同，可以得到很多性能各异的产品，如卷、片材，密封材料，防水材料等。

11.2.4 矿物填充剂改性沥青

为了提高沥青的黏结能力和耐热性，降低沥青的温度敏感性，经常加入一定数量(通常不宜超过 15%) 的矿物填充料进行改性。常用的改性矿物填充料大多是粉状和纤维状的，主要是滑石粉、石灰石粉和石棉等。

滑石粉的主要化学成分是含水硅酸镁($3MgO \cdot SiO_2 \cdot H_2O$)，属于亲油性矿物，易被沥青润湿，是很好的矿物填充料。可以提高沥青的机械强度和抗老化性能，可用于具有耐酸、耐碱、耐热和绝缘性的沥青制品中。

石灰石粉主要成分是碳酸钙，属于亲水性矿物。但由于石灰石粉与沥青中的酸性树脂有较强的物理吸附能力和化学吸附力，故石灰石粉与沥青可形成稳定的混合物。

石棉或石棉粉主要成分为钠钙镁铁的硅酸盐，呈纤维状，富有弹性，内部有很多微孔，吸油(沥青) 量大，掺入后可提高沥青的抗拉强度和热稳定性。

【案例分析 11-1】沥青路面裂缝分析 —— 沥青老化及低温

概况：在河南中部某地小明家附近，每到冬天，沥青路面总会出现一些裂缝，裂缝大多是横向的，间距几乎相等，在冬天裂缝尤其明显。

原因分析：

(1) 路基不结实的可能性可排除。

此路段路基很结实，路面没有明显塌陷，而且这种情况一般只会引起纵向裂缝。因此，填土未压实，路基产生不均匀沉陷或冻胀作用的可能性可以排除。

(2) 路面强度不足，负载过大的可能性可排除。

马路在家附近，平时很少有重型车辆、负载过大的车辆经过，而且路面没有明显塌陷。因强度不足而引起的裂缝大多是网裂和龟裂，而此裂缝大多横向，有少许龟裂。由此可知不是路面强度不足、负载过大所致。

(3) 初步判断是因沥青材料老化及低温所致。

从裂缝的形状来看，沥青老化低温引起的裂缝大多为横向，裂缝间距几乎相等。这与该路面破损情况吻合。该路已修筑多年，沥青老化后变硬、变脆，延伸性下降，低温稳定性变差，容易产生裂缝，变得松散。在冬天，气温下降，沥青混合料受基层的约束而不能收缩，产生了应力，应力超过沥青混合料的极限抗拉强度，路面便开裂。因而冬天裂缝尤为明显。

11.3　沥青混合料

11.3.1　沥青混合料的特点和种类

1. 沥青混合料的特点

沥青混合料是指由矿料(粗集料、细集料、矿粉)与沥青拌和而成的混合料，是高等级公路最主要的路面材料。

作为路面材料，它具有许多其他材料无法比拟的优越性。

(1) 沥青混合料是一种弹-塑-黏性材料，具有良好的力学性能和一定的高温稳定性和低温抗裂性。它不需设置施工缝和伸缩缝。

(2) 路面平整且有一定的粗糙度，即使雨天也有较好的抗滑性；黑色路面无强烈反光，行车比较安全；路面平整且有弹性，能减振降噪，行车较为舒服。

(3) 施工方便快速，能及时开放交通。

(4) 经济耐久，并可分期改造和再生利用。

沥青混合料路面也存在着一些问题，如温度敏感性和老化现象等。

2. 沥青混合料的种类

(1) 按胶结材料的种类不同，沥青混合料可分为石油沥青混合料和煤沥青混合料。

(2) 按集料的最大粒径，沥青混合料可分为特粗式、粗粒式、中粒式、细粒式和砂粒式等。

(3) 按施工温度，沥青混合料可分为热拌热铺沥青混合料、热拌冷铺沥青混合料和冷拌冷铺沥青混合料。

(4) 按集料级配类型，沥青混合料可分为连续级配沥青混合料、间断级配沥青混合料。

(5) 按用途，沥青混合料可分为路用沥青混合料、机场道面沥青混合料、桥面铺装用沥青混合料等。

(6) 按特性，沥青混合料可分为防滑式沥青混合料、排水性沥青混合料、高强沥青混合料、彩色沥青混合料等。

11.3.2　沥青混合料的组成结构

沥青混合料是由沥青、粗细集料和矿粉按一定比例拌和而成的一种复合材料。按矿质骨架的结构状况，其组成结构分为以下三个类型。

1. 悬浮密实结构

当采用连续密级配矿质混合料与沥青组成的沥青混合料时，矿质材料由大到小形成连续级配的密实混合料，由于粗集料较少，细集料较多，较大颗粒被小一档颗粒挤开，使粗集料以悬浮状态存在于细集料之间，不能直接接触形成骨架[见图 11-1(a)]，这种结构的沥青混合料虽然密度和强度较高，黏聚力高，但高温稳定性较差。

2. 骨架空隙结构

当采用连续开级配矿质混合料与沥青组成的沥青混合料时，粗集料较多，彼此紧密相接，细集料较少，不足以充分填充空隙，形成骨架空隙结构[见图 11-1(b)]。沥青碎石混合料多属于此类型，这种结构的沥青混合料，其粗骨料能充分形成骨架，骨料之间的嵌挤力和内摩阻力起重要作用。因此，这种沥青混合料受沥青材料性质的变化影响较小。因而，热稳定性较好，但沥青与矿料的黏结力较小，空隙率大，耐久性较差。

3. 骨架密实结构

骨架密实结构是当采用间断型级配矿质混合料与沥青组成的沥青混合料时，综合以上两种结构之长的一种结构。它有一定数量的粗集料形成骨架，同时根据粗集料空隙的多少可加入适量细集料，使之填满骨架空隙，形成较高的密实度[见图 11-1(c)]。这种结构的沥青混合料，密实度、强度和稳定性都较好，黏聚力较高，是一种较理想的结构类型。

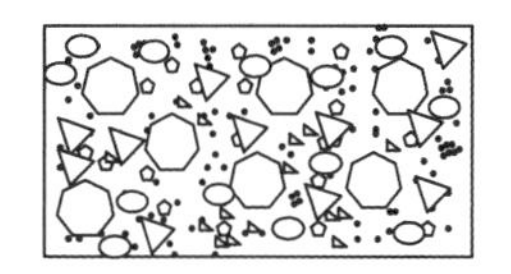
(a) 悬浮密实结构

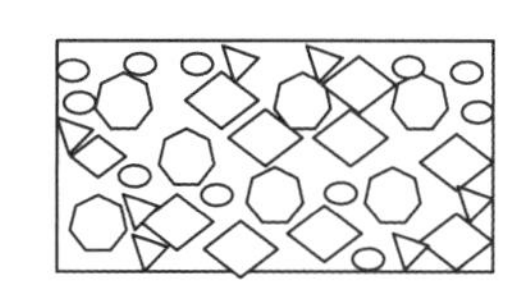
(b) 骨架空隙结构

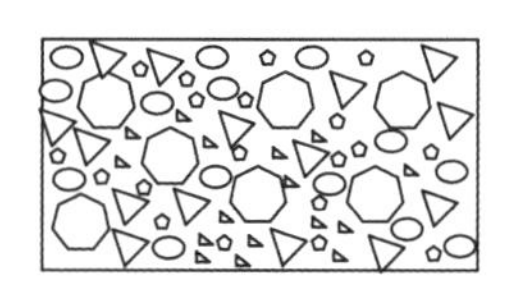
(c)骨架密实结构

图 11-1　沥青混合料的组成结构

11.3.3　沥青混合料的技术性质

11.7 骨料特性对沥青混凝土性能的影响

沥青混合料作为沥青路面的面层材料，承受车辆行驶反复荷载和气候因素的作用，因此，沥青混合料应具有抗高温变形、抗低温脆裂、抗滑性、耐久性以及施工和易性技术性质，以保证沥青路面的施工质量和使用性能。

1. 高温稳定性

沥青混合料的高温稳定性是指在高温条件下，沥青混合料承受多次重复荷载作用而不发生过大的累积塑性变形的能力。高温稳定性良好的沥青混合料在车轮引起的垂直力和水平力的综合作用下，能抵抗高温的作用，保持稳定而不产生车辙、波浪、泛油、黏轮等破坏现象。

沥青混合料的高温稳定性，通常采用高温强度与稳定性作为主要技术指标。常用的测试评定方法有马歇尔试验法、无侧限抗压强度试验法、史密斯三轴试验法等。

马歇尔试验法比较简便，既可以用于混合料的配合比设计，也便于工地现场质量检验，因而得到广泛应用，我国国家标准也采用这一方法。但该方法仅适用于热拌沥青混合料。尽管马歇尔试验方法简便，但多年的实践和研究认为，马歇尔稳定度试验用于混合料配合比设计决定沥青用量和施工质量控制，并不能正确地反映沥青混合料的抗车辙能力。

马歇尔试验通常测定的是马歇尔稳定度(MS)、流值(FL) 和马歇尔模数(T)。马歇尔

稳定度是指标准尺寸试件在规定温度和加荷速度下，在马歇尔仪中的最大破坏荷载；流值是达到最大破坏荷重时试件的垂直变形；而马歇尔模数是稳定度除以流值的商，即

$$T = 10 \times \frac{MS}{FL} \tag{11-3}$$

式中，T 为马歇尔模数(kN/mm)；MS 为马歇尔稳定度(kN)；FL 为流值(0.1mm)。

车辙试验测定的是动稳定度，沥青混合料的动稳定度是指标准试件在规定温度下，一定荷载的试验车轮在同一轨迹上，在一定时间内反复行走(形成一定的车辙深度)产生 1mm 变形所需的行走次数(次 /mm)。

$$DS = \frac{(t_2 - t_1) \times N}{d_2 - d_1} \times C_1 \times C_2 \tag{11-4}$$

式中，DS 为沥青混合料的动稳定度(次 /mm)；d_1、d_2 为时间 t_1、t_2 的变形量(mm)；N 为往返碾压速度(次 /mm)，通常为 42 次 /mm；C_1、C_2 为试验机和试样修正系数。

2. 低温抗裂性

冬季气温急剧下降时，沥青混合料的柔韧性大大降低，在行车荷载产生的应力和温度下降引起的材料收缩应力联合作用下，沥青路面会产生横向裂缝，降低使用寿命。

选用黏度相对较低的沥青或橡胶改性沥青，适当增加沥青用量，可增强沥青混合料的柔韧性，防止或减少沥青路面的低温开裂。

3. 耐久性

沥青混合料的耐久性，是指在长期自然因素(阳光、温度、水分等)的作用下抗老化的能力、抗水损害的能力，以及在长期行车荷载作用下抗疲劳破坏的能力。水损害是指沥青混合料在水的侵蚀作用下，沥青从集料表面发生剥落，使集料颗粒失去黏结作用，从而导致沥青路面出现脱落、松散现象，进而形成坑洞。

选用耐老化性能好的沥青，适当增加沥青用量，采用密实结构，都有利于提高沥青路面的耐久性。

4. 抗滑性

雨天路滑是交通事故的主要原因之一，对于快速干道，路面的抗滑性尤为重要。沥青路面的抗滑性能与集料的表面结构(粗糙度)、级配组成、沥青用量等因素有关。选用质地坚硬具有棱角的碎石集料，适当增大集料粒径，减少沥青用量等，都有助于提高路面的抗滑性。

5. 施工和易性

要获得符合设计性能的沥青路面，沥青混合料应具备良好的施工和易性，使混合料易于拌和、摊铺和碾压施工。影响和易性的主要因素是集料级配和沥青用量。采用连续级配集料，沥青混合料易于拌和均匀，不产生离析。细集料用量太少，沥青层不容易均匀地包裹在粗颗粒表面；如细集料过多，则拌和困难。沥青用量过少，混合料容易疏松，不易压实；沥青用量过多，则混合料容易黏结成块，不易摊铺。

11.3.4 沥青混合料的技术指标

1. 稳定度和残留稳定度

稳定度是评价沥青混合料高温稳定性的指标。残留稳定度反映沥青混合料受水损害时抵抗剥落的能力，即水稳定性。

2. 流值

流值是评价沥青混合料抗塑性变形能力的指标。在马歇尔稳定度试验中，达到最大荷载时试件的垂直压缩变形值，也就是此时流值表上的读数，即为流值(FL)，以0.1mm计。

3. 空隙率

空隙率是评价沥青混合料密实程度的指标，它是指压实沥青混合料中空隙的体积占沥青混合料总体积的百分率，由理论密度(绝对密度)和实测密度(容积密度/体积密度)计算而得。空隙率大的沥青混合料，其抗滑性和高温稳定性都比较好，但其抗渗性和耐久性明显降低，对强度也有不利影响，所以沥青混合料应有合理的空隙率。

4. 饱和度

11.8 沥青路面泛油分析

饱和度也称沥青填隙度，即压实沥青混合料中沥青体积占矿料以外体积的百分率。饱和度过小，沥青难以充分裹覆矿料，影响沥青混合料的黏聚性，降低沥青混凝土的耐久性；饱和度过大，减小了沥青混凝土的空隙率，妨碍夏季沥青体积膨胀，引起路面泛油，降低沥青混凝土的高温稳定性。因此，沥青混合料应有适当的饱和度。

11.4 矿质混合料的组成设计

矿质混合料组成设计的目的，是让各种矿料以最佳比例相混合，从而在加入沥青后，沥青混凝土既密实，又有一定空隙适应夏季沥青膨胀。

为了应用已有的研究成果和实践经验，通常采用推荐的矿质混合料级配范围来确定矿质混合料的组成，依下列步骤进行。

(1) 确定沥青混合料类型和集料最大粒径。

应根据道路等级、所处路面结构的层次气候条件等，按照表11-3选定沥青混合料的类型和集料最大粒径。

表 11-3　沥青混合料类型和集料最大粒径

结构层次	高速公路、一级公路、城市快速路、主干路		其他等级公路	城市道路
	三层式路面	二层式路面		
上层面	AC-13　AK-13 AC-16　AK-16 AC-20	AC-13　AK-13 AC-16　AK-16	AC-13 AC-16	AC-5　AK-13 AC-10　AK-16 AC-13
中面层	AC-20 AC-25	— —	— —	AC-20 AC-25
上层面	AC-20 AC-30	AC-20 AC-25	AC-20　AM-25 AC-25　AM-20 AC-30	AC-20　AM-25 AC-25　AM-20

(2) 确定矿质混合料级配范围。

根据已确定的沥青混合料类型，按表 11-4 查阅矿质混合料级配范围。

(3) 计算矿料配合比。

根据粗集料、细集料和矿粉筛析试验结果，计算出符合级配要求范围的各矿料用量比例。计算可采用试算法，即先估计一个各矿料用量比例，然后按该比例计算出合成级配；如不符合要求，调整后再计算，直到符合预定的级配为止。用计算机能够极大地提高计算的效率，如果没有专业的软件，推荐使用 Excel。在 Excel 中使用公式或 VBA 可以方便快速地计算出符合要求的矿料配比。

通常情况下，合成级配曲线宜尽量接近设计级配范围的中值，尤其应使 0.075mm、2.36mm 和 4.75mm 筛孔的通过量：对交通量大、车载重的公路，宜偏向级配范围的下(粗)限；对中小交通量或人行道路等，宜偏向级配范围的上(细)限。

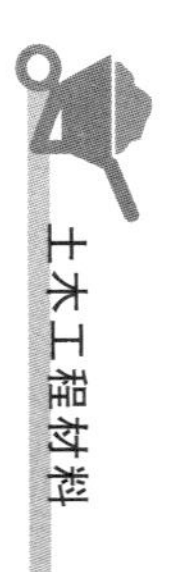

表 11-4　矿质混合料级配范围

级配类型			通过下列筛孔(方孔筛,mm)颗粒的质量分数 /%															沥青用量(质量分数)/%
			53.0	37.5	31.5	26.5	19.0	16.0	13.2	9.5	4.75	2.36	1.18	0.6	0.3	0.15	0.075	
沥青混凝土	粗粒	AC-30 Ⅰ		100	90～100	79～92	66～88	59～77	52～72	43～63	32～52	25～42	18～32	13～25	8～18	5～13	3～7	4～6
		AC-30 Ⅱ		100	90～100	65～85	52～70	45～65	38～58	30～50	18～38	12～28	8～20	4～14	3～11	2～7	1～5	3～5
		AC-25 Ⅰ			100	95～100	75～90	62～80	53～73	43～63	32～52	25～42	18～32	13～25	8～18	5～13	3～7	4～6
		AC-25 Ⅱ			100	90～100	65～85	52～70	42～62	32～52	20～40	13～30	9～23	6～16	4～12	3～8	2～5	3～5
	中粒	AC-20 Ⅰ				100	95～100	75～90	62～80	52～72	38～58	28～46	20～34	15～27	10～20	6～14	4～8	4～6
		AC-20 Ⅱ				100	90～100	65～85	52～70	40～60	26～45	16～33	11～25	7～18	4～13	3～9	2～5	3.5～5.5
		AC-16 Ⅰ					100	95～100	75～90	58～78	42～63	32～50	22～37	16～28	11～21	7～15	4～8	4～6
		AC-16 Ⅱ					100	90～100	65～85	50～70	30～50	18～35	12～26	7～19	4～14	3～9	2～5	3.5～5.5
	细粒	AC-13 Ⅰ						100	95～100	70～88	48～68	36～53	24～41	18～30	12～22	8～16	4～8	4.5～6.5
		AC-13 Ⅱ						100	90～100	60～80	34～52	22～38	14～28	8～20	5～14	3～10	2～6	4～6
		AC-10 Ⅰ							100	95～100	55～75	38～58	26～43	17～33	10～24	6～16	4～9	5～7
		AC-10 Ⅱ							100	90～100	40～60	24～42	15～30	9～22	6～15	4～10	2～6	4.5～6.5
	砂粒	AC-5 Ⅰ								100	95～100	55～75	35～55	20～40	12～28	7～18	5～10	6～8
沥青碎石	特粗	AM-40	100	90～100	50～80	40～65	30～54	25～30	20～45	13～38	5～25	2～15	0～10	0～8	0～6	0～5	0～4	2.5～4
	粗粒	AM-30		100	90～100	50～80	38～65	32～57	25～50	17～42	8～30	2～20	0～15	0～10	0～8	0～5	0～4	2.5～4
		AM-25			100	90～100	50～80	43～73	38～65	25～55	10～32	2～20	0～14	0～10	0～8	0～6	0～5	3～4.5
	中粒	AM-20				100	90～100	60～85	50～75	40～65	15～40	5～22	2～16	1～12	0～10	0～8	0～5	3～4.5
		AM-16					100	90～100	60～85	45～68	18～42	6～25	3～18	1～14	0～10	0～8	0～5	3～4.5
	细粒	AM-13						100	90～100	50～80	20～45	8～28	4～20	2～16	0～10	0～8	0～6	3～4.5
		AM-10							100	85～100	35～65	10～35	5～22	2～16	0～12	0～9	0～6	3～4.5

续　表

级配类型		通过下列筛孔(方孔筛,mm)颗粒的质量分数/%															沥青用量(质量分数)/%
		53.0	37.5	31.5	26.5	19.0	16.0	13.2	9.5	4.75	2.36	1.18	0.6	0.3	0.15	0.075	
抗滑表层	AK-13A						100	90～100	60～80	30～53	20～40	15～30	10～23	7～18	5～12	4～8	3.5～5.5
	AK-13B						100	85～100	50～70	18～40	10～30	8～22	5～15	3～12	3～9	2～6	3.5～5.5
	AK-16					100	90～100	60～82	45～70	25～45	15～35	10～25	8～18	6～13	4～10	3～7	3.5～5.5

11.5 热拌沥青混合料的配合比设计

沥青混合料配合比设计的任务是确定粗集料、细集料、矿粉和沥青等材料相互配合的最佳组成比例，使沥青混合料的各项指标既达到工程要求，又符合经济性原则。对于热拌沥青混合料的目标配合比设计宜按图 11-2 进行。

基于图 11-2，可把热拌沥青混合料的配合比设计大概分为目标配合比设计、生产配合比设计和生产配合比验证三大阶段。

1. 目标配合比设计

目标配合比设计在试验室进行，分矿质混合料组成设计和沥青最佳用量确定两大部分。

(1) 矿质混合料的组成设计。具体见 11.4 小节相关内容要求。

(2) 沥青最佳用量的确定。沥青用量即在沥青混合料中沥青的质量分数。

目前，我国采用马歇尔试验法来确定沥青最佳用量，其步骤为：

(1) 制作马歇尔试件：按照所设计的矿料配合比配制 5 组分矿质混合料，每组按照规范推荐的沥青用量范围加入适量的沥青，沥青用量按 0.5% 间隔递增，拌和均匀，制成马歇尔试件。

(2) 测定物理性能：根据集料吸水率大小和沥青混合料的类型，采用合适的方法测出试件的密测密度，并计算出理论密度、空隙率和沥青饱和度等物理指标。

(3) 测定马歇尔稳定度和流值。

(4) 测定沥青最佳用量。

以沥青用量为横坐标，以实测密度、空隙率、饱和度、稳定度和流值为纵坐标，画出关系曲线(见图 11-3)。

从图 11-3 中，取对应于实测密度最大值的沥青用量 a_1、对应于稳定度最大值的沥青用量 a_2、对应于规定空隙率范围中值的沥青用量 a_3，把三者平均值作为最佳沥青用量的初始值 OAC_1。

$$\mathrm{OAC}_1 = \frac{a_1 + a_2 + a_3}{3} \tag{11-5}$$

根据表 11-5 中技术指标的范围来确定各关系曲线上沥青用量的范围，各关系曲线上各沥青用量范围的共同部分，即为沥青最佳用量范围 $\mathrm{OAC}_{\min} \sim \mathrm{OAC}_{\max}$，求其中值 OAC_2。

$$\mathrm{OAC}_2 = \frac{\mathrm{OAC}_{\min} + \mathrm{OAC}_{\max}}{2} \tag{11-6}$$

按最佳沥青用量初始值 OAC_1，在图 11-3 中取相应的各项指标值，当各项指标值均符合表 11-5 中的各项马歇尔试验技术指标时，以 OAC_1 和 OAC_2 的中值为最佳沥青用量 OAC。如不符合表中的要求，则应重新进行级配调整和计算，直至各项指标均符合要求。

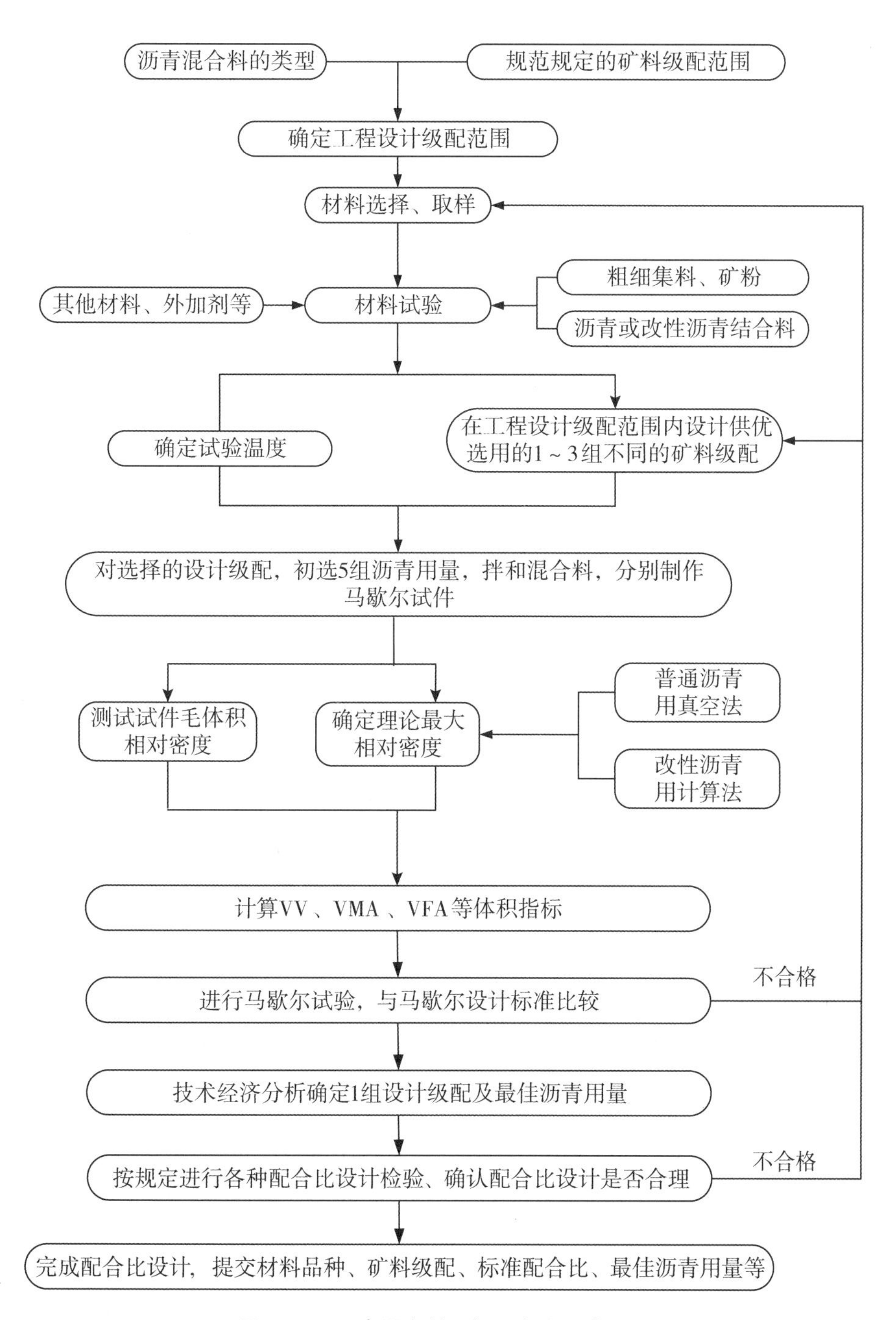

图 11-2　沥青混合料目标配合比设计流程

(5) 测定沥青混合料性能校核：按最佳沥青用量 OAC 制作马歇尔试件、车辙试验试件，进行水稳定性校验和抗车辙能力校验。水稳定性校验中，进行浸水马歇尔试验，当残留稳定度不符合要求时，应调整配比；车辙试验中，当动稳定度不符合要求时，应调整配合比，还应考虑采用改性沥青等措施。

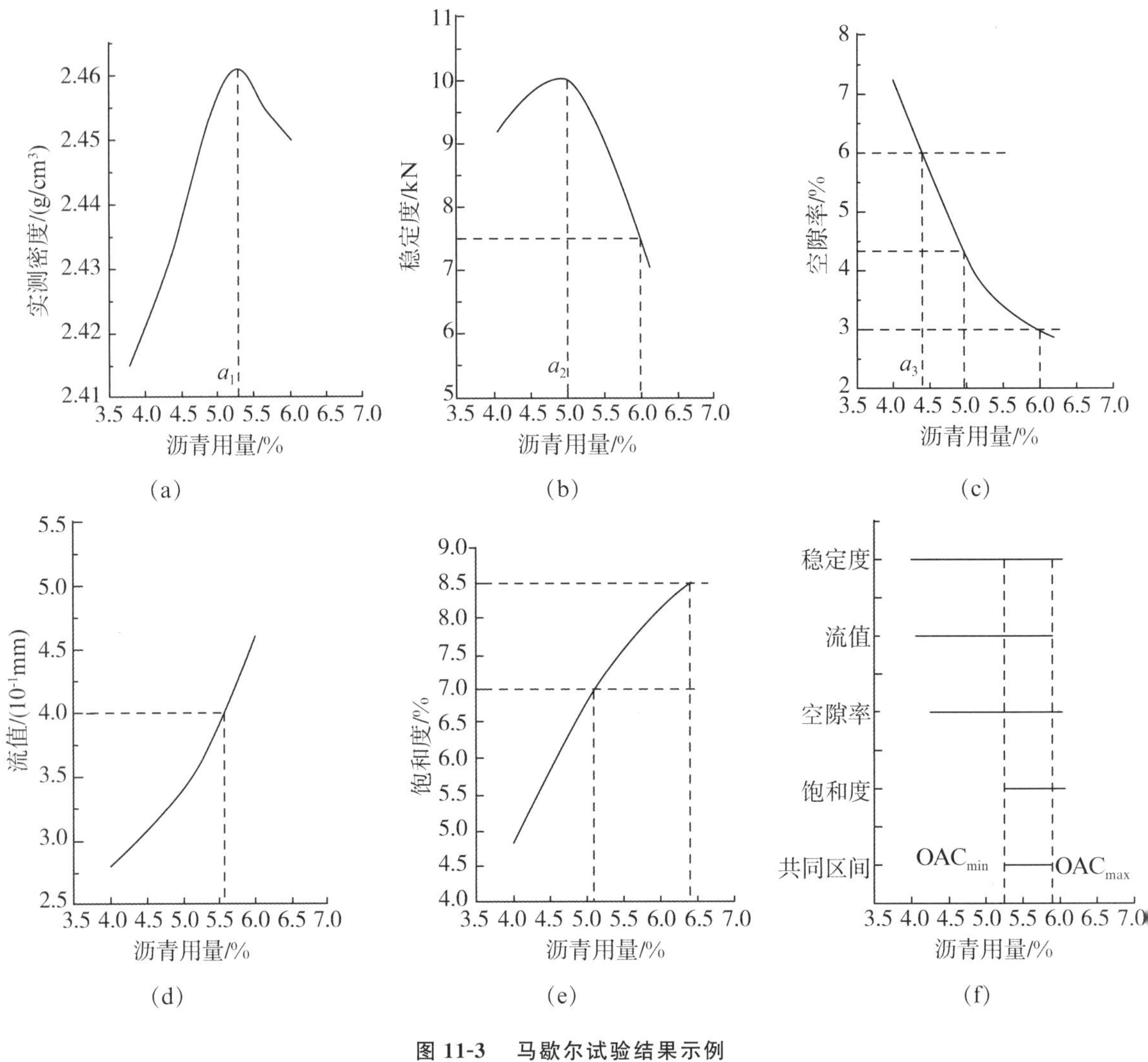

图 11-3　马歇尔试验结果示例

表 11-5　热拌沥青混合料技术指标

技术指标	沥青混合料	高速公路、一级公路、城市快速路、主干路	其他等级公路、城市道路
稳定度(MS)/kN	Ⅰ型沥青混凝土； Ⅱ型沥青混凝土、抗滑表层	＞7.5 ＜5.0	＞5.0 ＞4.0
流值(FL)/(10^{-1}mm)	Ⅰ型沥青混凝土； Ⅱ型沥青混凝土、抗滑表层	20～40 20～40	20～45 20～45
空隙率(VV)/%	Ⅰ型沥青混凝土； Ⅱ型沥青混凝土、抗滑表层	3～6 4～10	3～5 4～10
沥青饱和度(VFA)/%	Ⅰ型沥青混凝土； Ⅱ型沥青混凝土、抗滑表层	70～85 60～75	70～85 60～75

续　表

技术指标	沥青混合料	高速公路、一级公路、城市快速路、主干路	其他等级公路、城市道路
残留稳定度(MS_0)	Ⅰ 型沥青混凝土; Ⅱ 型沥青混凝土、抗滑表层	>75 >70	>75 >70

2. 生产配合比设计

在目标配合比确定之后,应进行生产配合比设计。因为在进行沥青混合料生产时,虽然所用的材料与目标配合比设计时相同,但是实际情况与实验室还是有所差别的;另外,在生产时,砂、石料经过干燥筒加热,然后再经筛分,这热料筛分与实验室的冷料筛分也可能存在差异。对间歇式拌和机,应从两次筛分后进入各热料仓的材料中取样,并进行筛分,确定各热料仓的材料比例,使所组成的级配与目标配合比设计的级配一致或基本接近,供拌和机控制室使用。同时,应反复调整冷料仓库的进料比例,使供料均衡,并取目标配合比设计的最佳沥青用量、最佳沥青用量加 0.3% 和最佳沥青用量减 0.3% 等 3 个沥青用量进行马歇尔试验,确定生产配合比的最佳沥青用量,供试样试铺使用。

3. 生产配合比验证

生产配合比确定后,还需要铺试验路段,并用拌和的沥青混合料进行马歇尔试验。同时钻芯取样,以检验生产配合比,如符合标准要求,则整个配合比设计完成,由此确定生产用的标准配合比;否则,还需要进行调整。

标准配合比即作为生产的控制依据和质量检验的标准。标准配合比的矿料合成级配中,0.075mm、2.36mm、4.75mm 三档筛孔的通过率,应接近要求级配的中值。

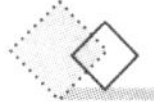
【案例分析 11-2】某公路高温损坏

11.9 多雨地段沥青混凝土路面损坏分析

概况:南方某高速公路在通车一年后,仅经过一个炎热夏季,部分路段的沥青路面就出现较大面积泛油,表面构造深度迅速下降,局部行车标志线明显推移。路面取芯试样分析表明,部分路段沥青用量超出设计用量的 0.3% 以上,且矿料级配偏细,4.75mm 以下颗粒含量过高。工程选用混合料类型为 AC-13F 型,沥青采用的 A-70 沥青,对沥青回收试验的结果显示,沥青质量没有问题。

原因分析:从病害现象上看,是沥青路面的高温稳定性不足引起的。路面出现高温稳定性不足的原因是多方面的,材料原因、设计原因、施工原因均有可能。从本案例来看,原设计 AC-13F 型混合料矿料级配偏细,粗骨料较少,骨架结构难以形成,严重影响混合料的抗剪强度。配合比相同,但是仅部分路段出现上述损坏,说明在施工中,质量控制不到位。部分路段沥青用量出现较大偏差,而沥青用量偏大会明显降低路面抵抗永久变形的能力,矿料 4.75mm 通过百分率比原设计的通过百分率大,进一步给路面高温稳定性带来隐患。

防治措施:该地区夏季炎热,高温稳定性破坏是路面的主要损坏形式之一。因此,在混合料设计上也可选用 AC-13C 或 AC-16F,即使选用 AC-13F,在设计上也可采用相对较粗的级配，这样既可提高高温稳定性，又可以增大表面构造深度，提高抗滑性能。在施工中应加强质量控制，保证路面质量的均匀稳定，最大限度地实现设计配合比。另外，该地区炎热，交通量大，重载车多，可考虑使用改性沥青。

【案例分析 11-3】多针片状的粗骨料对沥青混合料的影响

概况：南方某高速公路某段在铺沥青混合料时，粗骨料针片状含量较高(约 17%)。在满足马歇尔技术指标条件下沥青用量增加约 10%。实际使用后，沥青路面的耐久性较差。

原因分析：沥青混合料是由矿料骨架和沥青构成的，具空间网络结构。矿料针片状含量过高，针片状矿料相互搭架形成的空洞较多，虽可增加沥青用量略加弥补，但过分增加沥青用量不仅在经济上不合算，而且会影响沥青混合料的强度及性能。

防治措施：沥青混合料粗骨料应符合洁净、干燥、无风化、无杂质、良好的颗粒形状、有足够强度和耐磨性等 12 项技术要求。其中，矿料针片状含量需严格控制。矿料针片状含量过高的主要原因是加工工艺不合理，采用颚式破碎机加工尤需注意。若针片状含量过高，应于工场回轧。一般来说，瓜子片(粒径为 5～15mm)的针片状含量往往较高，在粗骨料级配设计时，可在级配曲线范围内适当降低瓜子片的用量。

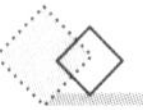

【案例分析 11-4】排水降噪的沥青混凝土路面

概况：一些道路铺筑了排水降噪沥青路面，有的使用效果不错，能防止雨水飞溅，降低噪声，但有的使用一段时间后效果明显变差。

原因分析：排水型沥青混凝土路面的面层铺装结构从上至下依次为多空隙沥青混凝土上面层、防水黏结层、中粒式沥青混凝土中面层、粗粒式沥青混凝土下面层。这种路面上面层空隙率达到了 20%～25%。由于面层具有互通的空隙，一方面利于排水，可提高雨天路面抗滑性能和减少溅水与水漂现象；另一方面还可降噪，因轮胎与路面接触时表面花纹槽中的空气可通过空隙向四周溢出，减小了空气压缩爆破产生的噪声，且使气泵噪声的频率由高频变为低额，从而降噪。故适用于多雨的高速公路、快速交通路面、轻载路面，以及环境质量较好的新铺装路面。但不适用于低速重载路段，环境质量较差、易于被飘尘或泥土堵塞的路段，以及结构强度不足的路面。另外，使用橡胶粉改性沥青也有利于降噪。

【本章小结】

石油沥青是石油原油经蒸馏提炼出各种轻质油(如汽油、柴油等)和润滑油后的残留物，再经加工而得的产品，颜色为褐色或黑褐色。石油沥青组分分为油分、树脂和地沥青质三大类。

石油沥青的主要技术性质包括黏滞性、塑性、温度敏感性、大气稳定性等，通过测定针入度、延度、软化点等指标来表征。

改性沥青可分为橡胶改性沥青、树脂改性沥青、橡胶树脂改性沥青、再生胶改性沥青和矿物填充剂改性沥青等数种。

沥青混合料是指由矿料(粗集料、细集料、矿粉)与沥青拌和而成的混合料,是高等级公路最主要的路面材料。

沥青混合料的设计要点包括目标配合比设计、生产配合比设计以及生产配合比验证。

【本章习题】

第 11 章习题
参考答案

一、单项选择题

1. 石油沥青的针入度值越大,则(　　)。

A. 黏性越小,塑性越好　　B. 黏性越大,塑性越差

C. 软化点越高,塑性越差　　D. 软化点越高,黏性越大

2. 石油沥青的塑性用延度表示,沥青延度值越小,则(　　)。

A. 塑性越小　　B. 塑性不变　　C. 塑性越大

3. 沥青的大气稳定性好,则表明沥青的(　　)。

A. 软化点高　　B. 塑化好　　C. 抗老化能力好　　D. 抗老化能力差

4. 下列能反映沥青施工安全性的指标为(　　)。

A. 闪点　　B. 软化点　　C. 针入度　　D. 延度

二、多项选择题

1. 按照化学组分可将沥青分为(　　)。

A. 油分　　B. 树脂　　C. 沥青质　　D. 饱和分

2. 沥青混合料的组成结构有(　　)。

A. 悬浮密实结构　　B. 骨架空隙结构　　C. 骨架密实结构　　D. 骨架孔隙结构

三、判断题(正确的打√,错误的打×)

1. 通常,按照化学组分可将沥青分为饱和分、芳香分、树脂、沥青质和油分。(　　)

2. 一般而言,当沥青中的树脂组分含量较高时,沥青的延度增大,黏性变大。(　　)

3. 对于石油沥青,其针入度变大,则意味着沥青的黏度增大,塑性和温度敏感性降低。(　　)

4. 通常,对沥青混合料而言,其常见的疲劳破坏形式主要是龟裂、拥包和坑槽。(　　)

四、简答题

1. 为何沥青使用若干年后会慢慢变脆硬?

2. 沥青混合料的结构有哪些类型?各有何特点?

第12章　建筑功能材料

【本章重点】

掌握防水材料的主要类型及性能特点。熟悉绝热材料、吸声隔声材料、装饰材料的主要类型及性能特点。

第12章课件

【学习目标】

初步了解建筑功能材料的分类和常见的建筑功能材料。

建筑功能材料是为了满足建筑物某一特殊功能要求的一类建筑材料，它赋予建筑物防水、防火、绝热、采光、防腐等功能。这些涉及面广、用途广泛，对于拓展建(构)筑物的用途，优化其使用环境，延长其使用寿命以及节能、环保、低碳等都具有重要的意义。随着现代建筑空间和建筑用途的不断扩展，人们对建筑物的使用功能提出了更多、更新、更严的要求，而建筑物的使用功能在很大程度上要靠建筑功能材料来实现，因此，建筑功能材料已成为土木工程材料中越来越重要的一个组成部分。

目前，国内外现代建筑中常使用的建筑功能材料有防水堵水材料、绝热材料、吸声材料、建筑装饰材料、光学材料、防火材料、建筑加固修复材料等。

【课程思政】古代建筑防水

12.1 古代的陶排水管

为防止水对建筑物某些部位的渗透，中国古代制作防水层常用的方法是用黏土或黏土掺入石灰，外加糯米粥浆和猕猴桃藤汁拌和，有时还掺入动物血料、铁红等，分层夯实。这种方法是中国古代地下陵墓或储水池等工程防水常用的一项独有技术。灰土强度随时间增长，其防止渗漏能力也逐渐提高。河南辉县出土的公元前3世纪战国末期墓葬，其椁室四周填满相当厚的砂层和木炭，上面用黏土夯实，通过这些措施收到极佳的防水隔潮的效果。著名的马王堆汉墓也有相类似的构造，说明中国在很早以前即有成功的防水措施。中国古代建筑在屋盖构造中，有以铅锡合金熔化浇铸成的约10mm厚的板块，焊成体，俗称“锡拉背”或“锡背”，就是宫殿建筑使用的一种防水材料。北京故宫御花园内的钦安殿，已经历时500余年，至今完好。20世纪70年代初翻修天安门城楼时，在屋脊上也发现宽3m、厚3mm的青铅皮，用作防水层。

12.1　防水堵水材料

防水材料是指能防止雨水、地下水及其他水渗入建筑物或构筑物的一类功能性材料。防水材料广泛应用于建筑工程，亦用于公路桥梁工程、水利工程等。土木工程防水分为防潮和防渗（漏）两种：防潮是指应用防水材料封闭建筑物表面，防止液体物质渗入建筑物内部；防渗（漏）是指液体物质通过建筑物内部空洞、裂缝及构件之间的接缝，渗漏到建筑物内部或建筑构件内部液体渗出。防水材料通过自身密实性达到防水的效果，绝大多数防水材料具有憎水性，在使用过程中不产生裂缝，即使结构或基层发生变形或开裂，也能保持其防水功能。

现代科学技术和建筑事业的发展，使防水材料的品种、数量和性能发生了巨大的变化。20 世纪 80 年代后已形成橡胶、树脂基防水材料和改性沥青系列为主、各种防水涂料为辅的防水体系。建筑防水材料按外形和成分的分类如图 12-1 所示。

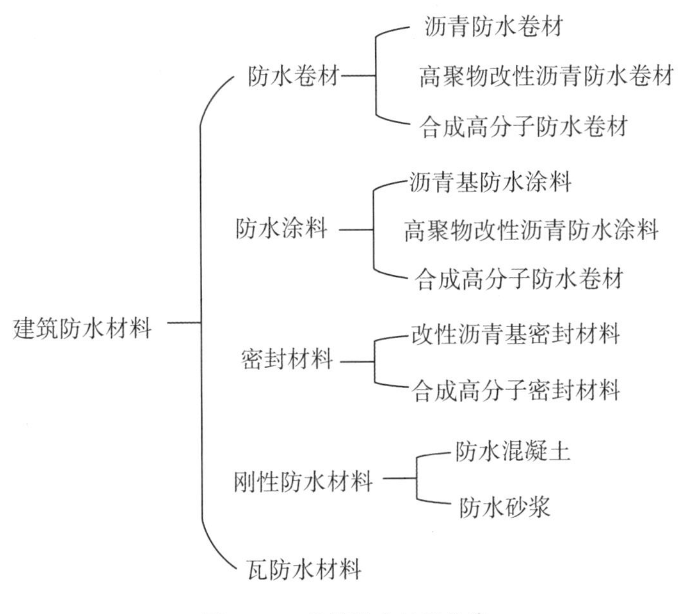

图 12-1　建筑防水材料分类

12.1.1　防水卷材

将沥青类或高分子类防水材料浸渍在胎体上，制作成的防水材料产品，以卷材形式提供，称为防水卷材。根据主要组成材料不同，分为沥青防水卷材、高聚物改性沥青防水卷材和合成高分子防水卷材（见图 12-2）；根据胎体的不同分为无胎体卷材、纸胎卷材、玻璃纤维胎卷材、玻璃布胎卷材和聚乙烯胎卷材。防水卷材要求有良好的耐水性、对温度变化的稳定性（高温下不流淌、不起泡、不淆动，低温下不脆裂），一定的机械强度、延伸性和抗断裂性，有一定的柔韧性和抗老化性等。

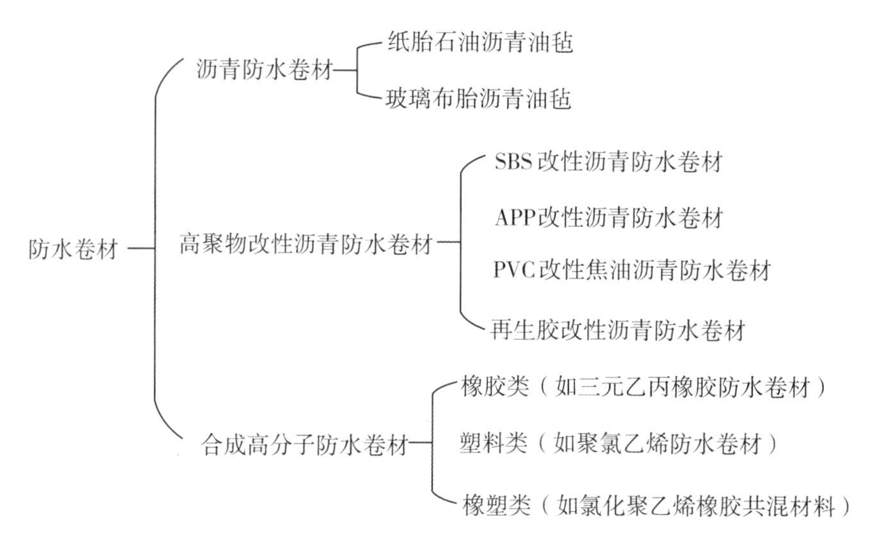

图 12-2　防水卷材分类

沥青材料在国内外使用的历史都很长，直至现在仍是一种用量较多的防水材料。沥青材料成本较低，但性能较差，防水寿命较短。当前防水材料已向改性沥青材料和合成高分子材料发展。防水构造已由多层防水向单层防水方向发展。同时，施工方法由热熔法向冷粘法发展。

1. 沥青防水卷材

沥青防水卷材是指由沥青材料、胎料和表面撒布防黏材料等制成的成卷材料，又称油毡，常用于张贴式防水层 。沥青防水卷材指的是有胎卷材和无胎卷材。凡是用厚纸或玻璃丝布、石棉布、棉麻织品等胎料浸渍石油沥青制成的卷状材料，称为有胎卷材；将石棉、橡胶粉等掺入沥青材料中，经碾压制成的卷状材料称为辊压卷材即无胎卷材。

传统的沥青防水材料虽然在性能上存在一些缺陷，但是它价格低廉，货源充足，结构致密，防水性能良好，对腐蚀性液体、气体抵抗力强，黏附性好，有塑性，能适应基材的变形。随着对沥青基防水材料胎体的不断改进，目前它在工业与民用建筑、市政建筑、地下工程、道路桥梁、隧道涵洞、水工建筑和国防军事领域得到广泛的应用。

但是，沥青防水卷材的拉伸强度和延伸率低，温度稳定性差，高温易流淌，低温易脆裂，耐老化性能较差，使用年限短。因此，目前用纤维织物、纤维毡等改造的胎体和以高聚物改性的沥青卷材已成为沥青防水卷材的发展方向。

2. 高聚物改性沥青防水卷材

石油沥青本身不能满足土木工程对它的性能要求，在低温柔韧性、高温稳定性、抗老化性能、黏附能力、耐疲劳性和构件变形的适应性等方面都存在缺陷。因此，常用一些高聚物、矿物填料对石油沥青进行改性，如苯乙烯 - 丁二烯 - 苯乙烯嵌段共聚物(SBS) 改性沥青、无规聚丙烯(APP) 改性沥青、聚氯乙烯(PVC) 改性沥青、再生胶改性沥青和废胶粉改性沥青等。

在所有改性沥青中，SBS改性沥青性能最佳(延度为2000%，冷脆点为−46～−38℃，耐热度为 90 ～ 100℃)；APP 改性沥青性能也很好(延度为 200% ～ 400%，冷脆点为 −25℃，耐热度为 110 ～ 130℃)；再生胶和废胶粉改性沥青性能一般(延度为 100% ～ 200%，冷脆点为 −20℃，耐热度为 85℃)，国外已较少采用。

1)SBS 改性沥青防水卷材

SBS 改性沥青防水卷材是以 SBS 橡胶改性石油沥青为浸渍覆盖层，用聚酯纤维无纺布、黄麻布、玻纤毡等分别制作为胎基，以塑料薄膜为防黏隔离层，经选材、配料、共熔、浸渍、复合成型、卷曲等工序加工制作而成的。这种卷材具有很好的耐高温性能，可以在 −25℃ 到 +100℃ 的温度范围内使用，有较高的弹性和耐疲劳性，有高达 150% 的伸长率和较强的耐穿刺能力、耐撕裂能力。

适用范围：适用于 Ⅰ、Ⅱ 级建筑的防水工程，尤其适用于低温寒冷地区和结构变形频繁的建筑防水工程。广泛应用于工业和民用建筑的屋面、地下室、卫生间等防水工程以及屋顶花园、道路、桥梁、隧道、停车场、游泳池等工程的防水防潮。变形较大的工程建议选用延伸性能优异的聚酯胎产品，其他建筑宜选用相对经济的玻纤胎产品。

性能特点：低温柔性好，达到 −25℃ 不产生裂纹；耐热性能高，90℃ 不流淌。延伸性能好，使用寿命长，施工简便，污染小。产品适用于 Ⅰ、Ⅱ 级建筑的防水工程，尤其适用于低温寒冷地区和结构变形频繁的建筑防水工程。

2)APP 改性沥青防水卷材

APP 改性沥青防水卷材属于塑性体沥青防水卷材。它是用 APP 改性沥青为胎基(玻纤毡、聚酯毡)，涂盖两面，上表面撒以细砂、矿物粒(片)或覆盖聚乙烯膜，下表面撒以细砂或覆盖聚乙烯膜所制成的一类防水卷材(见图 12-3)。

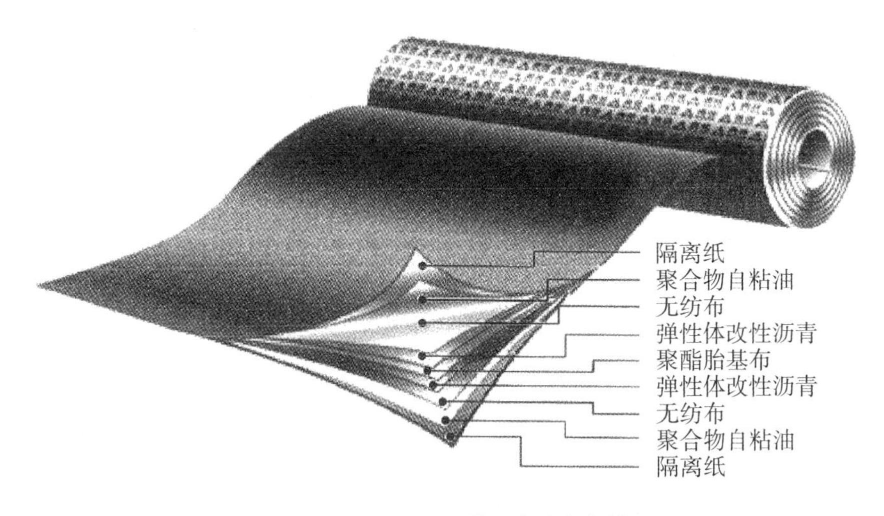

图 12-3　APP 改性沥青防水卷材

APP 改性沥青防水卷材的性能接近 SBS 改性沥青防水卷材，其突出特点是耐高温性能好，在 130℃ 高温下不流淌，特别适用于高温地区或太阳辐照强烈的地区使用。另外，APP改性沥青防水卷材的耐水性、耐腐蚀性好，低温柔韧性较好(但不及SBS卷材)。其中，

聚酯毡的机械、耐水和耐腐蚀性能优良;玻纤毡的价格低,但强度较低,无延伸性。

APP卷材适用于工业与民用建筑的屋面和地下防水工程与道路、桥梁等建筑物的防水工程,尤其适用于较高气温环境的建筑防水工程。

3. 合成高分子防水卷材

合成高分子防水卷材是除沥青基防水卷材外,近年来大力发展的防水卷材。合成高分子防水卷材是以合成橡胶、合成树脂或者两者共混体为基料,加入适量的化学助剂、填料等,经过混炼、压延或挤出工艺制成的片状防水材料或片材。

合成高分子防水卷材耐热性和低温柔韧性好,拉伸强度、抗撕裂强度高,断裂伸长率大,耐老化、耐腐蚀、耐候性好,使卷材在正常的维护条件下,使用年限更长,可减少维修、翻新的费用,适应冷施工。

合成高分子防水卷材品种很多,目前最具代表性的有合成橡胶类三元乙烯橡胶防水卷材、聚氯乙烯防水卷材和氯化聚乙烯-橡胶防水卷材。

12.1.2 防水涂料

建筑防水涂料是在常温下呈无固定形状的黏稠状液态高分子合成材料,经涂布后,通过溶剂的挥发或水分的蒸发或反应固化后在基层表面可形成坚韧的防水涂膜的材料的总称。防水涂料根据成膜物质的不同可分为沥青基防水涂料、高聚物改性沥青防水涂料、合成高分子防水涂料(见图12-4)。

沥青基防水涂料是以沥青为基料配制而成的水乳型或溶剂型防水涂料。乳化沥青涂刷于材料基面,水分蒸发后,沥青微粒靠拢将乳化剂膜挤裂,相互团聚而黏结成连续的沥青膜层,成膜后的乳化沥青与基层黏结形成防水层。沥青防水涂料主要包括石灰乳化防水涂料、膨润土沥青乳液和水性石棉沥青防水涂料等。

高聚物改性沥青防水涂料一般是采用橡胶或SBS对沥青进行改性而制成的水乳型或溶剂型防水涂料,具有显著的柔韧性、弹性、流动性、气密性、耐化学腐蚀性和耐老化耐疲劳性。高聚物改性沥青防水涂料包括氯丁橡胶沥青防水涂料、水乳型再生橡胶改性沥青防水涂料、SBS改性沥青防水涂料等。

合成高分子防水涂料是以多种高分子聚合材料为主要成膜物质,添加触变剂、防流挂剂、防沉淀剂、增稠剂、流平剂、防老剂等添加剂和催化剂,经过特殊工艺加工而成的合成高分子水性乳液防水涂膜,具有优良的高弹性和绝佳的防水性能。该产品无毒、无味,安全环保。涂膜耐水性、耐碱性、抗紫外线能力强,具有较高的断裂延伸率、拉伸强度和自动修复功能。合成高分子防水涂料包括聚氨酯涂膜防水涂料、水性丙烯酸酯防水涂料、聚氯乙烯防水涂料、硅橡胶防水涂料、有机硅防水涂料、聚合物水泥防水涂料等。

12.2 聚氨酯防水涂料和聚合物水泥防水涂料的优劣比较

常见的聚氨酯防水涂料,一般是由聚氨酯与煤焦油作为原材料制成的。它所挥发的焦油气毒性大,且不容易清除,因此于2000年在中国被禁止使用。尚在销售的聚氨酯防水涂料,用沥青代替煤焦油作为原料。聚

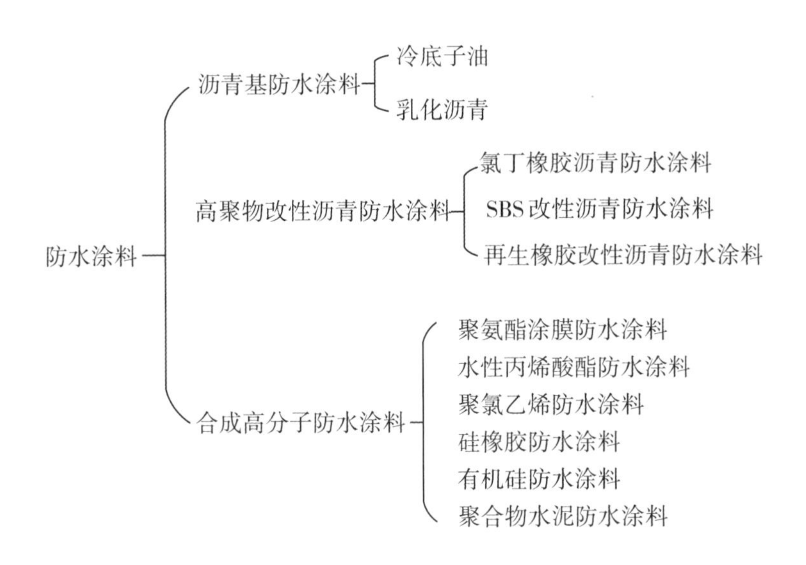

图 12-4　防水涂料材料分类

氨酯防水涂料可以分为单组分和双组分两种。单组分聚氨酯防水涂料也称湿固化聚氨酯防水涂料，是一种反应型湿固化成膜的防水涂料。使用时涂覆于防水基层，通过和空气中的湿气反应而固化交联成坚韧、柔软和无接缝的橡胶防水膜。高强聚氨酯防水涂料是一种双组分反应固化型防水涂料。其中甲组分是由聚醚和异氰酸酯缩聚得到的异氰酸酯封端的预聚体，乙组分是由增塑剂、固化剂、增稠剂、促凝剂、填充剂组成的彩色的液体。使用时将甲乙两组分按比例混合均匀，涂刷在防水基层表面，经常温交联固化形成一种富有高弹性、高强度、高耐久性的橡胶弹性膜，从而起到防水作用。它适用于厨房、卫生间、阳台、地下室、水池、露台、游泳池、仓库、隧道、木地板防潮和防水处理。

聚合物水泥防水涂料，是由合成高分子聚合物乳液（如聚丙烯酸酯、聚醋酸乙烯酯、丁苯橡胶乳液）和各种添加剂优化组合而成的液料与配套的粉料（由特种水泥、级配砂组成）复合而成的双组分防水涂料，其既具有合成高分子聚合物材料弹性高的特点，又有无机材料耐久性好的特点。聚合物水泥防水涂料既包含有机聚合物乳液，又包含无机水泥。有机聚合物涂膜柔性好，临界表面张力较低，装饰效果好，但耐老化性不足，而水泥是一种水硬性胶凝材料，与潮湿基面的黏结力强，抗湿性非常好，抗压强度高，但柔性差。两者结合，能使有机和无机结合，优势互补，刚柔相济，抗渗性提高，抗压比提高，综合性能比较优越，可达到较好的防水效果。它的优点是施工方便、综合造价低、工期短，且无毒环保。因此，广泛应用于室内外混凝土结构、砖墙、楼层墙壁地板、地下室、地铁站、人防工程、建筑物地基等。

12.1.3　密封材料

建筑密封材料是嵌入建筑物缝隙、门窗四周、玻璃镶嵌部位以及由于开裂产生的裂缝，能承受位移且能达到气密、水密目的的材料，又称嵌缝材料。

建筑密封材料具有以下性质：

① 非渗透性；

② 优良的黏结性、施工性、抗下垂性；

③ 良好的伸缩性，能经受建筑物和构件由温度、风力、地震、振动等作用引起的接缝变形的反复变化；

④ 具有耐候、耐热、耐寒、耐水等性能。

为保证密封材料的性能，必须对其流变性、低温柔韧性、拉伸黏结性、拉伸 - 压缩循环性能等技术指标进行测试。

建筑密封材料有多种分类方式，按构成类型分为溶剂型、乳液型和反应型密封材料；按使用时的组分分为单组分密封材料和多组分密封材料；按组成材料分为改性沥青密封材料和合成高分子密封材料；按材料形态可分为定型密封材料和不定型密封材料，其中不定型密封材料按原材料及其性能又可分为弹性密封材料和非弹性密封材料(见图 12-5)。

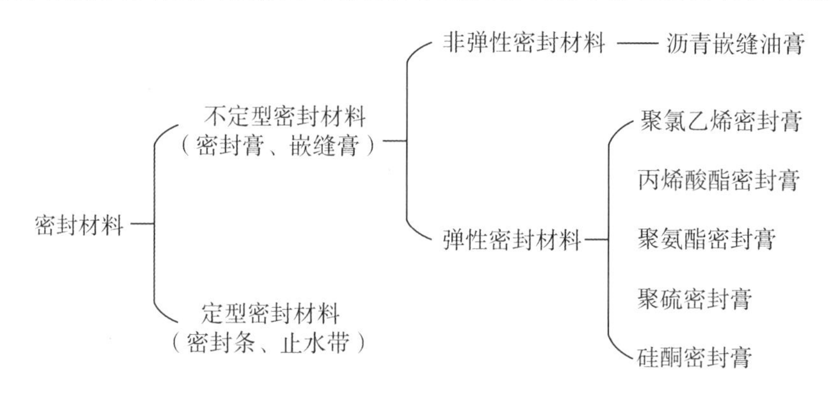

图 12-5　建筑密封材料分类

1. 聚氯乙烯密封膏

聚氯乙烯密封膏是以煤焦油为基料，聚氯乙烯为改性材料，掺入一定量的增塑剂、稳定剂和填料在一定温度下塑化而成的热施工嵌缝材料。聚氯乙烯密封膏有优良的黏附力和延伸力、弹性、防水性、低温柔性、抗老化性，应用面广，使用寿命长，操作方便，价格低，黏结性能好，是一种技术性能优良且较经济的混凝土密封材料，适用于公路、桥梁、渠道、市政建筑屋面、地下等的防水工程。

2. 丙烯酸酯密封膏

丙烯酸酯密封膏是以丙烯酸酯乳液为基料，掺入增塑剂、分散剂、碳酸钙等配制而成的建筑密封膏。这种密封膏弹性好，能适应一般基层伸缩变形的需要。耐候性能优异，其使用年限在 15 年以上。耐高温性能好，在 $-20℃ \sim 100℃$ 情况下，能长期保持柔韧性。黏结强度高，耐水、耐酸碱性好，并有良好的着色性，适用于混凝土、金属、木材、天然石料、砖、瓦、玻璃之间的密封防水。

3. 聚硫密封膏

聚硫密封膏是以液态聚硫橡胶为基料配制而成的常温下能够自硫化交联的密封膏，对金属、混凝土等材料具有良好的黏结性，在连续伸缩、振动及温度变化下能保持良好的

气密性和防水性，且耐油性、耐溶剂性、耐久性甚佳。在使用聚硫密封膏施工前要除去被粘表面的油污、附着物、灰尘等杂物，保证被粘表面干燥、平整，以防止黏结不良。按设计要求，向接缝内填充背衬材料。设计要求使用底涂液的工程，或长期浸水部位的密封，需要将底涂液涂刷在被粘表面上，干燥成膜。聚硫密封膏适用于混凝土墙板、屋面板、楼板等部位的接缝密封，金属幕墙，金属门窗框、冷藏库、地道、地下室等防水工程。

4. 硅酮密封膏

硅酮密封膏是以聚二甲基硅氧烷为主要原料，辅以交联剂、填料、增塑剂、偶联剂、催化剂，在真空状态下混合而成的膏状物，在室温下通过与空气中的水发生反应，固化形成弹性硅橡胶。单组分硅酮玻璃膏是一种类似软膏，一旦接触空气中的水分就会固化成一种坚韧的橡胶类固体的材料。硅酮玻璃膏的黏结力强，拉伸强度大，同时又具有耐候性、抗振性好，防潮、抗臭气和适应冷热变化的特点。加之其较高的适用性，能实现大多数建材产品之间的黏合，因此应用价值非常大。硅酮密封膏不会因自身的重量而流动，所以可以用于过顶或侧壁的接缝而不发生下陷、塌落或流走。它主要用于干洁的金属、玻璃，大多数不含油脂的木材、硅酮树脂、加硫硅橡胶、陶瓷、天然或合成纤维，以及许多油漆塑料表面的黏结。质量好的硅酮密封膏在0℃以下使用不会发生挤压不出、物理特性改变等现象。

5. 密封条

密封条是将一种东西密封，使其不容易打开，起到减振、防水、隔声、隔热、防尘、固定等作用的产品。密封条有橡胶、金属、塑料等多种材质，包括改性PVC胶条、热塑性三元乙丙橡胶密封条、硫化三元乙丙橡胶密封条等。

12.1.4　刚性防水材料

刚性防水材料是指以水泥、砂、石为原料或其内掺入少量外加剂、高分子聚合物等材料，通过调整配合比、抑制或减小孔隙、改变孔隙特征、增加各原料界面间的密实性等方法，配制而成的具有一定抗渗能力的水泥砂浆、混凝土类防水材料。

12.3 刚性防水材料的优缺点

在建筑防水工程中，刚性防水材料占较大的比重，与其他防水材料相比具有很多优点。刚性防水材料既有抗渗能力，又具有较高的抗压强度，因此，既可防水又可兼作承重结构或围护结构，能节约材料，加快施工速度。此外，刚性防水材料来源广泛，造价较低；施工简单，工艺成熟，基层潮湿条件下仍可施工；在结构和造型复杂的情况下，可灵活选用施工方法，易于施工；抗冻、抗老化性能好，能满足建筑物、构筑物耐久性的要求，其耐久年限一般可达20年以上；渗漏水时易于检查，便于修补；大多数原材料为无机材料，不易燃烧，无毒无味，有一定的透气性。防水混凝土也存在一定的缺点，主要是抗拉强度低，极限抗应变小，常因干缩、地基沉降、地基振动变形、温差等产生裂缝。另外，自重大，造成层面荷载增加。

1. 聚合物水泥防水砂浆

聚合物水泥防水砂浆(polymer modified cement mortar for waterproof)是以水泥、细骨料为

主要组分，以聚合物乳液或可再分散乳胶粉为改性剂，添加适量助剂混合制成的防水砂浆。

《聚合物水泥防水砂浆》(JC/T 984—2011) 规定，按组分可分为单组分(S类) 和双组分(D类) 两种。单组分(S类) 由水泥、细骨料、可再分乳胶粉和添加剂组成；双组分(D类) 由粉料(水泥、细骨料等) 和液料(聚合物乳液、添加剂等) 组成。按物理力学性能可分为 Ⅰ 型和 Ⅱ 型两种。聚合物水泥防水砂浆具有较好的抗渗性能、较高的抗压强度和抗折强度、较高的黏结强度和防裂性能，还具有与水泥砂浆相同的耐久性和耐腐蚀能力。

2. 水泥基渗透结晶型防水材料

水泥基渗透结晶型防水材料(cementitious capillary crystalline waterproofing materials) 是一种用于水泥混凝土的刚性防水材料。其与水作用后，材料中含有的活性化学物质以水为载体在混凝土中渗透，与水泥水化产物生成不溶于水的针状结晶体，填塞毛细孔道和微细缝隙，从而提高混凝土致密性和防水性。

《水泥基渗透结晶型防水材料》(GB 18445—2012) 规定，按使用方法水泥基渗透结晶型防水材料分为水泥基渗透结晶型防水涂料(C) 和水泥基渗透结晶型防水剂(A)。

3. 无机防水堵漏材料

无机防水堵漏材料(inorganic waterproof and leakage-preventing materials) 是以水泥为主要组分，掺入添加剂，经一定工艺加工制成的用于防水、抗渗、堵漏的粉状无机材料，代号为 FD。《无机防水堵漏材料》(GB 23440—2009) 规定，产品根据凝结时间和用途分为缓凝型(Ⅰ 型) 和速凝型(Ⅱ 型)。缓凝型(Ⅰ 型) 主要用于潮湿基层上的防水抗渗；速凝型(Ⅱ 型) 主要用于渗漏或涌水基层上的防水堵漏。

【案例分析 12-1】夏季中午铺设沥青防水卷材

概况：某住宅楼屋面于 8 月份施工，铺贴沥青防水卷材全在白天进行，之后卷材出现鼓泡、渗漏现象。

原因分析：夏季中午炎热，屋顶受太阳辐射，温度较高。此时，铺设沥青防水卷材，基层中的水分会蒸发，集中于铺贴的卷材内表面，并会使卷材鼓泡。此外，高温下沥青防水卷材会软化，卷材膨胀，当温度降低后卷材产生收缩，导致断裂。还需指出的是，沥青中还含有对人体有害的挥发物，在强烈阳光照射下，会使操作工人得皮炎等疾病。所以铺贴沥青防水卷材应尽量避开炎热中午。

【案例分析 12-2】不同工程条件下使用防水材料

概况：某石砌水池灰缝不饱满，用一种水泥基粉状刚性防水涂料对其整体涂覆，效果良好，长时间不渗透。但同样使用此防水涂料用于因基础下陷不均匀而开裂的地下室防水，效果却不佳。

原因分析：此类刚性防水涂料，其涂层是刚性的。在涂料固化前对混凝土或砂浆等多孔材料有一定的渗透性，起到堵塞水分通道的作用。但刚性防水层并不能有效地适应基础

不均匀下陷，在基础开裂的同时会随之开裂。故在第一种情况下有好的防水效果，而对第二种情况基层变动则效果不佳。

防水卷材正向绿色防水材料方向发展，而且便于机械化施工，简便安全，工期短。基本上兼有防水、保温、隔热、反射热能等多种功能。各类新型的绿色节能屋面，如太阳能屋面、种植屋面等也将促进绿色建筑防水材料的发展。

12.2　绝热材料

在建筑中，习惯上把用于控制室内热量外流的材料叫做保温材料；把防止室外热量进入室内的材料叫做隔热材料。保温、隔热材料统称为绝热材料。

12.2.1　绝热材料的作用机理

热从本质上是由组成物质的分子、原子和电子等，在物质内部的移动、转动和振动所产生的能量，即热能。在任何介质中，当两点之间存在温度差时，就会产生热能传递现象，热能将由温度高点传递到温度较低点。

传热的基本形式有热传导、热对流和热辐射三种。通常情况下，三种传热方式是共存的，但因保温隔热性能良好的材料是多孔且封闭的，虽然在材料的孔隙内有空气，起着对流和辐射的作用，但是与热传导相比，热对流和热辐射所占的比例很小，因此在热工计算时通常不予考虑，而主要考虑热传导。

不同的土木工程材料具有不同的热物理性能，衡量其保温隔热性能优劣的指标主要是导热系数。导热系数越小，则通过材料传递的热量越少，其保温隔热性能越好。工程中，通常把导热系数小于 0.175W/(m・K) 的材料称为绝热材料。

12.2.2　绝热材料的性能

绝热材料的性能主要体现为导热性，指材料传递热量的能力。材料的导热能力用导热系数表示。导热系数的物理意义为：在稳定传热条件下，当材料层单位厚度内的温差为1℃时，在 1h 内通过 $1m^2$ 表面积的热量。材料导热系数越大，导热性能越好。

影响材料导热系数的因素如下。

1. 材料的组成和微观结构

不同的材料其导热系数是不同的。一般来说，导热系数金属最大，非金属次之，液体其次，气体最小。对于同一种材料，其微观结构不同，导热系数也有很大的差异。一般地，结晶结构的最大，微晶体结构的次之，玻璃体结构的最小。但对于绝热材料来说，由于孔隙率大，气体(空气) 对导热系数的影响起主要作用，而固体部分的结构不论是晶态还是玻璃态，对导热系数的影响均不大。

2. 表观密度与孔隙特征

12.4 材料绝热性能与其孔隙特性的关系

由于材料中固体物质的热传导能力比空气大得多，故表观密度小的材料，因其孔隙率大，导热系数小。在孔隙率相同时，孔隙尺寸愈大，导热系数愈大；连通孔隙的比封闭孔隙的导热系数大。对于纤维状材料，当纤维之间压实至某一表观密度时，其导热系数最小，该表观密度称为最佳表观密度。当纤维材料的表观密度小于最佳表观密度时，其导热系数反而增大，这是孔隙率增大且连通引起空气对流的结果。

3. 材料的湿度

材料吸湿受潮后，其导热系数增大，这在多孔材料中最为明显。这是由于水的导热系数 0.58W/(m·K) 远大于密闭空气的导热系数 0.023W/(m·K)。当绝热材料中吸收的水分结冰时，其导热系数会进一步增大。这是因为冰的导热系数 2.33W/(m·K) 比水的大。因此，绝热材料应特别注意防水防潮。

蒸汽渗透是值得注意的问题，水蒸气从温度高的一侧渗入材料。当水蒸气在材料孔隙中达到最大饱和度时就凝结成冰，从而使温度较低的一侧表面上出现冷凝冰滴。这不仅大大提高了导热性，而且降低了材料的强度和耐久性。防止的方法是在可能出现冷凝水的界面上，用沥青卷材、铝箔或塑料薄膜等憎水性材料加做间隔蒸汽层。

4. 温度

材料的导热系数随温度的升高而增大。因为温度升高时，材料固体分子的热运动增强，同时材料孔隙中空气的导热和孔壁之间的辐射作用也有所增大。但这种影响，当温度在 0 ～ 50℃ 范围内时并不显著，只有处于高温或负温下的材料，才要考虑温度的影响。

5. 热流方向

对于各向异性的材料，如木材等纤维质的材料，当热流平行于纤维方向时，热流受阻小，故导热系数大。而热流垂直于纤维方向时，热流受阻大，故导热系数小。以松木为例，当热流垂直于木纹时，导热系数为 0.17W/(m·K)；而当热流平行于木纹时，则导热系数为 0.35W/(m·K)。

上述各项因素中，表观密度和湿度的影响最大。因而，在测定材料的导热系数时，也必须测定材料的表观密度。至于湿度，通常对多数绝热材料取空气相对湿度为 80% ～ 85% 时材料的平衡湿度作为参考值，应尽可能在这种湿度条件下测定材料的导热系数。

12.5 相变建筑节能材料

12.2.3 常用绝热材料

常用的绝热材料分为无机和有机两大类。有机绝热材料是用有机原料如树脂、木丝板、软木等制成的。无机绝热材料是用矿物质为原料制成的呈松散颗粒、纤维或多孔状材料，可制成毡、板、管套、壳状等，或通过发泡工艺制成多孔制品。无机绝热材料又分为三大类：无机纤维绝热材料，主要品种有矿棉及其制品、玻璃棉及其制品、石棉及其制品等；无机

12.6 建筑玻璃节能膜

散粒绝热材料，主要品种有膨胀珍珠岩及其制品、膨胀蛭石及其制品等；无机多孔绝热材料，品种有轻质混凝土、硅藻土、微孔硅酸钙、泡沫玻璃等。一般说来，无机绝热材料的表观密度大，不易腐蚀，耐高温；而有机绝热材料吸湿性大，不耐久，不耐高温，只能用于低温绝热。

1. 硅藻土

硅藻土是一种生物成因的硅质沉积岩，它主要由古代硅藻的遗骸所组成，其化学成分以 SiO_2 为主。它的孔隙率约为 50% ～ 80%，导热系数为 0.06W/(m·K)，熔点为 1650 ～ 1750℃，最高使用温度为 900℃，在电子显微镜下可以观察到明显的多孔构造。在建筑保温业，硅藻土可用于屋顶隔热层、硅酸钙保温材料、保温地砖等。此外，由于硅藻土是一种天然材料，不含害化学物质，能除湿、除臭、净化室内空气，是优良的环保型室内外装修材料。

2. 膨胀珍珠岩及其制品

珍珠岩是一种火山喷出的酸性熔岩急速冷却形成的玻璃质岩石，因具有珍珠状裂纹而得名。对珍珠岩矿进行破碎、筛分、预热，并在 1200 ～ 1380℃ 温度下焙烧 0.5 ～ 1 秒，使其体积急剧膨胀，便制得多孔颗粒状保温材料，称为膨胀珍珠岩，是一种轻质、高效能绝热材料。膨胀珍珠岩不燃烧、不腐蚀，化学稳定性好，价廉，产量大，资源丰富，因其容重低、导热系数小、易抽真空、吸湿性小而用作低温装置的保冷材料。膨胀珍珠岩散料用于填充保冷，在负压状态下工作。对膨胀珍珠岩添加各种憎水剂或用沥青黏结剂制成憎水剂制品，可大大提高它的抗水性。然而这类制品的抗水蒸气渗透性仍不够理想，用于保冷时必须设置增加的隔汽层。

膨胀珍珠岩制品是以膨胀珍珠岩为骨料，配合适量的胶结剂如水玻璃、沥青等，经过搅拌、成型、干燥、焙烧或养护而成的具有一定形状的产品(如板、砖、管瓦等)。各种制品一般以胶结剂命名，如水玻璃膨胀珍珠岩、水泥珍珠岩、沥青珍珠岩、憎水珍珠岩等。水玻璃珍珠岩制品适用于不受水或潮湿侵蚀的高、中温热力设备和管道的保温。沥青珍珠岩制品适用于屋顶建筑、低温(冷库) 和地下工程。

3. 泡沫玻璃

泡沫玻璃是一种以玻璃粉为主要原料，经粉碎掺碳、烧结发泡和退火冷却加工处理后制得的，具有均匀的独立密闭气隙结构的新型无机绝热材料。它具有容重低、不透湿、不吸水、不燃烧、不霉变，机械强度高却又易于加工，能耐除氟化氢以外所有化学侵蚀，本身无毒，化学性能稳定，能在超低温到高温的较大温度范围内使用等优异特性。泡沫玻璃作为绝热材料使用的重要经济技术意义和价值，在于它不仅具有长年使用不会变坏的良好绝热性能，而且本身又能起到防潮、防火、防腐的作用，它在低温、深冷、地下、露天、易燃、易潮以及有化学侵蚀等环境下使用时，不但安全可靠，而且经久耐用，是一种优良的保冷材料，特别适用于深冷环境。

4. 聚苯乙烯泡沫塑料

聚苯乙烯泡沫塑料，是以聚苯乙烯树脂发泡而成的。它是由表皮层和中心层构成的蜂窝状结构，其表皮层不含气孔，而中心层内有大量封闭气孔。聚苯乙烯具有容重小、导热系数低、吸水率小和耐冲击性能高等优点。此外，由于在制造过程中是把发泡剂加入液态树脂中,在模型内膨胀而发泡的,因此成型品内残余应力小,尺寸精度高。聚苯乙烯泡沫塑料的原料是直径约为0.38～6mm的小颗粒,一般呈白色或淡青色。颗粒内含有膨胀剂(通常采用丁烷),当蒸汽或热水加热时,则变为气体状态。这些小颗粒需要预先膨胀,生产低密度泡沫时,采用蒸汽或热水加热,生产高密度泡沫时可采用热水加热,受热后,膨胀剂气化成气体,使软化的聚苯乙烯膨胀,形成具有微小闭孔的轻质颗粒。然后,将这些膨胀颗粒置于所要求形状的模型中,再喷入蒸汽,利用蒸汽热压,使孔隙中的气体膨胀,将颗粒间的空气和冷凝蒸汽排出,同时使聚苯乙烯软化并黏合在一起,制成聚苯乙烯泡沫塑料保温制品。

聚苯乙烯泡沫塑料对水、海水、弱碱、弱酸、植物油、醇类都相当稳定。但石油系溶剂可侵蚀它,可溶于苯、酯、酮等溶剂中,因而不宜用于可能和这类溶剂相接触的部位上。油质的漆类对聚苯乙烯有腐蚀性或能使材料软化,因此在选择涂敷材料和黏合剂时,不应有过多的溶媒。聚苯乙烯泡沫塑料容重轻,导热系数低,为0.033～0.044W/(m·K)。由于聚苯乙烯本身的亲水基团,开口气孔很少,又有一层无孔的外表层,所以客观存在的吸水率比聚氨酯泡沫塑料的吸水率还低。聚苯乙烯硬质泡沫塑料有较高的机械强度,有较强的恢复变形能力,是很好的耐冲击材料。聚苯乙烯树脂属热塑性树脂,在高温下容易软化变形,故聚苯乙烯泡沫塑料的安全使用温度为70℃,最低使用温度为－150℃。

5.聚氯乙烯泡沫塑料

以聚氯乙烯为原料制成的泡沫塑料,它的抗吸水性和抗水蒸气渗透性都很好,强度和重量比值高,导热系数小,绝热性能好,具有较好的化学稳定性和抗蚀能力,低温下有较高的耐压和抗弯强度,耐冲击,阻燃性能好,不易燃烧,因此在安全要求高的装置上广为应用,如冷藏车、冷藏库等。

6.聚氨酯硬质泡沫塑料

聚氨酯硬质泡沫塑料是以聚醚或聚酯与多异氰酸酯为主要原料,再加阻燃剂、稳定剂和氟利昂发泡剂等,进行混合、搅拌发生化学反应而形成的发泡体,其孔腔的闭孔率达80%～90%,吸水性小。由于其气孔为低导热系数的氟利昂气体,所以它的导热系数比空气小,强度较高,有一定的自熄性,常用来做保冷和低温范围的保温。应用时,可以由预制厂预制成板状或管壳状等制品,也可以现场喷涂或灌注发泡。但聚氨酯原材料质量不够稳定,生产过程中有少量毒气。聚氨酯本身可以燃烧,在防火要求高的地方使用时,可采用含卤素或含磷的聚酯树脂作为原料,或者加入一些有灭火能力的物质。聚氨酯泡沫有较强的耐侵蚀能力,它能抵抗碱和稀酸的腐蚀,但不能抵抗浓硫酸、浓盐酸和浓硝酸的侵蚀。

【案例分析12-3】绝热材料的应用

概况:某冰库原采用水玻璃胶结膨胀蛭石而成的膨胀蛭石板做隔热材料,经过一段时间后,隔热效果逐渐变差。后采用聚苯乙烯泡沫作为墙体隔热夹芯板,在内墙喷涂聚氨酯泡沫层作绝热材料,取得良好的效果。

原因分析:水玻璃胶结膨胀蛭石板用于冰库易受潮,受潮后其绝热性能下降。而聚苯乙烯泡沫隔热夹芯板和聚氨酯泡沫层均不易受潮,且

12.7 材料保温和材料隔热的差异分析

有较好的低温性能，故用于冰库可取得好的效果。

12.3　吸声隔声材料

建筑声学材料通常分为吸声材料和隔声材料，一方面是因为它们具有较大的吸收或较小的透射，另一方面是因为使用它们时主要考虑的功能是吸声或隔声。建筑声学材料早在古代就已经开始使用。古希腊露天剧场就采用了共鸣缸、反射面的音响调节工具。中世纪继承了封闭空间声学知识，采用大的内部空间和吸声系数低的墙面，以产生长混响声。以混响时间长、可辨度较差来产生神秘的气氛。16、17世纪欧洲修建的一些剧院，大多采用环形包厢和排列至接近顶棚的台阶式座位，建筑物内部繁复凹凸的装饰对声音的散射作用，使混响时间适中，声场分布也比较均匀。我国著名的北京天坛建有直径为65米的回音壁，可使微弱的声音沿壁传播一二百米，在皇穹宇的台阶前，还有可以听到几次回声的三音石。

建筑声学材料在现代建筑中已经广泛应用。在图书馆、阅览室、电影院等场所，天花板上都有许许多多的小孔，其实这就是一种吸声材料。吸声材料多用在会议厅、礼堂、影剧院、体育馆以及宾馆大厅等人多聚集的地方，一方面控制和降低噪声干扰，另一方面可以达到改善厅堂音质、消除回声等目的。而隔声材料更是随处可见，门、窗、隔墙等都可称为隔声材料。吸声和隔声是完全不同的两个声学概念。吸声是指声波传播到某一边界面时，一部分声能被边界反射或者散射，一部分声能被边界面吸收，包括声波在边界材料内转化为热能被消耗掉或者转化为振动能沿边界构造传递转移，或直接透射到边界另一面空间。对于入射声波来说，除了反射到原来空间的反射(散射) 声能外，其余能量都被看作被边界面吸收。在一定面积上被吸收的声能与入射声能的比值称为该界面的吸声系数。隔声是指减弱或隔断声波的传递，隔声性能的好坏用材料的入射声能与透过声能相差的分贝数值表示，差值越大，隔声性能越好。了解和掌握声学材料的特性，有利于合理选用声学材料，有效利用建筑声学材料，达到以最经济的手段获得最好声学效果的目的。

12.8 高架桥上降噪措施有哪些

12.3.1　吸声材料

吸声材料是一种能在较大程度上吸收由空气传递的声波能量、降低噪声的材料。吸声材料借自身的多孔性、薄膜作用或共振作用而对入射声能具有吸收作用。吸声材料要与周围的传声介质的声特性阻抗匹配，使声能无反射地进入吸声材料，并使入射声能绝大部分被吸收。在音乐厅、影剧院、大会堂等内部的墙面、地面、天棚等部位，适当采用吸声材料，能控制和调整室内的混响时间，消除回声，从而改善室内的听闻条件；吸声材料可用于降低喧闹场所的噪声，改善生活环境和劳动条件；吸声材料还可用于降低通风空调管道的噪声。吸声材料按其物理性能和吸声方式可分为多孔吸声材料和共振吸声材料两大类。后者包括单个共振器、穿孔板共振吸声结构、薄板吸声结构和柔顺材料等。多孔吸声材料是最传统、应用最多的吸声材料。

吸声材料的吸声性能用吸声系数 α 来表示。吸声系数 α 指声波遇到材料表面时，被吸收的声能(E)与入射声能(E_0)之比[见式 12-1)]。材料的吸声系数 α 越高，吸声效果越好。

$$\alpha = \frac{E}{E_0} \times 100\% \tag{12-1}$$

任何材料都有一定的吸声能力，只是吸收的程度有所不同。材料的吸声特性除与声波方向有关外，还与声波的频率有关，同一种材料，对于高、中、低不同频率的吸声系数不同。为了全面反映材料的吸声特性，通常取 125Hz、250Hz、500Hz、1000Hz、2000Hz、4000Hz 六个频率的吸声系数来表示材料的吸声的频率特性。凡六个频率的平均吸声系数大于 0.2 的材料，可称为吸声材料。

为发挥吸声材料的作用，材料的气孔应是开放的，且应相互连通。气孔越多，吸声性能越好。大多数吸声材料强度较低，设置时要注意避免撞坏。多孔的吸声材料易于吸湿，安装时应考虑到胀缩的影响，还应考虑到防火、防腐、防蛀等问题。

12.9 泡沫玻璃能否用作吸声材料

1. 多孔吸声材料

多孔吸声材料，其品种规格较多，应用较为广泛，主要包括纤维吸声材料、颗粒吸声材料、泡沫吸声材料三大类。

纤维吸声材料是应用最早且至今仍是使用最广和应用最多的一种吸声材料。按其化学成分一般分为有机纤维材料和无机纤维材料两大类，其中超细玻璃棉(纤维直径一般为 0.1 ～ 4μm) 应用较为广泛，其优点是质轻(表观密度一般仅为 15 ～ 25kg/m³)、耐热、抗冻、防蛀、耐腐蚀、不燃、隔热等。经硅油处理过的超细玻璃棉，还具有防水等特点。

泡沫吸声材料包括氨基甲酸酯、脲醛泡沫塑料、聚氨酯泡沫塑料、海绵乳胶、泡沫橡胶等。这种材料的特点是质轻、防潮、富有弹性、易于安装、导热系数小，其缺点是塑料类材料易老化、耐火性能差，不宜用于有明火和有酸碱腐蚀性气体的场合。

常用的颗粒吸声材料根据材质的不同，大致可分为珍珠岩吸声制品和陶瓷颗粒吸声制品；根据吸声制品的形状，又可分为吸声板和吸声砖。颗粒状吸声材料一般为无机材料，具有不燃、耐水、不霉烂、无毒、无味、使用温度高、性能稳定、制品有一定的刚度、不需要软质纤维性吸声材料作护面层、构造简单、原材料资源丰富等特点。其中，陶瓷颗料吸声制品的强度较高，砌成墙体后不仅可以吸声，而且是建筑的一部分。但是，轻质颗粒吸声材料如珍珠岩吸声板，材质性脆、强度较低，运输施工安装过程中易破损。

多孔性材料吸声性能是通过其内部大量内外连通的微小空隙和空洞来实现的。当声波沿着微孔或间隙进入材料内部以后，激发其微孔或间隙内的空气振动，空气与孔壁摩擦产生热传导作用，由于空气的黏滞性在微孔或间隙内产生相应的黏滞阻力，使振动空气的能力不断转化为热能而被消耗，声能减弱，从而达到吸声目的。

多孔吸声材料一般很疏松，整体性很差，直接用于建筑物表面既不易固定，又不美观，因此往往需要在材料面层覆盖一层护面层。常用的护面层有网罩、纤维织物、塑料薄膜和

穿孔板等。由于护面层本身具有一定的声质量和声阻作用，对材料的吸声频率影响很大。因此，在使用护面层时要合理选用并采取一定措施，尽量减小其对吸声效果的影响。

在对多孔材料进行防水（或美观）等表面粉饰时，要防止涂料将孔隙封闭且避免使用硬质的涂料，宜采用水质涂料喷涂。在喷涂材料时要严格控制其厚度：较小的厚度不降低吸声系数；适当的厚度则由于薄膜吸声结构的吸声作用，可以提高吸声系数；较大的厚度因为堵塞多孔结构的通道，阻塞声波进入吸声材料而被吸收，从而减弱空腔共振吸声作用，最终导致吸声系数降低甚至严重降低。

多孔吸声材料的吸声性能与材料本身的特性密切相关。在实际应用中，多孔材料的厚度、容重、材料表面的装饰处理等因素都会对材料的吸声性能产生影响，具体如表 12-1 所示。

表 12-1　多孔吸声材料性能的影响因素

影响因素	作用效果
流阻	低流阻吸收中高频声波好，高流阻对中低频声波吸收好
孔隙率	孔隙率低的密实材料吸声性能差
厚度	增加厚度能提高对低频声波的吸声，但存在适宜厚度
容重	容重相对于厚度的影响较小，同种材料厚度不变时，能改善对低频的吸收效果
背后条件	背后有空气层厚度的增加，可以提高吸声系数，尤其是低频声波的吸收；当空气层厚度是入射声波 1/4 波长的奇数倍时，吸声系数最大
表面装饰处理	油漆、粉饰会大大降低吸声声波；钻孔、开槽可以提高材料的吸声性能
湿度和温度	温度会改变声波的波长，吸声系数会相应改变；湿度主要改变材料的孔隙率

2. 共振吸声材料

由于多孔性材料的低频吸声性能差，为解决中低频吸声问题，往往采用共振吸声结构。共振吸声也是吸声处理中的一个重要方式，其主要以吸声材料为原材料，采用共振吸声机理组成一个吸声结构；其吸声频谱以共振频率为中心出现吸收峰，当远离共振频率时，吸声系数就很低。当然也有靠共振作用吸声的材料。实际应用中，按照吸声结构和材料可将共振吸声分为单共振器、穿孔板吸声结构、薄板吸声结构和柔顺材料等。

1）单共振器

单共振器是一种有颈口的密闭容器，相当于一个弹簧振子系统，容器内空气相当于弹簧，而进口空气相当于和弹簧连结的物体。当入射声波的频率和这个系统的固有频率一致时，共振器孔颈处的空气柱就会剧烈振动，孔颈部分的空气与颈壁摩擦阻尼，将声能转变为热能。

2）穿孔板吸声结构

在打孔的薄板后面设置一定深度的密闭空腔，组成穿孔板吸声结构，这是经常使用的一种吸声结构，相当于单个共振器的并联组合。当入射声波频率和这一系统的固有频率一致时，穿孔部分的空气就会剧烈振动，吸收效应加强，出现吸收峰，使声能衰减。

3）薄板吸声结构

在薄板后设置空气层，就成为薄板共振吸声结构。声波入射，激发系统的振动，板的内部摩擦使振动能量转化为热能。当入射声波频率与系统的固有频率一致时，即产生共振，在共振频率处出现吸收峰。增加板的单位面密度或空腔深度时，吸声峰就移向低频。在空腔内沿龙骨处设置多孔吸声材料，在薄板边缘与龙骨连接处放置毛毡或海绵条，可增加结构的阻尼特性，提高吸声系数和加宽吸声频带。

建筑上常用的吸声材料如表12-2所示。

12.3.2 隔声材料

12.10 吸声与隔声材料的区别

12.11 电影院吸声隔声措施有哪些

建筑上把主要起隔绝声音作用的材料称为隔声材料。隔声材料主要用于外墙、门窗、隔墙以及隔断等。隔声材料可分为隔绝空气声（通过空气传播的声音）和隔绝固体声（通过撞击或振动传播的声音）。两者的隔声原理截然不同。

对于空气声，根据声学中的“质量定律”，其传声的大小主要取决于墙或板的单位面积质量，质量越大，越不易振动，则隔声效果越好。可以认为：固体声的隔绝主要是吸收，这和吸声材料是一致的；而空气的隔绝主要是反射，因此必须选择密实、沉重的材料如黏土砖、钢板等作为隔声材料。

对于隔绝固体声音最有效的措施是不连续结构处理。即在墙壁和承重梁之间、房屋的框架和墙壁及楼板之间加弹性衬垫，这些衬垫的材料大多可以采用上述的吸声材料，如毛毡、软木等。将固体声转换成空气声后而被吸声材料吸收。

隔声材料的主要特点是隔声减振效果极其显著，使用非常方便，施工简便，而且无毒无任何有机挥发物，并满足最高阻燃标准。成本低、易使用、效果佳、重量轻，具有抗菌和抗锈功能等使其被大量用户高度认可。比较常用的隔声材料有隔声板、高分子阻尼隔声毡、地面减振砖、减振器等。

1. 隔声板

隔声板隔声性能好，性价比高，具有环保E1级、防火A1级，无放射无污染，耐候性佳，同时具有全频隔声和低频缓冲抗振的作用，可钻可钉可开锯，安装方便快捷。

2. 高分子阻尼隔声毡

隔声毡是目前市场上比较好的房间隔声材料。主要用来与石膏板搭配，用于墙体隔声和吊顶隔声，也应用于管道、机械设备的隔声和阻尼减振。隔声毡不是毛毡，两者从外观上看完全不同，毛毡轻而柔软，而隔声毡薄薄的却很重。

3. 地面减振砖

地面减振砖主要由高分子橡胶颗粒和优质软木颗粒采用独特工艺混合压制而成。能够有效切断声桥的传播，尤其用于娱乐场所中构建减振“浮筑层”地台效果好。

表 12-2　建筑上常用的吸声材料

分类	名称	厚度/cm	表观密度/(kg/m³)	各种频率下的吸声系数						装置情况
				125Hz	250Hz	500Hz	1000Hz	2000Hz	4000Hz	
无机材料	吸声泥砖	6.5	—	0.05	0.07	0.10	0.12	0.16	—	贴实
	石膏板(有花纹)	—	—	0.03	0.05	0.06	0.09	0.04	0.06	
	水泥蛭石板	4.0	—	—	0.14	0.46	0.78	0.50	0.60	
	石膏砂浆(掺水泥、玻璃纤维)	2.2	—	0.24	0.12	0.09	0.30	0.32	0.83	粉刷在墙上
	水泥膨胀珍珠岩板	5	350	0.16	0.46	0.64	0.48	0.56	0.56	贴实
	水泥砂浆	1.7	—	0.21	0.16	0.25	0.40	0.42	0.48	粉刷在墙上
	砖(清水墙面)	—	—	0.02	0.03	0.04	0.04	0.05	0.05	贴实
木质材料	软木板	2.5	260	0.05	0.11	0.25	0.63	0.70	0.70	贴实
	木丝板	3.0	—	0.10	0.36	0.62	0.53	0.71	0.90	钉在木龙骨上，分后面留10cm空气层和留5cm空气层两种
	三夹板	0.3	—	0.21	0.73	0.21	0.19	0.08	0.12	
	穿孔五夹板	0.5	—	0.01	0.25	0.55	0.30	0.16	0.19	
	木花板	0.8	—	0.03	0.02	0.03	0.03	0.04	—	
	木质纤维板	1.1	—	0.06	0.15	0.28	0.30	0.33	0.31	
多孔材料	泡沫玻璃	4.4	1260	0.11	0.32	0.52	0.44	0.52	0.33	贴实
	脲醛泡沫塑料	5.0	20	0.22	0.29	0.40	0.68	0.95	0.94	
	泡沫水泥(外粉刷)	2.0	—	0.18	0.05	0.22	0.48	0.22	0.32	紧靠粉刷
	吸声蜂窝板	—	—	0.27	0.12	0.42	0.86	0.48	0.30	贴实
	泡沫塑料	1.0	—	0.03	0.06	0.12	0.41	0.85	0.67	
纤维材料	矿渣棉	3.13	210	0.10	0.21	0.60	0.95	0.85	0.72	
	玻璃棉	5.0	80	0.06	0.08	0.18	0.44	0.72	0.82	
	酚醛玻璃纤维板	8.0	100	0.25	0.55	0.80	0.92	0.98	0.95	
	工业毛毡	3.0	—	0.10	0.28	0.55	0.60	0.60	0.56	紧靠墙面

4. 减振器

减振器主要由承重金属构件和高分阻尼减振胶以及承重螺杆采用独特工艺组装加工而成，能够有效切断声桥的传播，尤其在娱乐场所中抗低频冲击效果好。

根据不同的场所要选用不同的隔声材料，不是所有的隔声材料都是有用的，要根据不同的噪声传播途径，选择不同的隔声材料。首先，对于中低频比较严重的场所（娱乐场所），不能只是简单使用一层隔声材料，而要针对使用环境进行设计，把每一个环节都处理到位，只有按照专业要求施工才能更好地处理好环境噪声。对于管道噪声而言，根据噪声的特性，一般情况下噪声都是由空气摩擦导致的高频声，这样就可以选择隔声材料作处理。对于管道隔声，隔声材料具有明显的优势，该材料可以任意弯曲、裁剪。其次，对于面密度较高的墙体，隔声材料直接粘贴的效果不是特别理想。如混凝土墙、砖墙等，一般情况下可做成双层墙体，同时使用不同厚度、材质的隔声材料，这样就可以避免吻合效应的产生，同时又能够避免同一种材料对于某一频率隔声低谷的出现。中间空腔部分又有很好的弹簧效果，这样就形成了一个“质量＋弹簧＋质量”的隔声质量组合。这样的组合将会达到最理想的隔声效果。最后，对于薄板等轻质墙体，因为轻质墙体材料本身的隔声量较低，而且容易产生共振，粘贴隔声材料之后，隔声阻尼材料可以很好地抑制墙体的振动，同时隔声材料本身没有大的隔声低谷，因此在这样的墙体上使用，效果也是非常理想的。

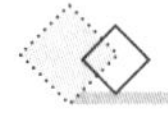

【案例分析 12-4】某艺术中心后排观众听不到大提琴声

概况：某艺术中心后排观众反映听不到大提琴的声音。据了解，该音乐厅采用 2.5cm 厚的 GRG 板，即纤维增强石膏板，因板太薄，刚性较差，抵抗低频共振的能力差，当音乐声辐射到墙板时激起墙板的共振，从而吸收了低频声能。广州歌剧院等采用 4cm 厚的纤维增强石膏板，有较理想的效果。

原因分析：除材料厚度外，同一种多孔材料其孔隙率对低频和高频的吸声效果也有差别。当表观密度增大，孔隙率减小时，对低频的吸声效果有所提高，而对高频的吸声效果则有所降低。

12.4 建筑装饰材料

建筑装饰材料，也称装修材料，是指在建筑施工中结构工程和水、电、暖管道安装等工程基本完成后，在最后装修阶段所使用的各种起装饰作用的材料。

建筑装饰材料浩如烟海，品种花色非常繁杂，可按化学成分或建筑装饰部位两大方面来分类。其中，按化学成分的不同，建筑装饰材料可分为无机装饰材料、有机装饰材料和复合装饰材料（见表 12-3）；根据装饰部位不同，建筑装饰材料可分为外墙装饰材料、内墙装饰材料、底面装饰材料和顶棚装饰材料等四大类（见表 12-4）。

表 12-3　建筑装饰材料按化学成分分类

<table>
<tr><th colspan="2">类别</th><th colspan="3">具体产品</th></tr>
<tr><td rowspan="7">无机装饰材料</td><td rowspan="2">金属装饰材料</td><td>黑色金属</td><td colspan="2">钢、不锈钢、彩色涂层钢板等</td></tr>
<tr><td>有色金属</td><td colspan="2">铝和铝合金、铜和铜合金等</td></tr>
<tr><td rowspan="5">非金属装饰材料</td><td rowspan="2">胶凝材料</td><td>气硬性胶凝材料</td><td>石灰、石膏、水玻璃等</td></tr>
<tr><td>水硬性胶凝材料</td><td>白水泥、彩色水泥等</td></tr>
<tr><td colspan="3">装饰混凝土和装饰砂浆、白色和彩色硅酸盐制品</td></tr>
<tr><td>天然石材</td><td colspan="2">花岗岩、大理石等</td></tr>
<tr><td>烧结与熔融制品</td><td colspan="2">烧结砖、陶瓷、玻璃及其制品、岩棉及其制品等</td></tr>
<tr><td rowspan="2">有机装饰材料</td><td>植物材料</td><td colspan="3">木材、竹材、藤材等</td></tr>
<tr><td>合成高分子材料</td><td colspan="3">各种建筑塑料及其制品、涂料、胶黏剂、密封材料等</td></tr>
<tr><td rowspan="4">复合装饰材料</td><td>无机材料基复合材料</td><td colspan="3">装饰混凝土、装饰砂浆等</td></tr>
<tr><td rowspan="2">有机材料基复合材料</td><td colspan="3">树脂基人造装饰石材、玻璃钢等</td></tr>
<tr><td colspan="3">胶合板、竹胶板、纤维板、保丽板等</td></tr>
<tr><td>其他复合材料</td><td colspan="3">塑钢复合门窗、涂塑钢板、涂塑铝合金板等</td></tr>
</table>

表 12-4　建筑装饰材料按装饰部位分类

类别	使用范围	具体产品
外墙装饰材料	包括外墙、阳台、台阶、雨篷等建筑物全部外露部位所用的装饰材料	天然花岗岩、陶瓷装饰制品、玻璃制品、底面涂料、金属制品、装饰混凝土、装饰砂浆
内墙装饰材料	包括内墙面、墙裙、踢脚线、隔断、花架等内部构造所用的装饰材料	壁纸、墙布、内墙涂料、织物饰品、人造石材、内墙釉面砖、人造板材、玻璃制品、隔热吸声装饰板
底面装饰材料	包括底面、楼面、楼梯等结构所用的装饰材料	地毯、地面涂料、天然石材、人造石材、陶瓷地砖、木地板、塑料地板
顶棚装饰材料	包括室内、顶棚等所用的装饰材料	石膏板、珍珠岩装饰吸声板、钙塑泡沫装饰吸声板、聚苯乙烯泡沫塑料装饰吸声板、纤维板、涂料

建筑装饰材料是建筑装饰工程的物质基础。装饰工程的总体效果及功能的实现，无一不是通过运用装饰材料及其配套设备的形体、质感、图案、色彩、功能等所表现出来的。建筑装饰材料在整个建筑材料中占有重要的地位。

建筑物外部装饰既美化了表面，也对建筑物起保护作用，提高了建筑物对大自然风吹、日晒、雨淋、霜雪、冰雹等侵袭的抵抗能力，以及对腐蚀性气体和微生物的抗侵蚀能力，从而有效地提高了建筑物的耐久性，降低了维修费用。

一些新型、高档装饰材料还兼具其他优异的适用功能。如现代建筑大量采用的吸热或热反射玻璃幕墙可以吸收或反射太阳辐射热能的 30% 以上，从而产生“冷房效应”；而在国际上流行的高效能中空玻璃可以使太阳辐射热的 40%～70% 不进入室内，同时还具有隔音（30dB 以上）和防结露（露点温度为 －40℃）等性能。

建筑室内装饰主要指内墙面、底面、顶棚装饰。室内装饰的目的是美化并保护墙体和底面、顶棚基材，保证室内使用功能，创造出一个舒适、整洁、美观的生活和工作环境。

12.4.1 装饰材料的基本要求和选用

1. 装饰材料的基本要求

12.12 装饰材料的基本要求有哪些

1）颜色

材料的颜色实质上是材料对光谱的反射，并非是材料本身固有的。它主要与光线的光谱组成有关，还与观看者的眼睛对光谱的敏感性有关。颜色选择合适能创造出更加美好的工作、居住环境，因此，颜色对于建筑物的装饰效果就显得极为重要。

2）光泽

光泽是材料表面的一种特性，是有方向性的光线反射性质，它对物体形象的清晰度起着决定性的作用。在评定材料的外观时，其重要性仅次于颜色。镜面反射则是产生光泽的主要因素。材料表面的光泽按《建筑饰面材料镜向光泽度测定方法》(GB/T 13891—2008)来评定。

3）透明性

材料的透明性也是与光线有关的一种性质。既能透光又能透视的物体，称为透明体；只能透光而不能透视的物体，称为半透明体；既不能透光又不能透视的物体称为不透明体。如普通门窗玻璃大多是透明的，磨砂玻璃和压花玻璃是半透明的，釉面砖则是不透明的。

4）质感

质感是材料质地给人的感觉，主要因线条的粗细、凹凸不平程度等对光线吸收、反射强弱不同而使人产生感观上的区别。质感不仅取决于饰面材料的性质，而且取决于施工方法，同种材料不同的施工方法，也会让人产生不同的质地感觉。

5）花纹图案

在生产或加工材料时，利用不同的工艺可将材料的表面做成各种不同的表面组织，如粗糙、平整、光滑、镜面、凹凸、麻点等，或将材料的表面做成各种花纹图案（或拼镶成各种图案），如山水风景画、人物画、仿木花纹、陶瓷壁画、拼镶陶瓷锦砖等。

6）耐沾污性、易洁性和耐擦性

材料表面抵抗污物污染、保持其原有颜色和光泽的性质称为材料的耐沾污性。

材料表面易于清洗洁净的性质称为材料的易洁性，它包括在风雨等作用下的易洁性（又称自洁性）和在人工清洗作用下的易洁性。良好的耐沾污性和易洁性是建筑装饰材料经久常新、长期保持其装饰效果的重要保证。用于底面、台面、外墙以及卫生间、厨房等的

装饰材料有时必须考虑材料的耐沾污性和易洁性。

材料的耐擦性实质就是材料的耐磨性，分为干擦（称为耐干擦性）和湿擦（称为耐洗刷性）。耐擦性越高，则材料的使用寿命越长。

7）形状、尺寸、线型：材料的形状和尺寸能使人感觉到空间尺寸的大小和使用是否舒适。在进行装饰设计时，一般要考虑人体尺寸的需要，对装饰材料的形状和尺寸作出合理的规定。同时，有些表面具有一定色彩或花纹图案的材料在进行拼花施工时，也需要考虑其形状和尺寸，如拼花的大理石墙面和花岗岩地面等。在装饰设计和施工时，只有精心考虑材料的形状和尺寸，才能取得较好的装饰效果。

一定的格缝、凹凸线条也是影响饰面装饰效果的因素。抹灰、水刷石、天然石材、加气混凝土条板等设置分块、分格缝，既是防止开裂、施工接茬的需要，也是装饰立面的比例、尺度感上的需要。门窗口、预制壁板四周、镜边等也是这样，既便于磕碰后的修补和施工，又装饰了立面。饰面的这种线型在某种程度上也可看作是整体质感的一个组成部分，其装饰作用是不容忽视的，应在工艺合理的条件下加以充分利用。

2. 装饰材料的选用

不同环境、不同部位，对装饰材料的要求也不同，选用装饰材料时，主要考虑的是装饰效果，颜色、光泽、透明性等应与环境相协调。除此之外，材料还应具有某些物理、化学和力学方面的基本性能，如一定的强度、耐水性和耐腐蚀性等，以提高建筑物的耐久性，降低维修费用。对于室外装饰材料，也即外墙装饰材料，应兼顾建筑物的美观性和对建筑物的保护作用。外墙除需要承受荷载外，还要根据生产生活需要做围护结构，以达到遮挡风雨、保温、隔热、隔声、防水等目的。因所处环境较复杂，直接受到风吹日晒、雨淋、冻害，以及空气中腐蚀气体和微生物的作用，因此应选用能耐大气侵蚀、不易褪色、不易沾污、不泛霜的材料。对于室内装饰材料，要妥善处理装饰效果和使用安全的矛盾。优先选用环保型材料和不燃烧或难燃烧等消防安全型材料，尽量避免选用在使用过程中会挥发有毒成分和在燃烧时会产生大量浓烟或有毒气体的材料，努力创造一个美观整洁、安全、适用的生活和工作环境。

一般来说，装饰材料的选择可以从以下几个方面来考虑。

1）材料的外观

装饰材料的外观主要是指形体、质感、色彩和纹理等。块状材料有稳定感，而板状材料则有轻盈的视觉效果；不同的材料给人的尺度和冷暖感是不同的，毛面材料有粗犷豪迈的感觉，而镜面材料则有细腻的效果。色彩对人的心理作用则更为明显。不同色彩能使人产生不同的感觉。因此，建筑内部色彩的选择不仅要从美学角度考虑，还要从色彩功能的重要性角度考虑，力求合理运用色彩，以便人们在心理上和生理上均产生良好的效果。红、黄、橙等暖色调使人感到兴奋、温暖，绿、蓝、紫等冷色调使人感到宁静、清凉。寝室宜用淡蓝色或淡绿色，以增加室内的舒适感和宁静感；幼儿园、游乐场等公共场所宜用暖色调，使环境更加活泼生动；医院宜用浅色调，给人以安静和安全感。

2）材料的功能性

装饰材料应具有的功能要与使用该材料的场所特点结合起来考虑。如人流密集的公共场所的地面，应采用耐磨性好、易清洁的地面装饰材料；住宅中厨房的墙地面和顶棚装饰材料，则宜用耐污性和耐擦洗性好的材料。

3）材料的经济性

建筑装饰的费用在建设项目总投资中的比例往往可高达1/2甚至2/3。其主要原因是装饰材料的价格较高，在装饰投资时，应从长远性、经济性的角度出发，充分利用有限的资金取得最佳的装饰和使用效果，做到既能满足目前的要求，又能有利于以后的装饰变化。例如，家庭装饰时，管道线路的铺设一定要考虑到今后室内陈设的变化情况，否则在进行内部装饰环境改造时，会遇到较多的麻烦。

装饰材料及其配套装饰设备的选择与使用应与总体环境空间相协调，在功能内容与建筑物艺术形式的统一中寻求变化，充分考虑环境的气氛、空间的功能划分、材料的外观特性、材料的功能性及装饰费用等问题，从而使所设计的内容能够取得独特的装饰效果。

12.4.2 常用的建筑装饰材料

常用的建筑装饰材料包括塑料、金属、石材、木材、陶瓷、玻璃、装饰砂浆和装饰混凝土等。

1. 塑料

塑料是以单体为原料，通过加聚或缩聚反应聚合而成的高分子化合物，其抗形变能力中等，介于纤维和橡胶之间，由合成树脂及填料、增塑剂、稳定剂、润滑剂、色料等添加剂组成。塑料的主要成分是树脂，塑料的基本性能主要取决于树脂的本性，但添加剂也起着重要作用。有些塑料基本上是由合成树脂组成的，不含或少含添加剂，如有机玻璃、聚苯乙烯等。常用的建筑装饰塑料按装饰部位分为墙面装饰塑料和顶棚、屋面装饰材料、塑料门窗和塑料地面装饰材料。

塑料的特性如下。

(1) 质量轻：塑料制品的密度通常为0.8～2.2g/cm^3，约为钢材的1/5、铝的1/2、混凝土的1/3，与木材相近，这既可降低施工的劳动强度，又减轻了建筑物的自重。

(2) 比强度高：塑料按单位质量计算的强度已接近甚至超过钢材，是一种优良的轻质高强材料。

(3) 保温隔热、吸声性能：其导热系数小，为0.02～0.046W/(m·K)，特别是泡沫塑料，其导热性更小，是理想的保温隔热和吸声材料。

(4) 耐化学腐蚀性好：它的耐酸碱等化学物质腐蚀的能力比金属材料和一些无机材料的强，特别适合用于化工厂门窗、地面、墙壁，对环境水及盐类也有较好的抗腐蚀能力。

(5) 电绝缘性好：一般塑料都是电的不良导体。

(6) 耐水性强：塑料吸水率和透气性一般都很低，可用于防水防潮工程。

(7) 富有装饰性：塑料制品不仅可以着色，而且色泽鲜艳耐久，还可进行印刷、电镀、压花等加工，使塑料制品呈现丰富多彩的艺术装饰效果。

(8) 加工性好:塑料可以采用多种方法加工成各种类型和形状的产品,有利于机械化大规模生产。

(9) 节能效果显著:建筑塑料在生产和使用两方面均显示出明显的节能效果。如生产聚氯乙烯(PVC)的能耗仅为生产同质量钢材的1/4、铝材的1/8;采暖地区采用塑料窗替代普通钢窗,可节约采暖能耗30%～40%。

总之,塑料具有很多优点,而且有些性能是一般传统建筑材料所无法比拟的。但塑料易于老化、耐热性差、弹性模量低,热变形温度一般在60～120℃。部分塑料易着火或缓慢燃烧,且会产生有毒气体。在选用时应扬长避短,特别要注意安全防火等。

2. 金属

金属在建筑工程领域里的作用为大家所熟知。建筑金属不仅能够在结构领域发挥作用,在建筑装饰领域,凭借金属丰富的色彩、光泽和可加工成多种形状的特性,仍然占有重要的地位。

1) 建筑装饰用钢

钢材的主要技术性质体现在其抗拉强度、冷弯性能、冲击韧性、耐疲劳性等,主要成分为碳、硅、锰、磷、硫等。不锈钢是在钢中加入铬等合金元素制成的,它比普通钢的膨胀系数大,导热细数小,韧性延展性好,尤其是耐腐蚀和光泽性好以及有多种色彩的不锈钢,具有优异的装饰作用。此外,彩色涂层钢也具有装饰性好、手感光滑、抗污易清洁等特点。它是以钢板、钢带为基材,表面施涂有机涂层的钢制品,充分利用了金属与有机材料的共同特点,可用于各类建筑的内外墙面及吊顶。

2) 建筑装饰用铝和铝合金

铝在建筑中一般只用在做门、窗、百叶等非承重材料。而在铝中加入一定的锰、镁、铜、锌等元素制成的铝合金,不仅保持了铝的轻质的特点,还明显提高了强度、硬度及耐腐蚀性,可制作出各种色彩、图纹及造型,具有优异的装饰性能;制作成花格网与龙骨,用于门窗阳台、操场的护网及吊顶龙骨;可制成门窗框架,减轻自重,提高密实性、稳定性、装饰性的能力。

3) 建筑用铜和铜合金

铜具有良好的导电导热能力,本身厚重有质感,光泽好,但是强度、硬度不高。纯铜一般用于门、墙、柱面装饰,也可用于扶手、栏杆装饰。铜合金是在铜中加入了锌、锡等元素制成的铜基合金,如黄铜、青铜,其特点是既保持了铜良好的塑性和耐腐蚀性,又增强了其强度和硬度的机械性能,可用于建筑装饰。

3. 石材

常用的饰面石材有天然石和人造石。

天然石结构致密、抗压强度高、耐水、耐磨、装饰性好、耐久性好,主要用于装饰等级要求高的工程中。常用的装饰板材有花岗岩和大理石。

1) 花岗岩

花岗岩是火成岩,也叫酸性结晶深成岩,是火成岩中分布最广的一种岩石,由长石、石英和云母组成，其中成分以二氧化硅为主，约占65%～75%，岩质坚硬密实。花岗岩强度高，吸水率小，耐酸性、耐磨性、耐久性好，常用于室内外的墙面及地面。但花岗岩耐火性差，因为石英在高温(573℃、870℃)时会发生晶型转变产生膨胀而破坏岩石结构。另需注意某些花岗岩具有放射性污染的问题。

2) 大理石

12.13 室外装饰大理石褪色分析

大理石原指产于云南省大理的白色带有黑色花纹的石灰岩，剖面可以形成一幅天然的水墨山水画，古代常选取具有成形花纹的大理石来制作花屏或镶嵌画，后来大理石这个名称逐渐发展成称呼一切有各种颜色花纹的，用来做建筑装饰材料的石灰岩。大理石主要包括大理岩和白云岩，主要化学成分为$CaCO_3$和$MgCO_3$，易被酸侵蚀，故除个别品种(汉白玉、艾叶青等)外，一般不宜用作室外装修，否则会受到酸雨以及空气中酸性氧化物遇水形成的酸类物质的侵蚀，从而失去表面光泽，甚至出现斑点等。大理石的硬度相对较小，使用过程中应避免用在耐磨性高的场合，如作为公共场合的地面材料。

3) 人造石

人造石是以不饱和聚酯树脂、水泥等为黏结剂，配以天然大理石或方解石、白云石、硅砂、玻璃粉等无机物粉料，以及适量的阻燃剂、颜料等，经配料混合、浇铸、振动压缩、挤压等方法成型固化制成的一种石材。人造石可利用天然石开采剩余的废料作为主要原料，属资源循环利用的环保产业。人造石具有色彩艳丽、韧性好、结构致密、坚固耐用、放射性低等特点，已广泛应用于台面、家具及商业装饰等。

复合型人造石材采用无机和有机两类胶凝材料。先用无机胶凝材料(各类水泥或石膏)将填料黏结成型，再将所成的坯体浸渍于有机单体(苯乙烯、甲基丙烯酸酯、醋酸乙烯或丙烯腈等)中，使其在一定的条件下聚合而成。

4. 木材

木材泛指用于工业与民用建筑的木制材料，是人类历史上使用最长的建筑材料之一。它具有质感较好、纹理丰富、轻质高强、抗冲击性好、易于加工等优良特点，一直受到建筑业的青睐。装饰用木材大致分为软杂材、硬杂材、名贵硬木、进口木材。

5. 陶瓷

凡是以黏土、长石和石英为基本原料，经配料、制坯、干燥和熔烧而制得的成品，统称为陶瓷制品。建筑陶瓷是用于建筑物墙面、地面及卫生设备的陶瓷材料及制品。建筑陶瓷具有强度高、性能稳定、耐腐蚀性好、耐磨、防水、防火、易清洗以及装饰性好等优点，在建筑工程及装饰工程中应用十分普遍。常用的建筑陶瓷制品，主要包括陶瓷砖、釉面砖、墙地砖等。

1) 陶瓷砖

陶瓷砖由黏土或其他无机非金属原料制成，也称为陶瓷饰面砖。按使用部位可分为内墙砖、外墙砖、室内地砖、室外地砖、广场地砖、配件砖等。按表面形状可分为平面装饰砖和立体装饰砖，平面装饰砖是指正面为平面的陶瓷砖，立体装饰砖是指正面呈现凹凸纹样的

陶瓷砖，如图 12-6、图 12-7 所示。

图 12-6　平面陶瓷砖

图 12-7　立体陶瓷砖

2）釉面砖

釉面砖是砖的表面经过施釉高温高压烧制处理的瓷砖。这种瓷砖是由土坯和表面的釉面两个部分构成的，主体又分陶土和瓷土两种，由陶土烧制的背面呈红色，由瓷土烧制的背面呈灰白色。釉面砖表面可以做各种图案和花纹，比抛光砖色彩和图案丰富，因为表面是釉料，所以耐磨性不如抛光砖。釉面作用主要是使瓷砖美观和起到良好的防污作用。根据光泽的不同，釉面砖又可以分为光面釉面砖和哑光釉面砖两类。釉面砖是装修中最常见的砖种，由于色彩图案丰富，而且防污能力强，因此被广泛使用于墙面和地面装修。

12.14 外墙釉面砖开裂原因分析

3）墙地砖

墙地砖是陶土、石英砂等材料经研磨、压制、施釉、烧结等工序，形成的陶质或瓷质板材。它具有强度高、密实性好、耐磨、抗冻、易清洗、耐腐蚀、经久耐用等特点。品种主要有釉面砖、抛光砖、玻化砖。墙地砖主要用于铺贴客厅、餐厅、走道、阳台的地面，厨房、卫生间的墙地面。

4）陶瓷锦砖

陶瓷锦砖也称为陶瓷马赛克，是采用优质瓷土烧制而成的形状各异的小片陶瓷材料。陶瓷锦砖色泽多样，质地坚实，经久耐用，能耐酸、耐碱、耐火、耐磨，抗压力强，吸水率小，不渗水，易清洗，可用于工业与民用建筑的洁净车间、门厅、走廊、餐厅、厕所、浴室、工作间、化验室等处的地面和内墙面，并可用作高级建筑物的外墙饰面材料。

建筑陶瓷的种类繁多，性能各异，在选用时应根据建筑物类别、位置、用途、地区等的不同，选择合适的产品，以达到预期的目的和满意的效果。

外墙由于会受到风雨寒暑的考验，所以应选择抗冻性能优良、吸水率低、坯釉结合好的炻质、瓷质类的砖，最好选择无釉砖。使用中应注意避免将高吸水率的内墙砖用于外墙。

内墙砖主要是用于厨房、卫生间的内墙装饰。内墙釉面砖吸水率高，易于铺贴，无须留砖缝，釉面光滑，易于清洗、清洁。内墙砖中具有装饰效果的腰线砖和彩色墙裙砖的品种多样、色彩绚丽，是其他内墙砖无法比拟的。使用中应避免瓷质砖、无釉外墙砖等用于内墙装饰。

陶瓷地面砖分为室外地面砖和室内地面砖。室外地面砖重点要求强度高，以及耐磨性能、抗冻性能和防滑性能好。应避免将未经防滑处理的彩色抛光砖用在人行道、步行街的地面铺设中。

室内地面砖主要要求耐磨、防滑性能好，有釉产品要求坯釉结合性好，不脱釉、无釉裂。卫生间等有下水坡度要求的地面，可选择防滑性好的陶瓷马赛克或施亚光釉的炻质砖等。

12.15 大同九龙壁

6. 玻璃

人类学会制造使用玻璃已有上千年的历史，但是1000多年以来，玻璃作为建筑材料的发展是比较缓慢的。随着现代科学技术和玻璃技术的发展及人民生活水平的提高，建筑玻璃的功能不再仅仅是满足采光要求，还要具有调节光线、保温隔热、安全(防弹、防盗、防火、防辐射、防电磁波干扰)、艺术装饰等特性。随着需求的不断发展，玻璃的成型和加工工艺方法也有了新的发展。已开发出夹层、钢化、离子交换、釉面装饰、化学热分解及阴极溅射等新技术玻璃，使玻璃在建筑中的用量迅速增加，成为继水泥和钢材之后的第三大建筑材料。建筑装饰玻璃表面具有一定的颜色、图案或质感，主要包括磨光玻璃、磨砂玻璃、彩色玻璃、彩绘玻璃、压花玻璃等。

1) 磨光玻璃

磨光玻璃又称镜面玻璃，表面经过机械研磨和抛光，厚度一般为5～6mm。由于磨光消除了玻璃表面的波筋、波纹等缺陷，其表面平整、光滑，光学性质和装饰性优良。因此，主要用于高级的建筑门窗橱窗等。

2) 磨砂玻璃

磨砂玻璃又叫毛玻璃、暗玻璃，是对普通平板玻璃进行机械喷砂、手工研磨(如金刚砂研磨)或化学方法处理(如氢氟酸溶蚀)等将表面处理成粗糙不平整的半透明玻璃。一般多用于办公室、卫生间的门窗，其他房间的门窗也可使用。

3) 彩色玻璃

彩色玻璃由透明玻璃粉碎后用特殊工艺染色制成的一种玻璃。彩色玻璃在古代就已经存在，用彩色玻璃磨成小块，可以用来作画。彩色玻璃还可以铺路，铺成的彩色防滑减速路面的耐久性能大大提高，而且色彩艳丽程度高于使用花岗岩或石英砂作为骨料的传统彩色防滑路面。

4) 彩绘玻璃

彩绘玻璃主要有两种，一种是用现代数码科技经过工业黏胶黏合成的，另一种是纯手绘的传统手法。可以在有色的玻璃上绘画，也可以在无色的玻璃上绘画。把玻璃当做画布，运用特殊的颜料，绘画过后，再经过低温烧制，花色就不会掉落，持久度更长，不会被酸碱腐蚀，而且便于清洁。尺寸、色彩、图案可随意搭配，安全而更显个性，不易雷同，操作简单，价格便宜。

5) 压花玻璃

压花玻璃也称花纹玻璃，主要应用于室内隔断、门窗玻璃隔断、卫浴间玻璃隔断等。玻璃上的花纹和图案漂亮精美，看上去像是压制在玻璃表面的，装饰效果较好。这种玻璃能

阻挡一定的视线，同时又有良好的透光性。为避免尘土的污染，安装时要注意将印有花纹的一面朝向内侧。

7. 装饰砂浆

装饰砂浆是指用作建筑物饰面的砂浆。它是在抹面的同时，经各种加工处理而获得特殊饰面形式，以满足审美需要的一种表面装饰。装饰砂浆饰面可分为两类，即灰浆类饰面和石碴类饰面。灰浆类饰面是通过水泥砂浆的着色或水泥砂浆表面形态的艺术加工，获得的具有一定色彩、线条、纹理质感的饰面。石碴类饰面是在水泥砂浆中掺入各种彩色石碴作为骨料，配制成水泥石碴浆抹于墙体基层表面，然后用水洗、斧剁、水磨等手段除去表面水泥浆皮，呈现出石碴颜色及其质感的饰面。装饰砂浆所用胶凝材料与普通抹面砂浆基本相同，只是灰浆类饰面更多地采用白水泥和添加各种颜料。

8. 装饰混凝土

装饰混凝土(混凝土压花) 是一种近年来流行的绿色环保地面材料。它能在原本普通的新旧混凝土表层，通过色彩、色调、质感、款式、纹理、机理和不规则线条的创意设计，将图案与颜色有机组合，制作出各种天然大理石、花岗岩、砖、瓦、木地板等天然石材的铺设效果，具有图形美观自然、色彩真实持久、质地坚固、耐用等特点。装饰混凝土主要有彩色水泥混凝土、清水装饰混凝土、露骨料装饰混凝土、仿其他饰面混凝土、板缝处理装饰混凝土等。

12.5　建筑涂料

建筑涂料是指能涂于建筑物表面，并能形成连接性的涂膜，从而对建筑物起到保护、装饰或使其具有某些特殊功能的材料。建筑涂料的涂层不仅对建筑物起到装饰的作用，还具有保护建筑物和提高其耐久性的功能，还有一些涂料具有特殊的功能，比如防火、防水、吸声隔声、隔热保温、防辐射等。涂料的组成可分为基料、颜料与填料、溶剂和助剂。

12.16 鸟巢钢材防腐涂料有哪些

(1) 基料：又称主要成膜物、胶黏剂或固着剂，主要由油料或树脂组成，是涂料中的主要成膜物质，在涂料中起成膜和黏结填料与颜料的作用，使涂料在干燥或固化后能形成连续的涂层(又称涂膜)。

(2) 颜料与填料：也是涂膜的组成部分，又称为次要成膜物质，但它不能脱离主要成膜物质而单独成膜。其主要用于着色和改善涂膜性能，增强涂膜的装饰和保护作用，也可降低涂料成本。

(3) 溶剂：主要作用是使成膜基料分散形成黏稠液体，它本身不构成涂层，但在涂料制造和施工过程中都不可缺少。水也是一种溶剂，用于水溶性涂料和乳液型涂料。

(4) 助剂：是为了进一步改善或增加涂料的某些性能，而加入的少量物质(如催干剂、流平剂、增塑剂等)，掺量一般为百分之几至万分之几，但效果显著。助剂也属于辅助成膜物质。

涂料品种多，使用范围很广，分类方法也不尽相同。一般根据涂料的主要成膜物质的化学组成，可分为有机涂料、无机涂料及有机-无机复合涂料三大类；按在建筑上的使用部位和功能，分为外墙涂料、内墙涂料、地面涂料、顶棚涂料，或装饰涂料、防水涂料、防火涂料等；按分散介质，可分为溶剂型涂料、水乳型涂料；按涂层质感，可分为薄质涂料、厚质涂料等。常用建筑涂料主要成分、性质和应用如表12-5所示。

12.17 建筑涂料质量分析

表 12-5　常用建筑涂料

品种	主要成分	主要性质	主要应用
聚乙烯醇水玻璃内墙涂料	聚乙烯醇、水玻璃等	无毒、无味、耐燃、价格低廉，但耐水擦洗性差	住宅及一般公用建筑的内墙面、顶棚等
聚酯酸乙烯乳液涂料	醋酸乙烯-丙烯酸酯乳液等	无毒、涂膜细腻、色彩艳丽、装饰效果良好、价格适中，但耐水性、耐候性差	住宅及一般公用建筑的内墙面、顶棚等
醋酸乙烯-丙烯酸酯有光乳液涂料	醋酸乙烯-丙烯酸酯乳液等	耐水性、耐候性及耐碱性较好，且有光泽，属于中高档内墙涂料	住宅、办公室、会议室等的内墙、顶棚
多彩涂料	两种以上的合成树脂等	色彩丰富、图案多样、生动活泼，且有良好的耐水性、耐油性、耐刷洗性，对基层适用性强，属高等内墙涂料	住宅、宾馆、饭店、商店、办公室、会议室等的内墙、顶棚
苯乙烯-丙烯酸酯乳液涂料	苯乙烯-丙烯酸酯乳液等	具有良好的耐水性、耐候性，且外观细腻、色彩艳丽，属于中高档涂料	办公楼、宾馆、商店等的外墙面
丙烯酸酯系外墙涂料	丙烯酸酯等	具有良好的耐水性、耐候性和耐高低温性，色彩多样，属于中高档涂料	宾馆、办公楼、商店等的外墙面
聚氨酯系外墙涂料	聚氨酯树脂等	具有优良的耐水性、耐候性和耐高低温性及一定的弹性和抗伸缩疲劳性，涂膜呈瓷质感，耐污性好，属于高档涂料	宾馆、办公楼、商店等的外墙面
合成树脂乳液砂壁状涂料	合成树脂乳液、彩色细骨料等	属于粗面厚质涂料，图层具有丰富的色彩和质感，保色性和耐久性高，属于中高档涂料	宾馆、办公楼、商店等的外墙面

12.6　防火材料

在现代建筑中，除了要考虑建筑设计的安全性和美观性，在建筑设计和装饰工程中，对于安全防火也应加以重视。建筑火灾与人民的生命和财产安全息息相关，严重的建筑火

灾将会给社会带来巨大的安全危害和经济损失。各种设备的安装、易燃装饰材料、塑料制品、木制家居、轻纺材料等大量引入建筑中，都会产生火灾隐患。尤其是现代高层建筑，一旦出现火灾，其危害是巨大的。针对这种情况，建筑防火材料的主要作用就是从火源点防止火灾的发生，或者在火灾中阻隔火势的蔓延，从而起到保障人身安全和财产的目的，对于延长建筑物的寿命、保障人民生命财产安全具有十分重要的意义。

12.6.1　建筑防火材料的特点

建筑材料防火性能主要包括燃烧性能、耐火极限、燃烧时的毒性和发烟性。一些常用材料的高温损伤临界温度如表 12-6 所示。建筑材料的燃烧性通常分为四级，如表 12-7 所示。

表 12-6　常用建筑材料的高温损伤临界温度

材料	温度/℃	注释
普通黏土砖砌体	500	最高使用温度
普通钢筋混凝土	200	最高使用温度
普通混凝土	200	最高使用温度
页岩陶粒混凝土	400	最高使用温度
普通钢筋混凝土	500	火灾时最高允许温度
预应力混凝土	400	火灾时最高允许温度
钢材	350	火灾时最高允许温度
木材	260	火灾危险温度
花岗石(含石英)	575	相变发生急剧膨胀温度
石灰石、大理石	750	开始分解温度

表 12-7　常用建筑材料的燃烧分级

燃烧性分级	描述	材料
不燃性建筑材料	不起火，不微燃，难碳化	砖、玻璃、灰浆、石材、钢材等
难燃性建筑材料	难起火，难微燃，难碳化	石膏板、难燃胶合板、纤维板等
可燃性建筑材料	起火，微燃	木材及大部分有机材料
易燃性建筑材料	立即起火燃烧，火焰传播快	有机玻璃、泡沫等

材料发生燃烧必须具备 3 个条件：物质可燃，周围存在助燃剂，存在热源。这三个条件同时存在时才会发生燃烧。因此，可以断绝其中一个或多个条件来阻止燃烧。常用的防火方法有：

① 从物质源头着手，采用难燃或者不燃的材料；

② 对于可燃易燃材料，可以采用将材料表面与空气隔绝的方法阻止燃烧；

③ 可以添加在高温或燃烧情况下能够释放出保护层或因高温或燃烧而发生脱水、分

解的吸热反应的材料，对于已经燃起的火焰或火势起到降低或减缓蔓延的作用。

12.6.2 常用的建筑防火材料

常用的防火原材料如表12-8所示。

表12-8 常用的防火原材料

类别	材料
无机黏合剂	水玻璃、石膏、磷酸盐、水泥等
耐火矿物质填料	氧化铝、石棉粉、碳酸钙、珍珠岩等
难燃型有机树脂	聚氯乙烯、氯化橡胶、氯丁橡胶乳液、环氧树脂、酚醛树脂等
难燃防火添加剂	氯化石蜡、磷酸三丁酯、十溴联苯醚、硼酸、硼酸锌等

1. 建筑防火涂料

涂料是一种液态浆体，是能够覆盖并牢固地附着在被涂物体的表面，对物体起到装饰、保护等作用的成膜物质。防火涂料本身不燃或难燃，不起助燃作用。涂料能使底材与火热隔离，从而延长热侵入底材和到达底材另一侧所需的时间，起到延迟和抑制火焰蔓延的作用。侵入底材所需时间越长，涂层的防火性能越好。其防火机理大致可以归纳为如下几点。

(1) 防火涂料本身具有难燃或者不燃性，使被保护的基材不直接与空气接触，从而延迟物体着火和减小燃烧速度。

(2) 防火涂料除本身具有难燃或不燃性外，还具有较低的导热系数，可以延迟火焰温度向被保护基材的传递。

(3) 防火涂料受热分解出不燃的惰性气体，冲淡被保护物体受热分解出的可燃性气体，使之不易燃烧或者燃烧速度减慢。

防火涂料的成分包括催化剂、碳化剂、发泡剂、阻燃剂、无机隔热材料等。常用的防火涂料有饰面防火涂料、钢结构防火涂料、混凝土结构防火涂料等。

2. 石膏板

石膏板是以建筑石膏为主要原料而制成的一种材料。它是一种重量轻、强度较高、厚度较薄、加工方便以及隔声绝热和防火等性能较好的建筑材料，是当前着重发展的新型轻质板材之一。石膏板已广泛用于住宅、办公楼、商店、旅馆和工业厂房等各种建筑物的内隔墙、墙体覆面板(代替墙面抹灰层)、天花板、吸音板、地面基层板和各种装饰板等。石膏硬化后的二水石膏中含有约21%的结晶水，当遇到燃烧时，结晶水会脱出并吸收大量热能从而蒸发，产生的水蒸气汽幕能阻止火势的蔓延。我国生产的石膏板主要有纸面石膏板、无纸面石膏板、装饰石膏板、石膏空心条板、纤维石膏板、石膏吸声板、定位点石膏板等。

3. 纤维增强水泥板

纤维增强水泥板(简称水泥板)，是以纤维和水泥为主要原材料生产的建筑用水泥平板，其以优越的性能被广泛应用于建筑行业的各个领域。通常所说的纤维增强水泥板一般

用于钢结构隔层楼板，板厚 24mm，或叫楼板王、厚板王，用于 LOFT 公寓室内隔层楼板。

4. 纤维增强硅酸钙板

纤维增强硅酸钙板是一种典型的装修纤维增强硅酸钙板，以硅、钙为主要材料，用辊压、加压精湛技术，经压蒸养护、表面磨光等处理，生成以莫来石晶体结构为主的硅酸钙板。经高温高压蒸养、干燥处理生产的装饰板材，具有轻质、高强、防火、防潮、隔声、隔热、不变形、不破裂的优良特性，可用于建筑的内外墙板、吊顶板、复合墙体面板等部位，广泛应用于高档写字楼、商场、餐厅、影剧院以及公共场所的隔墙、贴护墙、吊顶等。

5. 水泥刨花板

水泥刨花板是以水泥为胶凝剂，以木质刨花为主要原料，经搅拌、铺装、冷压、加热养护、脱模、分板、锯边、自然养护和调湿(干燥)等处理制成的板材。它是加水和少量化学添加剂制成的新型建筑人造板材，属于难燃烧材料。水泥刨花板的最早产品是瑞士在 20 世纪 30 年代用杜里佐尔法生产的轻质水泥刨花板，现在其产品主要用于活动房屋、通风管道等。

6. 防火胶合板

防火胶合板又称阻燃胶合板，是由木段旋切成单板或由木方刨切成薄木，对单板进行阻燃处理后再用胶黏剂胶合而成的三层或多层的板状材料，通常用奇数层单板，并使相邻层单板的纤维方向互相垂直胶合而成。以木材为主要原料生产的阻燃胶合板，由于其结构的合理性和生产过程中的精细加工，可大体上克服木材的缺陷，大大改善和提高木材的物理力学性能，同时难燃胶合板也克服了普通胶合板易燃烧的缺点，有效提高了胶合板阻燃性能，阻燃胶合板生产是充分合理地利用木材、改善木材性能、提高防火性能的一个重要方法。

7. 铝塑建筑装饰板

铝塑建筑装饰板是以聚乙烯、聚丙烯或聚氯乙烯树脂为主要原料，配以高铝质填料，同时添加发泡剂、交联剂、活化剂、防老剂等助剂加工制成的。铝塑建筑装饰板是一种新型建筑装饰材料，它具有难燃、质轻、吸声、保温、耐水、防蛀等优点。性质优于钙塑泡沫装饰板。该材料可广泛用于礼堂、影院、剧院、宾馆饭店、医院、空调车厢、重要机房、船艇舱室等的吊顶及墙面(作吸声板用)。该装饰板图案新颖，美观大方，施工方便，它的性能指标如表 12-9 所示。

表 12-9　铝塑建筑装饰板的性能指标

项目	指标	项目	指标
表观密度 /(g/m^3)	0.3	质量吸水率 /%	0.27 ～ 0.46
抗拉强度 /MPa	0.46	热导率[W/(m·K)]	0.045
抗压强度 /MPa	0.27	比热容[J/(kg·K)]	0.080

8. 矿棉装饰板

矿棉装饰板是用矿棉做成的装饰用板，它最显著的特征是吸声性能，同时还具有优越的防火、隔热性能。由于其密度低，可以在表面加工出各种精美的花纹和图案，因此具有优越的装饰性能。矿棉对人体无害，而废旧的矿棉装饰板可以回收作为原材料进行循环利用，因此矿棉装饰板是一种健康环保、可循环利用的绿色建筑材料。

9. 氯氧镁防火板

氯氧镁防火板属于氯氧镁水泥类制品，以镁质胶凝材料为主体、玻璃纤维布为增强材料、轻质保温材料为填充物复合而成，能满足不燃性要求，是一种新型环保型板材。

10. 防火壁纸

12.18 为何使用长久后的壁纸颜色会深浅不一

防火壁纸用 100 ～ 200g/m^2 的石棉纸作基材，同时在壁纸面层的 PVC 涂塑材料中掺有阻燃剂，其具有一定的防火阻燃性能。适用于防火要求较高的各种公共与民用建筑住宅，以及各种家庭居室中木质材料较多的装饰墙面。现在多数的壁纸都是防火的，但是由于各种壁纸所使用的环境不同，其防火等级也是不同的。民用壁纸的防火等级要求相对较低，各种公共环境的壁纸防火等级要求相对较高，而且要求壁纸燃烧后没有有毒气体产生。

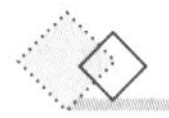
【案例分析 12-5】上海世博会的低碳绿色建材

上海世博会的主题是“城市，让生活更美好”，而其建筑材料则充分诠释了低碳绿色的主旋律。

中国国家馆顶上的观景台使用了先进的太阳能薄膜，大屋顶与外墙上也利用了太阳能光伏板材料，利用太阳能光伏建筑一体化发电工程，并用了多种新型太阳能发电组件材料，对太阳能进行了高效利用，使之成了一座绿色电站。地区馆平台上铺了厚达 1.5m 的覆土层，可为展馆节省 10% 以上的能耗。“沪上 · 生态家”一砖一瓦都是废物利用。万科馆的外墙采用天然麦秸秆压制成的秸秆板。

竹子美观、廉价和坚韧，很早就成了人们钟爱的建筑材料。它在上海世博会上也大放异彩。印度馆的外部造型像泰姬陵，穹顶用数万根盘口粗的竹子建成，穹顶上还种满了绿草。挪威馆以木材为结构材料，外墙则用竹子予以装饰。印尼馆和越南馆也利用了竹子，新颖别致，世博会结束之后还可用于修建其他设施。

“大篮子”西班牙馆外墙用了 8524 块不同质地、颜色各异的藤条板，有效地减少了阳光辐射，降低了馆内能耗，成为建筑史上第一座用藤编作为建材的建筑。

日本馆被称为“紫蚕岛”。其外形是一个半圆形的大穹顶，上面覆盖着具有太阳能发电功能的超轻薄膜，既透过阳光，又能产生并存储电能，还能在夜晚让建筑物闪闪发光。

定名为“冰壶”的芬兰馆其鱼鳞状外墙使用了由废纸与塑料合成的生态材料。按照永久性建筑的标准设计的“冰壶”在世博会后，可以方便地拆卸，然后异地重建，继续使用。

【本章小结】

防水材料通过材料自身密实性达到防水效果，绝大多数防水材料具有憎水特性，在使

用条件下不产生裂缝，即使在结构和基层受力变形或开裂时，也能保持其防水功能。依据防水材料的外观形态，防水材料主要分为防水卷材、防水涂料和建筑密封材料等。导热系数反映了材料传递热量的能力。导热系数越小，表示其导热性能越差、绝热性能越好。建筑声学材料通常分为吸声材料和隔声材料。吸声系数越高，吸声性能越好。材料的表观密度越大，质量越大，隔声性能越好，因为隔绝空气声主要服从质量定律。装饰材料是指铺设或涂装在建筑物表面起到装饰和美化环境作用的材料。建筑涂料的涂层不仅对建筑物起到装饰的作用，还具有保护建筑物和提高其耐久性的功能，还有一些涂料具有特殊的功能，比如防火、防水、吸声隔声、隔热保温、防辐射等。涂料的组成可分为基料、颜料与填料、溶剂和助剂。常用的建筑装饰材料主要包括塑料、金属、石材、陶瓷、玻璃、装饰砂浆和混凝土等。建筑材料的防火性能主要包括燃烧性能、耐火极限、燃烧时的毒性和发烟性。

【本章习题】

第 12 章习题参考答案

一、判断题（正确的打√，错误的打×）

1. 加气混凝土砌块多孔，故其吸声性好。（　　）
2. 材料吸水后导热系数增加，但材料中的水结成冰后，导热系数降低。（　　）
3. 材料空隙率越高，吸声性能越好。（　　）
4. 绝热材料与吸声材料一样，都需要空隙结构为封闭空隙。（　　）
5. 材料的吸声效果越好，其隔声效果越好。（　　）
6. 材料吸湿后，会降低其吸声性能。（　　）
7. 材料吸湿性越好，其绝热性越好。（　　）

二、单项选择题

1. 石油沥青掺入再生废橡胶粉改性剂，目的主要是提高沥青的（　　）。

   A. 黏性　　B. 低温柔韧性　　C. 抗拉强度　　D. 抗折强度

2. 在建筑中，习惯上把用于控制室内热量外流的材料叫做（　　）。

   A. 隔热材料　　B. 保温材料　　C. 吸声材料　　D. 装饰材料

3. 导热系数越小，则通过材料传递的热量越少，其保温隔热性能（　　）。

   A. 越差　　B. 无影响　　C. 越好　　D. 不确定

4. 各材料中，导热系数大小顺序为（　　）。

   A. 金属 ＞ 有机 ＞ 非金属　　B. 非金属 ＞ 金属 ＞ 有机

   C. 有机 ＞ 非金属 ＞ 金属　　D. 金属 ＞ 非金属 ＞ 有机

5. 相同化学组成的材料，（　　）结构的导热系数最大。

   A. 结晶　　B. 玻璃体　　C. 微晶　　D. 非结晶

6. 能减弱或隔断声波传递的材料称为（　　）材料。

   A. 吸声　　B. 隔声　　C. 隔气　　D. 绝热

7. 材料的密度越大，对空气声的反射越大，透射越小，其隔声效果（　　）。

   A. 越好　　B. 越差　　C. 无影响　　D. 不确定

三、多项选择题

1. 传热的方式有(　　)。

A. 传导　　B. 置换　　C. 对流　　D. 辐射

2. 绝热材料的力学强度通常采用(　　)。

A. 抗压强度　　B. 抗拉强度　　C. 抗折强度　　D. 抗弯强度

3. 土木工程防水分为(　　)。

A. 防雨　　B. 防潮　　C. 防渗(漏)　　D. 防湿

4. 防水卷材是防水材料中重要的品种之一,它主要包括(　　)。

A. 沥青防水卷材　　B. 高聚物改性沥青防水卷材

C. 合成高分子防水卷材　　D. 石棉防水卷材

5. SBS防水卷材按卷材表面覆盖材料可分为(　　)。

A. 聚乙烯膜(PE)　　B. 细砂(S)

C. 矿物粒(片)料(M)　　D. 石料(G)

6. 建筑涂料由(　　)组成。

A. 主要成膜物质　　B. 次要成膜物质　　C. 稀释剂　　D. 助剂

四、简答题

1. 什么是建筑功能材料?建筑领域使用功能材料的意义是什么?

2. 在经常受到烈日暴晒的地区,防水材料需如何选择?

3. 绝热材料在选用时需要考虑哪些问题?

4. 吸声材料和隔声材料的主要区别是什么?

5. 请列举一些可以起到吸声隔声或防火作用的装饰材料。

第13章　土木工程材料试验

13.1　土木工程材料性质基本试验

13.1.1　密度

1.检测依据

《水泥密度测定方法》(GB/T 208—2014)。

2.检测目的

检验水泥的密度。

3.仪器设备

李氏比重瓶,无水煤油,恒温水槽,小勺,温度计(0℃ ~ 50℃),天平(量程不小于100g,感量0.01g)。

4.检测步骤

(1)试样制备:将试样研碎,通过900孔 /cm² 的筛,除去筛余物,放在105 ~ 110℃烘箱中烘至恒重,放入干燥器中备用。

(2)在比重瓶中注水至突颈下部刻线零以上少许,记下初始读数 V_1。

(3)用天平称取60 ~ 90g试样,用小勺和漏斗将试样徐徐送入比重瓶中,直至液面上升至20mL刻度左右。

(4)排除比重瓶中气泡,记下液面刻度 V;称取剩余的试样质量,算出装入比重瓶内的试样质量 m。

5.结果计算与评定

$$\rho = \frac{m}{V} \tag{13-1}$$

式中,ρ 为密度(g/cm³),精确至0.01g/cm³;m 为装入瓶中试样的质量(g);V 为装入瓶中试样的体积(cm³)。

13.1.2 表观密度

1. 检测目的

检验规则试样的表观密度。

2. 仪器设备

游标卡尺(精度 0.1mm),天平(感重 0.1g),烘箱,干燥器。

3. 检测步骤

(1) 将试样放置在 105 ～ 110℃ 烘箱中烘至恒重。

(2) 用卡尺测量试件尺寸(每边测量三次取平均值),并计算出体积 V_0(cm^3)。

(3) 称取试样质量 m(g)。

4. 结果计算与评定

$$\rho_0 = \frac{m}{V_0} \tag{13-2}$$

式中,ρ_0 为表观密度(g/cm^3),精确至 $0.01g/cm^3$;m 为试样的质量(g);V_0 为试样的体积(cm^3)。

按规定试样表观密度取三块试样的算术平均值作为评定结果。

13.1.3 孔隙率计算

1. 检测目的

计算试样的孔隙率。

2. 结果计算与评定

将已经求得的密度 ρ 及表观密度 ρ_0 代入下式,计算孔隙率:

$$P = \left(1 - \frac{\rho_0}{\rho}\right) \times 100\% \tag{13-3}$$

13.1.4 软化系数试验

1. 检测依据

《混凝土砌块和砖试验方法》(GB/T 4111—2013)。

2. 检测目的

检验试块的软化系数。

3. 仪器设备

水池或水箱(最小容积应能放置一组试件),材料试验机,水平仪,直角靠尺。

4. 检测步骤

(1) 将一组试样放置在 105 ～ 110℃ 烘箱中烘至干燥;将另一组试样浸入 15 ～ 25℃

的水中，水面高出试样 20mm 以上，浸泡 4 天后取出，在铁丝网架上滴水 1min，再用拧干的湿布拭去内、外表面的水。将另外一组五个试件放置在温度(20 ± 5)℃、相对湿度(50 ± 15)% 的试验室内进行养护。

(2) 将五个饱和面干的试件和其余五个同龄期的气干状态对比试件，按产品采用的抗压强度试验方法的规定进行试验。

(3) 将试样放置在压力机上压至破坏，记录破坏荷载 p(kN) 并计算出各试样抗压强度：

$$f = \frac{p}{A} \tag{13-4}$$

式中，f 为试样抗压强度(MPa)，精确至 0.1MPa；p 为试样破坏荷载(N)，精确至 0.1N；A 为试样的受力面积(mm^2)。

5. 结果计算与评定

$$K = \frac{\overline{f}_{饱水}}{\overline{f}_{干}} \tag{13-5}$$

式中，K 为软化系数，精确至 0.1；$\overline{f}_{饱水}$ 为饱水试件平均抗压强度(MPa)；$\overline{f}_{干}$ 为干燥试件平均抗压强度(MPa)。

试验记录报告

试验日期：　年　月　日　　　班组：　　　姓名：

试验室温度(℃)：　　　相对湿度(%)：

1. 密度试验数据记录

试验次数	装入瓶内试样质量 /g			试样体积 /cm^3			密度 /(g/cm^3)	
	初始质量	剩余质量	比重瓶中试样质量	瓶中液面初始读数 V_1	加试样后液面读数 V_2	试样体积 $V_2 - V_1$	试验值	平均值
1								
2								

注：按规定试验应做两次，两次结果相差不应大于 0.02g/cm^3。

计算过程：

2. 表观密度试验数据记录

试件编号	试件质量 /g	试件尺寸 /mm			试件体积 V_0/cm^3	表观密度 ρ_0/(g/cm^3)	
		长	宽	高		试验值	平均值
1							
2							
3							

注：按规定试样表观密度取三块试样的算术平均值作为评定结果。

计算过程：

3. 孔隙率计算结果

计算过程：

4. 软化系数试验数据记录

试件状态	试件编号	试件尺寸/cm			受压体积/mm^2	破坏荷载/kN		
		长	宽	高			试验值	平均值
干燥试样	1							
	2							
	3							
	4							
	5							
饱水试样	1							
	2							
	3							
	4							
	5							
软化系数 $K=$								

计算过程：

13.2 水泥试验

13.2.1 水泥试样的取样

1. 检测依据

《通用硅酸盐水泥》(GB 175—2007)、《水泥取样方法》(GB/T 12573—2008)、《水泥细度检验方法 筛析法》(GB/T 1345—2005)、《水泥标准稠度用水量、凝结时间、安定性检验方法》(GB/T 1346—2011)、《水泥胶砂强度检验方法(ISO 法)》(GB/T 17671—2021) 等。

2. 水泥试验的一般规定

(1) 取样方法：水泥按同品种、同强度等级进行编号和取样。袋装水泥和散装水泥应分

别进行编号和取样。每一编号为一取样单位。编号根据水泥厂年生产能力按国家标准进行。取样应有代表性，可连续取，亦可从 20 个以上不同部位取等量样品，总量不得少于 12kg。

(2) 取得的水泥试样应通过 0.9mm 方孔筛，充分混合均匀，分成两等分，一份进行水泥各项性能试验，另一份密封保存 3 个月，供仲裁检验时使用。

(3) 试验室用水必须是洁净的淡水。

(4) 水泥细度试验对试验室的温、湿度没有要求，其他试验要求试验室的温度保持在 (20 ± 2)℃，相对湿度不低于 50%；湿气养护箱温度为(20 ± 1)℃，相对湿度不小于 90%；养护水的温度为(20 ± 1)℃。

(5) 水泥试样、标准砂、拌和水、仪器和用具的温度均应与试验室温度相同。

13.2.2　水泥细度检测

1. 检测依据

《水泥细度检验方法　筛析法》(GB/T 1345—2005)。

2. 检测目的

检验水泥颗粒粗细程度，评判水泥质量。

3. 仪器设备(负压筛法)

(1) 负压筛析仪：由筛座、负压筛、负压源及收尘器组成。筛座由转速为(30 ± 2)r/min 的喷气嘴、负压表、微电机及壳体等组成，如图 13-1 所示。

(2) 天平：称量为 100g，感量为 0.01g。

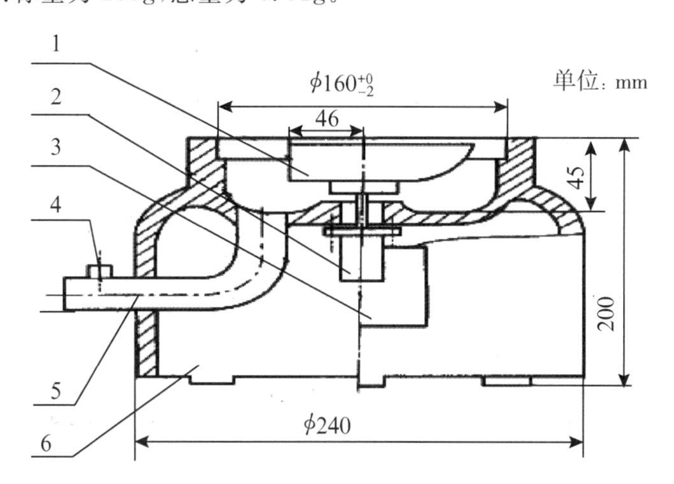

1— 喷气嘴；2— 微电机；3— 控制板开口；4— 负压表接口；5— 负压源及收尘器接口；6— 壳体。

图 13-1　负压筛析仪筛座

4. 检测步骤(负压筛法)

(1) 试验前把负压筛放在筛座上，盖上筛盖，接通电源，检查控制系统，调节负压至 4000 ～ 6000Pa 范围内。

(2) 称取水泥试样精确至0.01g，80μm筛析试验称取25g；45μm筛析试验称取10g。将试样置于洁净的负压筛中，放在筛座上，盖上筛盖。

(3) 启动负压筛析仪，连续筛析2min，在此期间若有试样黏附于筛盖上，可轻轻敲击筛盖使试样落下。

(4) 筛毕，取下筛子，倒出筛余物，用天平称量筛余物的质量，精确至0.01g。

5. 结果计算与评定

水泥试样筛余百分数按下式计算，精确至0.1%。

$$F=\frac{R_t}{W}\times 100\% \tag{13-6}$$

式中，F 为水泥试样筛余百分数(%)；R_t 为水泥筛余物的质量(g)；W 为水泥试样的质量(g)。

合格评定时，每个样品应称取两个试样分别筛析，取筛余平均值作为筛析结果。

13.2.3 水泥标准稠度用水量、凝结时间及安定性检测

1. 水泥标准稠度用水量测定(标准法)

1) 检测依据

《水泥标准稠度用水量、凝结时间、安定性检验方法》(GB/T 1346—2011)。

2) 检测目的

测定水泥净浆达到标准稠度时的用水量，为水泥凝结时间和安定性试验做好准备。

3) 仪器设备

(1) 水泥净浆搅拌机：由搅拌锅、搅拌叶片、传动机构和控制系统组成。搅拌叶片作旋转方向相反的公转和自转，控制系统可自动控制或手动控制。

(2) 标准法维卡仪：如图13-2所示，由金属滑杆[下部可旋接测标准稠度用试杆或试锥、测凝结时间用试针，滑动部分的总质量为(300±1)g]、底座、松紧螺丝、标尺和指针组成。标准法采用金属圆模。

(3) 其他仪器：天平，其最大称量不小于1000g，分度值不大于1g；量筒，其最小刻度为0.1mL，精度1%。

4) 检测步骤

(1) 调整维卡仪并检查水泥净浆搅拌机。使得维卡仪上的金属棒能自由滑动，并调整至试杆接触玻璃板时的指针对准零点。搅拌机运行正常，并用湿布将搅拌锅和搅拌叶片擦湿。

(2) 称取水泥试样500g，拌和水量按经验确定并用量筒量好。

(3) 将拌和水倒入搅拌锅内，然后在5～10s内将水泥试样加入水中。将搅拌锅放在锅座上，升至搅拌位，启动搅拌机，先低速搅拌120s，停15s，再快速搅拌120s，然后停机。

(4) 拌和结束后，立即将水泥净浆装入已置于玻璃底板上的试模中，用小刀插捣，轻轻振动数次排出气泡，刮去多余净浆；抹平后迅速将试模和底板移到维卡仪上，调整试杆至与水泥净浆表面接触，拧紧螺丝，然后突然放松，试杆垂直自由地沉入水泥净浆中。

(5) 在试杆停止沉入或释放试杆 30s 时记录试杆与底板之间的距离。整个操作应在搅拌后 1.5min 内完成。

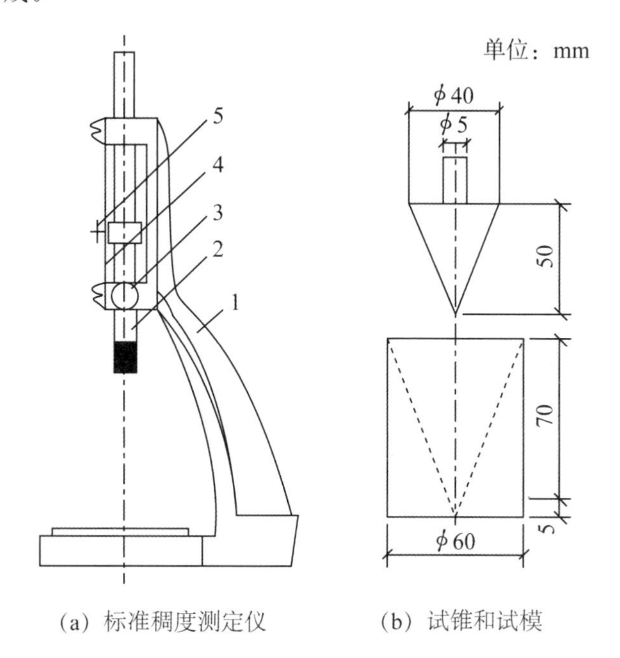

(a) 标准稠度测定仪　　(b) 试锥和试模

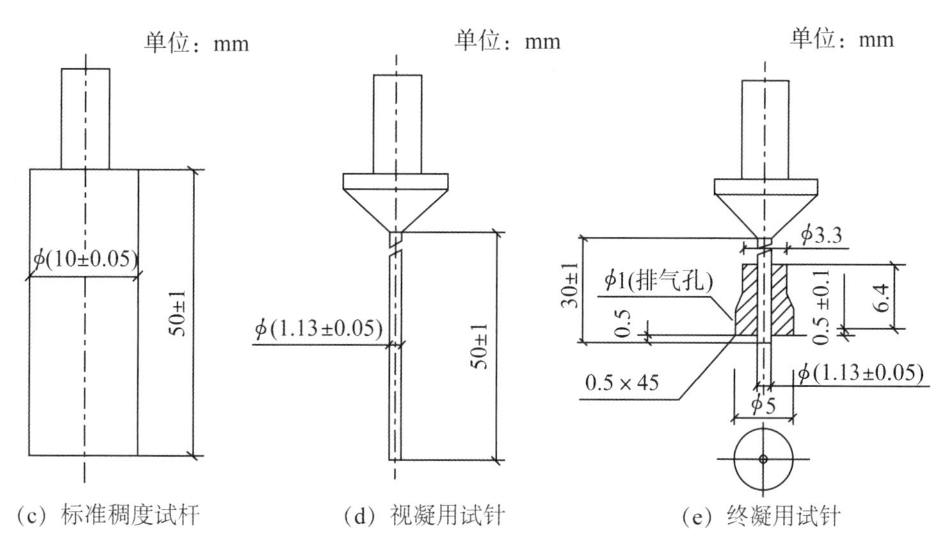

(c) 标准稠度试杆　　(d) 视凝用试针　　(e) 终凝用试针

图 13-2　测定水泥标准稠度和凝结时间用的维卡仪

5) 结果计算与评定

以试杆沉入净浆并距底板(6 ± 1)mm 的水泥净浆为标准稠度水泥净浆。标准稠度用水量(P) 以拌和标准稠度水泥净浆的水量除以水泥试样总质量的百分数为结果。

2. 水泥净浆凝结时间测定

1) 检测目的

测定水泥的初凝时间和凝结时间，评定水泥质量。

2）仪器设备

（1）湿气养护箱：温度控制在(20±1)℃，相对湿度>90%。

（2）其他同标准稠度用水量测定试验。

3）检测步骤

（1）称取水泥试样500g，按标准稠度用水量制备标准稠度水泥净浆，并一次装满试模，振动数次刮平，立即放入湿气养护箱中。记录水泥全部加入水中的时间，将其作为凝结时间的起始时间。

（2）初凝时间测定。调整凝结时间测定仪，使其试针接触玻璃板时的指针为零。试模在湿气养护箱中养护至加水后30min时进行第一次测定。测定时，从养护箱中取出圆模放到试针下，调整试针使其与水泥净浆表面接触，拧紧螺丝，然后突然放松，试针垂直自由地沉入水泥净浆。观察试针停止下沉或释放试针30s时指针的读数。临近初凝时，每隔5min测定一次，当试针沉至距底板(4±1)mm时为水泥达到初凝状态。

（3）终凝时间测定。为了准确观察试针沉入的状况，在试针上安装一个环形附件。在完成水泥初凝时间测定后，立即将试模连同浆体以平移的方式从玻璃板取下，翻转180°，直径大端向上、小端向下放在玻璃板上，再放入湿气养护箱中继续养护，临近终凝时间时，每隔15min测定一次，当试针沉入水泥净浆只有0.5mm时，即环形附件开始不能在水泥浆上留下痕迹时，为水泥达到终凝状态。

（4）达到初凝或终凝时应立即重复一次，当两次结论相同时才能定为到达初凝或终凝状态。每次测定不能让试针落入原针孔，每次测定后，须将试模放回湿气养护箱内，并将试针擦净，而且要防止试模受振。

4）结果计算与评定

（1）从水泥全部加入水中至初凝状态的时间为水泥的初凝时间，以“min”为单位。

（2）从水泥全部加入水中至终凝状态的时间为水泥的终凝时间，以“min”为单位。

3.水泥体积安定性测定

1）检测目的

检验水泥是否由于游离氧化钙造成了体积安定性不良，以评定水泥质量。

2）仪器设备

（1）沸煮箱：箱内装入的水，应保证在(30±5)min内由室温至沸腾，并保持3h以上，沸煮过程中不得补充水。

（2）雷氏夹：如图13-3所示。当一根指针的根部先悬挂在一根尼龙丝上，另一根指针的根部再挂上300g的砝码时，两根指针针尖的距离增加应在(17.5±2.5)mm范围内，即$2x=(17.5\pm2.5)$mm，去掉砝码后针尖的距离能恢复至挂砝码前的状态，如图13-4所示。

（3）雷氏夹膨胀测定仪：如图13-5所示，标尺最小刻度为0.5mm。

（4）其他同标准稠度用水量测定试验。

3）检测步骤

（1）测定前准备工作：每个试样需成型两个试件，每个雷式夹需配备两块质量为75～85g的玻璃板，一垫一盖，并先在与水泥接触的玻璃板和雷式夹内表面涂一层机油。

(2) 将制备好的标准稠度水泥净浆立即一次装满雷式夹，用小刀插捣数次，抹平，并盖上涂油的玻璃板，然后将试件移至湿气养护箱内养护(24 ± 2)h。

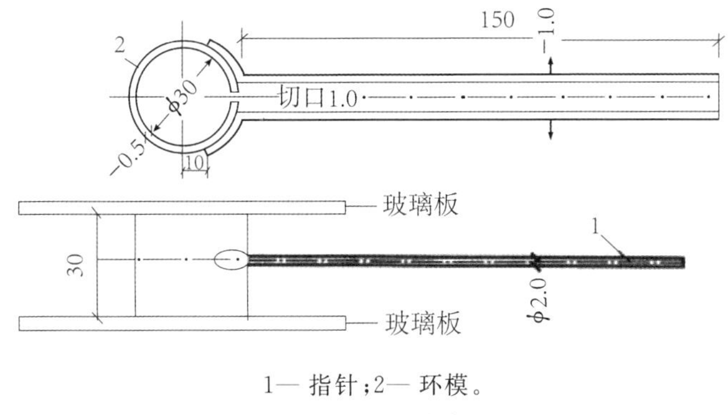

1— 指针；2— 环模。

图 13-3　雷式夹

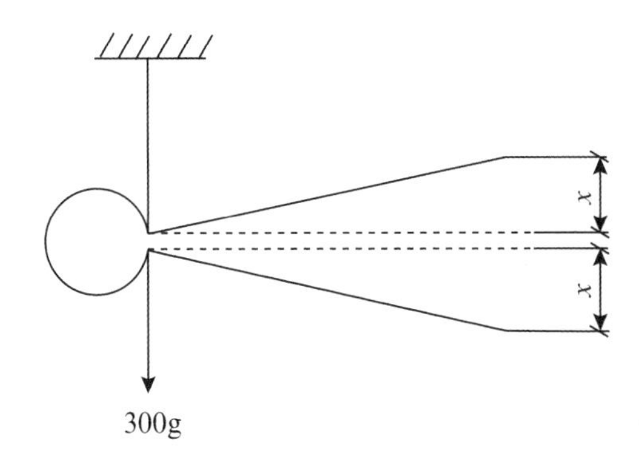

图 13-4　雷式夹受力

(3) 脱去玻璃板取下试件，先测量雷式夹指针尖端间的距离(A)，精确至 0.5mm。然后将试件放入沸煮箱水中的试件架上，指针朝上，调好水位与水温，接通电源，在(30±5)min 之内加热至沸腾，并保持(180 ± 5)min。

(4) 取出沸煮后冷却至室温的试件，用雷式夹膨胀测定仪测量雷式夹两指针尖端间的距离(C)，精确至 0.5mm。

4) 结果计算与评定

当两个试件沸煮后增加的距离($C - A$) 的平均值不大于 5.0mm 时，即认为水泥安定性合格。当两个试件的($C - A$) 值相差超过 4.0mm 时，应用同一样品立即重做一次试验。再如此，则认为该水泥为安定性不合格。

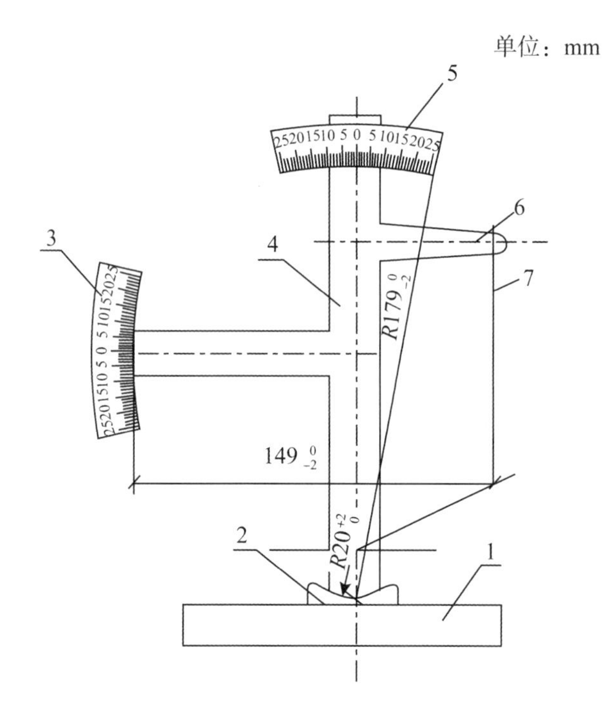

1— 底座；2— 模子座；3— 测弹性标尺；4— 立柱；5— 测膨胀值标尺；6— 悬臂；7— 悬丝。

图 13-5　雷式夹膨胀测定仪

13.2.4　水泥胶砂强度检测

1. 检测依据

《水泥胶砂强度检验方法(ISO 法)》(GB/T 17671—2021)。

2. 检测目的

测定水泥各龄期的强度，以确定水泥强度等级，或已知强度等级，检验强度是否满足国家标准所规定的各龄期强度数值。

3. 仪器设备

(1) 行星式搅拌机：应符合《行星式水泥胶砂搅拌机》(JC/T 681—2022) 要求，如图 13-6 所示。

(2) 试模：应符合《水泥胶砂试模》(JC/T 726—2005) 的要求。由三个水平的模槽(三联模) 组成，可同时成型三条截面为 40mm × 40mm、长 160mm 的菱形试体。在组装试模时，应用黄干油等密封材料涂覆模型的外接缝，试模的内表面应涂上一薄层模型油或机油。为控制试模内料层厚度和刮平胶砂，应备两个播料器和一个金属刮平直尺。

(3) 振实台：应符合《水泥胶砂试体成型振实台》(JC/T 682—2022) 要求，如图 13-7 所示。

(4) 抗折强度试验机：应符合《水泥胶砂电动抗折试验机》(JC/T 724—2005) 要求，如图 13-8 所示。

(5) 抗压强度试验机：抗压强度试验机应符合《水泥胶砂强度自动压力试验机》(JC/T 960—2022) 的要求。

(6) 抗压夹具：应符合《40mm × 40mm 水泥抗压夹具》(JC/T 683—2021) 要求，受压面积为 40mm × 40mm；

(7) 其他。称量用的天平精度应为 ± 1g，滴管精度应为 ± 1mL。

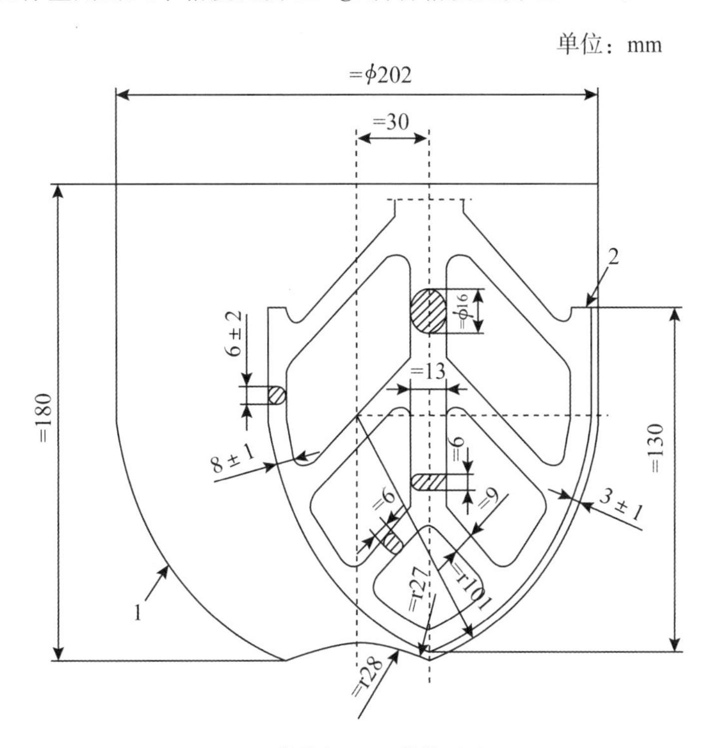

1— 搅拌锅；2— 搅拌叶片。

图 13-6　胶砂搅拌机

4. 检测步骤

1) 制作水泥胶砂试件

(1) 水泥胶砂试件是由水泥、中国 ISO 标准砂、拌和用水按 1∶3∶0.5 的比例拌制而成的。一锅胶砂可成型三条试体，每锅材料用量如表 13-1 所示。按规定称量好各种材料。

表 13-1　每锅胶砂的材料用量

材料	水泥	标准砂	水
用量 /g	450 ± 2	1350 ± 5	225 ± 1

(2) 将水加入胶砂搅拌锅内，再加入水泥，把锅放在固定架上，升至固定位置，然后启动机器，低速搅拌 30s。在第二个 30s 开始时，均匀地加入标准砂，再高速搅拌 30s。停 90s，在第一个 15s 内用胶皮刮具将叶片上和锅壁上的胶砂刮入锅中间。在高速下继续搅拌 60s。各阶段的搅拌时间误差应在 ± 1s 内。

(3) 将试模内壁均匀涂刷一层机油，并将空试模和模套固定在振实台上。

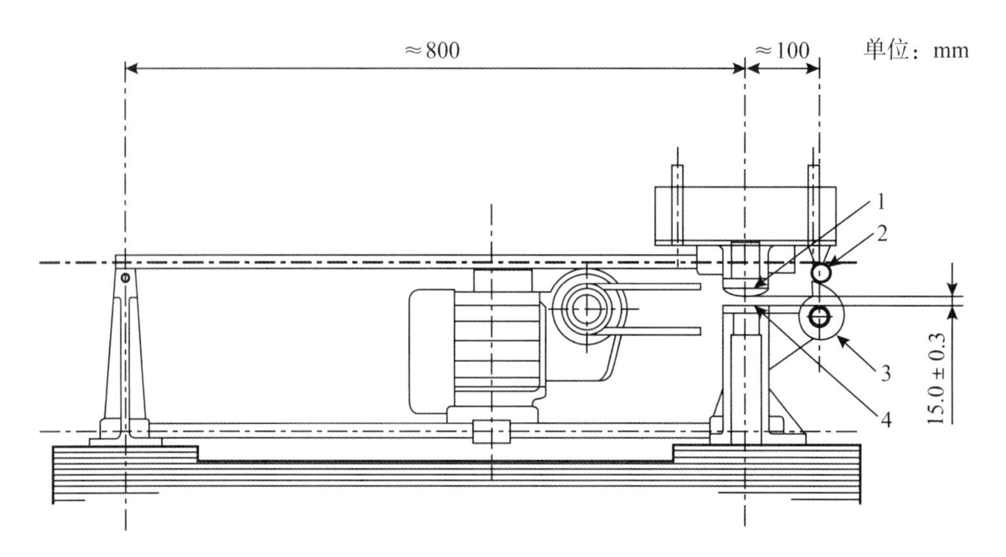

1— 突头；2— 随动轮；3— 凸轮；4— 止动器。

图 13-7　振实台

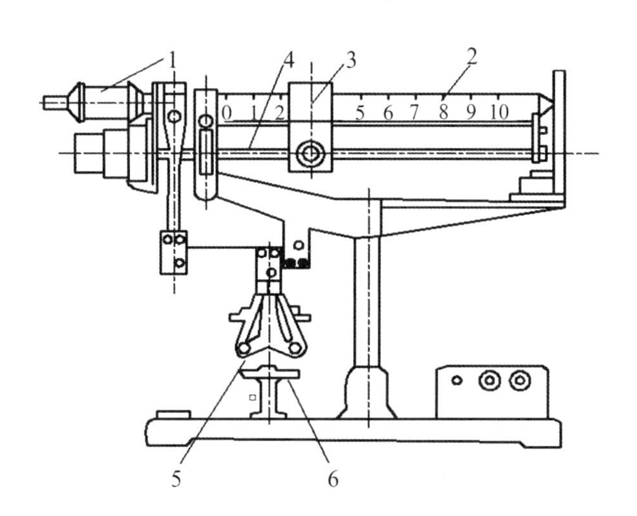

1— 平衡砣；2— 大杠杆；3— 游动砝码；4— 丝杆；5— 抗压夹具；6— 手轮。

图 13-8　抗折强度试验机

(4) 用勺子将搅拌锅内的水泥胶砂分两次装模。装第一层时，每个槽里先放入 300g 胶砂，并用大播料器垂直架在模套顶部，沿每个模槽来回一次将料层播平，接着振动 60 次，再装第二层胶砂，用小播料器刮平，再振动 60 次。

(5) 移走模套，取下试模，用金属直尺以近似 90° 的角度架在试模模顶一端，沿试模长度方向做锯割动作慢慢向另一端移动，一次将超过试模部分的胶砂刮去，并用同一直尺在近乎水平的情况下将试件表面抹平。

2) 水泥胶砂试件的养护

(1) 脱模前的处理和养护：去掉试模四周的胶砂，将试模立即放入雾室或湿箱的水平架上养护，湿空气应能与试模各边接触。养护时不应将试模放在其他试模上。一直养护到

规定的脱模时间再取出试件。脱模前用防水墨汁或颜料笔对试件编号。两个以上龄期的试件，在编号时应将同一试模中的三条试件分在两个以上龄期内。

(2) 脱模：脱模可用塑料锤或橡皮榔头或专门的脱模器，应非常小心。对于 24h 龄期的，应在破型试验前 20min 内脱模。对于 24h 以上龄期的，应在成型后 20 ～ 24h 脱模。

(3) 水中养护：将脱模后已做好标记的试件立即水平或竖直放在(20 ± 1)℃ 水中养护，水平放置时刮平面应朝上。

试件放在不易腐烂的篦子上，并彼此保持一定间距，以让水与试件的六个面接触。养护期间试件之间间隔或试件上表面的水深不得小于 5mm。每个养护池只养护同类型的水泥试件。不允许在养护期间全部换水。

除 24h 龄期或延迟至 48h 脱模的试件外，任何到龄期的试件都应在破型前 15min 从水中取出。揩去试件表面沉积物，并用湿布覆盖至试验为止。

(4) 水泥胶砂试件养护至各规定龄期。试件龄期从水泥加水搅拌开始起算。不同龄期的强度在下列时间里进行测定：24h ± 15min；48h ± 30min；72h ± 45min；7d ± 2h；＞ 28d ± 8h。

3) 水泥胶砂试件的强度测定

(1) 抗折强度试验：将试件安放在抗折夹具内，试件的侧面与试验机的支撑圆柱接触，试件长轴垂直于支撑圆柱。启动试验机，以(50 ± 10)N/s 的速度均匀地加荷直至试件断裂。

(2) 抗压强度试验：抗折强度试验后的六个断块试件保持潮湿状态，并立即进行抗压试验。将断块试件放入抗压夹具内，并将试件的侧面作为受压面。启动试验机，以(2400 ± 200)N/s 的速度进行加荷，直至试件破坏。

5. 结果计算与评定

1) 抗折强度

(1) 每个试件的抗折强度 f_{tm}(MPa) 按下式计算，精确至 0.1MPa。

$$f_{tm} = \frac{3FL}{2b^3} = 0.00234F \tag{13-7}$$

式中，F 为折断时施加于棱柱体中部的荷载(N)；L 为支撑圆柱体之间的距离(mm)，$L = 100$mm；b 为棱柱体截面正方形的边长(mm)，$b = 40$mm。

(2) 以一组三个试件抗折结果的平均值为试验结果。三个强度值中若有超出平均值 ± 10% 的，应剔除后再取平均值作为抗折强度试验结果。试验结果精确至 0.1MPa。

2) 抗压强度

(1) 每个试件的抗压强度 f_c(MPa) 按下式计算，精确至 0.1MPa。

$$f_c = \frac{F}{A} = 0.000625F \tag{13-8}$$

式中，F 显试件破坏时的最大抗压荷载(N)；A 为受压部分面积(mm^2)(40mm × 40mm = 1600mm^2)。

(2) 将一组三个棱柱体上得到的六个抗压强度测定值的算术平均值作为试验结果。如六个测定值中有一个超出六个平均值的 ± 10%，就应剔除这个结果，而把剩下五个的平均值作为结果。如果五个测定值中还有超过它们平均值 ± 10% 的，则此组结果作废。试验结果精确至0.1MPa。

试验记录报告

试验日期：　年　月　日　　班组：　　姓名：

试验室温度(℃)：　　相对湿度(%)：

水泥品种：　　强度等级：

生产厂家：　　出厂日期：　年　月　日

1. 水泥细度(80μm筛筛析法)检验记录

检验方法	干筛法	水筛法	负压筛法	结论
水泥试样质量/g	50	50	25	
筛余物质量/g				
筛余百分数/%				

计算过程：

2. 水泥标准稠度用水量测定记录(调整水量法)

水泥试样质量/g	加水量/g	试杆下沉深度 S/mm	标准稠度用水量 P/%
500			
500			
500			
500			

计算过程：

3. 水泥净浆凝结时间测定记录

标准稠度用水量/%	水全部加完的时刻(时:分)	达初凝时刻(时:分)	达终凝时刻(时:分)	结论	
				初凝/min	终凝/min

4. 水泥安定性测定记录

1) 雷氏法(标准法)

① 检验雷氏夹是否合格

雷氏夹编号	两指针尖端间距离/mm	挂300g砝码后两指针尖端间距离/mm	结论
1			
2			

② 水泥安定性。

试件编号	试件养护(24±2)h后指针尖端间距离 A/mm	试件恒沸 3h±5min 后指针尖端间距离 C/mm	$C-A$/mm	$C-A$ 平均值/mm	结论
1					
2					

2）试饼法

试饼养护(24±2)h，目测后，再恒沸 3h±5min。

<table>
<tr><td rowspan="2">观察结果</td><td>第一个试饼</td><td>第二个试饼</td><td>结论</td></tr>
<tr><td></td><td></td><td></td></tr>
</table>

5. 水泥胶砂强度检验记录

<table>
<tr><td colspan="2" rowspan="2">试件成型日期</td><td rowspan="2"></td><td rowspan="2">试件尺寸/mm</td><td colspan="2">长</td><td colspan="2">宽</td><td colspan="2">高</td></tr>
<tr><td colspan="2">160</td><td colspan="2">40</td><td colspan="2">40</td></tr>
<tr><td colspan="2" rowspan="2">三条试件所需材料</td><td colspan="2">水泥/g</td><td colspan="3">标准砂/g</td><td colspan="3">水/mL</td></tr>
<tr><td colspan="2">450</td><td colspan="3">1350</td><td colspan="3">225</td></tr>
<tr><td colspan="2">养护条件</td><td>温度/℃</td><td></td><td colspan="3">相对湿度/%</td><td colspan="3"></td></tr>
<tr><td rowspan="8">抗折强度</td><td colspan="3">有关尺寸/mm</td><td colspan="2">$L=100$</td><td colspan="2">$b=40$</td><td colspan="2">$h=40$</td></tr>
<tr><td colspan="3">试件编号</td><td colspan="2">1</td><td colspan="2">2</td><td colspan="2">3</td></tr>
<tr><td rowspan="3">3d</td><td colspan="2">破坏荷载 F_f/N</td><td colspan="2"></td><td colspan="2"></td><td colspan="2"></td></tr>
<tr><td colspan="2">抗折强度/MPa</td><td colspan="2"></td><td colspan="2"></td><td colspan="2"></td></tr>
<tr><td colspan="2">抗折强度代表值/MPa</td><td colspan="6"></td></tr>
<tr><td rowspan="3">28d</td><td colspan="2">破坏荷载 F_f/N</td><td colspan="2"></td><td colspan="2"></td><td colspan="2"></td></tr>
<tr><td colspan="2">抗折强度/MPa</td><td colspan="2"></td><td colspan="2"></td><td colspan="2"></td></tr>
<tr><td colspan="2">抗折强度代表值/MPa</td><td colspan="6"></td></tr>
<tr><td rowspan="8">抗压强度</td><td colspan="3">试件受压面积 A/mm^2</td><td colspan="6">40mm×40mm</td></tr>
<tr><td colspan="3">试件编号</td><td>1</td><td>2</td><td>3</td><td>4</td><td>5</td><td>6</td></tr>
<tr><td rowspan="3">3d</td><td colspan="2">破坏荷载 F_f/N</td><td></td><td></td><td></td><td></td><td></td><td></td></tr>
<tr><td colspan="2">抗压强度/MPa</td><td></td><td></td><td></td><td></td><td></td><td></td></tr>
<tr><td colspan="2">抗压强度代表值/MPa</td><td colspan="6"></td></tr>
<tr><td rowspan="3">28d</td><td colspan="2">破坏荷载 F_f/N</td><td></td><td></td><td></td><td></td><td></td><td></td></tr>
<tr><td colspan="2">抗压强度/MPa</td><td></td><td></td><td></td><td></td><td></td><td></td></tr>
<tr><td colspan="2">抗压强度代表值/MPa</td><td colspan="6"></td></tr>
</table>

注：抗折强度计算公式为 $f_m=\frac{3F_f l}{2bh^2}$；抗压强度计算公式为 $f=\frac{F_c}{A}$。

计算过程：

6. 所测定水泥的技术指标总评定

<table>
<tr><td colspan="3">水泥品种</td><td>标准要求</td><td colspan="2">结论</td></tr>
<tr><td colspan="3">试验项目</td><td></td><td colspan="2"></td></tr>
<tr><td rowspan="2">细度</td><td colspan="2">80μm 方孔筛筛余率 /%</td><td></td><td colspan="2"></td></tr>
<tr><td colspan="2">比表面积 /(m²/kg)</td><td></td><td colspan="2"></td></tr>
<tr><td colspan="3">标准稠度 /%</td><td></td><td colspan="2"></td></tr>
<tr><td rowspan="2">凝结时间</td><td colspan="2">初凝</td><td>不得早于：</td><td colspan="2"></td></tr>
<tr><td colspan="2">终凝</td><td>不得迟于：</td><td colspan="2"></td></tr>
<tr><td rowspan="2">安定性</td><td colspan="2">试饼法</td><td></td><td colspan="2"></td></tr>
<tr><td colspan="2">雷氏法</td><td></td><td colspan="2"></td></tr>
<tr><td rowspan="4">强度 /MPa</td><td rowspan="2">抗折强度</td><td>3d</td><td></td><td></td><td rowspan="4">水泥强度等级为：</td></tr>
<tr><td>28d</td><td></td><td></td></tr>
<tr><td rowspan="2">抗压强度</td><td>3d</td><td></td><td></td></tr>
<tr><td>28d</td><td></td><td></td></tr>
</table>

思考：

(1) 检验水泥细度的目的是什么？

(2) 什么叫水泥安定性？安定性不合格的水泥应如何处理？国家标准规定用什么方法检验水泥安定性？

(3) 测定水泥胶砂强度为什么要使用标准砂并与水泥有一定比例？试件应进行什么样的养护？

(4) 水泥胶砂抗压与抗折试验的加荷速度、强度计算方法和计算的精确度各有何要求？

13.3　混凝土试验

13.3.1　混凝土用集料试验

1. 表观密度试验(标准方法)

1) 主要仪器设备

天平(称量为 1000g，感量为 1g)；容量瓶(500mL)；烧杯(500mL)；试验筛(孔径为 4.75mm)；烘箱[能把温度控制在(105±5)℃]；干燥器、铝制料勺、温度计、带盖容器、搪瓷

盘、刷子和毛巾等。

2) 试样制备

将缩分至 660g 左右的试样，在温度为(105 ± 5)℃ 的烘箱中烘干至恒量，待冷却至室温后，分成大致相等的两份备用。

3) 试验步骤

(1) 称取烘干试样 $m_0 = 300$g，精确至 1g。将试样装入容量瓶，注入冷开水至接近 500mL 刻度处，用手摇动容量瓶，使砂样充分摇动，排出气泡，塞紧瓶盖，静置 24h。

(2) 用滴管小心加水至容量瓶 500mL 刻度处，塞紧瓶塞，擦干瓶外水分，称其质量 m_1，精确至 1g。

(3) 倒出瓶内水和试样，洗净容量瓶，再向瓶内注入水温相差不超过 2℃ 的冷开水至 500mL 刻度处。塞紧瓶塞，擦干瓶外水分，称其质量 m_2，精确至 1g。

4) 结果评定

(1) 砂表观密度 ρ_s(kg/m^3) 按下式计算，精确至 10kg/m^3：

$$\rho_s = \frac{m_0}{m_0 + m_2 - m_1} \times 1000 \tag{13-9}$$

式中，m_0 为试样的烘干质量(g)；m_1 为试样、水及容量瓶总质量(g)；m_2 为水及容量瓶总质量(g)。

(2) 砂的表观密度均以两次试验结果的算术平均值为测定值，精确至 10kg/m^3；如两次试验结果之差大于 20kg/m^3，则应重新取样进行试验。

2. 堆积密度试验

1) 主要仪器设备

烘箱，能把温度控制在(105 ± 5)℃；天平(称量为 10kg，感量为 1g)；容量筒(内径为 108mm，净高为 109mm，筒底厚约 5mm，容积为 1L)；方孔筛(孔径为 4.75mm 的筛一只)；垫棒(直径为 10mm、长 500mm 的圆钢)；直尺、漏斗(见图 13-9)或铝制料勺、搪瓷盘、毛刷等。

2) 试样制备

用搪瓷盘装取试样约 3L，放在烘箱中于温度为(105 ± 5)℃ 下烘干至恒量，待冷却至室温后，筛除大于 4.75mm 的颗粒，分成大致相等的两份备用。

3) 试验步骤

(1) 松散堆积密度。取试样一份，用砂用漏斗或铝制料勺将试样从容量筒中心上方 50mm 处徐徐倒入，让试样以自由落体落下，当容量筒上部试样呈锥体，且容量筒四周溢满时，即停止加料。然后用直尺沿筒口中心线向两边刮平(试验过程中应防止触动容量筒)，称出试样和容量筒总质量 m_2，精确至 1g。倒出试样，称取空容量筒质量 m_1，精确至 1g。

(2) 紧密堆积密度。取试样一份，分两次装入容量筒。装完第一层后，在筒底垫放一根直径为 10mm 的垫棒，左右交替颠击地面各 25 次。然后装入第二层，第二层装满后用同样方法颠实(但筒底所垫钢筋的方向与第一层时的方向垂直)，加试样直至超过筒口，然后用

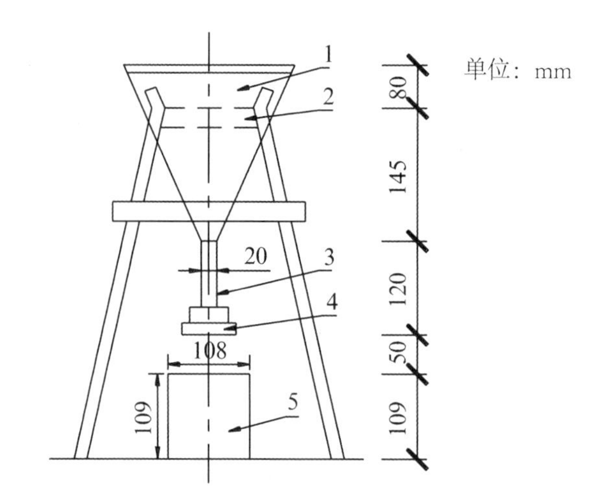

1— 漏斗；2— 筛；3— ϕ 20 管子；4— 活动门；5— 金属量筒。

图 13-9　标准漏斗

直尺沿筒口中心线向两边刮平，称出试样和容量筒总质量 m_2，精确至 1g。

(3) 容重筒容积校正方法。以温度为(20 ± 2)℃ 的饮用水装满容量筒，用玻璃板沿筒口滑移，使其紧贴水面。擦干筒外壁水分，然后称出其质量，砂容量筒精确至 1g，石子容量筒精确至 10g。用下式计算筒的容积(mL)，精确至 1mL：

$$V = m_2' - m_1' \tag{13-10}$$

式中，m'_2 为容量筒、玻璃板和水总质量(g)；m'_1 为容量筒和玻璃板质量(g)。

4) 结果评定

(1) 松散堆积密度 ρ'_0(kg/m^3) 和紧密堆积密度 ρ'_1(kg/m^3) 分别按下式计算(kg/m^3)，精确至 10kg/m^3：

$$\rho'_0(\rho'_1) = \frac{m_2 - m_1}{V} \times 1000 \tag{13-11}$$

式中，m_2 为试样和容量筒总质量(kg)；m_1 为容量筒质量(kg)；V 为容量筒的容积(L)。

把两次试验结果的算术平均值作为测定值。

(2) 松散堆积密度空隙率 P'(%) 和紧密堆积密度空隙率 P'_1(%) 按下式计算，精确至 1%：

$$P' = 1 - \frac{\rho'_0}{\rho'} \times 100\%；P'_1 = 1 - \frac{\rho'_1}{\rho'} \times 100\% \tag{13-12}$$

式中，ρ'_0 为松散堆积密度(kg/m^3)；ρ'_1 为紧密堆积密度(kg/m^3)；ρ' 为表观密度(kg/m^3)。

3. 筛分析试验

1) 主要仪器设备

电热鼓风干燥箱，能把温度控制在(105 ± 5)℃；方孔筛(孔径为 150μm、300μm、600μm、1.18mm、2.36mm、4.75mm 及 9.50mm 的筛各一只，并附有筛底和筛盖)；天平(称量为 1000g，感量为 1g)；摇筛机、搪瓷盘、毛刷等。

2）试样制备

按规定方法取样约1100g，放入电热鼓风干燥箱内于(105±5)℃下烘干至恒量，待冷却至室温后，筛除大于9.50mm的颗粒，记录筛余百分数；将过筛的砂分成两份备用。(注：恒量系指试样在烘干1～3h的情况下，其前后两次质量之差不大于该项试验所要求的称量精度。)

3）试验步骤

(1) 称取试样500g，精确至1g。将试样倒入按孔径从大到小顺序排列、有筛底的套筛上，然后进行筛分。

(2) 将套筛置于摇筛机上，筛分10min；取下套筛，按孔径大小顺序逐个手筛，筛至每分钟通过量小于试验总量的0.1%为止。通过筛的试样并入下一号筛中，并和下一号筛中的试样一起筛分；依次按顺序进行，直至各号筛全部筛完为止。

(3) 称取各号筛的筛余量，精确至1g。试样在各号筛上的筛余量不得超过按下式计算出的质量。

$$G=\frac{Ad^{\frac{1}{2}}}{200} \tag{13-13}$$

式中，G为在一个筛上的筛余量(g)；A为筛面面积(mm^2)；d为筛孔尺寸(mm)。

超过时应按下列方法之一处理：

① 将该粒级试样分成少于按上式计算出的量，分别筛分，并将筛余量之和作为该号筛的筛余量。

② 将该粒级及以下各粒级的筛余混合均匀，称出其质量，精确至1g。再用四分法缩分为大致相等的两份，取其中一份，称出其质量，精确至1g，继续筛分。计算该粒级及以下各粒级的分计筛余量时，应根据缩分比例进行修正。

4）结果评定

(1) 计算分计筛余率。以各号筛筛余量占筛分试样总质量百分率表示，精确至0.1%。

(2) 计算累计筛余率。累计未通过某号筛的颗粒质量占筛分试样总质量的百分率，精确至0.1%。如各号筛的筛余量同筛底的剩余量之和，与原试样质量之差超过1%，则须重新试验。

(3) 砂的细度模数按下式计算(精确至0.01)：

$$M_x=\frac{(A_2+A_3+A_4+A_5+A_6)-5A_1}{100-A_1} \tag{13-14}$$

式中，M_x为细度模数；A_1、A_2、A_3、A_4、A_5、A_6分别为4.75mm、2.36mm、1.18mm、0.60mm、0.30mm、0.15mm筛的累计筛余百分率。

(4) 累计筛余百分率取两次试验结果的算术平均值，精确至0.1%。细度模数取两次试验结果的算术平均值，精确至0.1；如两次试验细度模数之差超过0.02，则须重做试验。

4. 石子的筛分析试验

1) 主要仪器设备

电热鼓风干燥箱,能把温度控制在(105±5)℃;方孔筛,孔径为2.36mm、4.75mm、9.50mm、16.0mm、19.0mm、26.5mm、31.5mm、37.5mm、53.0mm、63.0mm、75.0mm 及90mm的筛各一只,并附有筛底和筛盖(筛框内径为300mm);台秤(称量为10kg,感量为1g);摇筛机、搪瓷盘、毛刷等。

2) 试样制备

按规定方法取样,并将试样缩分至略大于表13-2规定的数量,烘干或风干后备用。

表 13-2　颗粒级配所需试样数量

最大粒径 /mm	9.5	16.0	19.0	26.5	31.5	37.5	63.0	75.0
最少试样质量 /kg	1.9	3.2	3.8	5.0	6.3	7.5	12.6	16.0

3) 试验步骤

(1) 称取按表13-2规定数量的试样一份,精确至1g。将试样倒入按孔径大小从上到下组合、附底筛的套筛进行筛分。

(2) 将套筛置于摇筛机上,筛分10min;取下套筛,按筛孔尺寸大小顺序逐个手筛,筛至每分钟通过量小于试样总质量的0.1%为止。通过的颗粒并入下一号筛中,并和下一号筛中的试样一起过筛,按此顺序进行,直至各号筛全部筛完为止。(注:当筛余颗粒的粒径大于19.00mm时,在筛分过程中,允许用手指拨动颗粒。)

(3) 称出各号筛的筛余量,精确至1g。

4) 结果评定

(1) 计算分计筛余百分率。以各号筛的筛余量占试样总质量的百分率表示,计算精确至0.1%。

(2) 计算累计筛余百分率。该号筛的分计筛余百分率加上该号筛以上各分计筛余百分率之和,精确至1%。筛分后,如各号筛的筛余量与筛底的筛余量之和,与原试样质量之差超过1%,则须重新试验。

(3) 根据各号筛的累计筛余百分率,评定该试样的颗粒级配。

13.3.2　混凝土拌和物性质测定

1. 混凝土拌和物取样及试样制备

1) 一般规定

(1) 混凝土拌和物试验用料应根据不同要求,从同一盘或同一车运送的混凝土中取出,或在试验室用机械或人工单独拌制。取样方法和原则按《混凝土结构工程施工质量验收规范》(GB 50204—2015)及《混凝土强度检验评定标准》(GB/T 50107—2010)有关规定进行。

(2) 在试验室拌制混凝土进行试验时,拌和用的集料应提前运入室内。拌和时试验室的温度应保持在(20±5)℃。

(3) 材料用量以质量计，称量的精确度如下：集料为±1%；水、水泥和外加剂均为±0.5%。混凝土试配时的最小搅拌量为：当集料最大粒径小于30mm时，拌制量为15L；最大粒径为40mm时，拌制量为25L。搅拌量不应小于搅拌机额定搅拌量的四分之一。

2) 主要仪器设备

搅拌机(容量为75～100L，转速为18～22r/min)；磅秤(称量为50kg，感量为50g)；天平(称量为5kg，感量为1g)；量筒(200mL、100mL各一只)；拌板(1.5m×2.0m左右)；拌铲、盛器、抹布等。

(1) 人工拌和。

① 按所定配合比备料，以全干状态为准。

② 将拌板和拌铲用湿布润湿后，将砂倒在拌板上，然后加入水泥，用铲自拌板一端翻拌至另一端，然后再翻拌回来，如此重复直至颜色混合均匀，再加入石子翻拌至混合均匀为止。

③ 将干混合料堆成堆，在中间作一凹槽，将已称量好的水，倒入一半左右在凹槽中(勿使水流出)，然后仔细翻拌，并徐徐加入剩余的水，继续翻拌。每翻拌一次，用铲在混合料上铲切一次，直至拌和均匀为止。

④ 拌和时力求动作敏捷，拌和时间从加水时算起，应大致符合以下规定：

a. 拌和物体积为30L以下时为4～5min；拌和物体积为30～50L时为5～9min；拌和物体积为51～75L时为9～12min。

b. 拌好后，根据试验要求，即可做拌和物的各项性能试验或成型试件。从开始加水时算起，全部操作必须在30min内完成。

(2) 机械搅拌。

① 按所定配合比备料，以全干状态为准。

② 预拌一次，即用按配合比的水泥、砂和水组成的砂浆和少量石子，在搅拌机中涮膛，然后倒出多余的砂浆，其目的是使水泥砂浆先黏附满搅拌机的筒壁，以免正式拌和时影响混凝土的配合比。

③ 开动搅拌机，将石子、砂和水泥依次加入搅拌机内，干拌均匀，再将水徐徐加入。全部加料时间不得超过2min。水全部加入后，继续拌和2min。

④ 将拌和物从搅拌机中卸出，倒在拌板上，再人工拌和1～2min，即可做拌和物的各项性能试验或成型试件。从开始加水时算起，全部操作必须在30min内完成。

2. 混凝土拌和物性能试验

(1) 和易性(坍落度)试验

定量测定流动性的方法是，根据直观经验判定黏聚性和保水性的原则，来评定混凝土拌和物的和易性。定量测定流动性的方法有坍落度法和维勃稠度法两种。坍落度法适合于坍落度值不小于10mm的塑性拌和物；维勃稠度法适合于维勃稠度在5～30s之间的干硬性混凝土拌和物。要求集料的最大粒径均不得大于40mm。本试验只介绍坍落度法。

(1) 主要仪器设备。

坍落度筒(截头为圆锥形，由薄钢板或其他金属板制成，形状和尺寸见图13-10)；捣棒(端部

应磨圆,直径为 16mm,长度为 650mm,见图 13-10);装料漏斗、小铁铲、钢直尺、抹刀等。

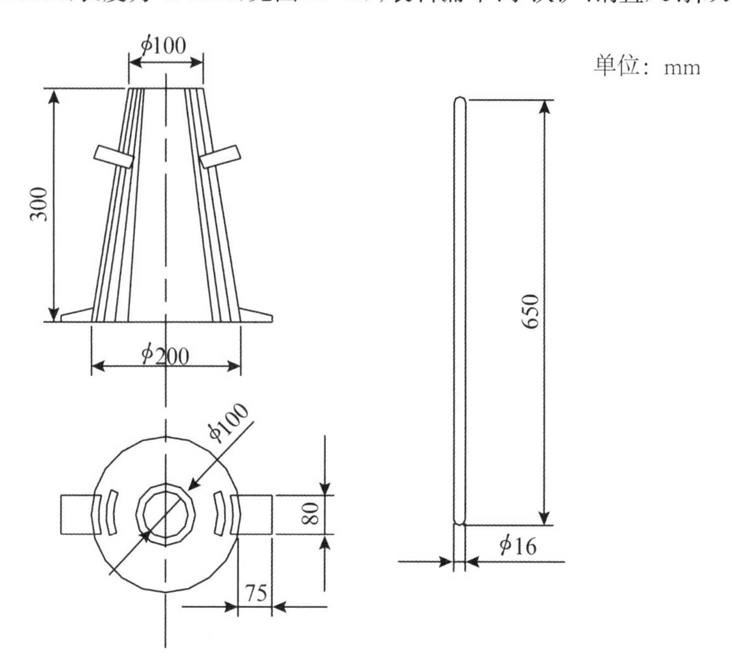

图 13-10　坍落度筒和捣棒

(2) 试验步骤。

① 湿润坍落度筒及其他用具,并把筒放在不吸水的刚性水平底板上,然后用脚踩住两边的踏脚板,使坍落度筒在装料时保持位置固定。

② 把按要求取得的混凝土试样用小铲分三层均匀地装入坍落度筒内,使捣实后每层高度为筒高的三分之一左右。每层用捣棒插捣 25 次,插捣应沿螺旋方向由外向中心进行,每次插捣应在截面上均匀分布。插捣筒边混凝土时,捣棒可以稍稍倾斜。插捣底层时,捣棒应贯穿整个深度;插捣第二层或顶层时,捣棒应插透本层至下一层的表面。

浇灌顶层时,混凝土应灌到高出筒口。插捣过程中,如混凝土沉落到低于筒口,则应随时添加。顶层插捣完后,刮去多余的混凝土,并用抹刀抹平。

③ 清除筒边底板上的混凝土后,垂直平稳地提起坍落度筒,应在 5～10s 内完成;从开始装料至提起坍落度筒的整个过程应不间断地进行,并应在 150s 内完成。

④ 提起坍落度筒后,量测筒高与坍落后混凝土试体最高点之间的高度差,即为该混凝土拌和物的坍落度值(以 mm 为单位,读数精确至 5mm),如图 13-11 所示。如混凝土发生崩坍或一边剪坏的现象,则应重新取样进行测定。如第二次试验仍出现上述现象,则表示该混凝土和易性不好,应予以记录备查。

⑤ 测定坍落度后,观察拌和物的下述性质,并记录。

a. 黏聚性:用捣棒在已坍落的混凝土锥体侧面轻轻敲打,如果锥体逐渐下沉,表示黏聚性良好;如果锥体坍塌、部分崩裂或出现离析现象,则表示黏聚性不好。

b. 保水性:坍落度筒提起后如有较多的稀浆从底部析出,锥体部分的混凝土也因失浆而集料外露,则表明保水性不好;如无稀浆或只有少量稀浆自底部析出,则表明保水性良好。

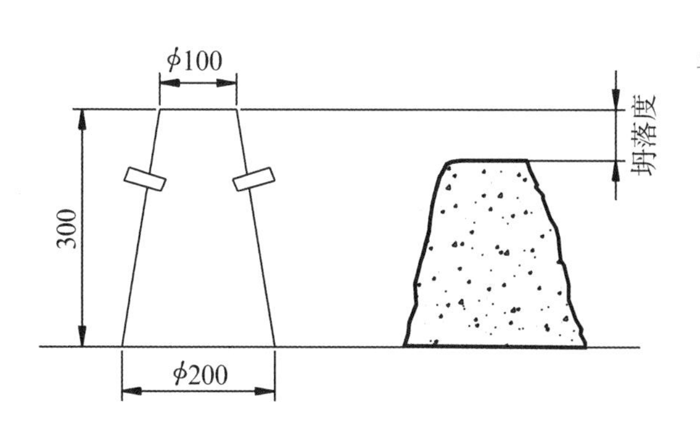

图 13-11　坍落度试验

⑥ 坍落度的调整。

a. 在按初步配合比计算好试拌材料的同时，内外还须备好两份为调整坍落度用的水泥和水。备用水泥和水的比例符合原定水灰比，其用量可为原计算用量的 5％ 和 10％。

b. 当测得的坍落度小于规定要求时，可掺入备用的水泥或水，掺量可根据坍落度相差的大小确定；当坍落度过大，黏聚性和保水性较差时，可保持砂率一定，适当增加砂和石子的用量。如保水性较差，可适当增大砂率，即其他材料不变，适当增加砂的用量。

2) 混凝土拌和物体积密度试验

(1) 主要仪器设备。

容量筒（当集料最大粒径不大于 40mm 时，容积为 5L；当粒径大于 40mm 时，容量筒内径与高均应大于集料最大粒径的 4 倍）；台秤（称量为 50kg，感量为 50g）；振动台[频率为(3000 ± 200) 次 /min，空载振幅为(0.5 ± 0.1)mm]。

(2) 试验步骤。

① 润湿容量筒，称得其质量 m_1(kg)，精确至 50g。

② 将配制好的混凝土拌和物装入容量筒并使其密实。当拌和物坍落度不大于 70mm 时，可用振动台振实，大于 70mm 时用捣棒振实。

③ 用振动台振实时，将拌和物一次装满，振动时随时准备添料，振至表面出现水泥浆，没有气泡向上冒为止。用捣棒捣实时，混凝土分两层装入，每层插捣 25 次（对 5L 容量筒），每一层插捣完后可把捣棒垫在筒底，用双手扶筒左右交替颠击 15 次，使拌和物布满插孔。

④ 用刮尺齐筒口将多余的混凝土拌和物刮去，表面如有凹陷应予填平。将容量筒外壁擦净，称出拌和物与筒总质量 m_2(kg)。

(3) 结果评定。

混凝土拌和物的体积密度 ρ_{c0}(kg/m^3)（精确至 10kg/m^3）按下式计算：

$$\rho_{c0} = \frac{m_2 - m_1}{V_0} \times 1000 \tag{13-15}$$

式中，m_1 为容量筒质量(kg)；m_2 为拌和物与筒总质量(kg)；V_0 为容量筒体积(L)。

3) 混凝土抗压强度试验

(1) 主要仪器设备。

压力试验机（精度不低于 ± 2％，试验时有试件最大荷载选择压力机量程，使试件破坏时的荷载位于全量程的 20% ~ 80% 范围内)；振动台[频率为(50 ± 3)Hz，空载振幅约为 0.5mm]；搅拌机、试模、捣棒、抹刀等。

(2) 试件制作与养护。

① 混凝土立方体抗压强度测定，以三个试件为一组。每组试件所用的拌和物的取样或拌制方法按 13.3.2 章节中混凝土拌和物取样及试样制备要求的方法进行。

② 混凝土试件的尺寸按集料最大粒径选定，如表 13-3 所示。

③ 制作试件前，应将试模擦干净并在试模内表面涂一层脱模剂，再将混凝土拌和物装入试模成型。

表 13-3 混凝土试件的尺寸

粗集料最大粒径 /mm	试件尺寸 /mm	换算系数
31.5	100 × 100 × 100	0.95
40	150 × 150 × 150	1.00
60	200 × 200 × 200	1.05

④ 对于坍落度不大于 70mm 的混凝土拌和物，将其一次装入试模并高出试模表面，将试件移至振动台上，开动振动台振至混凝土表面出现水泥浆并无气泡向上冒时为止。振动时应防止试模在振动台上跳动。刮去多余的混凝土，用抹刀抹平。记录振动时间。

对于坍落度大于 70mm 的混凝土拌和物，将其分两层装入试模，每层厚度大约相等。用捣棒按螺旋方向从边缘向中心均匀插捣，一般每 $100cm^2$ 应不少于 12 次。用抹刀沿试模内壁插入数次，最后刮去多余混凝土并抹平。

⑤ 养护。按照试验目的不同，试件可采用标准养护或与构件同条件养护。采用标准养护的试件成型后表面应覆盖，以防止水分蒸发，并在(20 ± 5)℃ 的条件下静置 1 ~ 2 昼夜，然后编号拆模。拆模后的试件应将其立即放入温度为(20 ± 2)℃、湿度为 95% 以上的标准养护室进行养护，直至达到试验龄期 28d。在标准养护室内试件应搁放在架上，彼此间隔 10 ~ 20mm，避免用水直接冲淋试件。当无标准养护室时，混凝土试件可在温度为(20 ± 2)℃ 的不流动的 $Ca(OH)_2$ 饱和溶液中养护。

(3) 试验步骤。

① 试件从养护室取出后尽快试验。将试件擦拭干净，测量其尺寸(精确至 1mm)，据此计算出试件的受压面积。如实测尺寸与公称尺寸之差不超过 1mm，则按公称尺寸计算。

② 将试件安放在试验机的下压板上，试件的承压面与成型面垂直。开动试验机，当上压板与试件接近时，调整球座，使其接触均匀。

③ 加荷时应连续而均匀，加荷速度为：当混凝土强度等级低于 C30 时，取(0.3 ~ 0.5)MPa/s；高于或等于 C30 时，取(0.5 ~ 0.8)MPa/s。当试件接近破坏而开始迅速变形时，停止调整试验机油门，直至试件破坏，记录破坏荷载 P(N)。

(4) 结果评定。

① 混凝土立方体抗压强度 f_{cu}(MPa) 按下式计算，精确至 0.01MPa：

$$f_{cu} = \frac{p}{A} \tag{13-16}$$

式中，f_{cu} 为混凝土立方体试件抗压强度(MPa)；p 为破坏荷载(N)；A 为试件受压面积(mm^2)。

② 取标准试件 150mm × 150mm × 150mm 的抗压强度值为标准，对于 100mm × 100mm × 100mm 和 200mm × 200mm × 200mm 的非标准试件，须将计算结果乘以相应的换算系数换算为标准强度。换算系数如表 13-3 所示。

③ 把三个试件强度值的算术平均值作为该组试件的抗压强度代表值(精确至 0.1MPa)。三个测值中，如最大值或最小值与中间值之差超过中间值的 15%，则取中间值作为该组试件的抗压强度代表值；如最大值和最小值与中间值之差均超过中间值的 15%，则该组试件的试验结果无效。

试验记录报告

试验日期：　年　月　日　　　　班组：　　　　姓名：

试验室温度(℃)：　　　　相对湿度(%)：

1. 建筑用砂试验

1) 砂的表观密度测定记录

试样编号	试样质量 m_0/g	试样、水、容量瓶总质量 m_1/g	水、容量瓶总质量 m_2/g	表观密度 ρ_0/(kg/m³)		表观密度平均值/(kg/m³)
1						
2						

注：计算公式为 $\rho_0 = \dfrac{m_0}{m_0 + m_2 - m_1} \times 1000$。

2) 砂的堆积密度测定记录

试样编号	容量筒容积 V/L	容量筒质量 m_1/kg	容量筒与试样总质量 m_2/kg	堆积密度/(kg/m³)	堆积密度平均值/(kg/m³)
1					
2					

注：堆积密度计算公式为 $\rho'_0 = \dfrac{m_2 - m_1}{V} \times 1000$。

3) 砂子空隙率计算

$$P' = \left(1 - \frac{\rho'_0}{\rho_0}\right) \times 100\%$$

4) 砂子的筛分析试验记录(干砂试样质量为 500g)

筛孔尺寸/mm	分计筛余		累计筛余百分率
	筛余量/g	分计筛余百分率 A_i/%	
4.75			

续 表

筛孔尺寸/mm	分计筛余		累计筛余百分率
	筛余量/g	分计筛余百分率 A_i/%	
2.36			
1.18			
0.60			
0.30			
0.15			
0.15 以下			

(1) 计算砂的细度模数 M_x，按细度模数大小，评定砂的粗细程度。

计算过程：

粗细程度：

(2) 绘制砂的筛分曲线，评定砂的级配。

要求：

① 按建筑用砂颗粒级配区的规定，在上图中画出砂Ⅰ、Ⅱ、Ⅲ级配区曲线。

② 根据砂的累计筛余百分率(%)，绘出筛分曲线。

③ 该砂筛分曲线在几区？级配是否合格？

2. 建筑用碎石(卵石)试验

1) 石子表观密度测定记录

(1) 广口瓶法。

试样编号	试样质量 m_0/g	试样、水、广口瓶、玻璃片总质量 m_1/g	水、广口瓶、玻璃片总质量 m_2/g	表观密度 ρ_0/(kg/m³)	表观密度平均值/(kg/m³)
1					
2					

注：计算公式为 $\rho_0 = \dfrac{m_0}{m_0 + m_2 - m_1} \times 1000$。

(2) 简易法。

试样编号	试样质量 m_0/g	量筒中水的体积 V_1/mL	量筒中石子与水的总体积 V_2/mL	表观密度 ρ_0/(kg/m³)	表观密度平均值/(kg/m³)
1					
2					

注：计算公式为 $\rho_0 = \dfrac{m_0}{V_2 - V_1} \times 1000$。

2) 石子堆积密度测定记录

试样编号	容量筒体积 V/L	容量筒质量 m_1/kg	容量筒与试样总质量 m_2/kg	堆积密度 ρ_0/(kg/m^3)	堆积密度平均值/(kg/m^3)
1					
2					

注:计算公式为 $\rho'_0 = \dfrac{m_2 - m_1}{V} \times 1000$。

3) 石子空隙率计算

$$P' = \left(1 - \frac{\rho'_0}{\rho_0}\right) \times 100\%$$

4) 石子含水率的测定记录(快速方法)

试样编号	盘质量 m_1/g	试样与盘质量 m_2/g	烘干试样与盘质量 m_3/g	烘干试样质量($m_3 - m_1$)/g	试样中水分质量($m_2 - m_3$)/g	含水率 $W_含$/%	平均含水率/%
1							
2							

注:计算公式为 $W_含 = \dfrac{m_2 - m_3}{m_3 - m_1} \times 100\%$。

5) 石子筛分析试验记录　　　　　　试样质量________g

筛孔尺寸/mm	90.0	75.0	63.0	53.0	37.5	31.5	26.5	19.0	16.0	9.5	47.5	2.36
筛余量/g												
分计筛余/%												
累计筛余/%												
标准颗粒级配范围累计筛余/%												
结果评定	最大粒径/mm											
	级配情况											

计算过程:

思考:

(1) 为什么要进行砂石的级配试验?用级配不符合要求的砂、石子配制的混凝土有何缺点?

(2) 如果石子的级配不合格应该如何处理?

3. 混凝土初步配合比设计书

1) 设计要求

配制 1m^3 混凝土,原材料的用量如下:

水泥: kg; 砂子: kg; 石子: kg; 水: kg。

试拌 L 混凝土拌和物，原材料的用量如下：

水泥： kg； 砂子： kg； 石子： kg； 水： kg。

2）基准配合比调整试验记录

（1）混凝土拌和物和易性调整试验记录。

项目	计算用量		调整增加量		调整后实际总用量/kg
	每 m^3 用量/kg	试拌（ ）L 用量/kg	第 1 次/kg	第 2 次/kg	
水泥					
砂子					
石子					
水					
坍落度/mm			调整后坍落度/mm		
插捣情况（调整前后对比）					
抹面情况（调整前后对比）					
黏聚情况（调整前后对比）					
泌水情况（调整前后对比）					

注：1. 插捣情况按插捣难易程度分为三级："易"表示插捣很容易；"中"表示插捣有石子阻滞；"难"表示很难插捣。

2. 抹面情况（含砂情况）按外观含砂多少分为三级："多"表示一两次即可将混凝土表面抹平，说明砂浆含量富余；"中"表示抹五六次可将混凝土表面抹平；"少"表示抹平很困难，表面有麻面。

3. 黏聚情况按用捣棒在已坍落的拌和物锥体侧面轻轻敲打的沉落情况分为两级："好"表示逐渐下沉黏聚性良好；"差"表示产生突然倒塌或有石子离析、部分崩裂现象，即黏聚性不好。

4. 泌水情况按提起坍落度筒后，从底部析出的水量多少分为三级："多"表示有较多水析出；"少"表示有少量水析出；"无"表示没有水析出。

（2）混凝土拌和物体积密度测定记录。

量筒容积 V/L	空量筒质量 m_1/kg	量筒、混凝土质量（m_2）/kg	混凝土体积密度 ρ_{0h}/（kg/m^3）

注：计算公式为 $\rho_{0h}=\dfrac{m_2-m_1}{V}\times 1000$。

（3）计算每立方米混凝土各组成材料的用量（即基准配合比计算）。

$m_{c基}=$ $m_{s基}=$ $m_{g基}=$ $m_{w基}=$

3）设计配合比调整测定记录

（1）配制三组混凝土，各组配合比如下：

组别编号	1	2	3
水灰比	基准水灰比	基准水灰比＋0.05	基准水灰比－0.05
单位用水量	基准用水量	基准用水量	基准用水量

续　表

组别编号	1	2	3
砂率	基准砂率	基准砂率或稍作调整	基准砂率或稍作调整

(2) 混凝土强度调整测定记录。

试件成型日期				试件养护龄期 /d					
试件试压日期									
组别编号	1			2			3		
试件编号	1	2	3	1	2	3	1	2	3
试件受压面积 /mm^2									
破坏荷载 /N									
抗压强度 /MPa									
抗压强度代表值 /MPa									
换算为标准试件时的抗压强度									
换算为 28d 龄期的抗压强度									

计算过程:

(3) 通过作图,求解出能够满足强度要求的灰水比。

(4) 混凝土设计配合比计算。

该混凝土的设计配合比为:

思考:

(1) 通过混凝土试件的抗压强度试验后,检查是否达到原设计的强度等级要求,并试述影响混凝土强度的主要因素有哪些。

(2) 混凝土拌和物的和易性包括哪几方面?如何测试判断?

(3) 混凝土试验中为什么规定试件尺寸大小、养护条件(温度、湿度、龄期)及加荷速度?

13.4　砂浆试验

本试验主要用于建筑砂浆的基本性能试验。本试验按《建筑砂浆基本性能试验方法标准》(JGJ/T 70—2009)进行。

13.4.1 砂浆流动性试验

1. 试验仪器

砂浆稠度测定仪如图13-12所示。

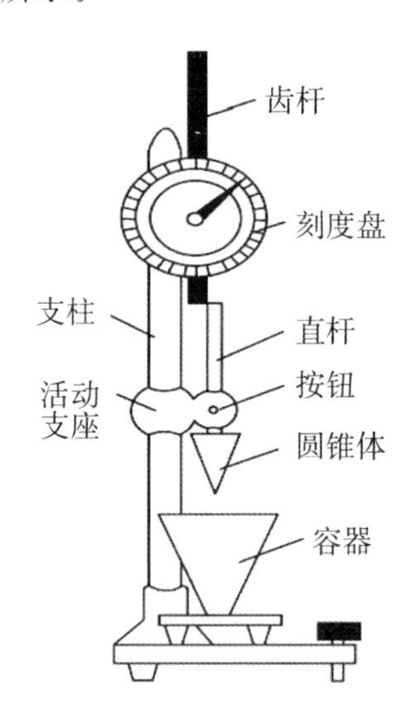

图13-12 砂浆稠度测定仪

(1) 砂浆稠度仪:如图13-12所示,由试锥、容器和支座三部分组成。试锥由钢材或铜材制成,试锥高度为145mm,锥底直径为75mm,试锥连同滑杆的重量应为(300±2)g;盛载砂浆容器由钢板制成,筒高为180mm,锥底内径为150mm;支座分底座、支架及刻度显示三个部分,由铸铁、钢及其他金属制成。

(2) 钢制捣棒:直径为10mm,长350mm,端部磨圆。

(3) 秒表等。

2. 试验步骤

(1) 用少量润滑油轻擦滑杆,再将滑杆上多余的油用吸油纸擦净,使滑杆能自由滑动。

(2) 用湿布擦净盛浆容器和试锥表面,将砂浆拌和物一次装入容器,使砂浆表面低于容器口约10mm。用捣棒自容器中心向边缘均匀地插捣25次,然后轻轻地将容器摇动或敲击5～6下,使砂浆表面平整,然后将容器置于稠度测定仪的底座上。

(3) 拧松制动螺丝,向下移动滑杆,当试锥尖端与砂浆表面刚接触时,拧紧制动螺丝,使齿条侧杆下端刚接触滑杆上端,读出刻度盘上的读数(精确至1mm)。

(4) 拧松制动螺丝,同时计时,10s时立即拧紧螺丝,使齿条测杆下端接触滑杆上端,从刻度盘上读出下沉深度(精确至1mm),二次读数的差值即为砂浆的稠度值。

(5) 盛装容器内的砂浆,只允许测定一次稠度,重复测定时,应重新取样测定。

3. 试验结果

稠度试验结果应按下列要求确定：

(1) 取两次试验结果的算术平均值，精确至 1mm。

(2) 如两次试验值之差大于 10mm，应重新取样测定。

13.4.2　稳定性检测

砂浆的稳定性是指砂浆拌和物在运输及停放过程中内部各组分保持均匀、不离析的性质。砂浆的稳定性用“分层度”表示。一般分层度在 10 ～ 20mm 为宜，不得大于 30mm。分层度小于 10mm，容易产生干缩裂缝；大于 30mm，容易产生离析。

1. 试验仪器

分层度试验所用仪器应符合下列规定：

(1) 砂浆分层度筒(见图 13-13) 内径为 150mm，上节高度为 200mm，下节带底净高为 100mm，用金属板制成，上、下层连接处需加宽到 3 ～ 5mm，并设有橡胶热圈。

(2) 振动台：振幅为(0.5 ± 0.05)mm，频率为(50 ± 3)Hz。

(3) 稠度仪、木槌等。

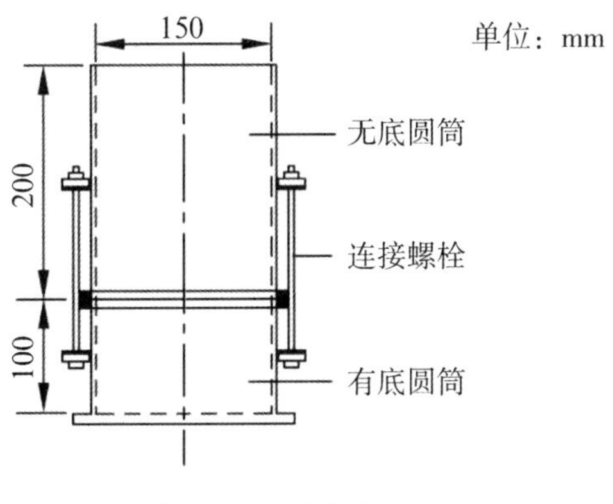

图 13-13　砂浆分层度筒

2. 试验步骤

分层度试验应按下列步骤进行：

(1) 首先将砂浆拌和物按稠度试验方法测定稠度。

(2) 将砂浆拌和物一次装入分层度筒内，待装满后，用木槌在容器周围距离大致相等的四个不同部位轻轻敲击 1 ～ 2 下，如砂浆沉落到低于筒口，则应随时添加，然后刮去多余的砂浆并用抹刀抹平。

(3) 静置 30min 后，去掉上节 200mm 砂浆，剩余的 100mm 砂浆倒出放在拌和锅内拌 2min，再按稠度试验方法测其稠度。前后两次测得的稠度之差即为该砂浆的分层度值。

也可采用快速法测定分层度，其步骤是：首先，按稠度试验方法测定稠度；其次，将分层度筒预先固定在振动台上，砂浆一次装入分层度筒内，振动 20s；最后，去掉上节 200mm

砂浆，剩余100mm砂浆倒出放在拌和锅内拌2min，再按稠度试验方法测其稠度，前后测得的稠度之差即为该砂浆的分层度值。但如有争议时，以标准法为准。

3. 试验结果

分层度试验结果应按下列要求确定：

(1) 取两次试验结果的算术平均值作为该砂浆的分层度值。

(2) 两次分层度试验值之差如大于10mm，应重新取样测定。

13.4.3　保水性检测

新拌砂浆能否保持水分的能力称为保水性，只有保水性良好的砂浆才能形成均匀密实的灰缝，保证砌筑质量。保水性用“保水率”表示，可用保水性试验测定。

1. 试验仪器

保水性试验所用仪器应符合下列规定：

(1) 金属或硬塑料圆环试模：内径为100mm，内部高度为25mm。

(2) 可密封的取样容器：应清洁、干燥。

(3) 医用棉纱：尺寸为110mm×110mm；宜选用纱线稀疏、厚度较薄的棉纱。

(4) 超白滤纸：符合《化学分析滤纸》(GB/T 1914—2017) 中速定性滤纸要求，直径为110mm，密度为200g/m^2。

(5) 两片金属或玻璃的方形或圆形不透水片：边长或直径大于110mm。

(6) 天平：两种天平，一种量程为200g，感量为0.1g；另一种量程为2000g，感量为1g。

(7)2kg的重物、烘箱。

2. 试验步骤

保水性试验应按下列步骤进行：

(1) 称量底部不透水片与干燥试模质量m_1和15片中速定性滤纸质量m_2。

(2) 将砂浆拌和物一次性填入试模，并用抹刀插捣数次，当填充砂浆略高于试模边缘时，用抹刀以45°角一次性将试模表面多余的砂浆刮去，然后用抹刀以较平的角度在试模表面反方向将砂浆刮平。

(3) 抹掉试模边的砂浆，称量试模、底部不透水片与砂浆总质量m_3。

(4) 用2片医用棉纱覆盖在砂浆表面，再在棉纱表面放上15片滤纸，用不透水片盖在滤纸表面，以2kg的重物把不透水片压着。

(5) 静止2min后移走重物及不透水片，取出滤纸(不包括滤网)，迅速称量滤纸质量m_4。

(6) 从砂浆的配比及加水量计算砂浆的含水率，如无法计算，可按式(13-17)方法计算含水率。

3. 试验结果

砂浆保水率应按下式计算：

$$W=\left[1-\frac{m_4-m_2}{\alpha\times(m_3-m_1)}\right]\times 100\% \tag{13-17}$$

式中，W 为保水率（%）；m_1 为底部不透水片与干燥试模质量(g)，精确至1g；m_2 为8片滤纸吸水前的质量(g)，精确至0.1g；m_3 为试模、底部不透水片与砂浆总质量(g)，精确至1g；m_4 为15片滤纸吸水后的质量(g)，精确至0.1g；α 为砂浆含水率（%）。

取两次试验结果的平均值作为最终结果，如两个测定值中有1个超出平均值的5%，则此组试验结果无效。砌筑砂浆保水率应符合表13-4的要求。

表 13-4　砌筑砂浆的保水率

砂浆种类	保水率/%
水泥砂浆	≥80
水泥混合砂浆	≥84
预拌砂浆	≥88

【附录】砂浆含水率测试方法

称取100g砂浆拌和物试样，置于一干燥并已称重的盘中，在(105±5)℃的烘箱中烘干至恒重，砂浆含水率应按下式计算：

$$\alpha=\frac{m_5}{m_6}\times 100\% \tag{13-18}$$

式中，α 为砂浆含水率（%），精确至0.1%；m_5 为烘干后砂浆样本损失的质量(g)；m_6 为砂浆样本的总质量(g)。

13.4.4　砂浆强度试验

砂浆强度试验适用于测定砂浆立方体的抗压强度。

1. 试验仪器

砂浆立方体抗压强度试验所用仪器设备应符合下列规定：

(1) 试模：尺寸为70.7mm×70.7mm×70.7mm的带底试模，每组试件3个。材质规定参照《混凝土试模》(JG/T 237—2008) 第4.1.3及4.2.1条，应具有足够的刚度并拆装方便。试模的内表面应机械加工，其不平度应为每100mm不超过0.05mm，组装后各相邻面的不垂直度不应超过±0.5°。

(2) 钢制捣棒：直径为10mm，长为350mm，端部应磨圆。

(3) 压力试验机：精度为1%，试件破坏荷载应不小于压力机量程的20%，且不大于全量程的80%。

(4) 垫板：试验机上、下压板及试件之间可垫钢垫板，垫板的尺寸应大于试件的承压面，其不平度应为每100mm不超过0.02mm。

(5) 振动台：空载中台面的垂直振幅应为(0.5±0.05)mm，空载频率应为(50±3)Hz，空载台面振幅均匀度不大于10%，一次试验至少能固定（或用磁力吸盘）三个试模。

2. 试验步骤

(1) 砂浆立方体抗压强度试件的制作：先用黄油等密封材料涂抹试模的外接缝，试模内涂刷薄层机油或脱模剂，将拌制好的砂浆一次性装满砂浆试模，成型方法根据稠度而定。当稠度 ≥ 50mm 时，采用人工振捣成型；当稠度 < 50mm 时，采用振动台振实成型。

① 人工振捣：用捣棒均匀地由边缘向中心按螺旋方式插捣 25 次，插捣过程中如砂浆沉落低于试模口，应随时添加砂浆，可用油灰刀插捣数次，并用手将试模一边抬高 5 ～ 10mm 各振动 5 次，使砂浆高出试模顶面 6 ～ 8mm。

② 机械振动：将砂浆一次装满试模，放置到振动台上，振动时试模不得跳动，振动 5 ～ 10s 或持续到表面出浆为止；不得过振。待表面水分稍干后，将高出试模部分的砂浆沿试模顶面刮去并抹平。

(2) 砂浆立方体抗压强度试件的养护：试件制作后应在室温为(20 ± 5)℃ 的环境下静置(24 ± 2)h，当气温较低时，可适当延长时间，但不应超过两昼夜，然后对试件进行编号、拆模。试件拆模后应立即放入温度为(20 ± 2)℃、相对湿度为 90% 以上的标准养护室中养护。养护期间，试件彼此间隔不小于 10mm，混合砂浆试件上面应覆盖以防水滴在试件上。

(3) 砂浆立方体试件抗压强度检测：试件从养护地点取出后应及时进行试验。试验前将试件表面擦拭干净，测量尺寸，并检查其外观。并据此计算试件的承压面积，如实测尺寸与公称尺寸之差不超过 1mm，可按公称尺寸进行计算。

将试件安放在试验机的下压板(或下垫板)上，试件的承压面应与成型时的顶面垂直，试件中心应与试验机下压板(或下垫板)中心对准。开动试验机，当上压板与试件(或上垫板)接近时，调整球座，使接触面均衡受压。承压试验应连续而均匀地加荷，加荷速度应为每秒钟 0.25 ～ 1.5kN(砂浆强度不大于 5MPa 时，宜取下限；砂浆强度大于 5MPa 时，宜取上限)。当试件接近破坏而开始迅速变形时，停止调整试验机油门，直至试件破坏，然后记录一组三个破坏荷载。

3. 试验结果

砂浆立方体抗压强度应按下式计算：

$$f_{m,cu} = K\frac{N_u}{A} \tag{13-19}$$

式中，$f_{m,cu}$ 为砂浆立方体试件抗压强度(MPa)，精确至 0.1MPa；N_u 为试件破坏荷载(N)；A 为试件承压面积(mm^2)。K 为换算系数，取 1.3。

应把三个测值的算术平均值作为该组试件的代表值。当三个测值的最大值或最小值中有一个与中间值的差值超过中间值的 15% 时，把最大值和最小值一并舍除，取中间值作为该组试件的抗压强度值；当有两个测值与中间值的差值均超过中间值的 15% 时，该组试件的试验结果无效。

试验记录报告

试验日期：　年　　月　　日　　　　　　　班组：　　　　　　　　姓名：

试验室温度(℃)：　　　　　　　　　　　　相对湿度(%)：

水泥品种及强度等级：

砂的产地、种类、含水率、表观密度：

掺合料的种类、表观密度：

外加剂的种类：

砂浆的品种、强度等级及砌筑对象：

1. 砂浆稠度测定记录

项目	计算用量		调整增加量		调整后总用量
	每 m^3 砂浆用量 /kg	试拌(　)L 用量 /kg	第 1 次 /kg	第 2 次 /kg	
水泥					
石灰膏					
砂					
水					
掺合料					
外加剂					
沉入度	调整前				
	调整后				
	平均值				

2. 砂浆分层度测定记录

试验次数	沉入度读数 /mm		分层度 /mm (K_1-K_2)	分层度平均值 /mm
	沉入度 K_1	沉入度 K_2		

3. 砂浆抗压强度测定记录

试件成型日期		试件养护龄期 /d	
试件试压日期			
试件编号	1	2	3
试件受压面积 /mm^2			
破坏荷载 /N			

续　表

试件成型日期		试件养护龄期 /d	
试件试压日期			
抗压强度 /MPa			
抗压强度代表值 /MPa			
换算 28d 抗压强度 /MPa			
砂浆的强度等级			

计算过程：

13.5　砌筑砖试验

1. 试样制备

(1) 将砖样切断或锯成两个半截砖，断开的半截砖长不得小于 100mm，如图 13-14 所示。如果不足 100mm，应另取备用试样补足。

(2) 在试样制备平台上，将已断开的半截砖放入室温的净水中浸 10 ～ 20min 后取出，并以断口相反方向叠放，两者中间用厚度不超过 5mm 的水泥净浆黏结。水泥净浆采用强度等级为 32.5MPa 的普通硅酸盐水泥调制，要求稠度适宜。上下两面用厚度不超过 3mm 的同种水泥净浆抹平。制成的试件上下两面须互相平行，并垂直于侧面，如图 13-15 所示。

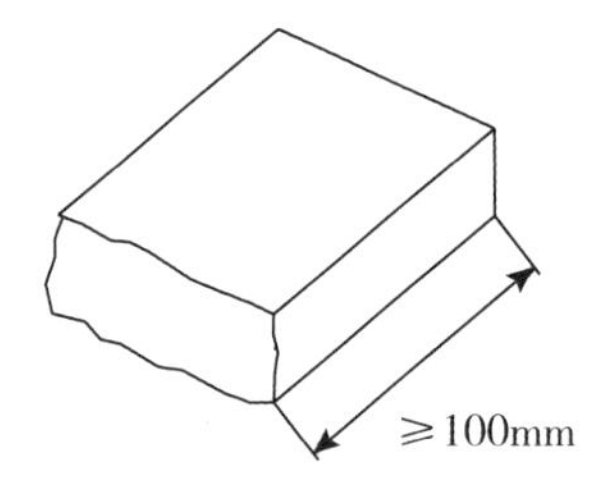

图 13-14　半截砖尺寸要求

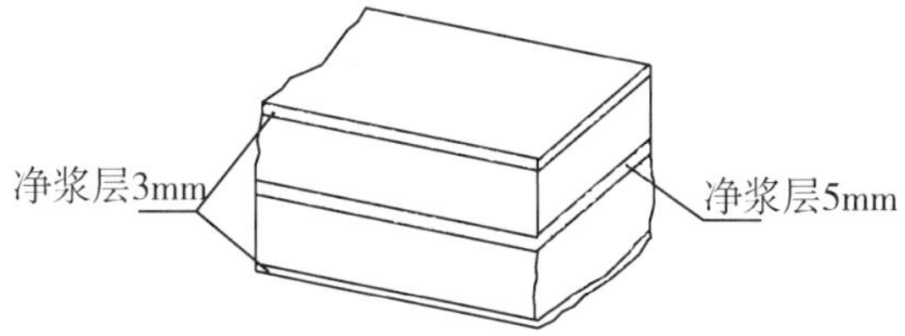

净浆层3mm
净浆层5mm

图 13-15　砖抗压试件

2. 主要仪器设备

(1) 材料试验机：试验机的示值误差不大于 ±1%，其下加压板应为球绞支座，预期最大破坏荷载应为量程的 20% ～ 80%。

(2) 抗压试件制备平台：试件制备平台必须平整水平，可用金属或其他材料制作。

(3) 水平尺：规格为 250 ～ 300mm。

(4) 钢直尺：分度值为 1mm。

3.试验步骤

(1) 测量每个试件连接面或受压面的长、宽尺寸各两个，分别取平均值，精确至1mm。

(2) 分别将10块试件平放在加压板的中央，垂直于受压面加荷，应均匀平稳，不得发生冲击或振动。加荷速度为(5 ± 0.5)kN/s，直至试件破坏为止，分别记录最大破坏荷载F(单位为N)。

4.试验结果评定

(1) 按照以下公式分别计算10块砖的抗压强度值：

$$f_{mc} = \frac{F}{LB} \tag{13-20}$$

式中，f_{mc}为抗压强度(MPa)，精确至0.1MPa；F为最大破坏荷载(N)；L为受压面(连接面)的长度(mm)；B为受压面(连接面)的宽度(mm)。

(2) 按以下公式计算10块砖强度变异系数、抗压强度的平均值和标准值：

$$\delta = \frac{s}{f_{mc}};\quad \overline{f}_{mc} = \sum_{i=1}^{10} f_{mc,i};\quad s = \sqrt{\frac{1}{9}\sum_{i=1}^{10}(f_{mc,i} - \overline{f}_{mc})} \tag{13-21}$$

式中，δ为砖强度变异系数，精确至0.01；$\overline{f}_{mc}$为10块砖抗压强度的平均值(MPa)，精确至0.1MPa；s为10块砖抗压强度的标准差(MPa)，精确至0.01MPa；$f_{mc,i}$分别为10块砖的抗压强度值($i = 1 \sim 10$)(MPa)，精确至0.1MPa。

(3) 强度等级评定。

① 平均值-标准值方法评定。

当变异系数$\delta \leqslant 0.21$时，按实际测定的砖抗压强度平均值和强度标准值，根据《烧结普通砖》(GB/T 5101—2017)中强度等级规定的指标(见表13-5)，评定砖的强度等级。

样本量$n = 10$时的强度标准值按下式计算：

$$f_k = \overline{f}_{mc} - 1.8s \tag{13-22}$$

式中，f_k为10块砖抗压强度的标准值(MPa)，精确至0.1MPa。

② 平均值-最小值方法评定。

当变异系数$\delta > 0.21$时，按抗压强度平均值、单块最小值评定砖的强度等级(见表13-5)。单块抗压强度最小值精确至0.1MPa。

表13-5　烧结普通砖的强度等级　　单位：MPa

强度等级	抗压强度平均值$\overline{f}$	强度标准值f_k
MU30	≥30.0	≥22.0
MU25	≥25.0	≥18.0
MU20	≥20.0	≥14.0
MU15	≥15.0	≥10.0
MU10	≥10.0	≥6.5

13.6 钢筋试验

13.6.1 建筑钢材拉伸性能检测

1. 试验目的

测定钢筋的屈服点、抗拉强度和伸长率，评定钢筋的强度等级。

2. 主要仪器设备

(1) 万能材料试验机：示值误差不大于 1%。量程的选择：试验时达到最大荷载时，指针最好在第三象限(180° ~ 270°) 内，或者数显破坏荷载在量程的 50% ~ 75%。

(2) 钢筋打点机或划线机、游标卡尺(精度为 0.1mm) 等。

3. 试样制备

拉伸试验用钢筋试件不得进行车削加工，可以用两个或一系列等分小冲点或细划线标出试件原始标距，测量标距长度 L_0，精确至 0.1mm，如图 13-16 所示。计算钢筋强度时钢筋的横截面积应采用表 13-6 所列公称横截面积。

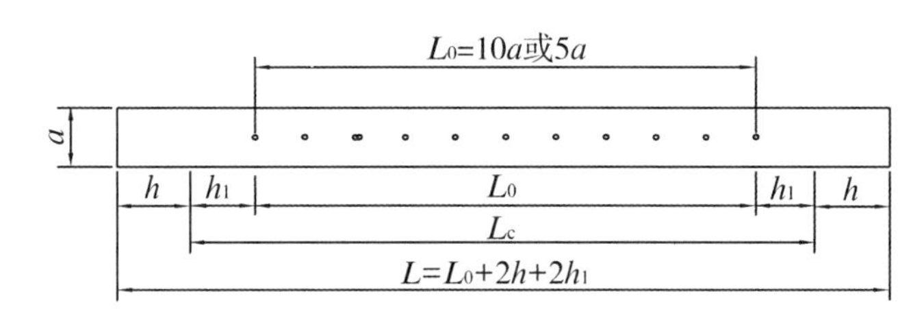

a— 试样原始直径；L_0— 标距长度；h_1— 取(0.5 ~ 1)a；h— 夹具长度。

图 13-16 钢筋拉伸试验试件

表 13-6 钢筋的公称横截面积

公称直径 /mm	公称横截面积 /mm²	公称直径 /mm	公称横截面积 /mm²
8	50.27	22	380.1
10	78.54	25	490.9
12	113.1	28	615.8
14	153.9	32	804.2
16	201.1	36	1018
18	254.5	40	1257
20	314.2	50	1964

4.试验步骤

(1)将试件上端固定在试验机上夹具内,调整试验机零点,装好描绘器、纸、笔等,再用下夹具固定试件下端。

(2)开动试验机进行拉伸,拉伸速度为:屈服前,应力增加速度按表13-7的规定,并保持试验机控制器固定于这一速率位置上,直至该性能测出为止;屈服后试验机活动夹头在荷载下移动速度不大于$0.5L_c$/min,直至试件拉断。

表13-7　屈服前的加荷速率

金属材料的弹性模量/MPa	应力速率/($N \cdot mm^{-2} \cdot s^{-1}$)	
	最小	最大
<150000	2	20
$\geqslant 150000$	6	60

(3)拉伸过程中,测力度盘指针停止转动时的恒定荷载,或第一次回转时的最小荷载,即为屈服荷载F_s(N)。向试件继续加荷直至试件拉断,读出最大荷载F_b(N)。

(4)测量试件拉断后的标距长度L_1。将已拉断的试件两端在断裂处对齐,尽量使轴线位于同一条直线上。

如拉断处距离邻近标距端点大于$L_0/3$,则可用游标卡尺直接量出L_1。如拉断处距离邻近标距端点小于或等于$L_0/3$,则可按下述移位法确定L_1:在长段上自断点起,取等于短段格数得B点,再取等于长段所余格数[偶数见图13-17(a)]之半得C点;或者取所余格数[奇数见图13-17(b)]减1与加1之半得C与C_1点。则移位后的L_1分别为$AB+2BC$或$AB+BC+BC_1$。

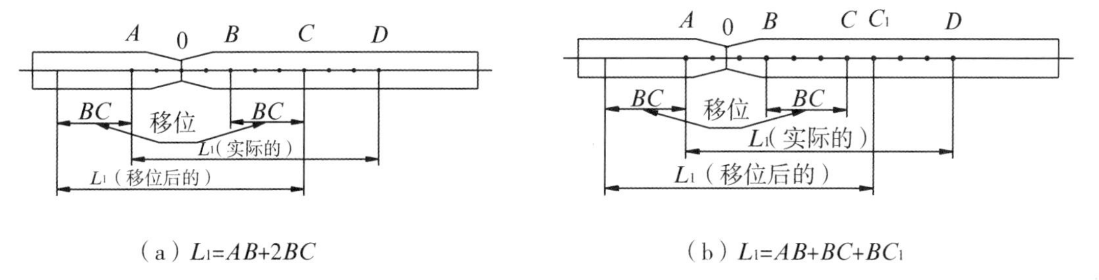

图13-17　用移位法计算标距

如果直接测量所求得的伸长率能达到技术条件要求的规定值,则可不采用移位法。

5.结果评定

(1)钢筋的屈服点和抗拉强度按下式计算:

$$\sigma_s = \frac{F_s}{A};\sigma_b = \frac{F_b}{A} \tag{13-23}$$

式中,σ_s、σ_b分别为钢筋的屈服点和抗拉强度(MPa)。当$\sigma_s > 1000$MPa时,应计算至10MPa;σ_s为200～1000MPa时,计算至5MPa;$\sigma_s < 200$MPa时,计算至1MPa。σ_b的精度要求同σ_s。F_s、F_b分别为钢筋的屈服荷载和最大荷载(N);A为试件的公称横截面

积(mm^2)。

(2) 钢筋的伸长率按下式计算:

$$\delta_5(\text{或}\ \delta_{10}) = \frac{L_1 - L_0}{L_0} \times 100\% \tag{13-24}$$

式中,δ_5、δ_{10} 分别为 $L_0 = 5a$ 或 $L_0 = 10a$ 时的伸长率,精确至 1%;L_0 为原标距长度 $5a$ 或 $10a$(mm);L_1 为试件拉断后直接量出或按移位法的标距长度(mm),精确至 0.1mm。

如试件在标距端点上或标距处断裂,则试验结果无效,应重做试验。

13.6.2 钢材的冷弯试验

1. 试验目的

通过冷弯试验,对钢筋塑性进行严格检验,也间接测定钢筋内部的缺陷及可焊性。

2. 主要仪器设备

万能材料试验机、具有一定弯心直径的冷弯冲头等。

3. 试验步骤

(1) 钢筋冷弯试件不得进行车削加工,试样长度通常按下式来确定:

$$L \approx 5a + 150(a\ \text{为试件原始直径}) \tag{13-25}$$

(2) 半导向弯曲。

试样一端固定,绕弯心直径进行弯曲,试样弯曲到规定的弯曲角度或出现裂纹、裂缝或断裂为止。

(3) 导向弯曲。

① 试样放置在两个支点上,将一定直径的弯心在试样两个支点中间施加压力,使试样弯曲到规定的角度或出现裂纹、裂缝或断裂为止。

② 试样在两个支点上按一定弯心直径弯到两臂平行时,可以一次性完成试验,亦可先弯曲 45°,然后放置在试验机平板之间继续施加压力,压至试样两臂平行。此时可以加与弯心直径相同尺寸的衬垫进行试验。

③ 当试样需要弯曲至两臂接触时,首先将试样弯曲到两臂平行,然后放置在两平板间继续施加压力,直至两臂接触。

(4) 试验应在平稳压力作用下,缓慢施加试验压力。两支辊间距离为 $(d + 2.5a) \pm 0.5a$,并且在试验过程中不允许有变化。当出现争议时,试验速率为 (1 ± 0.2)mm/s。

(5) 试验应在 10 ~ 35℃ 或控制在(23 ± 5)℃ 下进行。

4. 结果评定

(1) 应按照相关产品标准的要求评定弯曲试验结果。如未规定具体要求,弯曲试验后不使用放大仪器观察,试样弯曲外表面无可见裂纹应评定为合格。

(2) 将相关产品标准规定的弯曲角度作为最小值;或规定弯曲压头直径,将规定的弯曲压头直径作为最大值。

13.7　石油沥青

13.7.1　针入度测定

1. 检测依据

试验方法依据标准《沥青针入度测定法》(GB/T 4509—2010)。

2. 主要仪器设备

(1) 针入度仪：针连杆质量为(47.5 ± 0.05)g，针和针连杆组合件总质量为(50 ± 0.05)g。

(2) 标准针：由硬化回火的不锈钢制成，洛氏硬度为 54 ～ 60，尺寸要求如图 13-18 所示。

(3) 试样皿：为金属圆柱形平底容器，针入度小于 200mm 时，内径为 55mm，内部深度为 35mm；针入度在 200 ～ 350mm 时，内径为 70mm，内部深度为 45mm。

(4) 恒温水浴：容量不小于 10L，能保持温度在试验温度的 ± 0.1℃ 范围内。水中应备有一个带孔的支架，位于水面下不少于 100mm，距浴底不少于 50mm 处。

(5) 平底玻璃皿、秒表、温度计、金属皿或瓷柄皿、筛、沙浴或可控制温度的密闭电炉等。

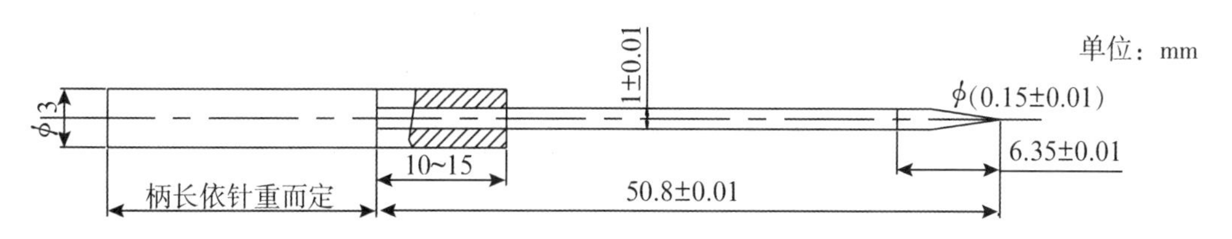

图 13-18　标准针的形状及尺寸

3. 试样制备

(1) 将预先除去水的沥青试样在沙浴或密闭电炉上小心加热，不断搅拌以防止局部过热，加热温度不得超过试样估计软化点 100℃。加热时间不得超过 30min，用筛过滤除去杂质。加热搅拌过程中避免试样中混入空气。

(2) 将试样倒入预先选好的试样皿中，试样深度应大于预计穿入深度 10mm。

(3) 试样皿在 15 ～ 30℃ 的空气中冷却 1 ～ 1.5h(小试样皿) 或 1.5 ～ 2h(大试样皿)，防止灰尘落入试样皿。将试样移入保持规定试验温度 ± 0.1℃ 的恒温水槽中，并应保持小试验皿恒温 1 ～ 1.5h，大试验皿恒温 1.5 ～ 2h。

4. 试验步骤

(1) 调节针入度仪使之水平，检查针连杆和导轨，以确认无水和其他外来物，无明显磨擦。用甲苯或其他合适的溶剂清洗针，用干净布将其擦干，把针插入针连杆中固定。按试验条件放好砝码。

(2) 从恒温水浴中取出试验皿，放于水温控制在试验温度的平底玻璃皿中的三腿支架上，试样表面以上的水层高度应不小于 10mm，将平底玻璃皿置于针入度仪的平台上。

(3) 慢慢放下针连杆，使针尖刚好与试样接触。必要时用放置在合适位置的光源反射来观察。拉下活杆，使其与针杆顶端接触，调节针入度仪读数为零。

(4) 用手紧压按钮，同时启动秒表，使标准针自由下落穿入沥青试样，到规定时间停压按钮，使针停止移动。

(5) 拉下活杆与针连杆顶端接触，此时的读数即为试样的针入度。

(6) 同一试样至少重复测定三次，测定点之间、测定点与试样皿之间距离不应小于 10mm。每次测定前应将平底玻璃皿放入恒温水浴。每次测定换一根干净的针或取下针，用甲苯或其他溶剂擦干净，再用干净布擦干。

(7) 测定针入度大于 200mm 的沥青试样时，至少用三根针，每次测定后将针留在试样中，直至三次测定完成后，才能把针从试样中取出。

5. 结果评定

(1) 取三次测定针入度的平均值，取至整数作为试验结果。三次测定的针入度值相差不应大于表 13-8 中规定的数值。否则，试验应重做。

表 13-8　针入度测定允许最大差值　　单位：mm

针入度	0 ～ 49	50 ～ 149	150 ～ 249	250 ～ 350
最大差值	2	4	6	20

(2) 重复性和再现性的要求如表 13-9 所示。

表 13-9　针入度测定的重复性与再现性要求

试样针入度，25℃	重 复 性	再 现 性
小于 50	不超过 2 单位	不超过 4 单位
50 及大于 50	不超过平均值的 4%	不超过平均值的 8%

13.7.2　延度测定

1. 检测依据

试验方法依据标准《沥青延度测定法》(GB/T 4508—2010)。

2. 主要仪器设备

(1) 延度仪：如图 13-19 所示。

(2) 试件模具：由两个端模和两个侧模组成，形状、尺寸如图 13-20 所示。

(3) 恒温水浴：容量不小于 10L，能保持温度在试验温度的 ±0.1℃ 范围内。水中应备有一个带孔的支架，位于水面下不少于 100mm，距浴底不少于 50mm 处。

(4) 温度计(量程 0～50℃，分度 0.1℃ 和 0.5℃ 各一支)、金属皿或瓷皿、筛、沙浴或可控制温度的密闭电炉等。

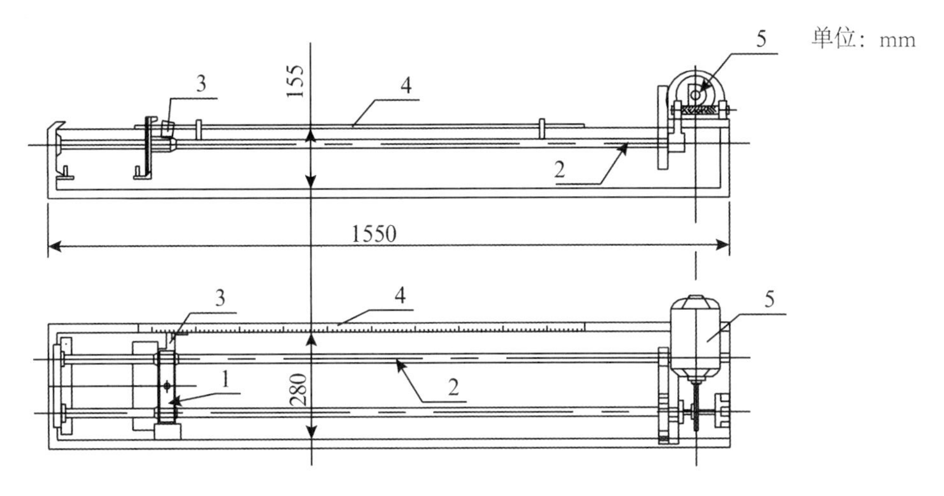

1— 滑动器；2— 螺旋杆；3— 指针；4— 标尺；5— 电动机。

图 13-19　沥青延度仪

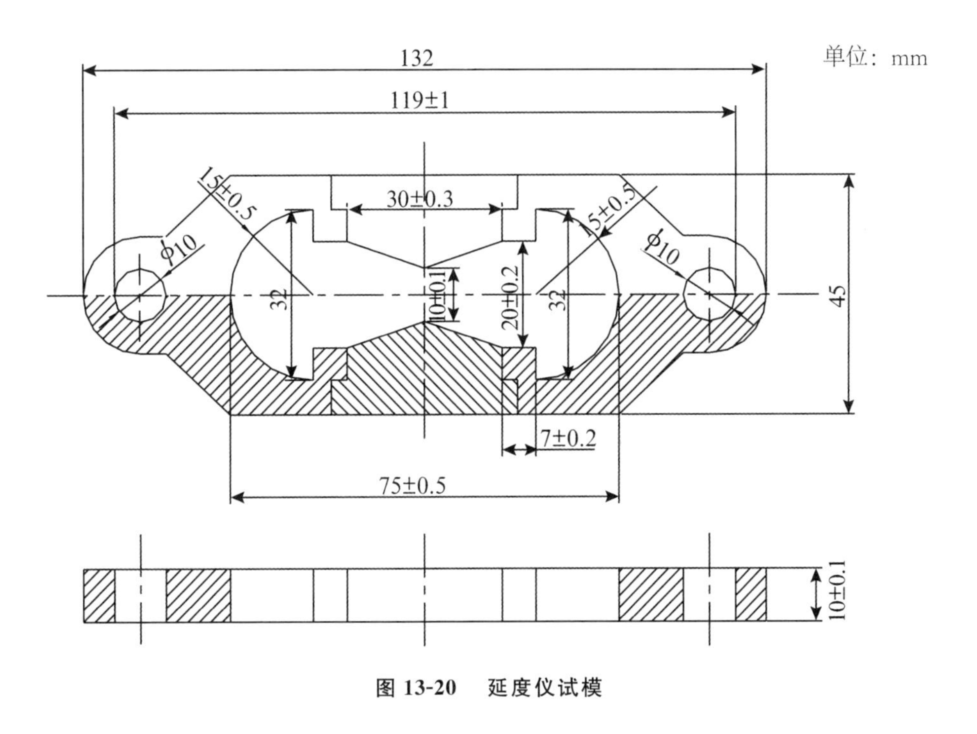

图 13-20　延度仪试模

3. 试样制备

(1) 将甘油滑石粉隔离剂(甘油∶滑石粉＝2∶1，以质量计)拌和均匀，涂于磨光的金属板上。

(2) 将除去水的试样在沙浴上小心加热，防止局部过热，加热温度不得超过试样估计软化点 100℃。用筛过滤，充分搅拌，避免试样中混入空气。然后使试样呈细流状，自模的一端至另一端往返倒入，使试样略高于模具。

(3) 试样在 15 ～ 30℃ 的空气中冷却 30min，然后将其放入(25 ± 0.1)℃ 的水浴中，保持 30min 后取出，用热刀将高出模具的沥青刮去，使沥青面与模具面平齐。沥青的刮法应自模的中间刮向两边，表面应十分光滑。将试件连同金属板再放入(25 ± 0.1)℃ 的恒温水浴中浸 1 ～ 1.5h。

4. 试验步骤

(1) 检查延度仪的拉伸速度是否符合要求，然后移动滑板使其指针正对标尺的零点，保持水槽中水温为(25 ± 0.5)℃。

(2) 将试件移至延伸仪的水槽中，模具两端的孔分别套在滑板和槽端的金属柱上，水面距试件表面应不小于 25mm，然后去掉侧模。

(3) 确认延度仪水槽中水温为(25 ± 0.5)℃ 时，开动延度仪，此时仪器不得有振动。观察沥青的拉伸情况。在测定时，如发现沥青细丝浮于水面或沉入槽底，则应在水中加入食盐水调整水的密度，至与试样的密度相近后，再进行测定。

(4) 试件拉断时指针所指标尺上的读数，即为试样的延度，以 cm 表示。在正常情况下，应将试样拉伸成锥尖状，在断裂时实际横断面为零。如不能得到上述结果，则应报告在此条件下无测定结果。

5. 结果评定

(1) 取平行测定三个结果的算术平均值作为测定结果。若三次测定值不在平均值的 5% 以内，但其中两个较高值在平均值的 5% 以内，则舍去最低测定值，取两个较高值的平均值作为测定结果。

(2) 两次测定结果之差不应超过重复性平均值的 10% 和再现性平均值的 20%。

13.7.3 软化点测定(环球法)

1. 检测依据

试验方法依据标准《沥青软化点测定法 环球法》(GB/T 4507—2014)。

2. 主要仪器设备

(1) 沥青软化点测定器：如图 13-21 所示，包括钢球、试样环(黄铜环或锥杯，见图 13-22)、钢球定位器(见图 13-23)、支架、温度计等。

(2) 电炉及其他加热器。

(3) 金属板或玻璃板、刀、筛等。

3. 试样制备

(1) 将黄铜环置于涂有甘油滑石粉质量比为 2 : 1 的隔离剂的金属板或玻璃板上。

(2) 将预先脱水试样加热熔化，不断搅拌，以防止局部过热，加热温度不得高于试样估计软化点 100℃，加热时间不超过 30min，用筛过滤。将试样注入黄铜环内至略高出环面为止。若估计软化点在 120℃ 以上，则应将黄铜环和金属板预热至 80 ～ 100℃。

(3) 试样在 15 ～ 30℃ 的空气中冷却 30min 后，用热刀刮去高出环面的试样，使沥青与

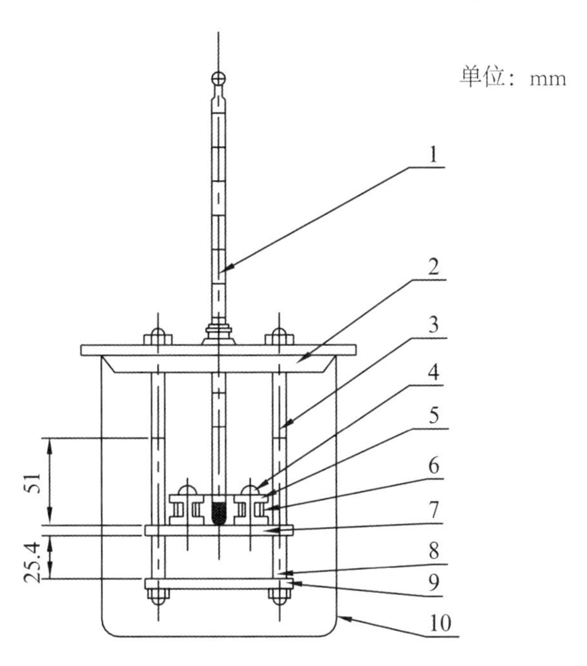

1— 温度计；2— 上承板；3— 枢轴；4— 钢球；5— 环套；6— 环；7— 中承板；
8— 支承座；9— 下承板；10— 烧杯。

图 13-21　沥青软化点测定器

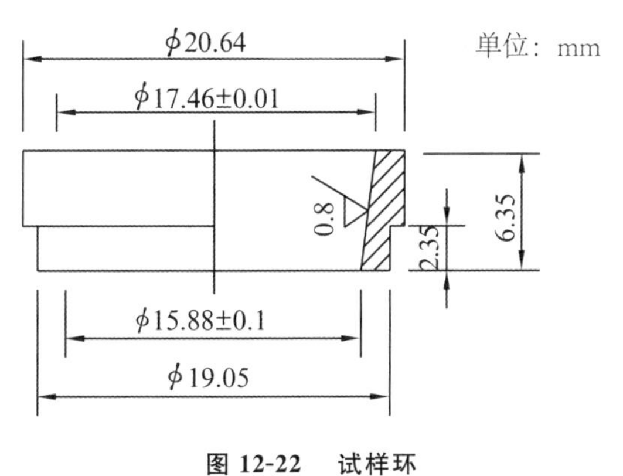

图 12-22　试样环

环面平齐。

(4) 估计软化点高于 80℃ 的试样，将盛有试样的黄铜环和板置于盛有水的保温槽内，水温保持在(5 ± 0.5)℃，恒温 15min。估计软化点高于 80℃ 的试样，将盛有试样的黄铜环和板置于盛有甘油的保温槽内，甘油温度保持在(32 ± 1)℃，恒温 15min，或将盛试样的环水平地安放在环架中承板的孔内，然后放在盛有水或甘油的烧杯中，恒温 15min，温度要求同保温槽。

(5) 烧杯内注入新煮沸并冷却至 5℃ 的蒸馏水(估计软化点不高于 80℃ 的试样)，或注入预先加热至约 32℃ 的甘油(估计软化点高于 80℃ 的试样)，使水平面或甘油面略低于环架连杆上的深度标记。

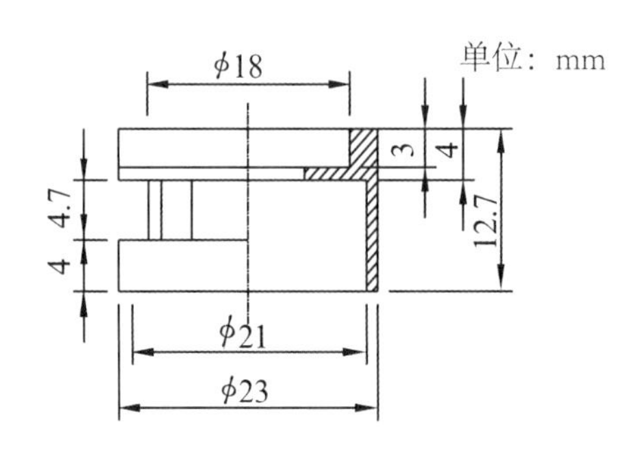

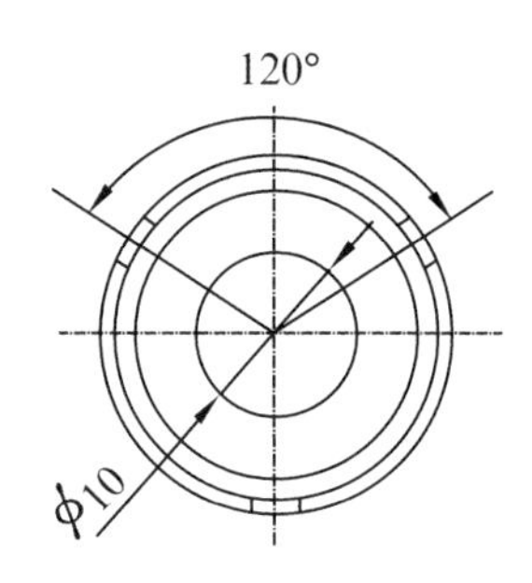

图 12-23　钢球定位器

4. 试验步骤

(1) 从水或甘油中取出盛有试样的黄铜环放置在环架中承板的圆孔中，套上钢球定位器，把整个环架放入烧杯内，调整水面或甘油液面至深度标记，环架上任何部分不得有气泡。将温度计由上层板中心孔垂直插入，使水银球底部与铜环下面平齐。

(2) 将烧杯移至有石棉网的三脚架上或电炉上，然后将钢球放在试样上(须使各环的平面在全部加热时间内处于水平状态)，立即加热，使烧杯内水或甘油温度在 3min 内保持每分钟上升(5 ± 0.5)℃，在整个测定过程中如温度的上升速度超出此范围，则试验应重做。

(3) 试样受热软化下坠至与下承板面接触时的温度，即为试样的软化点。

5. 结果评定

(1) 取平行测定两个结果的算术平均值作为测定结果。

(2) 精密度：重复测定两个结果间的温度差不得超过表 13-10 的规定；同一试样由两个试验室各自提供的试验结果之差不应超过 5.5℃。

表 13-10　软化点测定的重复性要求

软化点 /℃	< 80	80 ~ 100	100 ~ 140
允许差数 /℃	1	2	3

试验记录报告

试验日期：　年　　月　　日　　　　　　试验人：

同组人姓名：　　　　　　　　　　　　　组号：

试验室温度(℃)：　　　　　　　　　　　相对湿度(%)：

1. 沥青针入度检验记录

试验次数	针入度 /mm		准确度校核	
	试验值	平均值		
1				
2				
3				

注：在整个试验过程中，试件温度应保持在(25 ± 0.1)℃；将三次试验结果的平均值取至整数，作为该沥青的针入度。

三次试验所得的针入度值之差不应超过下列数值：

① 当针入度为 0 ～ 49mm 时，允许差数为 2mm；

② 当针入度为 50 ～ 149mm 时，允许差数为 4mm；

③ 当针入度为 150 ～ 249mm 时，允许差数为 6mm；

④ 当针入度为 250 ～ 350mm 时，允许差数为 8mm。

2. 沥青延度检验记录

试 件 编 号	延度 /cm	
	试验值	平均值
1		
2		
3		

注：在整个试验过程中，试件温度应保持在(25±0.5)℃。若三个试件测定值在其平均值的5%内，取平行测定三个结果的平均值作为测定结果。若三个试件测定值不在其平均值的5%以内，但其中两个较高值在平均值的5%之内，则弃去最低测定值，取两个较高值的平均值作为测定结果。否则重新测定。

3. 沥青软化点(环球法)检验记录

试 件 编 号	软化点 /℃	
	试验值	平均值
1		
2		

注：取平行测定两个结果的算术平均值作为该试样的软化点。

4. 结论

仅就针入度、延度、软化点三个主要指标，该试样可定为________号建筑石油沥青。

参考文献

[1] 湖南大学,天津大学,同济大学,东南大学. 土木工程材料[M]. 2版. 北京:中国建筑工业出版社,2011.

[2] 廖春洪. 建筑材料与检测[M]. 北京:中国建筑工业出版社,2021.

[3] 苏达根. 土木工程材料[M]. 4版. 北京:高等教育出版社,2019.

[4] 苏卿. 土木工程材料[M]. 4版. 武汉:武汉理工大学出版社,2020.

[5] 汪振双,韩卫卫. 土木工程材料[M]. 北京:机械工业出版社,2024.

[6] 汪振双,张聪. 建筑材料[M]. 北京:中国建筑工业出版社,2021.

[7] 王璐,王邵臻. 土木工程材料[M]. 浙江:浙江大学出版社,2013.

[8] 魏鸿汉. 建筑材料[M]. 5版. 北京:中国建筑工业出版社,2017.

[9] 伍勇华,高琼英. 土木工程材料[M]. 武汉:武汉理工大学出版社,2016.

[10] 余丽武,朱平华,张志军. 土木工程材料[M]. 2版. 北京:中国建筑工业出版社,2021.

[11] 张飞燕. 土木工程材料[M]. 北京:中国建筑工业出版社,2023.